CC2530 与无线传感器网络操作系统 TinyOS 应用实践

李外云 编著

北京航空航天大学出版社

内容简介

本书以 TI 公司 2.4 GHz ZigBee 的第二代片上系统 CC2530 为基础，由浅入深、软硬结合，全面系统地介绍了 CC2530 的各种接口和外设功能单元，以及在 TinyOS 操作系统中的应用开发。本书语言简练、浅显易懂、图文并茂、脉络清晰，以实验操作为主导，围绕 CC2530 芯片资源、外设接口和在 TinyOS 操作系统中的实际应用进行取材谋篇，着重于工程实践和技术精华的剖析以及应用设计技巧的点拨。

本书适用于高等院校信息类专业本科生、研究生和教师，也可供国内相关研究机构和公司的研发人员参考使用。

图书在版编目(CIP)数据

CC2530 与无线传感器网络操作系统 TinyOS 应用实践 /
李外云编著. -- 北京：北京航空航天大学出版社，
2013.8
　ISBN 978 - 7 - 5124 - 1170 - 8

Ⅰ. ①C… Ⅱ. ①李… Ⅲ. ①无线电通信－传感器－网络操作系统 Ⅳ. ①TP212②TP316.8

中国版本图书馆 CIP 数据核字(2013)第 139922 号

版权所有，侵权必究。

CC2530 与无线传感器网络操作系统 TinyOS 应用实践
李外云　编著
责任编辑　张　辉　董云凤　张金伟

*

北京航空航天大学出版社出版发行

北京市海淀区学院路 37 号(邮编 100191)　http://www.buaapress.com.cn
发行部电话：(010)82317024　传真：(010)82328026
读者信箱：emsbook@gmail.com　邮购电话：(010)82316936
涿州市新华印刷有限公司印装　各地书店经销

*

开本：710×1 000　1/16　印张：30.5　字数：650 千字
2013 年 8 月第 1 版　2013 年 8 月第 1 次印刷　印数：4 000 册
ISBN 978 - 7 - 5124 - 1170 - 8　定价：69.00 元(含光盘 1 张)

若本书有倒页、脱页、缺页等印装质量问题，请与本社发行部联系调换。联系电话：(010)82317024

前言

随着信息采集与智能计算技术的迅速发展和互联网与移动通信网的广泛应用，大规模发展物联网及其相关产业的时机日趋成熟，欧美等发达国家已经将物联网作为未来发展的重要领域。美国将物联网技术列为在经济繁荣和国防安全两方面至关重要的技术，以物联网应用为核心的"智慧地球"计划得到了美国政府的积极回应和支持；欧盟2009年6月制定并公布了涵盖标准化、研究项目、试点工程、管理机制和国际对话在内的物联网领域十四点行动计划。

2009年8月7日，国务院总理温家宝视察中科院无锡高新微纳传感网工程技术研发中心时发表重要讲话，提出了"在激烈的国际竞争中，迅速建立中国的'传感信息中心'或'感知中国'中心"的重要指示；2009年11月3日，在《让科技引领中国可持续发展》的讲话中，温家宝总理再次提出"要着力突破传感网、物联网关键技术，及早部署后IP时代相关技术研发，使信息网络产业成为推动产业升级、迈向信息社会的'发动机'"；2010年两会期间，物联网再次成为热议话题。随着"感知中国"战略的启动及逐步展开，中国物联网产业的发展面临巨大机遇。

工信部发布的《"十二五"物联网发展规划》明确提出，到2015年，中国初步完成物联网产业体系构建，形成较为完善的物联网产业链，并大力发展"智能化工业、农业、物流、交通、电网、环保、安防、医疗、家居"9大重点领域应用示范工程。根据工信部的预测，中国物联网市场到2015年时将逾5000亿元，到2020年成熟时将启动万亿元级别的市场规模，未来五年年均复合增长率将达到30%。

可以预见，在不久的将来，无线传感器网络将给我们的生活带来革命性的变化。现阶段国内市场应用正在整体评估和试探阶段，但是相应的研究工作已经开展：近期主要用户为高校、研究机构（包括为交通、环境、农业、能源和国防等政府部门服务的科研院所）和企业研发中心；中长期目标用户为海量使用的政府和企业（包括交通、环境、农业、能源、国防等政府部门），将为研究工作提供平台和应用案例。到目前为止，国内外已经推出了几十种成型的无线传感器网络节点设备。

华东师范大学信息学院通信系电子信息实验教学示范中心在学校设备处2010年设备研制基金项目——"无线传感网实验开发平台的研制"的支持下（项目编号：521Z5017），依据目前物联网实验室建设的最新要求，吸收国内外同类产品的优点，充分考虑高校物联网实验教学的特点，精心研制了一款基于CC2530的支持Z-Stack和最新版本的TinyOS操作系统的enmote物联网开发平台。

CC2530 与无线传感器网络操作系统 TinyOS 应用实践

TinyOS 操作系统是加州大学伯克利分校的 David Culler 领导的研究小组为无线传感器网络量身定制的开源的嵌入式操作系统,目前已经成为无线传感器网络中最为流行的操作系统。虽然 TinyOS 支持多种不同的硬件平台,但目前已有的硬件平台(如 mica2、micaz、telosa 和 mica2dot 等)的射频芯片大部分基于 Chipcon 公司(现已被 TI 公司收购)的 CC2420 或 CC1000,各种硬件平台的区别仅仅在于所采用的微处理器不同。如 mica2 平台采用了 Atmel 公司的 ATmega128 作为微处理器,而 telosa 平台采用了 TI 公司的 MSP430 作为微处理器。

Copenhagen 大学计算机系的 DIKU 项目组成立了 TinyOS 8051 工作组 (TinyOS 8051 working group),并于 2007 年公布了 TinyO-S 2.0 操作系统 CC2430 的移植过程,该工作组 2008 年 10 月发布了支持 CC2430 的第四版 TinyOS 平台程序"TinyOS8051wg-0.1pre4.tgz",具体可参考 http://www.tinyos8051wg.net/。TinyOS 8051 目前支持 Keil、IAR 和 SDCC 编译器,实际上该项目组只对 Keil 交叉编译器进行了测试。国内许多有关 CC2430 移植的文献都源于该项目组。

作者在 TinyOS 8051 工作组移植的 CC2430 的基础上,断断续续历时 2 年,在 TinyOS 操作系统的 2.1.1-3 版本上移植了支持 CC2530 的 enmote 开发平台,移植后的平台支持 Keil 和 IAR 两种交叉编译器。

本书以移植后的 enmote 物联网开发平台为硬件基础,由浅入深、软硬结合,全面系统地介绍了 CC2530 的各种接口和外设功能单元,以及在 TinyOS 操作系统中的应用开发。

本书第 1 章简要地介绍了物联网特点、体系结构以及 802.15.4 网络通信协议标准。第 2、3 章分别介绍了 TinyOS 的安装方法和基于 Windows 操作系统的 TinyOS 集成开发环境的配置、交叉编译开发工具的使用方法。第 4 章介绍了本书所有应用程序开发的硬件平台的组成、软件编程和调试方法,为后续的开发提供了硬件基础。第 5 章简要地介绍了 TinyOS 操作系统架构、基于 TinyOS 操作系统平台的搭建以及 CC2530 移植的过程和方法,同时介绍了 nesC 语言应用程序架构、运行模型以及关键编程技术的应用。第 6、7 章详细地介绍了 CC2530 芯片的内部资源和外设接口等硬件功能模块,以及各功能模块在 TinyOS 操作系统下的驱动组件的编程方法和应用测试程序。第 8、9 章详细地剖析了 CC2530 的无线通信功能、基于 TinyOS 的主动无线通信消息机制组件的构建,并对 CC2530 无线通信的发送功率、信道选择、RSSI 以及点对点和点对多点无线通信组件的测试过程进行了介绍。第 10 章以光敏传感器、DS18B20 温度传感器、SHTxx 温湿度传感器和超声波传感器为例,详细地介绍了在基于 TinyOS 操作系统的物联网系统中不同类型传感器的驱动编程方法以及测试过程。第 11 章介绍了 TinyOS 操作系统的小数据分发协议和汇聚协议的基本原理、组件构成以及多跳路由协议的应用开发。

本书语言简练、浅显易懂、图文并茂、脉络清晰,以实验操作为主导,围绕 CC2530 芯片资源、外设接口和在 TinyOS 操作系统中的实际应用进行取材谋篇,着重于工程

前言

实践和技术精华的剖析以及应用设计技巧的点拨。

本书在编写过程中参考了大量的网上资料和文献，特别是 TinyOS 和 CC2530 的官方资料，在此衷心地感谢这些资料的作者；深圳亿道电子技术有限公司上海分公司总经理石庆先生和销售总监何章龙先生在本书所使用的硬件平台和上层软件资源方面提供了无私和鼎力的支持，华东师范大学"因仑工作室"的全体师生在硬件平台设计和软件测试等方面提供了大力支持，在此一并表示真诚的感谢。

最后，尤其要感谢我的夫人和女儿，夫人在繁忙的工作外承担了更多的家务和照顾女儿的任务，才使我有了更充裕的时间和精力投入工作。

由于作者水平有限，书中错误和不足在所难免，恳请广大朋友批评指正。如果您有任何意见和建议，可发邮件到 liwyyly@sohu.com 与我联系；我将在吸取大家意见和建议的基础上，不断修正和完善书中的相关内容。

作 者

2013 年 8 月

目 录

第 1 章 无线传感器网络及通信标准简介 … 1
1.1 无线传感器网络的特点 … 1
1.2 无线传感器网络的网络结构 … 3
1.2.1 传感器节点 … 4
1.2.2 网络协议 … 4
1.2.3 网络拓扑结构 … 6
1.3 无线传感器网络的关键技术 … 7
1.4 无线传感器网络的应用 … 10
1.5 无线传感器网络通信标准 IEEE 802.15.4 … 14
1.5.1 IEEE 802.15.4 的主要特点 … 14
1.5.2 物理层(PHY)规范 … 17
1.5.3 媒介访问层(MAC)规范 … 19
1.6 本章小结 … 25

第 2 章 TinyOS 开发环境的安装与配置 … 26
2.1 TinyOS-2.1.x 在 Winows 中的手动安装 … 26
2.1.1 安装 Cygwin 平台 … 26
2.1.2 TinyOS 源码和工具包的安装 … 30
2.1.3 TinyOS 补丁安装 … 32
2.1.4 TinyOS 环境参数设置 … 33
2.1.5 TinyOS 其他工具包的安装 … 34
2.2 TinyOS 自动集成安装过程 … 35
2.3 安装 IAR EW8051 编译器 … 38
2.4 开发环境的测试 … 42
2.5 本章小结 … 43

第 3 章 TinyOS 在 Windows 环境下的集成开发工具 … 44
3.1 Source Insight … 44
3.1.1 Source Insight 软件介绍 … 44
3.1.2 nesC 编程语言与 Source Insight … 45
3.1.3 Source Insight 的自定义菜单 … 47
3.1.4 建立 Source Insight 工程 … 55

3.1.5　Source Insight 自定义菜单的使用 ………………………………… 58
3.2　NotePad＋＋ ………………………………………………………………… 63
　　3.2.1　NotePad＋＋介绍 …………………………………………………… 63
　　3.2.2　nesC 编程语言与 NotePad＋＋ ……………………………………… 63
　　3.2.3　NotePad＋＋的自定义编译菜单 ……………………………………… 64
　　3.2.4　NotePad＋＋自定义菜单的使用 ……………………………………… 67
3.3　Crimson Editor …………………………………………………………… 71
　　3.3.1　Crimson Editor 介绍 ………………………………………………… 71
　　3.3.2　nesC 编程语言与 Crimson Editor …………………………………… 72
　　3.3.3　Crimson Editor 的自定义编译菜单 …………………………………… 73
　　3.3.4　Crimson Editor 编辑器中的 TinyOS 程序的编译方法 …………………… 75
3.4　Eclipse 的 TinyOS 插件 …………………………………………………… 76
　　3.4.1　TinyOS 插件介绍 ……………………………………………………… 76
　　3.4.2　TinyOS 插件安装 ……………………………………………………… 76
　　3.4.3　TinyOS 插件的环境配置 ……………………………………………… 77
　　3.4.4　Eclipse 的使用 ………………………………………………………… 80
　　3.4.5　TinyOS 程序的模块关联图 …………………………………………… 84
3.5　本章小结 …………………………………………………………………… 87

第 4 章　enmote 物联网开发平台介绍 …………………………………………… 88
4.1　enmote 物联网硬件介绍 …………………………………………………… 88
　　4.1.1　网关板 ………………………………………………………………… 88
　　4.1.2　传感器电池节点板 …………………………………………………… 93
　　4.1.3　射频模块 ……………………………………………………………… 94
　　4.1.4　传感器模块 …………………………………………………………… 95
　　4.1.5　SmartRF04EB 仿真器 ………………………………………………… 96
　　4.1.6　CC Debugger 仿真器 ………………………………………………… 99
4.2　enmote 物联网开发平台测试 ……………………………………………… 102
　　4.2.1　enmote 开发平台的硬件连接 ………………………………………… 102
　　4.2.2　创建应用程序 ………………………………………………………… 103
　　4.2.3　编译应用程序 ………………………………………………………… 106
　　4.2.4　下载、烧录应用程序 ………………………………………………… 107
　　4.2.5　调试应用程序 ………………………………………………………… 110
4.3　本章小结 …………………………………………………………………… 115

第 5 章　TinyOS 操作系统与 nesC 语言编程 …………………………………… 116
5.1　TinyOS 操作系统 …………………………………………………………… 116
　　5.1.1　TinyOS 操作系统简介 ………………………………………………… 116

  5.1.2 TinyOS 技术特点 …………………………………………………… 117
  5.1.3 TinyOS 的体系结构 …………………………………………………… 118
 5.2 nesC 编程语言 …………………………………………………………………… 119
  5.2.1 nesC 简介 …………………………………………………………… 119
  5.2.2 接　口 ……………………………………………………………… 120
  5.2.3 组　件 ……………………………………………………………… 123
  5.2.4 接口连接 …………………………………………………………… 124
  5.2.5 as 关键字的使用 …………………………………………………… 126
  5.2.6 通用接口(Generic Interface) ……………………………………… 128
  5.2.7 通用组件(Generic Component) …………………………………… 129
 5.3 nesC 应用程序 …………………………………………………………………… 130
  5.3.1 nesC 程序架构 ……………………………………………………… 130
  5.3.2 nesC 程序开发步骤 ………………………………………………… 133
  5.3.3 nesC 程序编译过程 ………………………………………………… 134
 5.4 nesC 程序的运行模型 …………………………………………………………… 136
  5.4.1 任　务 ……………………………………………………………… 136
  5.4.2 同步和异步 ………………………………………………………… 137
  5.4.3 原子与原子操作 …………………………………………………… 138
 5.5 TinyOS 平台的搭建 ……………………………………………………………… 140
  5.5.1 TinyOS 平台架构 …………………………………………………… 140
  5.5.2 TinyOS 平台搭建过程 ……………………………………………… 144
  5.5.3 新建平台的测试 …………………………………………………… 148
 5.6 CC2530 平台的移植 …………………………………………………………… 149
  5.6.1 CC2530 平台结构分析 ……………………………………………… 150
  5.6.2 源码转换的 perl 脚本 ……………………………………………… 152
  5.6.3 编译选项文件 ……………………………………………………… 158
  5.6.4 编译规则文件的处理过程 ………………………………………… 161
  5.6.5 CC2530 底层驱动 …………………………………………………… 164
  5.6.6 CC2530 驱动测试程序 ……………………………………………… 164
 5.7 TinyOS-2.x 的启动过程 ………………………………………………………… 165
  5.7.1 TinyOS-2.x 的启动接口 …………………………………………… 165
  5.7.2 TinyOS-2.x 的启动顺序 …………………………………………… 166
 5.8 本章小结 ………………………………………………………………………… 171

第 6 章　CC2530 基本接口组件设计与应用 …………………………………………… 172
 6.1 CC2530 的通用 GPIO 组件 …………………………………………………… 172
  6.1.1 CC2530 的 GPIO 概述 ……………………………………………… 172

6.1.2 GPIO 相关寄存器 …… 174
6.1.3 TinyOS 的 GPIO 接口组件 GeneralIO …… 175
6.1.4 GeneralIO 接口组件的测试 …… 178
6.2 CC2530 GPIO 中断组件 …… 182
6.2.1 CC2530 GPIO 中断 …… 182
6.2.2 GPIO 中断相关寄存器 …… 183
6.2.3 TinyOS 的 GPIO 中断接口组件 GpioInterrupt …… 185
6.2.4 GPIOInterupt 中断组件的测试程序 …… 189
6.3 CC2530 随机数组件 …… 193
6.3.1 CC2530 随机数发生器 …… 193
6.3.2 随机数发生器相关寄存器 …… 193
6.3.3 TinyOS 的随机数组件接口 …… 194
6.3.4 TinyOS 随机数组件的软件实现 …… 194
6.3.5 TinyOS 随机数组件的硬件实现 …… 195
6.3.6 TinyOS 随机数组件的测试 …… 197
6.4 CC2530 Flash 组件 …… 200
6.4.1 CC2530 存储器介绍 …… 200
6.4.2 CC2530 存储器空间 …… 200
6.4.3 CC2530 Flash 控制器 …… 202
6.4.4 CC2530 Flash 操作的相关寄存器 …… 203
6.4.5 CC2530 Flash 组件接口与实现 …… 204
6.4.6 CC2530 Flash 组件的测试程序 …… 208
6.5 CC2530 高级加密标准 AES 组件 …… 211
6.5.1 CC2530 AES 协处理器介绍 …… 212
6.5.2 CC2530 AES 相关寄存器 …… 214
6.5.3 CC2530 的 AES 组件接口与组件实现 …… 214
6.5.4 CC2530 AES 组件的测试程序 …… 218
6.6 CC2530 DMA 组件 …… 221
6.6.1 CC2530 DMA 介绍 …… 221
6.6.2 CC2530 DMA 控制器 …… 222
6.6.3 CC2530 DMA 配置结构 …… 224
6.6.4 CC2530 DMA 中断触发源 …… 226
6.6.5 CC2530 DMA 相关寄存器 …… 227
6.6.6 CC2530 的 DMA 组件接口与组件实现 …… 228
6.6.7 CC2530 DMA 组件的测试程序 …… 233
6.7 CC2530 WatchDog 组件 …… 236

- 6.7.1 CC2530 WDT 定时器介绍 …… 236
- 6.7.2 CC2530 WDT 相关寄存器 …… 237
- 6.7.3 CC2530 WDT 组件接口与组件实现 …… 238
- 6.7.4 CC2530 WDT 组件的测试程序 …… 240
- 6.8 CC2530 定时器组件 …… 243
  - 6.8.1 CC2530 定时器 1 介绍 …… 243
  - 6.8.2 CC2530 定时器 1 相关寄存器 …… 246
  - 6.8.3 TinyOS 的定时器接口 …… 247
  - 6.8.4 CC2530 的 TinyOS 定时器底层驱动 …… 249
  - 6.8.5 CC2530 定时器组件的测试 …… 255
- 6.9 本章小结 …… 260

第 7 章 CC2530 外设组件接口开发 …… 261

- 7.1 CC2530 ADC 组件 …… 261
  - 7.1.1 CC2530 的 ADC 组件介绍 …… 261
  - 7.1.2 CC2530 的 ADC 操作 …… 262
  - 7.1.3 CC2530 的 ADC 相关寄存器 …… 263
  - 7.1.4 TinyOS 的 ADC 组件 …… 266
  - 7.1.5 ADC 组件的测试程序 …… 270
- 7.2 CC2530 串口通信组件 …… 274
  - 7.2.1 CC2530 串口介绍 …… 274
  - 7.2.2 CC2530 串口相关寄存器 …… 276
  - 7.2.3 CC2530 串口与引脚关系 …… 277
  - 7.2.4 TinyOS 的串口通信接口 …… 278
  - 7.2.5 CC2530 串口通信组件的实现 …… 279
  - 7.2.6 CC2530 串口通信组件的测试程序 …… 283
- 7.3 SPI 通信协议组件 …… 288
  - 7.3.1 SPI 通信接口介绍 …… 288
  - 7.3.2 SPI 总线组件的 TinyOS 底层驱动 …… 290
  - 7.3.3 LCD 驱动接口与组件 …… 293
  - 7.3.4 SPI/LCD 组件的测试程序 …… 297
- 7.4 I2C 通信协议组件 …… 299
  - 7.4.1 I2C 协议标准介绍 …… 299
  - 7.4.2 I2C 总线组件的底层驱动 …… 301
  - 7.4.3 I2C 总线中间层驱动组件 …… 306
  - 7.4.4 I2C 总线组件的测试程序 …… 308
- 7.5 本章小结 …… 312

第8章 CC2530 射频通信组件设计 ······ 313

8.1 CC2530 射频模块 ······ 313
8.1.1 CC2530 射频模块介绍 ······ 313
8.1.2 IEEE802.15.4 帧格式 ······ 314
8.1.3 CC2530 射频发送模式 ······ 316
8.1.4 CC2530 射频接收模式 ······ 317
8.1.5 CC2530 射频中断 ······ 321
8.1.6 CC2530 射频频率和通道 ······ 324
8.1.7 CC2530 射频调制格式 ······ 324

8.2 TinyOS 通信接口和组件 ······ 326
8.2.1 message_t 消息结构体 ······ 326
8.2.2 基本通信接口 ······ 327
8.2.3 主动消息接口 ······ 328
8.2.4 ActiveMessageC 通信组件 ······ 329

8.3 CC2530 射频驱动控制接口和组件 ······ 330
8.3.1 CC2530 Packet 接口与实现组件 ······ 330
8.3.2 CC2530RFControl 接口与实现组件 ······ 333
8.3.3 CC2530 射频中断接口和组件 ······ 337

8.4 CC2530 射频数据接收和发送 ······ 341
8.4.1 CC2530 的 CSP 协处理器 ······ 341
8.4.2 CC2530 的立即执行选通命令 ······ 341
8.4.3 CC2530 的射频数据发送操作 ······ 342
8.4.4 CC2530 的射频数据接收操作 ······ 346

8.5 本章小结 ······ 349

第9章 CC2530 射频通信组件应用 ······ 350

9.1 点对点通信 ······ 350
9.1.1 主动消息组件 ActiveMessageC ······ 350
9.1.2 点对点通信实例 ······ 351
9.1.3 点对点通信下载测试 ······ 356
9.1.4 点对点消息包的捕获 ······ 357

9.2 点对多点通信 ······ 361
9.2.1 点对多点通信概念 ······ 361
9.2.2 点对多点通信实例 ······ 362
9.2.3 点对多点通信下载测试 ······ 366
9.2.4 点对多点消息包的捕获 ······ 367

9.3 CC2530 通信信道设置 ······ 368

9.3.1 CC2530 的通信信道 ………………………………… 368
9.3.2 CC2530 的通信信道定义 …………………………… 369
9.3.3 CC2530 的通信信道静态设置 ……………………… 370
9.3.4 CC2530 的通信信道动态设置 ……………………… 373
9.3.5 CC2530 信道测试程序 ……………………………… 378
9.4 CC2530 RSSI 采集 …………………………………………… 380
9.4.1 CC2530 的 RSSI ……………………………………… 380
9.4.2 CC2530 的 RSSI 获取接口函数 ……………………… 382
9.4.3 CC2530 的 RSSI 采集程序 …………………………… 383
9.5 CC2530 发送功率的设置 ……………………………………… 388
9.5.1 CC2530 的发送功率 ………………………………… 388
9.5.2 CC2530 发送功率的设置方法 ……………………… 389
9.5.3 CC2530 发送功率的静态设置 ……………………… 389
9.5.4 CC2530 发送功率的动态设置 ……………………… 391
9.5.5 CC2530 发送功率测试程序 ………………………… 394
9.6 本章小结 ……………………………………………………… 396

第 10 章 TinyOS 传感器节点驱动与应用 ………………………………… 397
10.1 SHTxx 温湿度传感器 ………………………………………… 397
10.1.1 SHTxx 介绍 ………………………………………… 397
10.1.2 SHTxx 接口说明 …………………………………… 398
10.1.3 测量值的转换 ……………………………………… 400
10.1.4 温湿度传感器节点 ………………………………… 401
10.1.5 SHTxx 传感器的 TinyOS 驱动 ……………………… 401
10.1.6 SHTxx 传感器驱动测试 …………………………… 406
10.2 DS18B20 温度传感器 ………………………………………… 410
10.2.1 DS18B20 介绍 ……………………………………… 410
10.2.2 DS18B20 操作命令 ………………………………… 411
10.2.3 DS18B20 应用电路 ………………………………… 412
10.2.4 DS18B20 传感器节点电路 ………………………… 413
10.2.5 DS18B20 的 TinyOS 驱动程序 ……………………… 413
10.2.6 DS18B20 传感器驱动测试 ………………………… 418
10.3 光敏传感器 …………………………………………………… 421
10.3.1 光敏电阻介绍 ……………………………………… 421
10.3.2 光敏传感器节点 …………………………………… 422
10.3.3 光敏传感器驱动程序 ……………………………… 423
10.3.4 光敏传感器驱动测试 ……………………………… 425

10.4 超声波测距传感器 428
　10.4.1 超声波测距原理 428
　10.4.2 HC-SR04 超声波测距模块 429
　10.4.3 超声波传感器节点 429
　10.4.4 超声波传感器的 TinyOS 驱动 430
　10.4.5 超声波传感器驱动测试 433
10.5 本章小结 436

第11章 TinyOS-2.x 网络协议与应用 437
11.1 分发协议 437
　11.1.1 分发协议介绍 437
　11.1.2 分发协议接口与组件 438
　11.1.3 分发协议实例测试 441
11.2 汇聚协议 445
　11.2.1 汇聚协议介绍 445
　11.2.2 汇聚协议接口与组件 446
　11.2.3 CTP 协议 448
　11.2.4 CTP 实现 451
　11.2.5 CTP 协议实例测试 453
11.3 多跳路由协议应用 461
　11.3.1 多跳路由的根节点程序 461
　11.3.2 多跳路由的传感器节点程序 465
　11.3.3 多跳路由的数据采集程序 470
11.4 本章小结 472

参考文献 473

第 1 章
无线传感器网络及通信标准简介

无线传感器网络(Wireless Sensor Networks,简称 WSN)是当前国际上备受关注的多学科高度交叉、知识高度集成的前沿热点研究领域。它综合了传感器、嵌入式计算、现代网络、无线通信和分布式信息处理等技术,能够通过各类集成化的微型传感器协同完成对各种环境或监测对象的信息的实时监控、感知和采集,这些信息通过无线方式被发送,并以自组织多跳的网络方式传送到用户终端,从而实现物理世界、计算世界以及人类社会这三元世界的连通。

美国商业周刊和 MIT 技术评论在预测未来技术发展的报告中,分别将无线传感器网络列为 21 世纪最有影响的技术和改变世界的技术之一。与传统无线通信网络 Ad Hoc 网络相比,WSN 的自组织性、动态性、可靠性和以数据为中心等特点,使其可以应用到人员无法到达的地方,比如战场、沙漠等。

1.1 无线传感器网络的特点

无线传感器网络由大量体积小,成本低,具有无线通信、传感和数据处理能力的传感器节点组成。所有传感器节点被布置在整个观测区域中,各个节点将所探测到的有用信息经过初步的数据处理和信息融合后通过相邻节点以接力方式传送回基站,然后再通过基站以诸如有线网络方式传送给最终用户。与其他传统网络相比,无线传感器网络具有以下特点。

1. 大规模网络

传感器网络的大规模性包括两方面的含义:一方面是传感器节点分布在很大的地理区域内;另一方面是传感器节点部署很密集,在一个面积不大的空间内,密集部署了大量的传感器节点。WSN 中传感器节点的大规模部署,使 WSN 具有较高的节点冗余、网络链路冗余以及采集数据冗余,从而为整个系统提供了很强的容错能力。

此外，借助传感器节点中个别具有移动能力的节点对网络拓扑结构进行调整，可以有效地消除探测区域内的阴影和盲点，降低环境噪声，进一步提高探测的准确性。

2．生存能力强

WSN 中密集分布在监测区域的大量传感器节点地位平等，没有严格的控制中心。任何一个传感器节点都可以随时加入或离开网络，而不会影响整个网络的正常运行。当某些传感器节点由于环境干扰或人为破坏而不能正常工作时，随机分布的其他大量传感器节点之间可以协调互补，动态连接成新的网络系统，从而保证部分传感器节点的损坏不会影响到全局任务。因此，WSN 在恶劣的战场环境下有着很强的生存能力。

3．精确性和可靠性高

由于 WSN 可以在监测区域大量布设低成本的传感器节点，使得传感器节点能够与探测目标近距离接触，极大地消除了环境噪声对系统性能的影响。通过多种传感器的混合应用，可以在提高探测性能指标的同时从不同空间视角对监测对象进行监测，而多节点的联合和多方位信息的综合能够有效地提高信噪比，形成覆盖面积较大的实时探测区域，从而提高监测准确性。

4．自组织能力强

WSN 是一个节点对等网络，每个节点都具有路由功能，网络中不存在严格的中心控制节点。其工作的展开不依赖于任何预设的网络基础设施，节点开机后就可以自我协调、自动布置，快速、自动地组成一个独立的网络。

5．可扩展性强

WSN 是一个动态的网络，节点随时可能因为种种原因退出或加入网络。此时，原有的 WSN 可以有效地剔除或容纳变化的节点，快速形成新的网络并继续原来的工作，无需外界帮助。

6．以数据为中心的网络

传感器网络是一个任务型的网络，脱离传感器网络谈论传感器节点没有任何意义。传感器网络中的节点采用编号标识，但是否需要节点编号取决于网络通信协议的设计。由于传感器节点随机部署，导致传感器与节点编号之间的关系是完全动态的，表现为节点编号与节点位置没有必然联系。用户使用传感器网络查询事件时，直接将所关心的事件通告给网络，而不是通告给某个确定的节点，网络在获得指定事件的信息后汇报给用户。这种以数据本身作为查询或者传输线索的思想更接近于自然语言交流的习惯。因此，通常说传感器是一个以数据为中心的网络。

由低成本、低功耗的微型传感器节点构成的以自组织模式工作的 WSN 具有如下的局限性。

7. 能量的有限性

WSN 中的传感器节点体积微小，一般依赖能量有限的电池供电。其特殊的应用领域和大规模的应用数量，决定了在使用过程中无法对其进行能量更新，一旦电池耗尽该节点便随即"死亡"。因此，在 WSN 设计过程中如何提高能量使用效率、延长节点生命周期，是需要考虑的首要因素。

8. 硬件资源的有限性

WSN 对传感器节点这种需要大规模部署的微型嵌入式系统的要求非常高，包括体积小、价格低、功耗小等。受这些要求的限制，传感器节点的计算能力、程序空间和内存空间非常有限，同时面向 WSN 的算法设计也要尽可能简单，易于在传感器节点上实现。

9. 通信能力的有限性

由于无线通信所需能量与通信距离的 n 次方成正比，所以随着通信距离的增加，WSN 中传感器节点的能耗将急剧增加。受能量因素的约束，节点必须在满足通信畅通和生命周期正常的条件下考虑提高通信距离。同时，受外界地理条件、自然环境等的影响，无线通信性能可能经常变化，会频繁出现通信中断等现象，这也使 WSN 的通信能力受到很大的限制。

1.2 无线传感器网络的网络结构

无线传感器网络是一种大规模自组织网络。在无线传感器网络中，传感器节点大量部署在感知对象区域内部或附近，这些节点通过自组织方式构成无线网络，以协作的方式感知、采集和处理网络覆盖区域中特定的信息，可以实现在任意时间对任意地点的信息进行采集、处理和分析。这种以自组织形式构成的网络，通过多跳中继方式将数据传回基站节点，最后借助汇聚节点（又称基站节点）链路将整个区域内的数据传送到远程控制中心进行集中处理。广义的无线传感器网络主要包括分布式传感器节点、汇聚节点、互联网和用户界面等。如图 1-1 所示为广义的无线传感器网络构架。

无线传感器网络中内部节点只能在很小的范围进行无线通信，汇聚节点的处理能力、存储能力和通信能力相对比较强，它连接传感器网络与 Internet 等外部网络，实现两种协议栈之间的通信协议转换，同时发布管理节点的监测任务，并把收集的数据转发到外部网络上。

传感器节点通常是一个微型的嵌入式系统，通过携带能量有限的电池供电，因此，节点的数据处理、存储和通信等能力相对较弱。从网络功能上看，每个传感器节点具有数据采集、处理和收发等功能，部分节点除了进行本地信息收集和数据处理

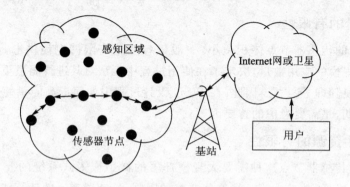

图1-1 广义的无线传感器网络构架

外,还要对其他节点转发来的数据进行存储和管理等操作,同时兼顾路由的功能。

通常所说的无线传感器网是指狭义的无线传感器网,主要针对无线传感器网络中内部节点之间的网络结构。狭义的传感器网络主要包括传感器节点、网络协议和网络拓扑结构等。

1.2.1 传感器节点

传感器节点由传感器模块(包括传感器和数模转换功能模块)、处理器模块(包括CPU、存储器、嵌入式操作系统等)、无线通信模块和能量供应模块四部分组成。传感器模块负责监测区域内信息的采集和数据转换;处理器模块负责控制整个传感器节点的操作,存储本身采集的数据以及其他节点发来的数据;无线通信模块负责与其他传感器节点进行无线通信,交换控制信息和收发采集数据;能量供应模块为传感器节点提供运行所需的能量,通常采用微型电池。如图1-2所示为无线传感器节点的典型框图。

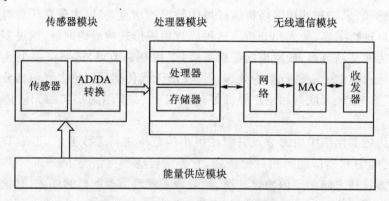

图1-2 无线传感器节点的典型框图

1.2.2 网络协议

无线传感器网络具有二维结构,即横向的通信协议层和纵向的传感器网络管理面,如图1-3所示。通信协议层可以分为物理层、链路层、网络层、传输层和应用层;而网络管理面可以分为能量管理平台、移动管理平台以及任务管理平台。这些管理平台使得传感器节点能够按照低功耗、高效率的方式协同工作,在节点移动的传感器网络中转发数据,并支持多任务和资源共享。

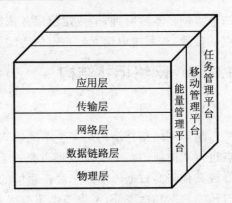

图1-3 无线传感器网络协议栈结构图

1. 物理层

物理层主要负责无线射频数据的调制与收发,其设计将直接影响到电路的复杂度和能耗。无线传感器网络的传输介质可以是无线电、红外或者光介质,实际中大量采用的是基于无线电的射频电路。

2. 数据链路层

数据链路层负责数据流的多路复用、数据帧检测、媒体介入和差错控制,以保证无线传感器网络中节点之间的链接。

3. 网络层

传统的Ad Hoc网络多基于点对点的通信。而为了增加路由可达度,并考虑到无线传感器网络的节点并非很稳定,在传感器节点中多数使用广播式通信。路由算法也基于广播方式进行优化。此外,与传统的Ad Hoc网络路由相比,无线传感器路由算法在设计时需要特别考虑能耗问题。在无线传感器网络中人们只关心某个区域的某个观察指标的值,而不会去关心某个具体节点的观测数据,而传统网络传送的数据是和节点的物理地址联系起来的。以数据为中心的特点要求无线传感器网络能够脱离传统网络的寻址过程,快速有效地组织起各个节点的信息并融合提取出有用信息直接传送给用户。

4. 传输层

传输层负责数据流的传输控制,协作维护数据流,是保障通信质量的重要部分。无线传感器网络的计算资源和存储资源都十分有限,而且通常数据传输率并不是很高。最为熟知的传输控制协议(TCP)是一个基于全局地址的端到端传输协议,对于无线传感器网络而言,TCP协议的数据确认机制需要大量消耗存储器。因此适合于无线传感器网络的传输层协议会更类似于UDP。

5. 应用层

应用层基于检测任务。在应用层上可开发和使用不同的应用层软件。无线传感器网络的应用支撑服务包括时间同步和节点定位。其中,时间同步服务为协同工作的节点同步本地时钟;节点定位服务依靠有限的位置已知节点(信标)来确定其他节点的位置,在系统中建立起一定的空间关系。

1.2.3 网络拓扑结构

1. 星形网

星形网络拓扑结构是一个单跳(single-hop)系统,网络中所有节点都与汇聚节点进行双向通信。汇聚节点可以是一台 PC、PDA、专用控制设备、嵌入式网络服务器或其他与高数据传输速率设备通信的网关,网络中各节点基本相同。除了向各节点传输数据和命令外,汇聚节点还与因特网等更高层系统之间传输数据。各节点将汇聚节点作为一个中间点,相互之间并不传输数据和命令。在各种无线传感器网络中,星形网整体功耗最低,但节点与汇聚节点间传输距离有限,通常 ISM 频段的传输距离为 10~30 m。如图 1-4 所示为星形网络拓扑结构图。

2. Mesh 网

Mesh 网状拓扑结构如图 1-5 所示,是多跳(即多次中继)系统,其中所有无线传感器节点都相同,而且直接相互通信,与汇聚节点进行数据传输和命令传输。多跳网状系统比星形网的传输距离远得多,但功耗也更大,因为节点必须一致"监听"网络中某些路径上的信息和变化。

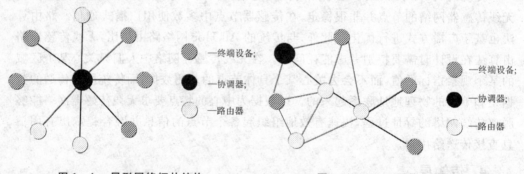

图 1-4　星形网络拓扑结构　　　　图 1-5　Mesh 网络拓扑结构

3. 混合网

混合网如图 1-6 所示,力求兼具星形网的简洁和低功耗以及 Mesh 网的长传输距离和自愈等优点。在混合网中,路由器和中继器组成网状结构,而无线传感器节点则在其周围呈星形分布。中继器扩展了网络传输距离,同时提供了容错能力。由于无线传感器节点可与多个路由器或中继器通信,因此当某个中继器发生故障或某条无线链路出现干扰时,网络可在其他路由器周围进行自组。

第1章 无线传感器网络及通信标准简介

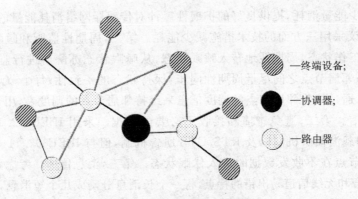

图1-6 混合网网络拓扑结构

1.3 无线传感器网络的关键技术

无线传感器网络是信息感知与采集和计算模式的一场革命,它作为一个全新的研究领域,在基础理论研究和工程技术研究两个层面上给科技工作者带来了大量的挑战性研究课题。影响无线传感器网络性能的关键技术包括网络协议、网络安全、能量管理、数据融合、移动管理、扩展性和健壮性等。

1. 网络协议

降低能量消耗是无线传感器网络设计中要考虑的最重要方面,而经研究显示,路由协议和MAC协议对于无线通信模块的能量消耗起着关键作用。

(1) MAC层协议

同所有共享介质的网络一样,无线传感器网络的MAC协议的主要目标是使节点公平、有效地共享无线信道,避免多个节点同时发送数据产生冲突。通常主要有固定分配和随机访问两种使用无线信道的类型。

在DEANA(Distributed Energy - Aware Node Activation)协议中将帧分为调度访问部分和随机访问部分。调度访问部分由多个时隙组成,某个时隙协商为特定节点发送数据的时间,其他节点在该时隙内处于接收状态或者睡眠状态。为了进一步节省能量,每个时隙又细分为前部的控制部分和后部的数据部分,如果节点在其他节点的发送时隙内有数据需要发送,则在时隙的控制部分发出控制消息,指出接收数据的节点ID,然后在时隙的数据部分发送出数据。在控制部分,所有节点处于接收状态,如果节点不是数据接收者,则可以在随后的数据发送部分进入睡眠状态,以减少接收不需要的数据。与传统的TDMA协议相比,DEANA协议在节点得知不需要接收数据时进入睡眠状态,能够部分解决接收不必要数据的过度监听(overhearing)问题。但是,DEANA协议需要所有节点的帧同步,不能很好地支持节点移动,可扩展性差。

S - MAC(Sensor - MAC)协议是基于竞争的随机访问MAC协议,其设计的主要目标是减少能量消耗,提供良好的扩展性。针对传感器网络消耗能量的主要环节,S-MAC协议采用三方面的技术措施减少能耗。第一,周期性监听和睡眠。每个节点独立调度工作状态,周期性地转入睡眠状态,从睡眠状态苏醒后进行监听,判断是否需要通信;邻居节点之间尽量周期性同步,保持状态的一致性;每个节点广播自己的调度信息,通过接收邻居节点的调度信息来维持邻居节点的调度表,用于非同步节点之间的通信。第二,避免碰撞和接收不必要的数据。采用IEEE802.11——2003的虚拟/物理载波侦听机制以及RTS/CTS通告机制,但与IEEE802.11——2003协议不同的是节点在不收发数据时进入休眠状态。第三,消息传递。考虑到传感器网络的数据融合和无线信道易出错的特点,将一个长消息分割成几个短消息,利用RTS/CTS机制一次预约发送整个长消息的时间,连续发送由长消息分割成的多个短消息。

(2) 路由协议

针对传感器网络的特点与通信需求,网络层需要解决通过局部信息来决策并优化全局行为(路由生成与路由选择)的问题。衡量无线传感器网络路由性能的一个重要指标就是是否合理地使用网络中各个传感器节点的有限能量,使得网络保持连通性的时间更长。由于传感器节点间存在冗余信息,路由机制通常与数据融合结合在一起,传输路径上中间节点在转发数据之前进行数据融合。下面介绍基于层次性的典型传感器网络路由机制。

LEACH(Low Energy Adaptive Clustering Hierarchy)是基于分簇的层次性路由,包括周期性的簇建立阶段和稳定的数据传输阶段,稳定的数据传输阶段要远大于分簇建立阶段以减小分簇带来的开销。在分簇建立阶段,相邻节点间动态地自动形成簇,节点等概率地随机成为簇首。在数据通信阶段,簇内节点把数据发送给簇首,簇首进行数据融合并把结果发送给汇聚点。由于簇首需要完成数据融合、与汇聚点通信等工作,簇首的能量消耗非常高,所以各节点需要等概率地担任簇首,这样才能使网络中所有节点比较均衡地消耗能量,有利于延长整个网络的生存期。LEACH协议的特点是分层和数据融合,分层利于网络的扩展性,数据融合能够减少通信量。

TEEN(Threshold sensitive Energy Efficient sensor Network protocol)路由协议把传感器网络分为节点周期性发送信息的主动网络(Proactive Network)和及时监测突发事件的反应网络(Reactive Network)。在反应网络中,人们只对属性值高于给定阈值的数据感兴趣。TEEN协议是应用于反应网络的对LEACH协议的改进,其核心操作过程为:在簇首选取后,簇首会把绝对阈值和相对阈值两个参数广播给其他成员。传感器节点持续地采集数据,当采集的数据第一次大于绝对阈值时,节点把数据记录下来,同时发送给簇首;在以后的时间内,这个节点只有满足采集的数据大于绝对阈值,而且与前一次记录结果之差大于相对阈值时,才对数据进行记录并发送给簇首。TEEN协议的改进有两个好处:第一,对于突发事件能够及时响应;第二,对于持续的突发事件,相邻两次数据之差在不大于阈值时,无需不断地发送数据,减少了通信流量。

2. 网络安全

安全是系统可用的前提,即需要在保证通信安全的前提下,降低系统能耗,研究节能的安全算法。由于无线传感器网络受到的安全威胁与 Ad Hoc 网络不同,所以现有的网络安全机制无法应用于本领域,需要开发专门协议。目前存在两种思路:一种是从维护路由安全的角度出发,寻找尽可能安全的路由以保证网络的安全;另一种是把重点放在安全协议方面,提出一个安全解决方案将为这类安全问题带来一个普适模型。

3. 能量管理

传感器节点的电源能量极其有限,网络中的传感器节点由于电源能量的原因经常失效。电源能量约束是阻碍传感器网络应用的严重问题,商品化的无线发送接收器电源远远不能满足传感器网络的需要。因此,需要研究如何在网络工作过程中节省能源和在完成任务的前提下尽可能延长整个网络系统的生存期等问题。

4. 数据融合

数据融合是将多份数据或信息进行综合,以获得更符合需要的结果的过程。数据融合应用在传感器网络中,可以在汇聚数据的过程中减少数据传输量,提高信息的精度和可信度以及网络收集数据的整体效率。应用层可以利用分布式数据库技术,对采集到的数据进行逐步筛选;网络层的很多路由协议均结合了数据融合机制,以期减少数据传输量;此外,还有研究者提出了独立于其他协议层的数据融合协议层,通过减少 MAC 层的发送冲突和头部开销达到节省能量的目的,同时又不以损失时间性能和信息的完整性为代价。在传感器网络设计中,只有面向应用需求设计针对性强的数据融合方法,才能最大程度的获益。

5. 移动管理

这个问题实质上就是没有无线基础设施的无线传感器网络中的节点查询问题。对于资源受限的无线传感器网络,最简单的资源查询方式——全局泛洪法显然不合适,需要研究更有效的资源查询方法。

6. 扩展性

在无线传感器网络应用中,网络的覆盖区域可能不同,节点的个数也在变化。如网络开始部署时,节点比较密集、个数多,随着部分节点的电源耗尽,节点密度降低,个数减少,这就要求网络具有很好的扩展性,能够动态地适应网络规模和节点个数的变化,保证网络应用的需求。

7. 健壮性

传感器网络特别适合部署在恶劣环境或人类不宜到达的区域,这些区域的环境条件往往非常差,如可能工作在露天环境中,遭受太阳的暴晒或风吹雨淋,甚至人类或动物的破坏。传感器节点的部署往往是随机的,如通过飞机或炮弹部署。这些都要求传感器节点非常坚固,不易损坏,适应各种恶劣环境条件。由于监测区域环境的限制以及传感器节点数目巨大,不可能人工"照顾"每个传感器节点,网络的维护十分困难甚至不可维护。因此,传感器网络的软硬件必须具有健壮性和容错性。

1.4 无线传感器网络的应用

无线传感器网络的典型应用模式可分为两类:一类是传感器节点监测环境状态的变化或事件的发生,将发生的事件或变化的状态报告给管理中心;另一类是由管理中心发布命令给某一区域的传感器节点,传感器节点执行命令并返回相应的监测数据。与之对应的无线传感器网络中的通信模式也有两种:一是传感器将采集到的数据传输到管理中心,称为多到一通信模式;二是管理中心向区域内的传感器节点发送命令,称为一到多通信模式。前一种通信模式的数据量大,后一种则相对较小。

无线传感器网络有着广阔的应用前景,被认为是将对21世纪产生巨大影响力的技术之一。已有和潜在的传感器应用领域包括军事侦察、环境监测、医疗和建筑物监测等。随着传感器、无线通信和计算机等技术的不断发展和完善,各种无线传感器网络将遍布人们的生活环境,从而真正实现"无处不在的计算"。

1. 军事应用

WSN具有可快速部署、可自组织、隐蔽性强和高容错性的特点,非常适合在军事上应用。利用WSN能够实现对敌军兵力和装备的监控、战场的实时监视、目标定位、战场评估、核攻击和生物化学攻击的监测和搜索等功能。通过飞机或炮弹直接将传感器节点播撒到敌方阵地,就能够非常隐蔽且准确地收集战场信息,如图1-7所示。

无线传感器网络还可以为制导系统提供准确的目标定位信息。网络嵌入式系统技术(Network Embedded System Technology,NEST)战场应用实验是美国国防高级研究计划局主导的一个项目,它应用了大量的微型传感器、先进的传感器融合算法以及自定位技术等方面的成果。2003年,该项目成功地验证了能够准确定位敌方狙击手的无线传感器网络技术,它采用多个廉价的音频传感器协同定位敌方射手,并标识在所有参战人员的个人计算机中,三维空间的定位精度可达到1.5 m,甚至能显示出敌方射手采用跪姿和站姿射击的差异。

2. 农业及环境应用

无线传感器网络的农业及环境应用包括:对影响农作物的环境条件的监控(精细农业监控),对鸟类、昆虫等小动物的运动进行追踪,对海洋、土壤、大气成分的探测,

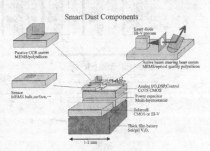

图 1-7　无线传感网在军事上的应用

森林防火监测、污染监控、降雨量监测、河水水位监测以及洪水监测等。在环境监测中，可以监测大气成分的变化，从而对城市空气污染进行监控；可以监测土壤成分的变化，为农作物的培育提供依据；可以检测降雨量和河水水位的变化，实现洪水预报；可以监测空气温度和湿度的变化，实现森林大火的预警；在生物学研究中，可以跟踪候鸟等的迁移，实现动物栖息地的监控。无线传感网在农业上的应用如图 1-8 所示。

3. 医疗护理

随着室内网络普遍化，无线传感器网络在医疗研究、护理领域也大展身手。主要的应用包括远程健康管理、重症病人或老龄人看护、生活支持设备、病理数据实时采集与管理以及紧急救护等。借助于各种医疗传感器网络，人们可以享受到更方便、更舒适的医疗服务。如远程健康监测，通过在老年人身上佩戴一些监控血压、脉搏、体温等的微型无线传感器，并通过住宅内的传感器网关，医生就可以在医院里远程了解这些老年人的健康状况。

在病变器官观察方面，通过在人体器官内植入一些微型传感器，可以随时观测器官的生理状态，发现器官的功能恶化，及时采取治疗措施从而挽救病人生命。但是推广这种想法前还需要突破许多技术瓶颈：如这些医疗传感器必需非常安全；工作能源要从人体自动获取；系统稳定、基本不需维护。无线传感网在医疗上的应用如图 1-9 所示。

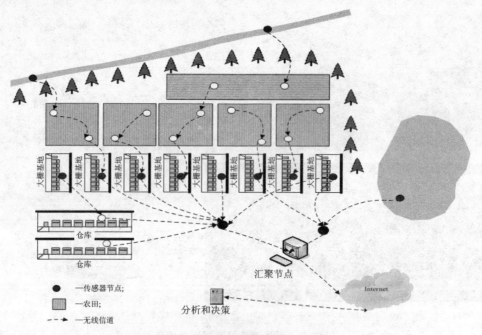

图 1-8 无线传感网在农业上的应用

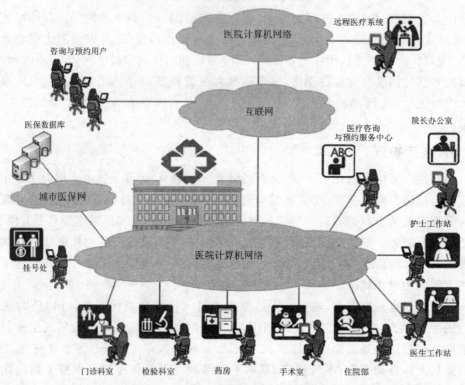

图 1-9 无线传感网在医疗上的应用

4. 智能家居

智能家居系统的设计目标是将住宅中各种家居设备联系起来,使它们能够自动运行,相互协作,为居住者提供尽可能多的便利和舒适。在家电和家具中嵌入传感器节点,通过无线网络与 Internet 连接在一起,将为人们提供更加舒适、方便和更具人性化的智能家居环境。利用远程监控系统,可完成对家电的远程遥控。无线传感网在智能家居系统中的应用如图 1-10 所示。

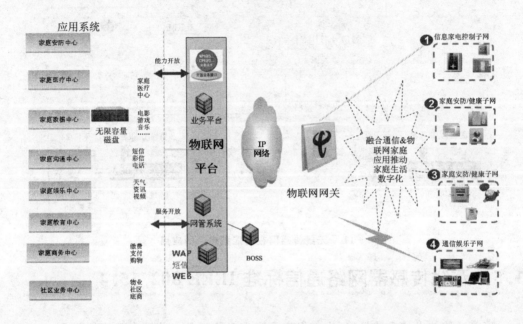

图 1-10　无线传感网在智能家居系统中的应用

5. 智能城市应用

智能城市监测系统采用声音、图像、视频、温度、湿度等传感器,节点部署于十字路口周围,部署于车辆上的节点还包括 GPS 全球定位设备。汇聚节点可以安装在路边立柱、横杠等交通设施上,网关节点可以集成在交叉路口的交通信号控制器内,专用传感器终端节点可以填埋在路面下或者安装在路边,道路上的运动车辆也可以安装传感器节点动态加入传感器网络。通过信号控制器的专有网络,将所采集到的数据发送到交管中心作进一步处理。无线传感网在智能城市中的应用如图 1-11 所示。

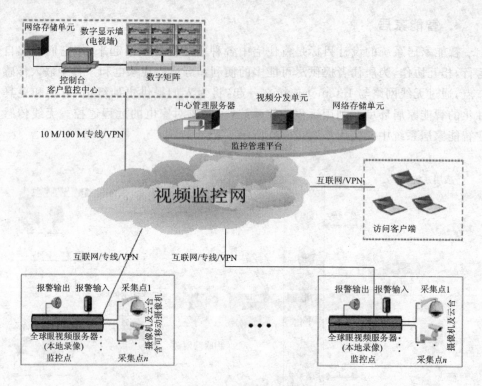

图 1-11　无线传感网在智能城市中的应用

1.5　无线传感器网络通信标准 IEEE 802.15.4

随着通信技术的迅速发展，人们提出了在自身附近几米范围内通信的要求，因此就出现了个人区域网络(Personal Area Network，PAN)和无线个人区域网络(Wireless Personal Area Network，WPAN)的概念。WPAN 为近距离范围内的设备建立无线连接，把几米到几十米范围内的多个设备通过无线方式连接在一起，使它们可以相互通信甚至接入 LAN 或者 Internet。

IEEE 802.15.4 是 IEEE 针对低速率无线个人区域网(Low-Rate Wireless Personal Area Networks，LR-WPAN)制定的无线通信标准。该标准把低能量消耗、低速率传输和低成本作为主要目标，旨在为个人或者家庭内不同设备之间低速率无线互联提供统一标准。该标准定义的 LR-WPAN 的特征与无线传感器网络有很多相似之处，很多研究机构也把它作为无线传感器网络的通信标准。

1.5.1　IEEE 802.15.4 的主要特点

IEEE 802.15.4 包括用于低速无线个人区域网(LR-WPAN)的物理层和媒体接入控制层(MAC 层)两个规范。它能支持功率消耗最少且一般在个人活动空间

(10 m 直径或更小)工作的简单器件。IEEE 802.15.4 支持两种网络拓扑,即单跳星形拓扑及当通信线路超过 10 m 时的多跳对等拓扑,但是对等拓扑的逻辑结构由网络层定义。LR－WPAN 中的器件既可以使用 64 位 IEEE 地址,也可以使用在关联过程中指配的 16 位短地址。下面详细介绍 IEEE 802.15.4 的主要特点。

1. 工作频段和数据速率

IEEE 802.15.4 工作在工业科学医疗(ISM)频段,定义了两种物理层,即 2.4 GHz 频段物理层和 868/915 MHz 频段物理层。两种物理层都基于直接序列扩频(Direct Sequence Spread Spectrum,DSSS),使用相同的物理层数据包格式,区别在于工作频率、调制技术、扩频码片长度和传输速率不同。在 IEEE 802.15.4 中,总共分配了 27 个具有三种速率的信道:在 2.4 GHz 频段有 16 个速率为 250 kbps 的信道,在 915 MHz 频段有 10 个 40 kbps 的信道,在 868 MHz 频段有 1 个 20 kbps 的信道。2.4 GHz 的物理层通过采用高阶调制技术有助于获得更高的吞吐量、更小的通信时延和更短的工作周期,从而更加省电。由于在 868 MHz 和 915 MHz 这两个频段上无线信号传播损耗较小,因此可以降低对接收机灵敏度的要求,获得较远的有效通信距离,从而可以用较少的设备覆盖给定的区域。

2. 支持简单器件

IEEE802.15.4 低速率、低功耗和短距离传输的特点使它非常适合支持简单器件。在 IEEE 802.15.4 中定义了 14 个物理层基本参数和 35 个媒介接入控制层基本参数,仅为蓝牙的 1/3,这使它非常适用于存储能力和计算能力有限的简单器件。在 IEEE 802.15.4 中定义了两种器件:全功能器件(FFD)和简化功能器件(RFD)。对全功能器件,要求它支持所有的 49 个参数;而对简化功能器件,在最小配置时只要求它支持 38 个基本参数。一个全功能器件能够与简化功能器件和其他全功能器件通话,可以按三种方式工作,即用作个人区域网协调器、协调器或器件。而简化功能器件只能与全功能器件通话,仅用于非常简单的应用。

3. 信标方式和超帧结构

IEEE 802.15.4 可以工作于信标使能方式或非信标使能方式。在信标使能方式中,协调器不定期地广播信标,以达到相关器件同步及其他目的。在非信标使能方式中,协调器不是定期广播信标,而是在器件请求信标时向它单播信标。在信标使能方式中使用超帧结构,超帧结构的格式由协调器来定义,一般包括工作部分和任选的不工作部分。

4. 数据传输和低功率

在 IEEE 802.15.4 中,有三种不同的数据转移:从器件到协调器、从协调器到器件以及在对等网络中从一方到另一方。为了突出低功耗的特点,把数据传输分为以下三种方式:

(1) 直接数据传输

直接数据传输适用于以上所有三种数据转移。是采用载波侦听多址接入冲突避免(CSMA-CA)机制还是基于时隙的 CSMA-CA 机制,要视使用非信标使能方式还是信标帧使能方式而定。

(2) 间接数据传输

间接数据传输仅适用于从协调器到器件的数据转移。在这种方式中,数据帧由协调器保存在事务处理列表中,等待相应的器件来提取。通过检查来自协调器的信标帧,器件就能发现在事务处理列表中是否挂有一个属于它的数据分组。有时在非信标帧方式中也可能发生间接数据传输。在数据提取过程中也使用非时隙的 CSMA-CA 机制或时隙的 CSMA-CA 机制。

(3) 有保证时隙(GTS)数据传输

GTS 数据传输仅适用于器件与其协调器之间的数据转移,既可以从器件到协调器,也可以从协调器到器件。在 GTS 数据传输中不需要载波侦听。

低功耗是 IEEE 802.15.4 最重要的特点。因为对依靠电池供电的简单器件而言,更换电池的花费相对于器件本身的成本来说太高。在有些应用(如嵌在汽车轮胎中的气压传感器或高密度布设的大规模传感器网络)中,更换电池不仅麻烦,而且不可行。所以在 IEEE 802.15.4 的数据传输过程中引入了几种延长器件电池寿命或节省功率的机制,多数是基于信标使能的方式,主要是限制器件或协调器之收发信机的开通时间,或者在无数据传输时使它们处于休眠状态。

5. 安全性

安全性是 IEEE 802.15.4 的另一个重要问题。为了实现灵活性并支持简单器件,IEEE 802.15.4 在数据传输中提供了三级安全机制。第一级实际是无安全性方式,对于某种应用,如果安全性不重要或者上层已经提供足够的安全保护,器件就可以选择这种方式来转移数据。对于第二级安全性,器件可以使用接入控制清单来防止非法器件获取数据,在这一级不采取加密措施。第三级安全性在数据转移中采用属于高级加密标准(AES)的对称密码。AES 可以用来保护数据净荷和防止攻击者冒充合法器件,但它不能防止攻击者在通信双方交换密钥时通过窃听来截取对称密钥,为了防止这种攻击,可以采用公钥加密。

6. 自配置

IEEE 802.15.4 在媒介接入控制层中加入了关联和分离的功能,以达到支持自配置的目的。自配置不仅能自动建立起一个星形网,而且还允许创建自配置的对等网。在关联过程中可以实现各种配置,例如为个人区域网选择信道和识别符(ID)、为器件指配 16 位短地址以及设定电池寿命延长选项等。

1.5.2 物理层(PHY)规范

物理层定义了物理无线信道和 MAC 层之间的接口,提供物理层数据服务和物理层管理服务。物理层数据服务是从无线物理信道上收发数据,物理层管理服务维护一个由物理层相关数据组成的数据库。

1. 无线信道的分配

IEEE 802.15.4 规范的物理层定义了 3 个载波频段用于收发数据:分别为 868～868.6 MHz、902～928 MHz 和 2 400～2 483.5 MHz。在这 3 个频段上发送数据时,在使用的速率、信号处理过程以及调制方式等方面都存在一些差异,其中 2 400 MHz 频段的数据传输速率为 250 kbps,915 MHz 和 868 MHz 频段的数据传输速率分别为 40 kbps 和 20 kbps。

IEEE 802.15.4 规范定义了 27 个物理信道,信道编号从 0 到 26,每个具体的信道对应着一个中心频率,这 27 个物理信道覆盖了 3 个不同的频段。不同频段所对应的带宽不同,标准规定 868 MHz 频段定义了 1 个信道(0 号信道),915 MHz 频段定义了 10 个信道(1～10 号信道),2 400 MHz 频段定义了 16 个信道(11～26 号信道)。这些信道的中心频率定义如下:

$$f_c = 868.3 \text{ MHz}$$
$$f_c = 906 + 2 \times (k-1) \text{MHz} \quad k \in [1,0]$$
$$f_c = 2\,045 + 5 \times (k-1) \text{MHz} \quad k \in [11,26]$$

其中,k 为信道编号,f_c 为信道对应的中心频率。

2. 主要功能与参数

物理层功能相对简单,主要是在硬件驱动程序的基础上实现数据传输和物理信道的管理。数据传输包括数据的发送和接收,管理服务包括信道能量监测(Energy Detect,ED)、链路质量指示(Link Quality Indication,LQI)和空闲信道评估(Clear Channel Assessment,CCA)等。物理层模型如图 1-12 所示。其中,RF-SAP 是由驱动程序提供的接口,PD-SAP 是物理层提供给 MAC 层的数据服务接口,PLME-SAP 是物理层提供给 MAC 层的管理服务接口。物理层主要完成以下工作:激活/休眠无线收发设备、对当前频道进行能量检测、链路质量指示、为载波检测多址接入冲突避免(CSMA-CA)、进行空闲信道评估、频道选择以及数据的发送和接收等。

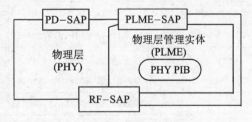

图 1-12 物理层模型

信道能量检测为上层提供信道选择的依据,主要是测量目标信道中接收信号的功率强度。该检测本身不进行解码操作,检测结果为有效信号功率与噪声信号功率之和。

链路质量指示为上层服务提供接收数据时无线信号的强度和质量信息,它要对检测信号进行解码,生成一个信噪比指标。

空闲信道评估判断信道是否空闲。IEEE 802.15.4 定义了三种空闲信道评估模式:第一种简单判断信道的信号质量,当信号质量低于某一门限时就认为信道空闲;第二种判断无线信号的特征,该特征包含扩频信号特征和载波频率两个方面;第三种是前两种模式的综合,同时检测信号强度和信号特征,以此判断信道是否空闲。

3. 调制及扩频

图 1-13 描述了 2.4 GHz 物理层调制及扩频功能模块。

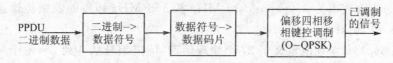

图 1-13　2.4 GHz 物理层调制及扩频功能模块

2.4 GHz 物理层将数据(PPDU)每字节的低四位与高四位分别映射组成数据符号(symbol),每种数据符号又被映射成 32 位伪随机码序列,如表 1-1 所列。数据码片序列采用半正弦脉冲形的偏移四相移相键控技术(O-QPSK)调制。对偶数序列码片进行同相调制,而对奇数序列码片进行正交调制。

表 1-1　数据符号—数据码片映射表

数据符号（十进制）	数据符号（二进制）	数据码片	数据符号（十进制）	数据符号（二进制）	数据码片
0	0000	11011001110000110101001000101110	8	1000	10001100100101100000111011111011
1	0001	11101101100111000011010100100010	9	1001	10111000110010110000011101111
2	0010	00101110110110011100001101010010	10	1010	01111011100011001001011000000111
3	0011	00100010111011011001110000110101	11	1011	11110111010110010010101100
4	0100	01010010001011101101100111000011	12	1100	00001110111011000110010010110
5	0101	00110101001000101110110110011100	13	1101	01100000111011101110001001001
6	0110	11000110101001000101110110110011	14	1110	10000011101111011000110001100
7	0111	10011100011010100100010111011011	15	1111	11001001011000001110111110111000

4. PPDU 格式

PPDU 报文数据由用于数据流同步的同步头(SHR)、含有帧长度信息的物理层报头(PHR)以及承载有 MAC 帧数据的净荷组成,如表 1-2 所列。

表 1-2　PPDU 格式

字节	1	1		可变
前同步码 (preamble)	帧定界符 (SFD)	帧长度 (7位)	保留 (1位)	物理层数据 (PSDU)
同步头 (SHR)		物理层报头 (PHR)		物理层净荷 (PHY payload)

表 1-2 中，前同步码域用来为后续数据的收发提供码片或数据符号的同步；帧定界符用来标识同步域的结束及报文数据的开始；帧长度域用 7 位定义物理层净荷的字节数；物理层数据域长度根据情况可变，承载了物理层报文数据，包含有 MAC 层数据帧。

1.5.3　媒介访问层(MAC)规范

MAC 层提供两种服务：MAC 层数据服务和 MAC 层管理服务。前者保证 MAC 协议数据单元在物理层数据服务中的正确收发；而后者从事 MAC 层的管理活动，并维护一个信息数据库。

IEEE 802.15.4 定义的 MAC 层协议提供数据传输服务(MCPS)和管理服务(MLME)，其逻辑模型如图 1-14 所示。其中，PD-SAP 是物理层提供给 MAC 层的数据服务接口；PLME-SAP 是物理层提供给 MAC 层的管理服务接口；MLME-SAP 是 MAC

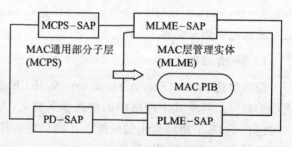

图 1-14　MAC 层参考模型

层提供给网络层的管理服务接口；MCPS-SAP 是 MAC 层提供给网络层的数据服务接口。MAC 层的数据传输服务主要是实现 MAC 数据帧的传输；MAC 层的管理服务主要有信道的访问、PAN 的开始和维护、节点加入和退出 PAN、设备间的同步实现以及传输事务管理等。

MAC 层的主要功能包括如下 7 方面：

① 网络协调者，产生并发送信标帧(beacon)；

② 设备与信标同步；

③ 支持 PAN 网络的关联(association)和取消关联(disassociation)操作；

④ 为设备的安全性提供支持；

⑤ 信道接入方式采用免冲突载波监测多路访问(CSMA-CA)机制；

⑥ 处理和维护保护时隙(GTS)机制；

⑦ 在两个对等的 MAC 实体之间提供一个可靠的通信链路。

关联操作是指一个设备在加入一个特定的网络中时,向协调器注册以及身份认证的过程。LR-WPAN 中的设备有可能从一个网络切换到另外一个网络,这时就需要进行关联和取消关联操作。

时隙保障机制和时分复用(Time Division Multiple Access,TDMA)机制相似,但时隙保障机制可以动态地为有收发请求的设备分配时隙。使用时隙保障机制需要设备间的时间同步,IEEE 802.15.4 中的时间同步通过"超帧"机制实现。

IEEE 802.15.4 基本上使用了和 IEEE 802.11 类似的 CSMA/CA 方式竞争信道,可以分为有信标网络(beacon-enabled network)与无信标网络(nonbeacon-enabled network)。无信标网络的协调器(coordinator)一直处在接受状态,在节点要传输信息时首先竞争信道,等通知协调器后,再发送数据给协调器。而有信标网络含有超帧(superframe)的结构,固定将信标及超帧分为 16 个槽(slots),超帧持续时间(Superframe Duration)与信标间距(Beacon Interval)依照协调器使用信标级数(Beacon Order,BO)及超帧级数(Superframe Order,SO)来控制,彼此的关系式为 $0 \leqslant SO \leqslant BO \leqslant 14$,如此可限制超帧持续时间会小于等于信标间距;协调器发送信标,除了用作同步化外,也包含网络相关信息等。超帧以有无使用保证时隙(Guaranteed Time Slots,GTS)来区别。有保证时隙的超帧可分为两部分,一是竞争存取周期(Contention Access Period,CAP),二是无竞争周期(Contention Free Period,CFP);而无保证时隙的超帧则全部是 CAP。

1. 超帧结构

超帧结构(Super Frame Structure)在 IEEE 802.15.4 LR-WPAN 中属于选择使用的部分。其格式由网络中的协调器来定义,大小边界由信标帧所设定,一个超帧结构包含了 16 个相同大小的时隙。在网络中的任何设备要同时传送数据时,会在竞争存取周期(CAP)采用 slotted CSMA/CA 机制去竞争信道。

超帧结构包含的另一部分叫做无竞争周期(CFP),该部分采用了保证时隙(GTS)机制,让在 CFP 中配置到 GTS 的设备可以不用竞争信道就可以直接发送数据。图 1-15 所示为无保证时隙的超帧结构。

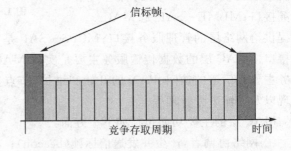

图 1-15 无 GTS 的超帧结构

2. 数据传送模式

IEEE 802.15.4 的数据传送有三种方式:一是终端器件传送数据到协调器;二是协调器传送数据到终端器件;三是在两个对等器件间传送数据。在星形网络中,仅有前两种传输模式,而在对等网络结构中,所有三种方式均有可能。

第1章 无线传感器网络及通信标准简介

(1) 数据传送到协调器

在信标使能方式(beacon-enable network)中,器件必须先去取得信标来与协调器同步,之后再使用 slotted CSMA/CA 方式传送数据。

在非信标使能方式中,器件简单的利用 unslotted CSMA/CA 方式来传送数据。

数据传送到协调器的流程如图1-16所示。

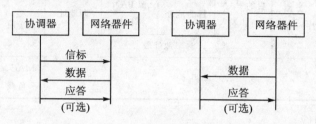

图1-16 数据传输到协调器

(2) 数据从协调器传出

在信标使能方式中,协调器会利用信标中的字段来告知有数据要传送,而终端器件则周期性的监听信标,如果自己是协调器传送的对象,则该器件利用 slotted CSMA/CA 机制将 MAC 命令请求控制信息传送给协调器。

在非信标使能方式中,终端器件利用 CSMA/CA 机制传送 MAC 命令请求控制信息给协调器,若协调器有数据要发送,则利用 CSMA/CA 方式传输。

数据从协调器传出的流程如图1-17所示。

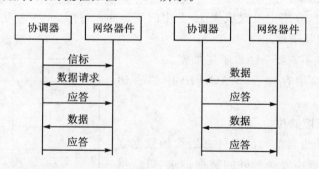

图1-17 数据从协调器传出

(3) 对等数据传送

在对等 PAN 中,任一器件都可同其射频传输范围内的其他器件通信。欲通信的器件要么定时接收,要么彼此完全同步。前者简单地使用 CSMA/CA 机制,后者需要实现同步。

3. MAC 层通用帧格式

MAC 帧格式是指 MAC 协议数据单元(MPDU)的格式,主要包括 MAC 帧头(MHR)、MAC 负载和 MAC 帧尾(MFR),如表1-3所列。帧头由帧控制、帧序列码和地址域组成,MAC 子层负载长度可变,具体内容由帧类型决定。帧尾是帧头和负载数据的 16 位循环冗余校验(CRC)序列。

表 1-3 MAC 帧的通用格式

字节:2	1	0/2	1/2/8	0/2	0/2/8	可 变	2
帧控制	序列号	目的 PAN 标识符	目的地址	源 PAN 标识符	源地址	净荷	帧校验
		地址域					
MAC 帧头						MAC 帧负载	MAC 帧尾

(1) 帧控制域

长度为 16 位,定义了帧类型、地址域及其他控制标志。帧控制域如表 1-4 所列。

表 1-4 MAC 帧的控制格式

位:0~2	3	4	5	6	7~9	10~11	12~13	14~15
帧类型	加密位	后续帧控制位	应答请求	同一 PAN 指示	保留	目的地址模式	保留	源地址模式

(2) 帧类型子域

长度为 3 位,应用中设置成表 1-5 中的某一非保留值。

(3) 加密控制子域

=0:当前帧不需要 MAC 子层加密。
=1:当前帧用存储在 MAC PIB 中的密钥加密。

(4) 后续帧控制位

=1:表明传输当前帧的器件有后续的数据要发送,因此接收器应发送额外的数据请求,以获得后续的数据。
=0:表明传输当前帧的器件没有后续的数据。

(5) 应答请求位

=1:接收器在确认收到的帧数据有效后,应当发送应答帧。
=0:接收器件不需要发送应答帧。

(6) 同一 PAN 指示

=1:表明当前帧是在同一 PAN 范围内,只需要目的地址与源地址,而不需要 PAN 标识符。
=0:表明当前帧不在同一 PAN 范围内,不仅需要目的地址与源地址,还需要源

表 1-5 帧类型子域值

帧类型值	描 述
000	信标帧
001	数据帧
010	应答帧
011	MAC 命令帧
100~111	保留

PAN 标识符与目标标识符。

(7) 目的地址模式子域

长度为 2 位,如果此子域值为 0 且帧类型子域表明此帧不是应答帧或信标帧,则源地址模式子域应当为非零,从而指出此帧是直接发送至源 PAN 标识符域所指定的 PAN 标识符所在的协调器。

(8) 源地址模式子域

长度为 2 位,如果此子域值为 0 且帧类型子域表明此帧不是应答帧或信标帧,则目的地址模式子域应当为非零,从而指出此帧是来自目的 PAN 标识符域所指定的 PAN 标识符所在的协调器。

(9) 序列号

长度为 8 位,为帧指定了唯一的序列标识号,仅当确认帧的序列号与上一次数据传输帧的序列号一致时,才能判断数据传输业务成功。

(10) 目的 PAN 标识符

长度为 16 位,指出接收当前帧的器件的唯一 PAN 标识符。如此值为 0xFFFF,则代表广播 PAN 标识符,所有当前频道的器件均可作为有效 PAN 标识符接收。

(11) 目的地址域

根据帧控制子域中目的地址模式,以 16 位短地址或 64 位扩展地址指出接收帧的器件地址。0xFFFF 代表广播短地址,可以被当前频道上的所有器件接收。

(12) 源 PAN 标识符

长度为 16 位,指出发出当前帧的器件的唯一 PAN 标识符。

(13) 源地址域

根据帧控制子域中源地址模式,以 16 位短地址或 64 位扩展地址指出发出帧的器件地址。

(14) 净 荷

MAC 帧要承载的上层数据。

(15) 帧校验序列

16 位循环冗余校验,通过帧的 MHR 及 MAC 净荷计算而得。帧校验序列(Frame Check Sequence,FCS)使用 16 次标准多项式生成:

$$G_{16} = x^{16} + x^{12} + x^5 + 1$$

具体的算法为:

- 用多项式 $M(x) = b_0 x^{k-1} + b_1 x^{k-2} + \cdots + b_{k-2} x + b_{k-1}$ 表示欲求校验和的序列 $b_0 b_1 \cdots b_{k-2} b_{k-1}$;
- 得到表达式 $x^{16} M(x)$;
- 用 $x^{16} M(x)$ 除以 G_{16},获得余数多项式,$R(x) = r_0 x^{15} + r_1 x^{14} + \cdots + r_{14} x + r_{15}$;
- FCS 域由余数多项式的系数组成。

4. MAC 层帧分类

一个数据帧使用哪种地址类型由帧控制字段的内容确定。由于在物理层数据帧中包含了表示 MAC 帧长度的字段,所以在 MAC 帧结构中没有表示帧长度的字段。MAC 负载长度可以通过物理层帧长度和 MAC 帧头的长度表示。IEEE 802.15.4 标准中共定义了四种类型的帧:信标帧、数据帧、确认帧和 MAC 命令帧。

(1) 信标帧

信标帧的负载数据单元由四部分组成:超帧描述字段、GTS 分配字段、待转发数据目的地址字段和信标帧负载数据。信标帧的结构见表 1-6。

表 1-6 信标帧结构

字节:2	1	4/10	2	K	M	N	2
帧控制	序列号	地址域	超帧描述字段	GTS分配字段	带转发数据目标地址	信标帧负载	帧校验
MAC 帧头			MAC 数据服务单元				MAC 帧尾

(2) 数据帧

数据帧用来传输上层发给 MAC 层的数据,其负载字段包含了上层需要传送的数据。数据负载传送至 MAC 层时,被称为 MAC 服务数据单元。其首尾被分别附加 MHR 头信息和 MFR 尾信息后,就构成了 MAC 帧。MAC 帧的长度不会超过 127 字节。数据帧结构见表 1-7。

表 1-7 数据帧结构

字节:2	1	4~20	N	2
帧控制	序列号	地址域	数据帧负载	帧校验
MAC 帧头			MAC 数据服务单元	MAC 帧尾

(3) 确认帧

如果设备收到目的地址为其自身的数据帧或 MAC 命令帧,并且帧的控制信息字段的确认强求位被置 1,则设备需要回应一个确认帧。确认帧的序列号应该与被确认帧的序列号相同,并且负载长度应该为零。确认帧紧接着被确认帧,不需要使用 CSMA/CA 机制竞争信道,确认帧的结构见表 1-8。

表 1-8 确认帧结构

字节:2	1	2
控制帧	序列号	帧校验
MAC 帧头		MAC 帧尾

(4) 命令帧

MAC 命令帧用于组建 WPAN 网络、传输同步数据等。目前定义好的命令帧主要完成三方面的功能:把设备关联到 PAN 网络、与协调器交换数据以及分配 GTS。

命令帧的具体功能由帧的负载数据表示。负载数据是一个变长结构,所有命令帧负载的第一个字节是命令类型字节,后面的数据针对不同的命令类型有不同的含义。命令帧结构见表 1-9。

表 1-9 命令帧结构

字节:2	1	4~20	1	N	2
帧控制	序列号	地址域	命令类型	数据帧负载	帧校验
MAC 帧头			MAC 数据服务单元		MAC 帧尾

1.6 本章小结

本章首先简要介绍了无线传感器网络的特点,接着介绍了无线传感器网络的体系结构和关键技术,列举了无线传感器网络在工农业及军事方面的应用,让读者对无线传感器网络有了基本的了解。IEEE 802.15.4 是针对无线传感器网络制定的一个标准,虽然在很多无线传感器网络应用中,MAC 协议与 IEEE 802.15.4 的规范不同,但是几乎所有的无线传感器网络节点都使用与该标准相同的物理层。读者可以参考 IEEE 802.15.4 规范,详细了解该标准。

第 2 章
TinyOS 开发环境的安装与配置

目前，TinyOS 能够在 Windows 与 Linux 两种操作系统下开发。为了在 Windows 平台下开发 TinyOS 程序，需要在 Windows 环境中创建虚拟机或者安装 Cygwin（类似 UNIX 的工作环境）。本章首先详细介绍 TinyOS-2.1.1 开发环境在 Windows XP 环境下的分步安装方法和自动集成安装过程，然后介绍 nesC 编译后的 C 文件的交叉编译工具 IAR Embedded WorkbenchFor 8051（简称 IAR EW8051）的安装过程，最后通过编译 TinyOS 应用程序测试开发环境的安装情况。

2.1 TinyOS-2.1.x 在 Winows 中的手动安装

TinyOS 软件包是专为无线传感器网络开发的开源操作系统，读者可以从 http://www.tinyos.net/网站上下载。下面介绍在 Windows XP 环境下分步安装 TinyOS-2.1.1 软件包的过程。硬件测试平台是基于 TI 公司的 CC2530 射频芯片，由于 TinyOS 的 nesC 编译后的 C 文件采用 IAR EW8051 进行交叉编译，所以只需安装 TinyOS 源码和工具包以及 IAR 的 C51 编译器即可。其中 IAR 的安装过程在后面章节进行介绍。

2.1.1 安装 Cygwin 平台

Cygwin 是一个在 Windows 平台上运行的 UNIX 模拟环境，是 Cygnus Solutions 公司开发的自由软件。它对于学习 UNIX/Linux 操作环境，或者从 Linux 移植应用程序到 Windows，或者进行某些特殊的开发工作，尤其是使用 gnu 工具集在 Windows 上进行嵌入式系统开发，非常有用。随着嵌入式系统开发在国内日渐流行，越来越多的开发者对 Cygwin 产生了兴趣。

TinyOS-2.x 必须在 UNIX/Linux 平台下安装和运行，因此，需要在 Windows 操作系统中虚拟类似环境，这就需要安装 Cygwin 平台。手动分步安装 Cygwin 的步

第 2 章　TinyOS 开发环境的安装与配置

骤如下[2]。

① Cygwin 的下载地址为 http://cone.informatik.uni-freiburg.de/people/aslam/cygwin-files.zip(光盘资料中的"..\emotenetSetup\setup\cygwin-files"目录下为下载后的安装包)。

② 解压后,双击 setup.exe 文件开始安装,选择从本地安装(Install from Local Directory),如图 2-1 所示。

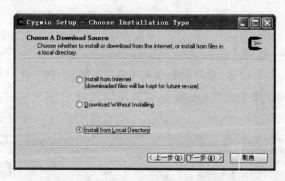

图 2-1　选择 Cygwin 的安装来源

③ 单击"下一步"按钮,进入安装目录选择界面,如图 2-2 所示。Cygwin 默认的安装路径为"C:\cygwin",由于本书 TinyOS 中的部分编译脚本变量使用了"C:\emotenet\cygwin"路径,所以安装路径需要改为"C:\emotenet\cygwin"。其他采用默认设置即可。

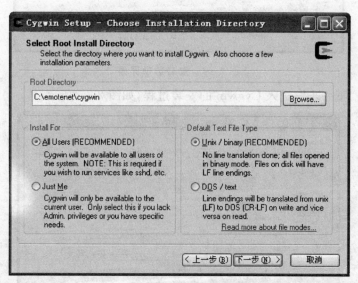

图 2-2　Cygwin 的安装路径

④ 单击"下一步"按钮,进入选择本地安装包源文件的本地存储路径界面。如图 2-3 所示。

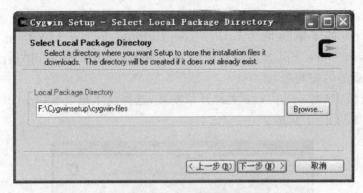

图 2-3　选择 Cygwin 的本地安装包的存储路径

⑤ 单击"下一步"按钮，进入安装包安装策略选择界面，Cygwin 安装版有 Keep、Prev、Curr 和 Exp 等选项，如图 2-4 所示。本书采用默认选项进行安装。

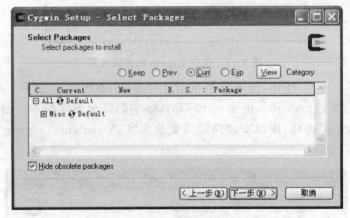

图 2-4　安装选项界面

⑥ 单击"下一步"，进入 Cygwin 的安装过程，如图 2-5 所示。

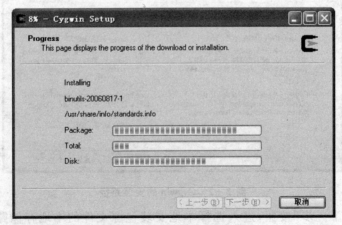

图 2-5　Cygwin 的安装界面

⑦ 在 Cygwin 安装完成之后，选中 Create icon On Desktop，在桌面添加指向 Cygwin 安装目录中的 Cygwin.bat 的快捷方式 Cygwin。单击"完成"按钮，完成 Cygwin 的安装，如图 2-6 所示。

图 2-6 Cygwin 的安装完成界面

Cygwin 的安装目录"C:\emotenet\cygwin"相当于 UNIX/Linux 环境的根目录，其目录结构如图 2-7 所示。

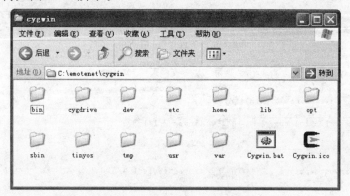

图 2-7 Cygwin 的目录结构

⑧ 单击桌面的 Cygwin 快捷方式，第一次启动 Cygwin 的界面如图 2-8 所示，表明 Cygwin 安装成功。

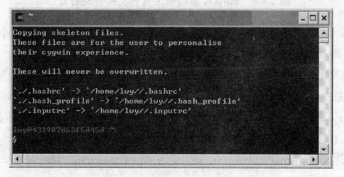

图 2-8 Cygwin 的首次启动界面

2.1.2 TinyOS 源码和工具包的安装

TinyOS 操作系统内核与应用程序采用 nesC 语言编译，所以在安装 TinyOS 之前，需要安装 nesC 编译工具。

① TinyOS 源码和工具包的下载地址如下：(光盘资料的"..\setup\tinyos"目录中已有下载后的源码和工具包)

TinyOS　　　　　http://tinyos.stanford.edu/tinyos-rpms/tinyos-2.1.1-3.cygwin.noarch.rpm

TinyOS-deputy　http://www.tinyos.net/dist-2.1.0/tinyos/windows/tinyos-deputy-1.1-1.cygwin.i386.rpm

TinyOS-tools　　http://tinyos.stanford.edu/tinyos-rpms/tinyos-tools-1.4.0-3.cygwin.i386.rpm

② 将下载后的源码和工具包文件复制到 Cygwin 的目录中。假设复制到"C:\emotenet\cygwin\tinyos"目录中，如图 2-9 所示。

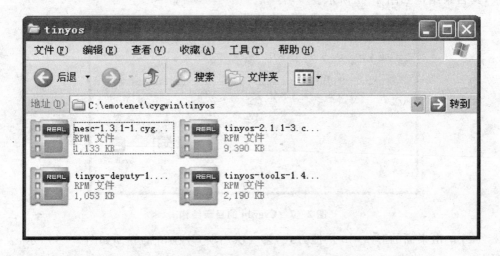

图 2-9　TinyOS 源码和工具包文件复制目录

③ 单击桌面的 Cygwin 快捷方式，进入 Cygwin 的根目录，然后利用 cd 命令进入 TinyOS 源码和工具包所在的目录，如图 2-10 所示。

④ 利用 UNIX/Linux 的 rpm 包安装命令安装 TinyOS 源码和工具包。在安装过程中，最好先安装 TinyOS 的工具包(rpm 的使用方法可参看 Linux 命令手册，或者在 Cygwin 环境下运行"man rpm"或"rpm - help"查看使用方法)。如图 2-11 所示为 TinyOS 工具包的安装界面。

rpm - Uvh -- ignoreos /tmp/nesc-1.3.1-1.cygwin.i386.rpm

rpm - Uvh -- ignoreos /tmp/tinyos-tools-1.4.0-3.cygwin.i386.rpm

第 2 章 TinyOS 开发环境的安装与配置

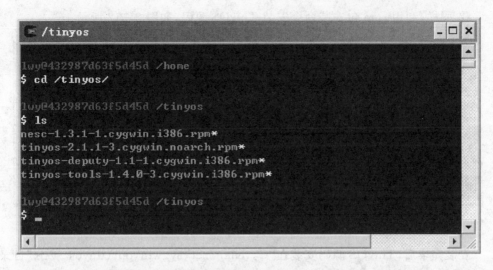

图 2 - 10 TinyOS 源码和工具包在 Cygwin 环境下的目录

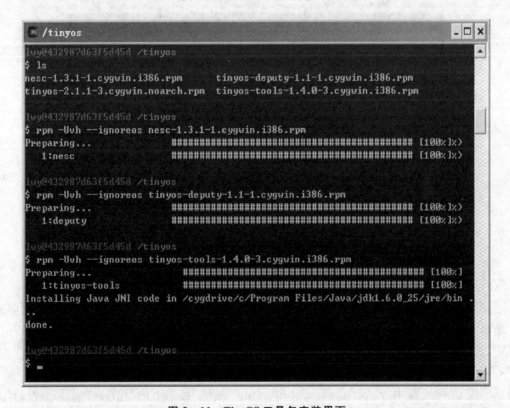

图 2 - 11 TinyOS 工具包安装界面

rpm - Uvh -- ignoreos /tmp/tinyos - deputy - 1.1 - 1. cygwin. i386. rpm

rpm - Uvh -- ignoreos /tmp/tinyosv2. 1. 1 - 3. cygwin. noarch. rpm

⑤ 同样,利用 rpm 包安装命令安装 TinyOS 源码,如图 2-12 所示。

图 2-12 TinyOS 源码安装界面

安装完毕后,TinyOS 源码安装在"C:\emotenet\cygwin\opt\tinyos-2.x"目录下,如图 2-13 所示。

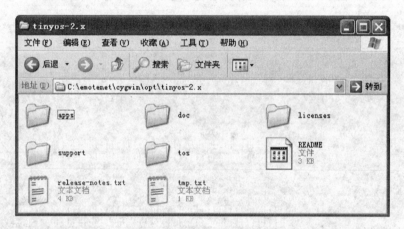

图 2-13 Tinyos 源码安装路径界面

2.1.3 TinyOS 补丁安装

为了在 TinyOS 源码中支持 CC253x 芯片系统的源码,作者已将 CC2530 底层驱动以及应用程序压缩包"tinyos-2.x.tar.gz"保存在"..\emotenetSetup\setup\wsn\"目录中,因此需要将光盘中"..\emotenetSetup\setup\wsn\"目录下的"tinyos-2.x.tar.gz"文件解压到 TinyOS 源码所在的"/opt/tinyos-2.x"目录中。

① 先将光盘中"..\emotenetSetup\setup\wsn\"目录下的"tinyos-2.x.tar.gz"复制到"/opt/"目录中,如图 2-14 所示。

② 在 Cygwin 环境中,利用 tar 解压"tinyos-2.x.tar.gz"压缩包,如图 2-15 所示。

第 2 章 TinyOS 开发环境的安装与配置

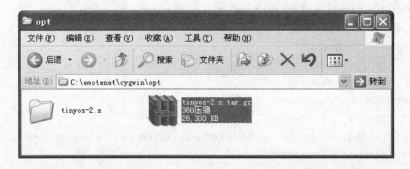

图 2-14 "tinyos-2.x.tar.gz"复制到 TinyOS 源码所在的"/opt/"目录下

图 2-15 解压"tinyos-2.x.tar.gz"压缩包

2.1.4 TinyOS 环境参数设置

同 Windows 应用程序编译一样，TinyOS 应用程序的编译同样需要一些环境变量。TinyOS-2.x 所需的环境变量如表 2-1 所列。

表 2-1 TinyOS-2.x 的环境变量配置

环境变量	Windows/Cygwin 系统	Linux 系统
TOSROOT	/opt/tinyos-2.x	同左
TOSDIR	/opt/tinyos-2.x/tos	同左
CLASSPATH	C:\cygwin\opt\tinyos-2.x\support\sdk\java\tinyos.jar;.	/opt/tinyos-2.x\support\sdk\java\tinyos.jar;.
MAKERULES	/opt/tinyos-2.x/support/make/Makerules	—

为了让 Cygwin 启动时自动设置 TinyOS-2.x 所需的环境变量，需要在"/etc/profile.d"目录下建立一个 tinyos.sh 的文件，读者可以将下面的代码保存成 tinyos.sh 文件。

```
# script for profile.d for bash shells, adjusted for each users
# installation by substituting /opt for the actual tinyos tree
# installation point.

echo "Setting for Emotenet..."
export TOSROOT="/opt/tinyos-2.x"
export TOSDIR="$TOSROOT/tos"
export CLASSPATH="cygpath -w $TOSROOT\support\sdk\java\tinyos.jar"
export CLASSPATH="$CLASSPATH;."
export MAKERULES="$TOSROOT/support/make/Makerules"
echo "Done."
```

2.1.5 TinyOS 其他工具包的安装

使用 Atmel AVR 和 TI MSP430 交叉编译器的读者需要将本地交叉编译工具安装在 Cygwin 环境中。具体安装过程如下：

① Atmel AVR 工具以及下载地址。

avr-binutils	http://www.tinyos.net/dist-2.1.0/tools/windows/avr-binutils-2.17tinyos-3.cygwin.i386.rpm
avr-gcc	http://www.tinyos.net/dist-2.1.0/tools/windows/avr-gcc-4.1.2-1.cygwin.i386.rpm
avr-libc	http://www.tinyos.net/dist-2.1.0/tools/windows/avr-libc-1.4.7-1.cygwin.i386.rpm
avarice	http://www.tinyos.net/dist-2.1.0/tools/windows/avarice-2.4-1.cygwin.i386.rpm
insight (avr-gdb)	http://www.tinyos.net/dist-2.1.0/tools/windows/avr-insight-6.3-1.cygwin.i386.rpm
iavrdude	http://www.tinyos.net/dist-2.1.0/tools/windows/avr-dude-tinyos-5.6cvs-1.cygwin.i386.rpm

② TI MSP430 工具包以及下载地址。

base	http://www.tinyos.net/dist-2.0.0/tools/windows/msp430tools-base-0.1-20050607.cygwin.i386.rpm
python tools	http://www.tinyos.net/dist-2.0.0/tools/windows/msp430tools-python-tools-1.0-1.cygwin.noarch.rpm
binutils	http://www.tinyos.net/dist-2.0.0/tools/windows/msp430tools-binutils-2.16-20050607.cygwin.i386.rpm
gcc	http://www.tinyos.net/dist-2.0.0/tools/windows/msp430tools-gcc-3.2.3-20050607.cygwin.i386.rpm

第 2 章　TinyOS 开发环境的安装与配置

libc　　　　　　http://www.tinyos.net/dist-2.1.0/tools/windows/msp430tools-libc-20080808-1.cygwin.i386.rpm

③ 与 TinyOS 源码和工具包的安装过程一样，先将工具包文件复制到 Cygwin 的一个目录下（如"C:\emotenet\cygwin\tmp"目录），如图 2-16 所示，然后利用 rpm 安装命令进行安装。这里不再进行重复。

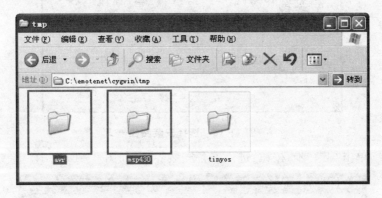

图 2-16　AVR 和 MSP430 工具包文件夹

2.2　TinyOS 自动集成安装过程

为了方便读者使用，作者利用 Windows 批处理文件的功能，将 Cygwin 平台、TinyOS 以及所有涉及到的相关工具的安装制成一个 MSI 安装包。具体安装步骤如下：

① 进入资料光盘中的"…\TinyOS\"目录，双击"emotenet.msi"安装文件，进入集成安装界面，如图 2-17 所示（注：必要时需关闭杀毒、防火墙软件）。

图 2-17　TinyOS 集成安装向导

② 单击"下一步"按钮，进入选择安装路径界面，如图 2-18 所示（注：由于本书中的 TinyOS 使用了部分脚本进行编译预处理，所以脚本中的部分变量使用了默认

安装路径)。

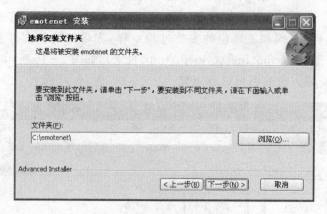

图 2-18　选择安装路径

③ 继续单击"下一步"按钮,进入准备安装界面,如图 2-19 所示。

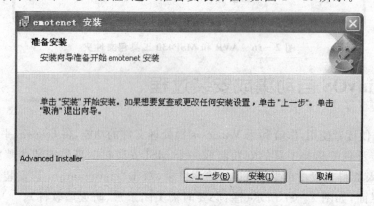

图 2-19　准备安装界面

④ 单击"安装"按钮,进入 TinyOS 的安装组件的复制和安装过程,如图 2-20 所示。

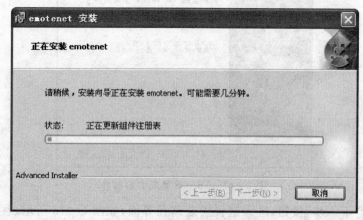

图 2-20　组件复制和安装过程

第 2 章　TinyOS 开发环境的安装与配置

⑤ 在 enmote 组件复制完成后,安装向导将开始安装 Cygwin 开发环境。Cygwin 的安装过程比较长,请勿随便终止安装过程。Cygwin 的安装过程如图 2-21 所示。

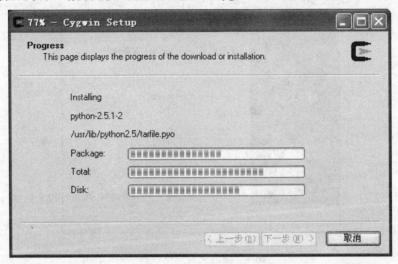

图 2-21　Cygwin 的安装过程

⑥ Cygwin 安装完成后,安装向导将自动安装 TinyOS 开发环境以及 nesC 编译器。安装完毕后,安装窗口将提示"按任意键继续…",如图 2-22 所示。

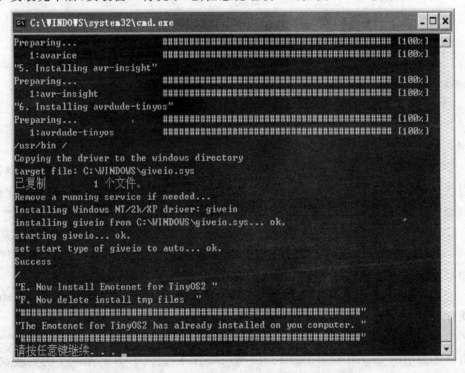

图 2-22　TinyOS 以及 nesc 编译器的安装过程

⑦ TinyOS 和 nesc 编译器安装完成后,单击任意键,进入安装完成界面,单击"完成"按钮,就完成了 TinyOS 开发环境的集成安装过程,如图 2-23 所示。

图 2-23 安装完成界面

2.3 安装 IAR EW8051 编译器

IAR Embedded Workbench(简称 EW)的 C/C++交叉编译器和调试器是目前最完整的和最容易使用的专业嵌入式应用开发工具。EW 对不同的微处理器提供一样直观的用户界面。现在的 EW 已经支持 35 种以上的 8 位/16 位/32 位 ARM 的微处理器结构。

EW 包括从代码编辑器、工程建立到 C/C++编译器、连接器和调试器的完整的集成开发工具集合。它和各种仿真器、调试器紧密结合,使用户在开发和调试过程中仅用一种开发环境界面就可以完成多种微控制器的开发工作。

EW 包括嵌入式 C/C++优化编译器、汇编器、连接定位器、库管理员、编辑器、项目管理器和 C-SPY 调试器。使用 IAR 的编译器可编译出最优化最紧凑的代码,节省硬件资源,最大限度地降低产品成本,提高产品竞争力。

EW8051 可以从 http://www.iar.com/ ew8051 下载评估试用版,资料光盘的"..\emotenetSetup\tools\ IAR\"目录中提供了本书使用的 EW8051-7.6 的评估试用版。EW8051 的安装步骤如下:

① 双击"…\emotenetSetup\tools\IAR\CD-EW8051-7601"目录下的自动运行文件 autorun.exe,如图 2-24 所示。

② 双击自动运行文件 autorun.exe 后,出现如图 2-25 所示的安装选择界面。单击该界面中的 Install IAR Embedded Workbench,进入 IAR EW8051 的安装欢迎界面。

第 2 章　TinyOS 开发环境的安装与配置

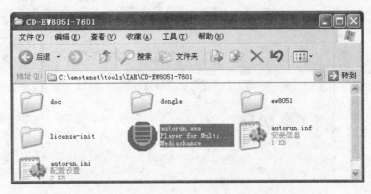

图 2-24　光盘资料中的 EW8051 安装资料

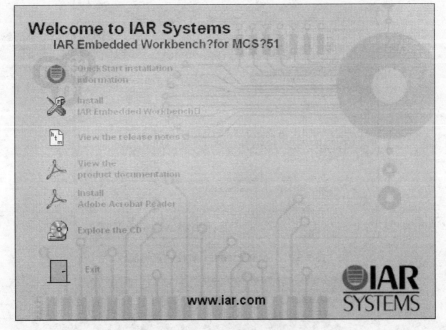

图 2-25　IAR EW8051 安装选择界面

③ 在 IAR EW8051 的安装欢迎界面中，单击 Next 按钮，如图 2-26 所示。

④ 在版权许可的界面中选中 I accept the terms of the license agreement 后单击 Next，如图 2-27 所示。

⑤ 在弹出的安装用户信息与认证界面中填写用户名、公司以及认证序列，如图 2-28 所示。

⑥ 正确填写后，单击 Next 进入安装密钥输入界面，填写由计算机的机器码和认证序列生成的序列密钥，如图 2-29 所示。

⑦ 输入正确的序列密钥后，单击 Next 进入安装类型选择界面，如图 2-30 所示。选择完全安装或是典型安装。默认为完全安装。

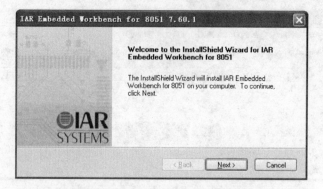

图 2-26　IAR EW8051 安装欢迎界面

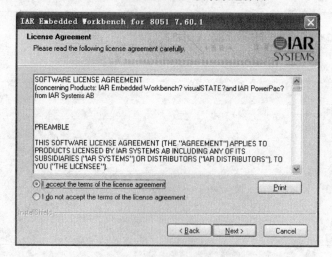

图 2-27　IAR EW8051 版权许可界面

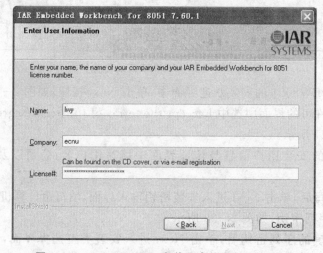

图 2-28　IAR EW8051 安装用户信息与认证界面

第 2 章　TinyOS 开发环境的安装与配置

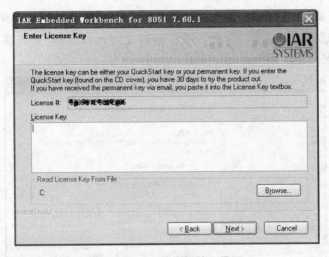

图 2-29　安装密钥输入界面

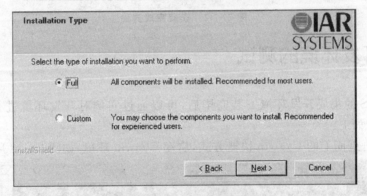

图 2-30　安装类型选择界面

⑧ 单击 Next 进入安装路径选择界面，如图 2-31 所示。由于 TinyOS 的编译脚本中的部分变量使用 IAR EW8051 的默认安装路径"C:\Program Files\IAR Systems\Embedded Workbench 5.4"，所以选择默认安装路径。

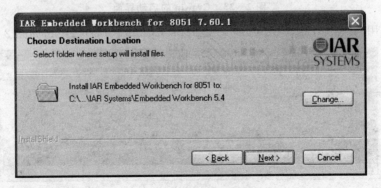

图 2-31　安装路径的选择

⑨ 后续安装使用默认选择,当进度到 100%时,将跳到安装完成界面,如图 2-32 所示。在此可选择查看 IAR 的介绍以及是否立即运行 IAR 开发集成环境。单击 Finish 完成安装。

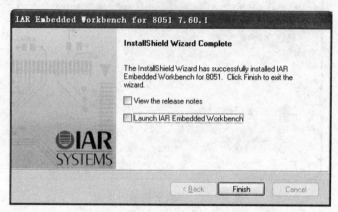

图 2-32　安装完成界面

2.4　开发环境的测试

TinyOS 的集成开发环境安装完毕后,可以通过实例对开发环境进行测试。具体测试步骤如下:

① 单击桌面上的 Cygwin 快捷方式,启动 Cygwin 环境,如图 2-33 所示。

图 2-33　Cygwin 的启动界面

② 利用 cd 命令,进入"tinyos-2.x/apps/CC2530/Test"目录,如图 2-34 所示。

图 2-34　CC2530 测试程序 Test 目录

③ 在"tinyos-2.x/apps/CC2530/Test"目录中利用 make enmote 命令编译 TinyOS 的 Test 应用程序。图 2-35 为开始编译时的截图,图 2-36 为编译成功的截图。

图 2-35 开始编译时的截图界面

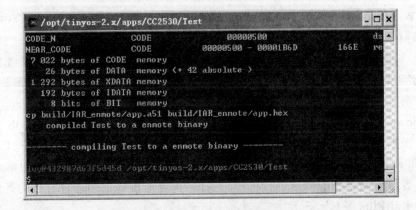

图 2-36 编译成功的截图

2.5 本章小结

TinyOS 2.0 能够在 Windows 与 Linux 两种操作系统下开发。本章重点介绍了 TinyOS-2.1.1 开发环境的安装与配置,主要包括 Cygwin 平台、TinyOS 源代码与工具包、交叉编译工具 IAR EW8051 以及开发平台驱动程序的安装过程。最后测试了 TinyOS 开发环境的安装情况,为后面几个章节的学习奠定基础。

第 3 章

TinyOS 在 Windows 环境下的集成开发工具

在 Windows 操作系统下开发 TinyOS 应用程序，需要借助类似 UNIX/Linux 工作环境的 Cygwin。Cygwin 是一个用于在 Windows 上模拟 Linux 环境的软件，运行 Cygwin 后，会得到一个类似 Linux 的 Shell 环境。当然，对 Linux 操作系统比较熟悉的读者可以利用基于 Linux 的编辑工具（如 vim）进行 TinyOS 的代码编辑，然后在 Shell 界面中利用 Shell 命令对 TinyOS 程序进行编译和下载。但大部分读者习惯于 Windows 操作系统，为了方便读者在 Windows 操作系统中开发 TinyOS 应用程序，作者根据自己的实际应用经验，主要介绍 Source Insight、NotePad++、Crimson Editor 和 Eclipse 等几款在 Winows 操作系统中开发 TinyOS 应用程序的集成开发环境，读者可根据自己的需求进行选用。当然，读者也可以选用适合自己的其他开发工具（如 EditPlus 等）。

3.1 Source Insight

3.1.1 Source Insight 软件介绍

Source Insight 是一个面向项目开发的代码编辑器和浏览器，内置了对 C/C++，C#和 Java 等程序的分析功能。它能自动分析源代码、自动创建并维护程序中的符号数据库（包括函数、方法(method)、全局变量、结构、类和工程源文件里定义的其他类型的符号等），同时为程序员显示有用的上下文信息。Source Insight 不仅是一个强大的程序代码编辑器，还提供了最快速的对源代码的导航功能。与其他编辑器不同，Source Insight 能在编辑的同时分析源代码，为程序员提供实用的信息。

语法格式化高亮显示是 Source Insight 另外一个重要的功能。它提供了许多先进的显示功能，包括带有用户定义功能的文本格式。

第 3 章　TinyOS 在 Windows 环境下的集成开发工具

3.1.2　nesC 编程语言与 Source Insight

虽然 Source Insight 是当前最好用的程序代码编辑器，支持几乎所有的语言，如常见的 C、C++、ASM、PAS、ASP、HTML 等，但对于 nesC 语言来说，Source Insight 并不支持如高亮显示、自动符号建立等功能。因此为了充分发挥 Source Insight 高亮显示、自动符号建立等功能，需要读者自己定义一些关键字，然后加入到 Source Insight 的自定义语言中。为此，作者特意编写了支持 nesC 语法高亮显示的自定义语言文件（Custom Language File）nesc.CLF，保存在"..\emotenet\tools\sourceInsight"文件夹中。读者只需将该文件添加到 Source Insight 编辑器即可，当然，读者也可以根据 Source Insight 自定义关键字的方法建立属于自己的自定义语言。

具体配置步骤如下：

① 单击 Source Insight 的 Options 菜单中的"Preferences…"菜单，如图 3-1 所示。

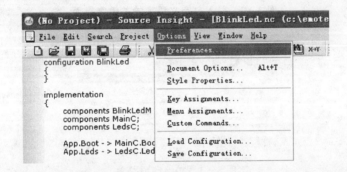

图 3-1　Source Insight 的 Options 菜单

② 在弹出的 Preferences 对话框中，选择 Languages 项目栏，单击 Import 按钮，打开保存在"..\emotenet\tools\sourceInsight"文件夹中的 nesc.CLF，在 Languages 列表框中将增加 nesC 内容，如图 3-2 所示。按"确定"按钮，完成自定义语言的添加。

③ 单击 Source Insight 的 Options 菜单中的"Document Options…"菜单，如图 3-3 所示。

④ 在弹出的 Document Options 对话框中单击"Add type…"按钮，然后在新弹出的 Add New Document Type 对话框中输入 nesC，按 OK 按钮，如图 3-4 所示。

⑤ 在 File filter 对应的文本框中输入"*.nc"，在 Language 下拉框选中 nesC，同时勾选 Use options from Default type 和 Include when adding to projects 选项框，以确保后续在增加文件时能自动识别该文件类型。单击 Close 按钮，完成文档类型选择，如图 3-5 所示。

图 3-2 导入自定义语言的关键字界面

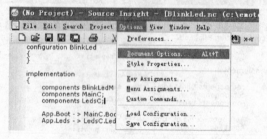

图 3-3 文档选项菜单

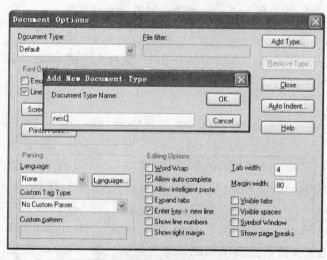

图 3-4 增加支持的文档类型

第3章 TinyOS 在 Windows 环境下的集成开发工具

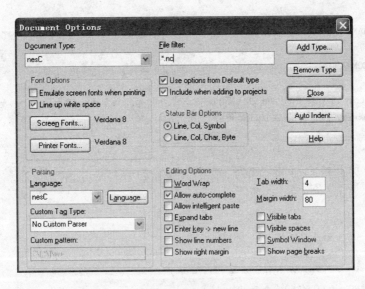

图 3-5 增加文档类型选项对话框

3.1.3 Source Insight 的自定义菜单

为了在 Windows 操作系统中的代码编辑器软件（如 Source Insight、Notepad++、Crimson Editor 等）中直接对 TinyOS 的 nesC 程序进行编译和下载，作者编写了一个批处理文件 IDE.bat，存放在"..\emotenet"安装目录中。IDE.bat 属于 DOS 环境下运行的一种批处理文件，通过控制该批处理文件的输入参数完成对 TinyOS 的 nesC 程序的编译操作。在 Cygwin 操作系统中，利用 make 命令编译 TinyOS 应用程序时，需要知道 makefile 所在的路径、平台的名称以及扩展选项。例如，当编译、下载烧录一个 TinyOS 应用程序时，在应用程序目录中执行 make emote install 编译命令，该命令中默认有应用程序的 makefile 以及 makefile 所在的目录。因此在运行 IDE.bat 批处理文件时，需要传递待编译应用程序代码的文件路径和编译命令。IDE.bat 的实现代码如下：

```
@echo off
::@echo off&setlocal enabledelayedexpansion
:: Description: TinyOS IDE build script
:: Author:      Xin Yang, Martin Turon
:: Modify by    Dr. Li Wai-yun
:: Date:        2011.5.27

:DEFAULT
set FILEDIR = %1
set CYGWINDIR = %2
set COMMAND = %3
```

```
set COMMAND = % COMMAND:" = %

echo % COMMAND % > tmp.txt

FOR /F "tokens = 1 * " %%a IN ('find "make" ^<tmp.txt') do set makestr = %%a
IF " % makestr % " == "" GOTO input
goto make
:input
set /p var = Please Input Compile Command:
set COMMAND = % var %

:make
::Strip quote marks
set FILEDIR = % FILEDIR:" = %
set CYGWINDIR = % CYGWINDIR:" = %
set COMMAND = % COMMAND:" = %


:START
echo ##########################################
echo Command:                  % COMMAND %
echo CygwinBin Directory:  % CYGWINDIR %
echo Windows    Directory:  % FILEDIR %
echo ##########################################

::save file directory to tmp.txt
echo % FILEDIR % > tmp.txt

::get the name of driver example c
set TARGETDIR = /cygdrive
FOR /F "delims = : tokens = 1 * " %%a IN (tmp.txt) DO set FIRST = %%a& set REST = %%b
IF " % FIRST % " == "" GOTO LDONE
set TARGETDIR = % TARGETDIR % / % FIRST %
IF " % REST % " == "" GOTO LDDONE
echo % REST % > tmp.txt

:: START LOOP which removes everything before \opt and replaces '/' with '\'
:LPSTART
FOR /F "delims = \ tokens = 1 * " %%a IN (tmp.txt) DO set FIRST = %%a& set REST = %%b
IF " % REST % " == "" GOTO  LDONE
set TARGETDIR = % TARGETDIR % / % FIRST %
echo % REST % > tmp.txt
GOTO LPSTART
```

第3章 TinyOS 在 Windows 环境下的集成开发工具

```
:LDONE
set TARGETDIR=%TARGETDIR%/%FIRST%
echo Cygwin Directory：%TARGETDIR%
echo ##################################
echo.

:: Goto the location of cygwin
chdir %CYGWINDIR%

:: Call bash with command line
bash --login -i -c "cd %TARGETDIR% ; %COMMAND%"
GOTO STOP

:STOP
pause
exit
```

首先利用"FOR /F "tokens=1 * " %%a IN ('find "make" ^<tmp.txt') do set makestr=%%a"循环语句查找输入参数中是否有 make 字符,如果没有,则利用"set /p var=Please Input Compile Command："语句在 DOS 界面中提示"Please Input Compile Command:",等待读者自己输入一些编译命令。IDE.bat 文件中的循环查找代码如下：

```
FOR /F "tokens=1 * " %%a IN ('find "make" ^<tmp.txt') do set makestr=%%a
IF "%makestr%"=="" GOTO input
goto make
:input
set /p var=Please Input Compile Command：
set COMMAND=%var%
```

由于 Windows 操作系统中文件路径之间的分隔符为"\",而在 Cygwin 系统中,文件路径的分隔符为"/",而且 Cygwin 是一种基于文件系统的操作系统,没有类似 Windows 操作系统的盘符路径概念,所以为了获取代码文件在 Cygwin 操作系统下的路径,需要将代码文件在 Windows 操作系统下的路径转换为 Cygwin 支持的路径名。首先需要去掉 Windows 操作系统中文件路径的盘符,例如"C:\",然后增加 Cygwin 的系统路径名"/cygdrive",再将文件路径的"\"字符替换为"/"。IDE.bat 文件中的路径转换的代码如下：

```
set TARGETDIR=/cygdrive
FOR /F "delims=: tokens=1 * " %%a IN (tmp.txt) DO set FIRST=%%a& set REST=%%b
IF "%FIRST%"=="" GOTO LDONE
set TARGETDIR=%TARGETDIR%/%FIRST%
IF "%REST%"=="" GOTO LDDONE
```

```
echo %REST% > tmp.txt

:: START LOOP which removes everything before \opt and replaces '/' with '\'
:LPSTART
FOR /F "delims=\ tokens=1*" %%a IN (tmp.txt) DO set FIRST=%%a& set REST=%%b
IF "%REST%"=="" GOTO LDONE
set TARGETDIR=%TARGETDIR%/%FIRST%
echo %REST% > tmp.txt
GOTO LPSTART
```

代码路径处理完毕之后，利用 Windows 的改变目录路径的"chdir"DOS 命令切换到代码文件所在目录中，然后利用 bash 支持的 cd 命令切换到代码文件所在的 Cygwin 目录中，再运行 make 命令。

```
:: Goto the location of cygwin
chdir %CYGWINDIR%

:: Call bash with command line
bash --login -i -c "cd %TARGETDIR% ; %COMMAND%"
GOTO STOP
```

下面利用 Source Insight 的自定义命令（Custom Commands）功能来定义编译菜单，实现对 TinyOS 的 nesC 程序的编译和下载。

① 单击 Source Insight 主菜单的 Options（Custom Command…）菜单，如图 3-6 所示。

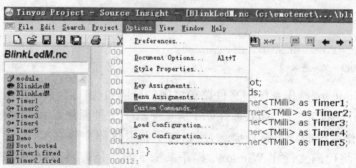

图 3-6 自定义命令菜单

② 在弹出的 Custom Commands 对话框上单击 Add 按钮，如图 3-7 所示。

③ 在弹出的 Add New Custom Commands 中的文本框中输入 make enmote 编译提示命令，按 OK 按钮，如图 3-8 所示。

④ 在"Run："所对应的文本框中输入"c:\emotenet\IDE.bat %d C:\emotenet\cygwin\bin "make enmote""，去掉所有勾选的选择项，如图 3-9 所示。其中，"C:\emotenet\cygwin"为 Cygwin 的安装目录。

第 3 章　TinyOS 在 Windows 环境下的集成开发工具

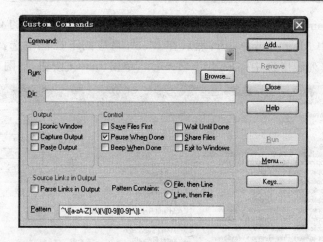

图 3-7　自定义命令对话框

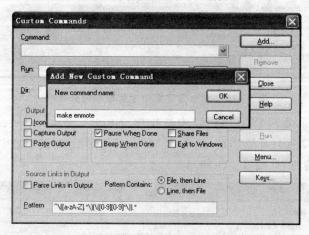

图 3-8　增加新菜单命令

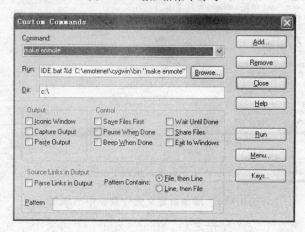

图 3-9　自定义菜单命令的输出选项

⑤ 单击 Menu 按钮，在弹出的 Menu Assignments 对话框中的 Command 对应的列表栏中选中 Menu Separator，然后在 Menu 对应的下拉框中选择 Project，并在 Menu Contents 列表中选中＜End of Menu＞，单击 Insert 按钮，如图 3-10 所示。

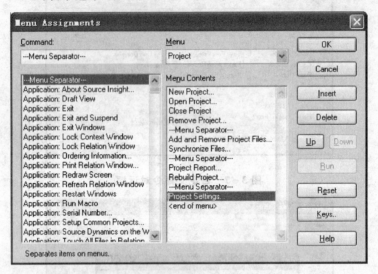

图 3-10　增加自定义命令菜单中的分隔符

⑥ 在 Command 对应的列表栏中选中 "Custom Cmd：make enmote"，然后在 Menu 对应的下拉框中选择 Project，并在 Menu Contents 列表中选中＜End of Menu＞，单击 Insert 按钮，如图 3-11 所示。

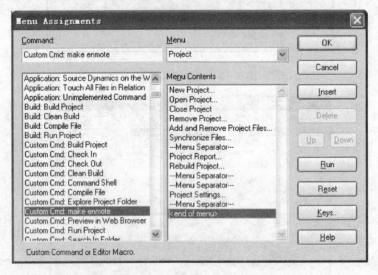

图 3-11　增加自定义命令菜单中的菜单

⑦ 经过上面两次 Insert 操作之后，Menu Contents 列表中增加了一个 "---Menu Separator---" 和 make enmote 内容，如图 3-12 所示。

第3章 TinyOS 在 Windows 环境下的集成开发工具

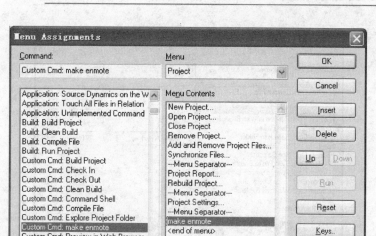

图 3-12 增加菜单分隔符和自定义菜单界面

⑧ 单击"Keys..."按钮，在弹出的 Key Assignments 对话框中单击"Assign New Key..."按钮，将弹出 Source Insight 提示对话框，按键盘上设置所希望的快捷键（例如 F5），然后关闭该提示对话框，如图 3-13 所示。

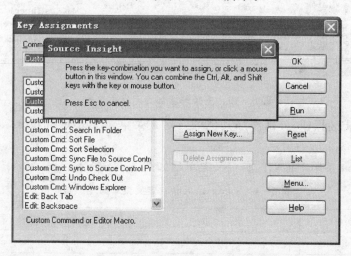

图 3-13 增加自定义菜单的快捷键

⑨ 单击 Key Assignments 对话框中的 OK 按钮，完成菜单的快捷键添加过程，如图 3-14 所示。

⑩ 单击 Menu Assignments 对话框中的 OK 按钮后，在 Source Insight 的 Project 下拉菜单中增加了一个菜单分离栏和一个 Make enmote F5 菜单，如图 3-15 所示。

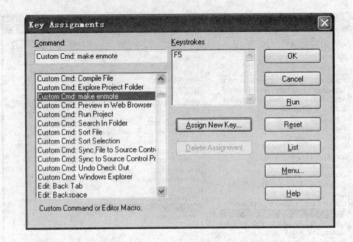

图 3-14　增加快捷键后界面

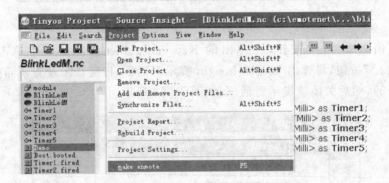

图 3-15　主菜单增加自定义菜单图

⑪ 重复上述操作，分别添加其他的自定义菜单。Source Insight 自定义菜单命令参数如表 3-1 所列。

在 Project 菜单中增加的自定义菜单项如图 3-16 所示。

表 3-1　Source Insight 自定义菜单命令参数

自定义菜单	命令参数
make enmote install	c:\emotenet\IDE.bat %d　C:\emotenet\cygwin\bin "make enmote"
make enmote reinstall	c:\emotenet\IDE.bat %d　C:\emotenet\cygwin\bin "make enmote reinstall"
make input	c:\emotenet\IDE.bat %d　C:\emotenet\cygwin\bin "input";
make clean	c:\emotenet\IDE.bat %d　C:\emotenet\cygwin\bin "make clean"
make enmote debug	c:\emotenet\IDE.bat %d　C:\emotenet\cygwin\bin "make enmote debug"
make enmote redebug	c:\emotenet\IDE.bat %d　C:\emotenet\cygwin\bin "make enmote redebug"

第3章 TinyOS 在 Windows 环境下的集成开发工具

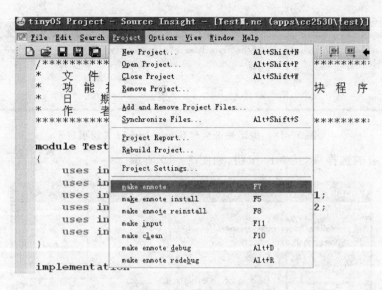

图 3-16 增加所有自定义菜单图

3.1.4 建立 Source Insight 工程

建立 Source Insight 工程步骤如下：

① 运行 Source Insight 程序，单击 Project 菜单中的"New Project…"菜单，新建一个 Source Insight 工程。在弹出的 New Project 对话框中输入工程名（如 TinyOS）和工程保存的路径，按 OK 按钮，如图 3-17 所示。在提示是否创建对话框中，单击"是"按钮，如图 3-18 所示。

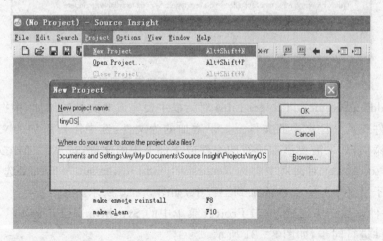

图 3-17 新建工程界面

② New Project Settings 主要完成工程的配置，包括配置文件方式、源文件所在的路径以及对工程源文件中符号变量的查看方式等。为了快速建立源文件中符号关

图 3-18　提示是否创建 Source Insight 工程项目

系,勾选所有的选择项,按 OK 按钮,如图 3-19 所示。

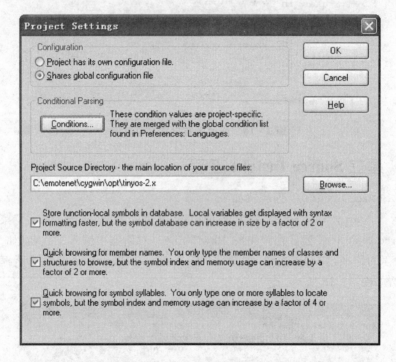

图 3-19　Source Insight 的新建工程配置界面

③ Add and Remove Project Files 对话框主要完成对文件的添加,根据需要添加必要的文件或者文件夹中的文件。如果增加的为文件,选中需要添加的文件按 Add 按钮进行添加,如果需要添加所有的文件或文件夹中的文件,按 Add All 按钮。在弹出的 Add to project 对话框中勾选 Recursively add lower sub-dictory 选择项,可以递归地将子目录中所有文件添加到工程中,如图 3-20 所示。

④ 文件添加完毕之后,单击 Project 菜单中的 Synchronize Files 菜单,对工程中的所有文件进行同步,如图 3-21 所示。

⑤ 读者可以根据自己习惯增加一些必要的窗体,以提示更多有用的工程文件信息。如图 3-22 就包括了文本编程、符号显示、工程管理、文件关联以及函数(结构体)内容显示等窗体。

第3章 TinyOS 在 Windows 环境下的集成开发工具

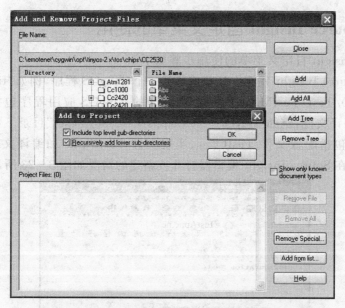

图 3-20 添加和删除文件对话框

图 3-21 同步文件操作

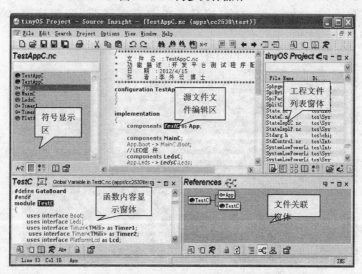

图 3-22 Source Insight 的工程窗体

3.1.5 Source Insight 自定义菜单的使用

Source Insight 自定义菜单的使用步骤如下：

① 在 Source Insight 界面中打开或新建一个 TinyOS 程序，例如"tinyOS-2.x/apps/CC2530/Test/TestM.nc"。一个可编译的 TinyOS 应用程序包括配置文件、实现文件和编译文件，例如"tinyOS-2.x/apps/CC2530/Test/"目录下的一个 TinyOS 应用程序包括配置文件 TestC.nc、实现文件 TestM.nc 和编译文件 Makefile。TinyOS 文件在 Source Insight 编辑器打开或新建的情况如图 3-23 所示。

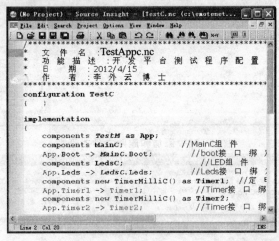

图 3-23 TinyOS 文件在 Source Insight 编辑器打开或新建情况

② 如果只需要对 TinyOS 应用程序进行编译，运行 make enmote 命令即可。单击 Project 菜单下的 make enmote 自定义菜单或者直接按 F7 快捷键，编译 TinyOS 应用程序，如图 3-24 所示。

图 3-24 make enmote 命令编译 TinyOS 程序界面

第3章 TinyOS 在 Windows 环境下的集成开发工具

③ 如果需要编译并下载烧录 TinyOS 应用程序,首先要连接仿真器 Smart-RF04RB 和 enmote 开发板,确保仿真器和开发板正常工作,然后单击 Project 菜单下的 make enmote install 自定义菜单或者直接按 F5 快捷键,编译并下载烧录程序,如图 3-25 所示。

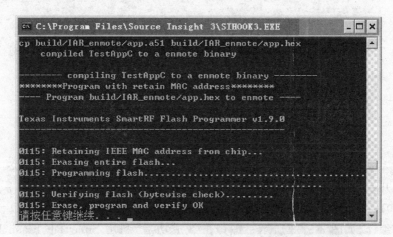

图 3-25 make enmote install 菜单编译下载烧录 TinyOS 程序界面

④ 如果程序已经编译过,在文件没有更新或不希望重新编译的情况下,可以单击 Project 菜单下的 make enmote reinstall 自定义菜单或者按 F8 快捷键,直接下载烧录已编译好的程序,如图 3-26 所示。

图 3-26 make enmote reinstall 菜单下载烧录 TinyOS 程序界面

⑤ 如果读者希望自己输入 TinyOS 的编译命令,可以单击 Project 菜单下的 make input 自定义菜单,该菜单对所有支持 TinyOS 的平台如 mica、micaz 等都适用,单击该菜单后,终端命令将提示 Please Input Compile Command,如图 3－27 所示。

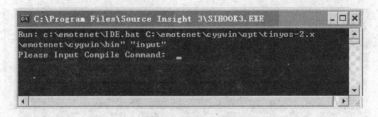

图 3－27　make input 命令输入提示界面

在输入提示界面输入自己希望的 TinyOS 编译命令。例如将 TinyOS 程序编译并下载到开发板,同时希望将开发板中的 IEEE 地址更改为 FF－FF－FF－FF－00－01－00－01,可以在提示菜单中输入"make enmote install GRP＝01 NID＝01"编译命令进行编译,如图 3－28 所示。编译下载成功后,利用 SmartRF Flash Programmer 查看芯片的 IEEE 地址是否成功更改,如图 3－29 所示。

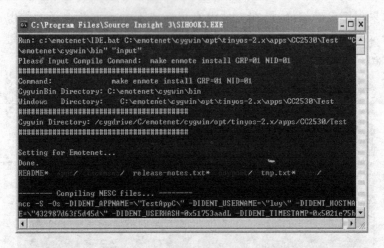

图 3－28　输入编译命令界面

⑥ 单击 Project 菜单下的 make clean 自定义菜单或者直接按 F8 快捷键,就可以清除编译过程中生成的文件,如图 3－30 所示。

⑦ 如果读者需要编译并调试应用程序,单击 Project 菜单下的 make enmote debug 自定义菜单或者直接按"Alt＋D"快捷键即可。自定义的菜单工具首先对应用程序进行编译,如图 3－31 所示。系统编译完成后自动启动 IAR 工程,读者可以利用 IAR EW8051 软件仿真调试 TinyOS 应用程序。如图 3－32 所示为编译完成后自动调用的 IAR EW8051 工程。有关程序调试的方法可参考 4.2 节的内容。

第 3 章 TinyOS 在 Windows 环境下的集成开发工具

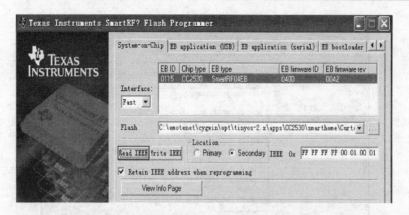

图 3-29 利用 SmartRF Flash Programmer 查看芯片的 IEEE 地址界面

图 3-30 利用自定义菜单清除编译中间文件界面

图 3-31 运行 make enmote debug 命令编译 TinyOS 程序界面

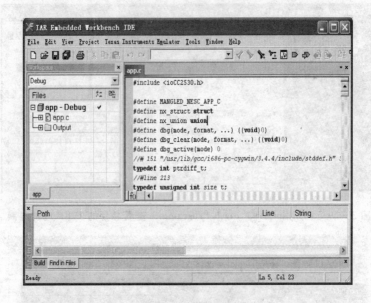

图 3-32　运行 make enmote debug 命令编译后启动的 IAR EW8051 工程界面

⑧ 如果程序已经编译过，在文件没有更新或不希望重新编译的情况下，可单击 Project 菜单下的 make enmote redebug 自定义菜单或者按"Alt＋R"快捷键，直接调用 IAR EW8051 集成开发环境对程序进行调试。如图 3-33 所示为运行 make enmote redebug 命令的界面，编译命令执行完成后直接启动 IAR EW8051 集成开发环境，如图 3-32 所示。

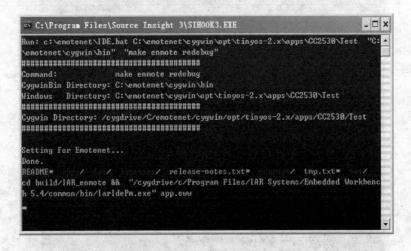

图 3-33　运行 make enmote redebug 命令编译 TinyOS 程序界面

3.2 NotePad++

3.2.1 NotePad++介绍

NotePad++是一款非常有特色的开源编辑器,属于轻量级的文本编辑类软件,比其他一些专业的文本编辑类工具(如UltraEdit等)启动更快,占用资源更少,同时可以免费使用。NotePad++的主要功能有:

① 支持多达27种语法的高亮度显示,囊括各种常见的源代码、脚本,也支持自定义语言;

② 可自动检测文件类型,同时可以根据关键字显示节点,节点可自由折叠/打开,代码显示得非常有层次感;

③ 可打开双窗口,在分窗口中又可打开多个子窗口,允许快捷切换全屏显示模式(F11),支持鼠标滚轮改变文档显示比例等;

④ NotePad++支持插件,读者可以根据自己的需求添加不同的插件,以支持不同的功能。

读者可以到http://notepad-plus-plus.org/下载并安装NotePad++软件。作者在"安装文件夹.\emotenet\tools"目录下提供了Notepad_6.1.2.exe安装文件,也在"..\emotenet\tools\Notpad++"目录中提供了一个绿色版。具体安装过程不再介绍。

3.2.2 nesC编程语言与NotePad++

同Source Insight一样,NotePad++也支持自定义语言,可以根据NotePad++自定义关键字的方法建立属于自己的自定义语言。作者特意为NotePad++编写了支持nesC语法高亮显示的文件NotePad_nesC.xml,保存在"..\emotenet\tools\"文件夹中。具体配置步骤如下:

① 单击NotePad++的"视图"菜单下的"自定义语言对话框"菜单,如图3-34所示。

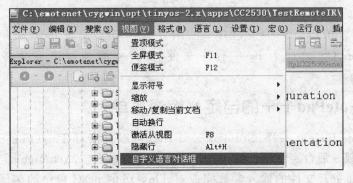

图3-34 自定义语言对话框菜单

② 在弹出的"自定义语言格式"对话框中单击"导入"按钮,如图 3-35 所示。

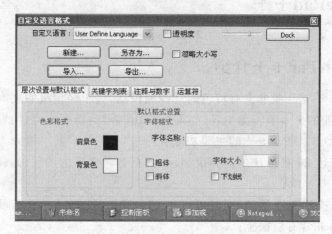

图 3-35　自定义语言格式对话框

③ 在弹出的"打开"对话框中,选择"..\emotenet\tools"目录下的 NotePad_nesC.xml 文件,如图 3-36 所示。单击"打开"按钮,将会弹出导入成功的对话框。

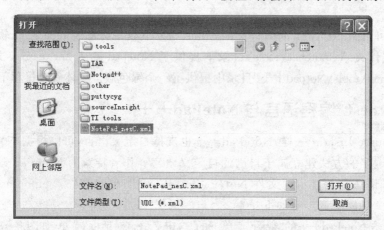

图 3-36　"打开"文件对话框

④ 重启 NotePad++应用程序,在"语言"菜单下将出现 nesC 菜单,单击选中,然后打开 TinyOS 的一个 nesC 程序文件,文件中的关键字将会高亮显示。如图 3-37 所示。

3.2.3　NotePad++的自定义编译菜单

同 Source Insight 一样,NotePad++ IDE 可以直接对 TinyOS 的 nesC 程序进行编译和下载。后台实现的批处理文件 IDE.bat 存放在"..\emotenet"安装目录中,通过控制该批处理文件的输入参数完成对 TinyOS 的 nesC 程序的编译操作。下面利用 NotePad++的"运行"命令功能自定义编译菜单,实现对 TinyOS 的 nesC 程序

第3章　TinyOS 在 Windows 环境下的集成开发工具

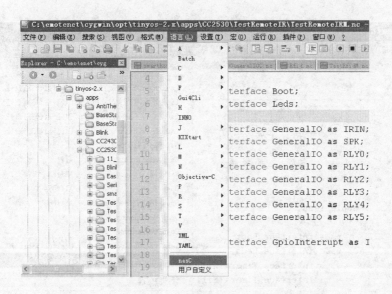

图 3-37　nesC 自定义语言和高亮显示界面

的编译和下载。自定义编译菜单步骤如下：

① 单击 NotePad++的"运行"菜单，在弹出的"运行…"对话框中的"输入运行程序命令"的文本框中输入"cmd /k call C:\emotenet\IDE.bat;$(CURRENT_DIRECTORY);C:\emotenet\cygwin\bin;"make enmote";"，如图 3-38 所示。

② 单击"保存"按钮后，在弹出的 Shortcut 对话框中的 Name 文本框中输入命令提示名，然后可以根据需要选择相应的快捷键。选择完毕后，单击 OK 按钮，如图 3-39 所示。

图 3-38　输入运行程序命令界面

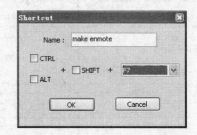

图 3-39　菜单与快捷键选择界面

③ 添加成功后，在 NotePad++的"运行"菜单中增加了自定义的菜单 make enmote，如图 3-40 所示。

(4) 按照同样的操作，分别添加其他的自定义菜单，具体如表 3-2 所列。

最后在"运行"菜单下增加的自定义菜单项如图 3-41 所示。

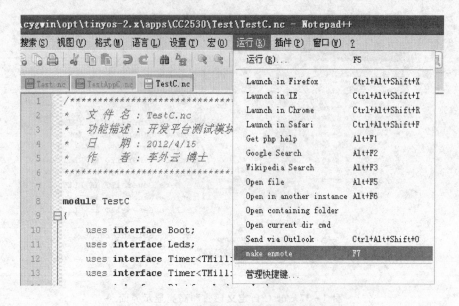

图 3-40　自定义菜单添加后的界面

表 3-2　NotePad++自定义菜单命令参数

自定义菜单	命令参数
make enmote install	cmd /k call C:\emotenet\IDE.bat;$(CURRENT_DIRECTORY);C:\emotenet\cygwin\bin;"make enmote install";
make enmote reinstall	cmd /k call C:\emotenet\IDE.bat;$(CURRENT_DIRECTORY);C:\emotenet\cygwin\bin;"make enmote reinstall"
make input	cmd /k call C:\emotenet\IDE.bat;$(CURRENT_DIRECTORY);C:\emotenet\cygwin\bin;"input";
make clean	cmd /k call C:\emotenet\IDE.bat;$(CURRENT_DIRECTORY);C:\emotenet\cygwin\bin;"make clearn";
make enmote debug	cmd /k call C:\emotenet\IDE.bat;$(CURRENT_DIRECTORY);C:\emotenet\cygwin\bin;"make enmote debug";
make enmote redebug	cmd /k call C:\emotenet\IDE.bat;$(CURRENT_DIRECTORY);C:\emotenet\cygwin\bin;"make enmote redebug";

第 3 章　TinyOS 在 Windows 环境下的集成开发工具

图 3-41　NotePad++增加自定义菜单项界面

3.2.4　NotePad++自定义菜单的使用

NotePad++自定义菜单的使用步骤如下：

① 在 NotePad++中打开"tinyOS-2.x/apps/CC2530/Test/TestC.nc"，如图 3-42 所示，nesC 的关键字实现了高亮显示。

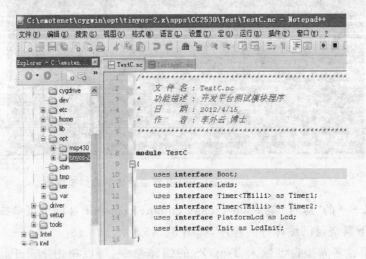

图 3-42　TinyOS 程序在 NotePad++编辑器打开或新建情况

② 如果只需要对 TinyOS 应用程序进行编译，运行 make enmote 命令即可。单击 NotePad++的"运行"菜单下的 make enmote 自定义菜单，或者直接按 F7 快捷键，编译 TinyOS 应用程序，如图 3-43 所示。

③ 如果需要编译并下载烧录 TinyOS 应用程序，首先要连接仿真器 SmartRF04RB 和 enmote 开发板，确保仿真器和开发板正常工作，然后单击 NotePad++的"运行"菜单下的 make enmote install 自定义菜单或者直接按 F5 快捷键，编译并下载烧录程序，如图 3-44 所示。

④ 如果程序已经编译过，在文件没有更新或不希望重新编译的情况下，可以单

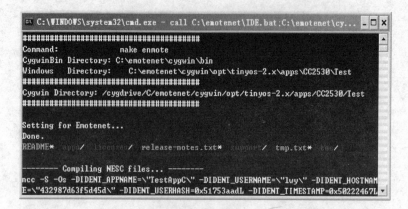

图 3-43　NotePad++中的 make enmote 命令编译 TinyOS 程序界面

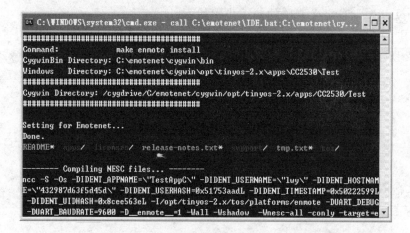

图 3-44　make enmote install 菜单编译下载烧录界面

击 NotePad++的"运行"菜单下的 make enmote reinstall 自定义菜单或者按 F8 快捷键,直接下载烧录已编译好的程序,如图 3-45 所示。

⑤ 如果读者希望自己输入 TinyOS 的编译命令,可以单击 NotePad++的"运行"菜单下的 make input 自定义菜单,该菜单对所有支持 TinyOS 的平台如 mica、micaz 等都适用,单击该菜单后,终端命令将提示 Please Input Compile Command,如图 3-46 所示。

在输入提示界面输入自己希望的 TinyOS 编译命令。例如将 TinyOS 程序编译并下载到开发板,同时希望将开发板中的 IEEE 地址更改为 FF-FF-FF-FF-00-01-00-01,可以在提示菜单中输入"make enmote install GRP=01 NID=01"编译命令进行编译,如图 3-47 所示。编译下载成功后,利用 SmartRF Flash Programmer 查看芯片的 IEEE 地址是否成功更改。

⑥ 单击 NotePad++的"运行"菜单下的 make clean 自定义菜单或者直接按 F8

第3章 TinyOS 在 Windows 环境下的集成开发工具

图 3-45 make enmote reinstall 菜单下载烧录 TinyOS 程序界面

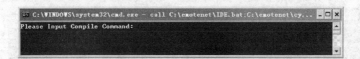

图 3-46 make input 命令输入提示界面

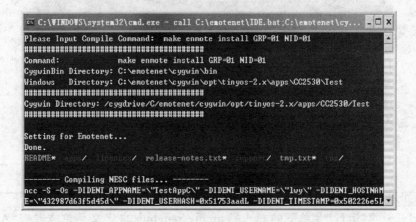

图 3-47 输入编译命令界面

快捷键,就可以清除编译过程中生成的文件,如图 3-48 所示。

⑦ 如果读者需要编译并调试应用程序,单击 NotePad++ 的"运行"菜单下的 make enmote debug 自定义菜单或者直接按"Alt+D"快捷键即可。自定义的菜单工

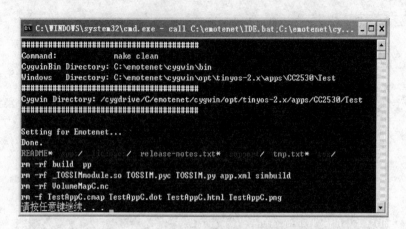

图 3-48　利用自定义菜单清除编译中间文件界面

具首先对应用程序进行编译,如图 3-49 所示。系统编译完成后自动启动 IAR 工程,读者可以利用 IAR EW8051 软件仿真调试 TinyOS 应用程序,如图 3-50 所示为编译完成后自动调用的 IAR EW8051 工程。有关程序调试的方法可参考 4.2 节的内容。

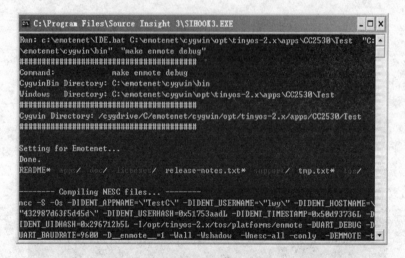

图 3-49　运行 make enmote debug 命令编译 TinyOS 程序界面

⑧ 如果程序已经编译过,在文件没有更新或不希望重新编译的情况下,可单击 NotePad++的"运行"菜单下的 make enmote redebug 自定义菜单或者直"Alt+R"快捷键,直接调用 IAR EW8051 集成开发环境对程序进行调试。如图 3-51 所示为运行 make enmote redebug 命令的界面,编译命令执行完成后直接启动 IAR EW8051 集成开发环境,如图 3-50 所示。

第3章 TinyOS 在 Windows 环境下的集成开发工具

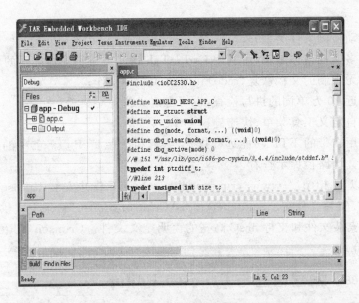

图 3-50 运行 make enmote debug 命令编译后启动的 IAR EW8051 工程界面

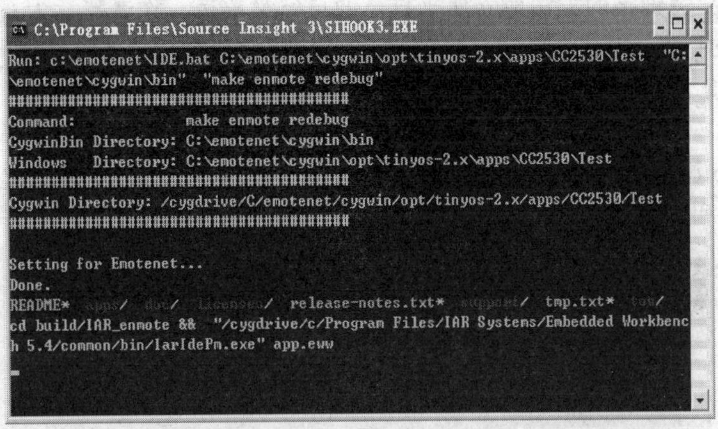

图 3-51 运行 make enmote redebug 命令编译 TinyOS 程序界面

3.3 Crimson Editor

3.3.1 Crimson Editor 介绍

Crimson Editor 是一款 Windows 操作系统下专业的代码编辑器,不仅启动速度快,而且占用资源少,可以直接安装在原来的磁盘上。Crimson Editor 的主要功能有:

① 支持多达 100 种语法的高亮度显示,囊括各种常见的源代码、脚本,也支持自

• 71 •

定义语言；

② 可自动检测文件类型；

③ 支持多文档窗体编辑，可利用 Ctrl＋Tab 键实现编辑窗体之间的切换；

④ 支持无限制的文档恢复(redo)和取消(undo)操作；

⑤ 支持近 10 万单词的拼写检查，也可自定义拼写字典；

⑥ 可以自定义工具菜单、快捷键；

⑦ 可利用自带的 FTP 功能远程打开、编辑和保存 FTP 服务器中的文件；

⑧ 支持文档路径提示查看。

读者可以到 http://www.crimsoneditor.com/下载并安装 Crimson Editor 软件。作者在".安装文件夹.\emotenet\tools\Crimson Editor"目录下提供了 Crimson Editor 3.70 安装文件和支持 nesC 高亮的声明定义文件。Crimson Editor 的具体安装过程不再介绍。

3.3.2　nesC 编程语言与 Crimson Editor

同 NotePad＋＋一样，Crimson Editor 也支持自定义语言，可以根据 Crimson Editor 自定义关键字的方法建立属于自己的自定义语言。作者特意为 Crimson Editor 编写了支持 nesC 语法高亮显示的文件，分别保存在"\emotenet\tools\ Crimson Editor\"目录下的 link 和 spec 目录中。具体配置步骤如下：

① 将"\emotenet\tools\Crimson Editor"目录中的 link 和 spec 两个目录复制到 Crimson Editor 安装目录中(例如"C:\Program Files\Crimson Editor")，替换原目录中的 link 和 spec 目录，如图 3－52 所示。

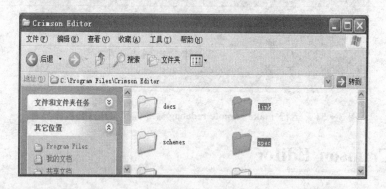

图 3－52　Crimson Editor 编辑器的 link 和 spec 目录

② 启动 Crimson Editor 软件，单击 Document－＞Syntax type－＞Custom 菜单，弹出 Preferences 对话框。在 Preferences 对话框中的 Syntax Type 列表中选中一个 Empty 选项，在 Description 文本框中输入 nesC，并在 Lang Spec 和 Keywords 文本框中输入或选择 nesC 所对应的语法声明和关键字文件，如图 3－53 所示。

第3章　TinyOS 在 Windows 环境下的集成开发工具

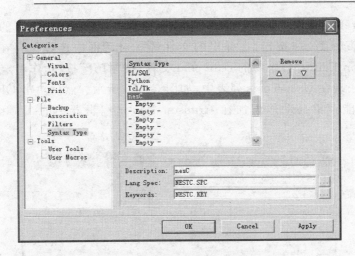

图 3-53　Preference 对话框

3.3.3　Crimson Editor 的自定义编译菜单

同 Source Insight 和 NotePad++一样，读者可以利用 Crimson Editor 编辑器自定义功能菜单，再通过自定义菜单在 Crimson Editor 编辑器中直接对 TinyOS 的 nesC 程序进行编译和下载。

作者利用 Crimson Editor 编辑器的工具保存功能已经将类似 Source Insight 和 NotePad++的自定义编译菜单保存在"emotenet\tools\Crimson Editor"目录中。具体操作步骤如下：

① 单击"Tools->Config User Tools…"菜单，将弹出 Preferences 对话框，如图 3-54 所示。

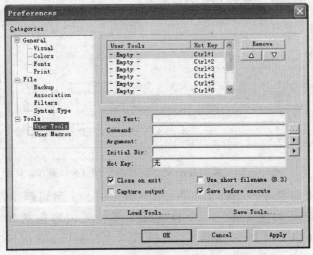

图 3-54　Preference 对话框

② 在 Preferences 对话框中选中 Categories 列表框中 Tools 项下的 User Tools 子项,单击 Load Tools 按钮,在弹出的文件选择对话框中选择保存在"emotenet\tools\Crimson Editor"目录中的 cedt.cmd 文件,按"打开"按钮,作者定义的自定义编译菜单将出现在 User Tools 列表中,如图 3-55 所示。然后单击 OK 按钮,所有自定义的功能菜单自动地添加在 Crimson Editor 编辑器中的 Tools 菜单下,如图 3-56 所示。

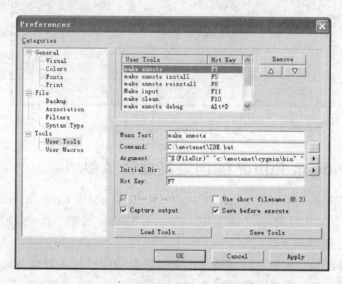

图 3-55 自定义功能菜单

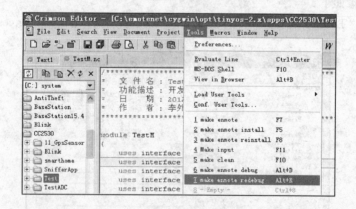

图 3-56 添加自定义功能菜单后的 Tools 菜单

当然,读者可以参考 Source Insight 和 NotePad++编辑器中自定义菜单的原理,手动增加自定义功能菜单。一个自定义菜单主要内容包括 Menu Text、Command、Argument 和 Hot Key,如图 3-55 所示。作者在 Crimson Editor 编辑器中的自定义的功能菜单内容如表 3-3 所列。

第3章 TinyOS 在 Windows 环境下的集成开发工具

表 3 - 3 Crimson Editor 自定义菜单命令参数

Menu Text	Command	Argument
make enmote	C:\emotenet\IDE.bat	" $ (FileDir)" "c:\emotenet\cygwin\bin" "make enmote"
make enmote install	C:\emotenet\IDE.bat	" $ (FileDir)" "c:\emotenet\cygwin\bin" "make enmote install"
make enmote reinstall	C:\emotenet\IDE.bat	" $ (FileDir)" "c:\emotenet\cygwin\bin" "make enmote reinstall"
make input	C:\emotenet\IDE.bat	" $ (FileDir)" "c:\emotenet\cygwin\bin" " $ (UserInput)"
make clean	C:\emotenet\IDE.bat	" $ (FileDir)" "c:\emotenet\cygwin\bin" "make clean"
make enmote debug	C:\emotenet\IDE.bat	" $ (FileDir)" "c:\emotenet\cygwin\bin" "make enmote debug"
make enmote redebug	C:\emotenet\IDE.bat	" $ (FileDir)" "c:\emotenet\cygwin\bin" "make enmote redebug"

3.3.4 Crimson Editor 编辑器中的 TinyOS 程序的编译方法

一个可编译的 TinyOS 应用程序包括：配置文件、实现文件和编译文件，例如 tinyOS－2.x/apps/CC2530/Test/目录下的一个 TinyOS 应用程序包括配置文件 TestC.nc、实现文件 TestM.nc 和编译文件 makefile。在 Crimson Editor 编辑器打开三个文件中任意一个，使其处于当前编辑状态。编译方法如下：

① 在 Crimson Editor 编辑器中打开"tinyOS－2.x/apps/CC2530/Test/TestC.nc"，TestC.nc 程序在 Crimson Editor 编辑器中实现了高亮显示，如图 3-57 所示。

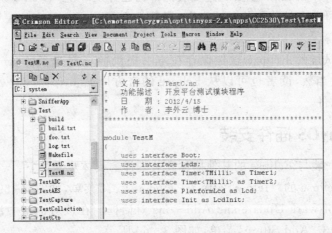

图 3-57 TinyOS 程序在 Crimson Editor 编辑器打开时的情况

② 如果只需要对 TinyOS 应用程序进行编译，运行 make enmote 命令即可。单

击 Crimson Editor 编辑器的 Tools 菜单下的 make enmote 自定义菜单或者直接按 F7 快捷键，编译 TinyOS 应用程序，程序的编译信息将输出到 Crimson Editor 编辑器的 output 消息框中，如图 3-58 所示。其他自定义菜单的使用方法，可参考 Source Insight 或 NotePad++ 编辑器的使用方法，这里不再重复。

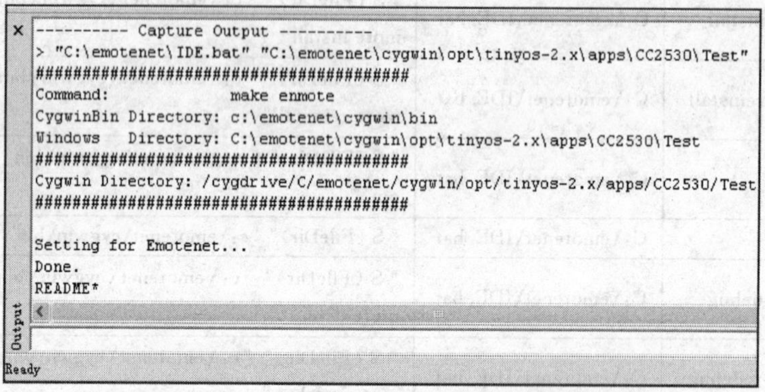

```
--------- Capture Output ---------
> "C:\emotenet\IDE.bat" "C:\emotenet\cygwin\opt\tinyos-2.x\apps\CC2530\Test"
##########################################
Command:            make enmote
CygwinBin Directory: c:\emotenet\cygwin\bin
Windows    Directory: C:\emotenet\cygwin\opt\tinyos-2.x\apps\CC2530\Test
##########################################
Cygwin Directory: /cygdrive/C/emotenet/cygwin/opt/tinyos-2.x/apps/CC2530/Test
##########################################

Setting for Emotenet...
Done.
README*
```
Ready

图 3-58 Crimson Editor 编辑器运行 make enmote 命令编译的输出信息

3.4 Eclipse 的 TinyOS 插件

3.4.1 TinyOS 插件介绍

Eclipse 是一个开放源代码的、基于 Java 的可扩展开发平台。就其本身而言，它只是一个框架和一组服务，主要通过安装插件构建开发环境。Yeti 2 是 Eclipse 上的 TinyOS 2.x 插件，支持代码的语法高亮、函数补全、TinyOS 程序的编译和绘制组件之间的关联图等。

作者将测试过的 Eclipse 软件保存在本书提供的资料光盘的"emotenetSetup\tools"目录中。当然，读者也可以从 Eclipse 的官方网站 http://www.eclipse.org/ 下载 Eclipse 软件。

3.4.2 TinyOS 插件安装

Yeti 2 的安装与 Eclipse 的其他插件安装一样。具体步骤如下：

① 单击 Eclipse 的"Help→Software Updates..."菜单，如图 3-59 所示。

② 弹出 Software Update and Add-ons 对话框。在该对话框中添加需要更新插件的网址，单击"Add Site..."菜单，如图 3-60 所示。

③ 在 Add Site 对话框的文本框中输入 TinyOS 插件的地址 http://tos-ide.ethz.ch/update/site.xml，单击 OK 按钮，如图 3-61 所示。

第 3 章　TinyOS 在 Windows 环境下的集成开发工具

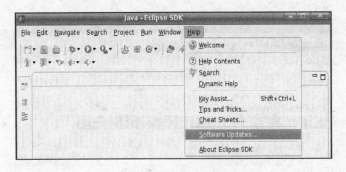

图 3-59　Eclipse 的 Help 菜单

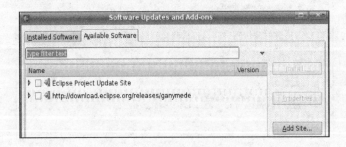

图 3-60　软件更新对话框

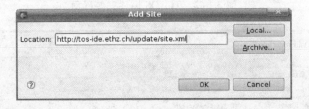

图 3-61　添加网址对话框

④ TinyOS 插件的网址输入后,在 Software Updates and Add-ons 对话框中单击"Install…"按钮,如图 3-62 所示。

3.4.3　TinyOS 插件的环境配置

TinyOS 插件安装完毕后,需要对 TinyOS 的工作环境进行配置。主要包括 Cygwin 的目录、Cygwin 的 bash 和 Cygpath 命令的位置以及 TinyOS 的环境参数。单击 Eclipse 的 Windows→Preference 菜单,展开 Preference 对话框中 TinyOS 2.x win-environment 项,具体环境参数如图 3-63 所示。

设置完 TinyOS 的工作环境参数后,可以单击运行 Eclipse 的 TinyOS→Check Installation 菜单,如图 3-64 所示。在 Eclipse 的 Console 终端将显示检测的结果,以查看 TinyOS 的环境参数配置是否正确,如图 3-65 所示。

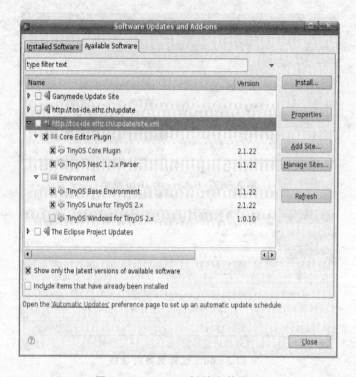

图 3-62　TinyOS 插件安装界面

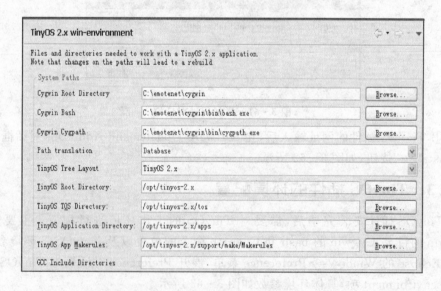

图 3-63　Eclipse 环境下的 TinyOS 参数配置

不同的平台在编译时具有不同的搜索路径，为此，需要设置各个平台的源代码的搜索路径。单击 Eclipse 的 Windows→Preference 菜单，展开 Preference 对话框中

第3章 TinyOS 在 Windows 环境下的集成开发工具

图 3-64　TinyOS 环境参数检测

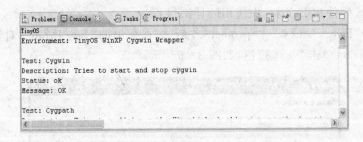

图 3-65　TinyOS 环境参数的显示情况

TinyOS 2.x win-environment 项下的 Platform paths 子项,添加平台中使用到的 TinyOS 的代码目录路径,如图 3-66 所示。

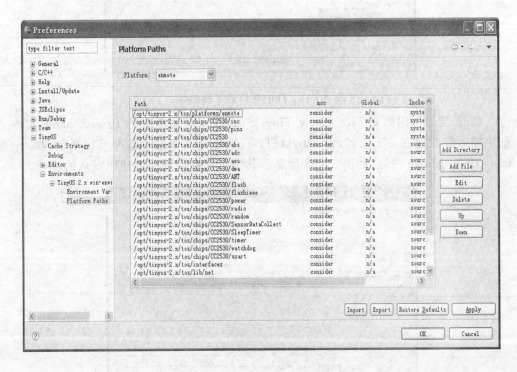

图 3-66　平台路径的设置对话框

3.4.4 Eclipse 的使用

读者可以将在其他环境中编写好的 TinyOS 程序直接导入(import)到 Eclipse 的工作区(workspace),也可以在 Eclipse 中新建 TinyOS 工程。TinyOS 工程导入 (import)的方法和 Eclipse 导入其他工程的方法一致,这里不再介绍。一个 TinyOS 应用程序至少包括顶层配置文件、顶层组件文件以及编译文件。下面利用新建工程介绍 TinyOS 插件在 Eclipse 中应用的详细过程。

① 单击"File—>new—>project.."菜单,在弹出的 New Project 对话框中选中 TinyOS Project,单击 Next 按钮,如图 3-67 所示。

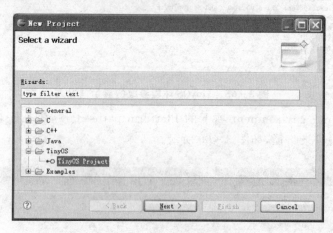

图 3-67 TinyOS 新建工程向导

② 在随后弹出的 Create a new TinyOS project 对话框中的 Project name 文本框中输入需要建立的工程名,如 TinyOSTest,Target 文本框中选择目标平台,如 enmote,单击 Finish 按钮,如图 3-68 所示。其中工程存放的位置使用默认的路径。

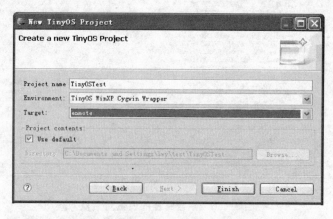

图 3-68 工程名和目标平台的选择界面

第3章 TinyOS 在 Windows 环境下的集成开发工具

③ 单击 File—>new—>Configuration 菜单,在弹出的 Create Configuration 对话框的 Name of new Configuration 文本框中输入希望建立的 TinyOS 程序的配置文件名,如 TestC,单击 Finish 按钮,如图 3-69 所示。

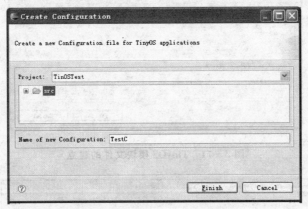

图 3-69 TinyOS 配置文件的建立

④ 在新建的 TestC.nc 文件中输入必要的程序内容(具体内容见"tinyos-2.x/apps/CC2530/Test"目录下的 TestC.nc 文件),如图 3-70 所示。

图 3-70 配置文件的内容

⑤ 单击 File—>new—>Module 菜单,在弹出的 Create Module 对话框的 Name of new Module 文本框中输入希望建立的 TinyOS 程序的模块名,如 TestM,单击 Finish 按钮,如图 3-71 所示。

⑥ 在新建的 TestM.nc 文件中输入必要的程序内容(具体内容见"tinyos-2.x/apps/CC2530/Test"目录下的 TestM.nc 文件),如图 3-72 所示。

⑦ 单击 File—>new—>File 菜单,在弹出的 New File 对话框的 File Name 文本框中输入用于编译 TinyOS 程序的 makefile 文件名,单击 Finish 按钮,如图 3-73 所示。

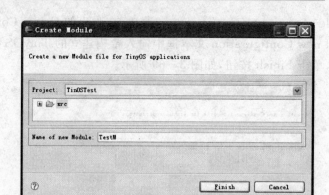

图 3-71　TinyOS 模块文件的建立

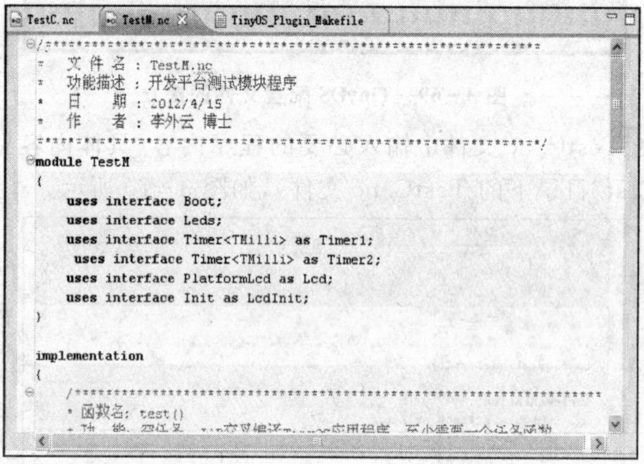

图 3-72　Module 文件的内容

图 3-73　makefile 文件的建立

⑧ 在新建的 makefile 文件中输入必要的内容,如图 3-74 所示。

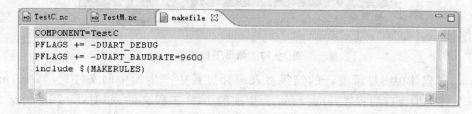

图 3-74 makefile 文件的内容

⑨ 在 Eclipse 环境中,需要设置编译的顶层文件,单击 Project→Properties 菜单,在工程属性设置对话框中展开 TinyOS Build,选中 Application,单击需要设置为顶层应用程序的文件,单击 OK 按钮,如图 3-75 所示。

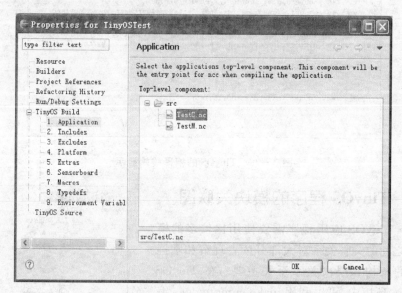

图 3-75 TinyOS 的顶层属性设置对话框

⑩ 选中需要编译的工程,单击工具条中的绿色按钮,如图 3-76 所示,或者在选中的工程上点击右键,单击 Run as→TinyOS Build 菜单,如图 3-77 所示。编译建立的 TinyOS 程序工程。

图 3-76 工具条的运行按钮

⑪ 在 Eclipse 的 Console 终端显示编译结果,如图 3-78 所示。同时在 Package

图 3-77 编译下拉菜单

Explorer 窗体中将显示编译的结果以及编译过程中产生的中间文件树,其中 app. hex 文件为编译后的程序,app. eww 为生成的 IAR 工程文件,如图 3-79 所示。读者只需利用 SmartRF Flash Programmer 将 app. hex 文件下载到开发平台的 CC2530 芯片中即可。

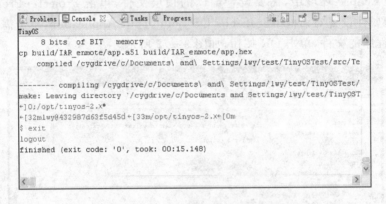

图 3-78 TinyOS 的编译终端显示

3.4.5 TinyOS 程序的模块关联图

一个 TinyOS 应用程序需要使用比较多的模块,模块之间的关联关系对大部分读者理解和掌握 TinyOS 的架构和层次关系至关重要。在 TinyOS 的 Cygwin 环境中,可以利用 make enmote docs 编译命令来构建 TinyOS 程序模块之间的关联关系,但是这要求读者严格按照 TinyOS 的编程方法去编写 TinyOS 的组件、接口和模块。如果 TinyOS 模块组件中使用宏定义、内联函数等编程方法,则利用 make enmote docs 编译命令将无法构建模块之间的关联关系。

Eclipse 的 TinyOS 插件的一个最大优点就是可以生成 TinyOS 程序的模块关联关系,这样便于读者理解和掌握 TinyOS 的架构和层次关系。

切换到 Eclipse 编辑器中的 Component graph 视图,Eclipse 的 TinyOS 插件将自动建立当前模块或组件使用其他模块或组件的情况关联图,以及当前模块或组件与所

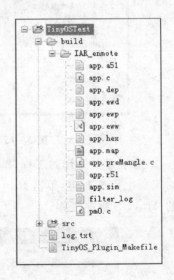

图 3-79 编译后的文件树

第3章 TinyOS 在 Windows 环境下的集成开发工具

使用的模块或组件的连接关系。如图 3-80 所示为上述测试程序的引用模块关联图。

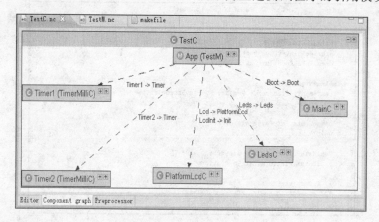

图 3-80 TinyOS 的模块关联结构图

单击某一模块上的"+",可以展开当前模块使用其他模块的情况。图 3-81 所示为展开 MainC 组件时的模块结构图。

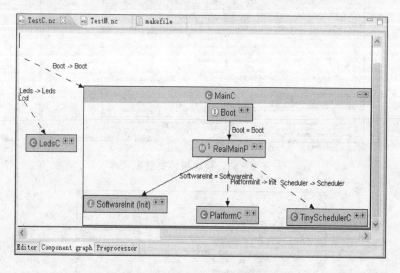

图 3-81 模块层次展开关联结构图

在 Component graph 视图上单击某一模块上的"↑",Eclipse 便自动地切换到该模块的源代码区。图 3-82 为单击 MainC 组件上的"↑"的结果图。当然,随后可以切换到 Component graph 视图上,Eclipse 将显示该模块或组件使用其他模块的关联图,如图 3-83 所示。依此类推,可以逐层展开,从而清晰地展示 TinyOS 的程序层次架构和关联关系。

读者可以通过 Outline 视图查看某个组件使用其他模块或组件的情况以及模块接口之间的连接关系,如图 3-84 所示。

图 3-82 MainC 的源代码视图

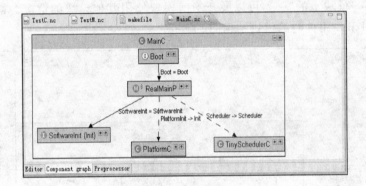

图 3-83 模块组件关联图

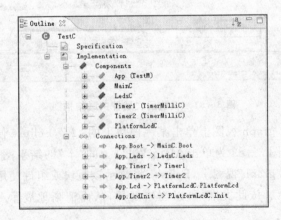

图 3-84 Eclipse 的 Outline 视图

第3章　TinyOS在Windows环境下的集成开发工具

3.5　本章小结

Cygwin是TinyOS在Windows操作系统下的开发环境,是一种类似UNIX/Linux的工作环境。大部分习惯于Windows操作系统的读者,对于利用Linux的编辑工具如(vim)进行TinyOS的代码编辑以及在Shell终端利用bash命令编译和下载TinyOS程序,显得有点无所适从。

本章主要介绍Source Insight、NotePad＋＋、Crimson Editor和Eclipse等几款在Winows操作系统中开发TinyOS应用程序的集成开发环境的使用方法以及如何自定义编译、下载烧录菜单,读者可根据自己的需求进行选用。当然,读者也可以选用适合自己的开发工具(如EditPlus等)。

第4章
enmote 物联网开发平台介绍

enmote(enmote 源自 TinyOS 操作系统中的平台名,为了后续章节内容的一致性,其对应的硬件平台简称为 enmote 物联网开发平台)物联网基础开发平台是华东师范大学信息学院通信系电子信息实验教学示范中心在学校设备处 2010 年设备研制项目"无线传感网实验开发平台的研制"的支持下(项目编号:521Z5017),依据目前物联网实验室建设的最新要求,吸收国内、国外同类产品的优点,充分考虑高校物联网实验教学的特点,精心研制而成的一款物联网开发系统。该平台集成多种传感器模块以及无线组网模式,可运行多种不同的物联网网络构架,同时完全支持深圳亿道电子技术有限公司(简称亿道电子)的物联网基础实验平台。

enmote 物联网开发平台包括系统底板、网关板、电池节点板、射频模块以及传感器模块等,其中网关板和电池节点板上的 2 个 2×10 贴片排针支持美国德州仪器公司(简称 TI 公司)官方设计的 ZigBee 射频模块(包括 CC2530EM、CC2430EM 等)。enmote 物联网开发平台的硬件模块采用积木式设计方法,所有模块可以单独使用,也可以进行多模块组合以实现物联网的组网功能。

本章首先介绍 enmote 物联网开发平台各模块的接口资源和硬件电路,然后以一个测试程序为基础,介绍在 TinyOS 操作系统中进行应用程序开发的过程和程序的调试方法。

4.1 enmote 物联网硬件介绍

4.1.1 网关板

网关板是 enmote 物联网开发平台通过串口与 PC 机进行通信的数据采集"节点"。与传感器电池节点板一样,网关板可以接插射频模块和传感器模块,以及按键、LCD、电位器和串口通信等一些硬件接口资源。如图 4-1 所示为网关板实物图。

第 4 章　enmote 物联网开发平台介绍

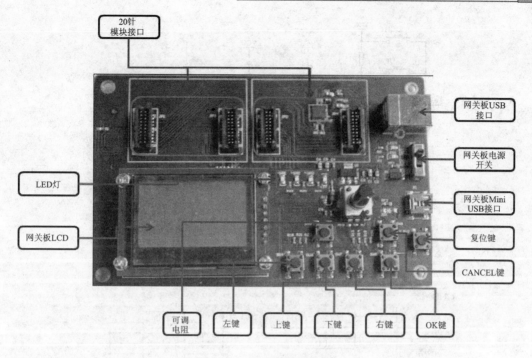

图 4-1　网关板的实物图

网关板的硬件资源介绍如下：

- 四（或五）个表示上、下、左、右的方向键，通过电阻分压方式与 CC2530 的具有 ADC 功能的 P0.6 引脚相连，通过按键时所得到的不同电压来区分按键，其硬件电路如图 4-2(a)所示。
- 两个分别与射频模块中微处理器的 GPIO 引脚 P0.4、P0.5 直接相连的 OK 键和 CANCEL 键，其硬件电路如图 4-2(b)所示。
- 一个复位键 RESET，由于复位键通过一个非门与微处理器的复位引脚相连，而 CC2530 为低电平复位，所以复位键按下时，非门的输入端必须为高电平，即按键输入端与电源相接，其硬件电路如图 4-2(c)所示。
- 板载两对完全对称的 20 针的模块连接插槽，其中一对可以连接 CC2530 射频模块，另外一对可以连接传感器模块。如图 4-3 所示为两对对称的模块连接插槽的电路图（其中 JP1 和 JP2 一对）。
- 板载一个电源指示 LED 灯和四个与 GPIO 相连的状态指示 LED 灯（红、绿、蓝、橙），其硬件电路如图 4-4 所示。
- 一个串口转 USB 接口，实现网关板与 PC 机之间的串口通信和数据传递。串口转 USB 桥接芯片采用 Silicon 公司的 CP2102。CP2102 集成度高，内置 USB2.0 全速功能控制器、USB 收发器、晶体振荡器、EEPROM 及异步串行数据总线（UART），支持调制解调器全功能信号，无需任何外部的 USB 器

CC2530 与无线传感器网络操作系统 TinyOS 应用实践

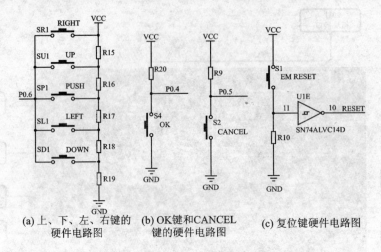

(a) 上、下、左、右键的硬件电路图　(b) OK键和CANCEL键的硬件电路图　(c) 复位键硬件电路图

图 4-2　网关板的按键硬件电路图

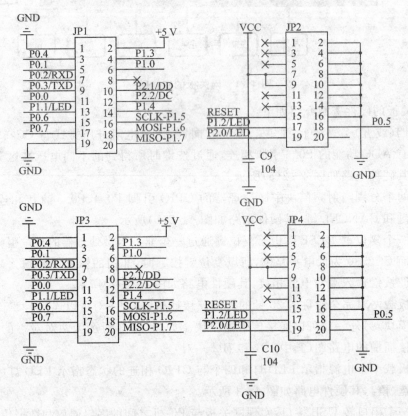

图 4-3　两对对称的模块接插硬件电路图

件。CP2102 与其他 USB-UART 转接电路的工作原理类似,通过驱动程序将 PC 的 USB 口虚拟成 COM 口以达到扩展的目的。图 4-5 所示为网关板

第 4 章　enmote 物联网开发平台介绍

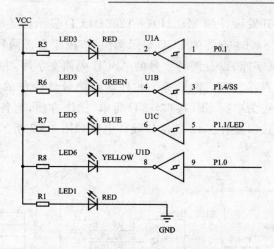

图 4-4　网关板中的 LED 硬件电路图

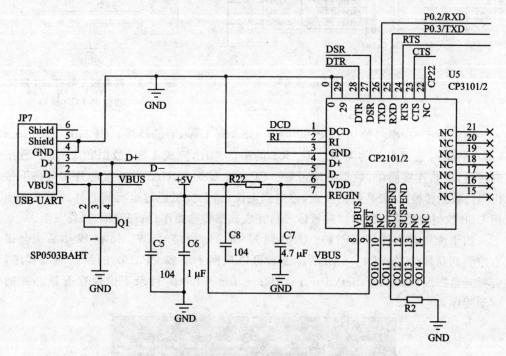

图 4-5　网关板的串口转 USB 硬件电路图

的串口转 USB 硬件电路图。
- 一个 2×5 标准 JTAG 接口和 Mini USB 接口的下载接口,实现对接在网关上的 CC2530 射频模块中的程序进行下载和仿真调试。对于具有 2×5 标准 JTAG 接口的网关板可结合系统提供的仿真器构成 Sniffer,完成射频数据抓包功能,硬件电路如图 4-6 所示。
- 一个 128×64 SPI 接口的 LCD 显示屏,其中 LCD 模块采用北京铭正同创科技有限公司开发设计的 MzLH04-12864 LCD 显示屏。MzLH04-12864 为一块小型 128×64 点阵的 LCD 显示模组,该模组自带两种字号的汉字库(包含一、二级汉字库)以及两种字号的 ASCII 码西文字库,并且自带基本绘图功能,包括点、直线、矩形、圆形等。此外该模块最具特色的地方是自带直接数字显示。模组为串行 SPI 接口,接口简单、操作方便,与各种 MCU 均可进行方便简单的接口操作。LCD 接口硬件电路如图 4-7 所示。

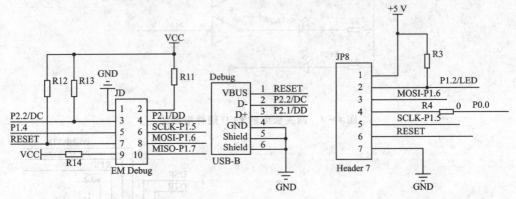

图 4-6　JTAG 接口电路图　　　　图 4-7　网关板上具有 SPI 接口
　　　　　　　　　　　　　　　　　　　　　功能的 LCD 接口

网关板 USB 串口使用 CP2102 完成 USB 到 UART 的桥接。CP2102 是 Silicon Laboratories 公司出品的 USB-UART 的桥接芯片,完成 USB 数据和 UART 数据的转换,电路连接简单,数据传输可靠。CP2102 USB 到 UART 桥接芯片实现将下位机串行数据转换成 USB 数据格式,传递到上位机,上位机通过运行该芯片的驱动程序把 USB 数据按照简单的串口进行读/写,完成数据传输操作,编程简单、操作灵活。

如果读者首次使用 CP2102 USB 到 UART 的桥接时,Windows 操作系统会提示检测到新硬件,如图 4-8 所示。读者可以从网上下载 CP2102 的最新驱动程序,资料光盘"...\emotenetSet\driver\CP21xx for WINxp"目录下也保存有该芯片的驱动程序。

图 4-8　Windows 发现 CP2102 USB 桥接控制器新硬件

第 4 章 enmote 物联网开发平台介绍

驱动程序安装完毕后,在 Windows 操作系统的设备管理器中可以查看到该驱动程序以及对应的串口号(注:不同的计算机,该 USB 桥接器所对应的串口号可能不一样),如图 4-9 所示。

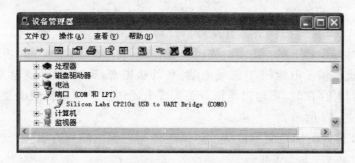

图 4-9 设备管理器显示的 USB 桥接器的驱动程序

4.1.2 传感器电池节点板

传感器电池节点板是 enmote 物联网开发平台的传感器数据采集节点,可以外接射频模块和传感器模块,利用具有微处理器功能的射频模块实现对传感器模块的数据采集、处理和传输。如图 4-10 所示为传感器电池节点板的实物图。

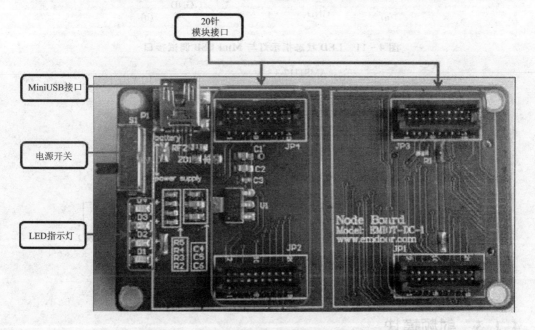

图 4-10 节点板实物图

传感器电池节点板的硬件资源介绍如下:
- 节点板上有两对对称的 20 针的模块连接插槽,其中一对可以连接 CC2530 射频模块,另外一对可以连接传感器模块,硬件接口电路图与网关节点板的模块连接插槽完全一致,如图 4-3 所示。

- 节点板上有一个电源指示 LED 灯和三个状态指示 LED 灯(红、绿、蓝),如图 4-11(a)所示。
- Mini USB 接口提供了仿真接口,可以对连接在节点板上的 CC2530 射频模块进行编程和下载,如图 4-11(b)所示。
- 节点板提供了电池(2 节五号电池)和外接电源(5 V)两种供电方式,当两种电源同时存在时,可通过电源开关实现电源切换。节点板的电源硬件电路图如图 4-12 所示。
- 2×12 排针的扩展引脚接口,将 CC2530 射频模块的所有引脚扩展出来。

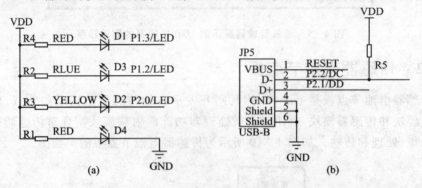

图 4-11　LED 状态指示灯与 Mini USB 调试接口

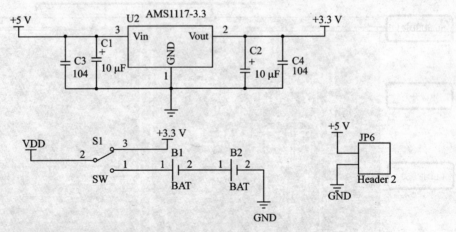

图 4-12　电池节点板的供电电路图

4.1.3　射频模块

物联网射频模块是 enmote 物联网开发平台的重要组成部分,采用 TI 公司的第二代 RF-SoC CC2530。CC2530 是真正的系统级芯片(SoC),适用于 2.4 GHz

第 4 章　enmote 物联网开发平台介绍

IEEE 802.15.4、ZigBee 和 RF4CE 应用。CC2530 包括高性能的 RF 收发器、工业标准增强性 8051 MCU、系统中可编程的闪存(64 KB、128 KB、256 KB)、8 KB RAM 以及许多其他功能强大的模块,可广泛应用在 2.4 GHz IEEE 802.15.4 系统、RF4CE 遥控系统、ZigBee 系统、家庭/建筑物自动化、照明系统、工业控制和监视、低功耗无线传感器网络以及消费类电子和卫生保健中。

enmote 物联网开发平台采用的射频模块是 TI 公司的 CC2530EM,详细设计可参考 http://www.ti.com.cn/tool/cn/cc2530em 中 CC2530EM 的设计。如图 4-13 所示为 CC2530EM 模块的实物图,如图 4-14 所示为 CC2530EM 的硬件原理图。

图 4-13　CC2530EM 模块的实物图

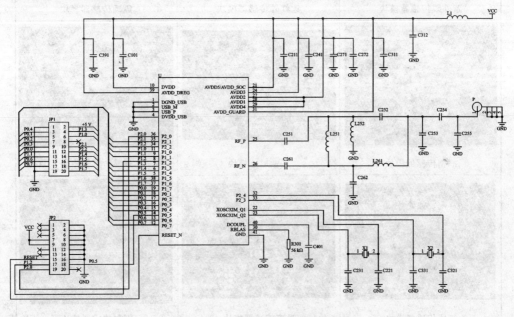

图 4-14　CC2530EM 的硬件原理图

4.1.4　传感器模块

物联网的本质是感知,而感知需要获取物理世界的温度、压力、气味等信息数据,这就需要使用各种不同的传感器。所有传感器模块是物联网中采集数据的重要来源。传感器根据采集对象不同,可以分为数字型(如 DS18B02)、开关型(如继电器和模拟型传感器(如声音)。

　　虽然不同类型的传感器获取数据的方式不同,但 enmote 物联网开发平台中所有传感器模块都采用与 CC2530EM 射频模块同样的接插件接口方式,这样方便用户使用和替换传感器模块。当然,读者也可以使用电池节点板的扩展引脚接口接入自己的传感器模块。

　　目前,enmote 开发平台硬件和软件系统支持温度、光照、霍尔等十几种传感器模块,如表 4-1 所列。

表 4-1　enmote 平台的部分传感器列表

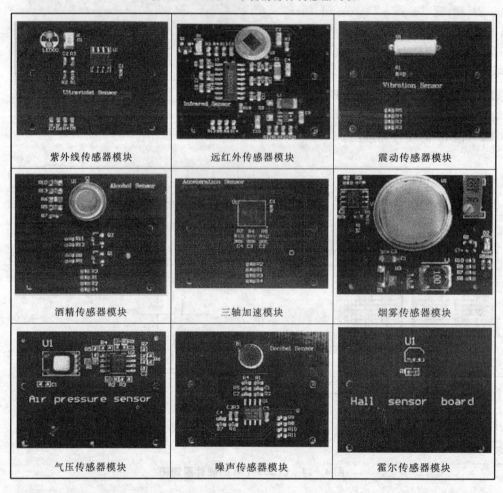

紫外线传感器模块	远红外传感器模块	震动传感器模块
酒精传感器模块	三轴加速模块	烟雾传感器模块
气压传感器模块	噪声传感器模块	霍尔传感器模块

4.1.5　SmartRF04EB 仿真器

　　SmartRF04EB 仿真/调试器为 Zigbee 多功能仿真/调试工具,如图 4-15 所示,主要用于仿真和调试 TI 公司推出的 RF 片上系统(CC1010 除外),并可利用 TI 的 SmartRF Flash Programmer 软件对 TI 的 RF 片上系统进行编程,同时与 IAR Embedded Workbench for 8051 编译开发环境无缝连接,实现对 TI 的 RF 片上系统芯片进行仿真调试和程序下载。

在 SmartRF Studio 软件中可利用 SmartRF04EB 仿真/调试器对 TI 的 RF 片上系统进行控制和测试。

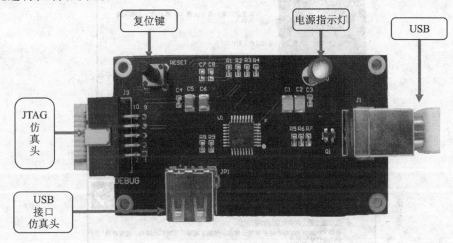

图 4-15 SmartRF04EB 仿真器

如果第一次使用 SmartRF04EB 仿真器,当 SmartRF04EB 接入到 PC 的 USB 口时,Windows 操作系统会提示检测到新硬件,如图 4-16 所示。

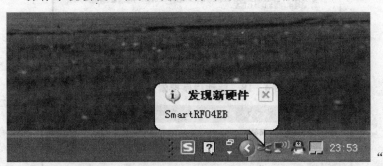

图 4-16 Windows 发现 SmartRF04EB 新硬件

仿真器具体的安装过程如下:

① 在弹出的"找到新的硬件向导"窗体中,勾选"从列表或指定位置安装(高级)(S)"选项,并单击"下一步"按钮,如图 4-17 所示。

② 在搜索和安装选项窗体中勾选"在搜索中包括这个位置",单击"浏览"按钮。选择如图 4-18 所示的仿真器驱动程序所在的路径。

③ 在选好驱动程序的搜索路径后,单击"下一步"按钮,Windows 操作系统驱动程序安装向导搜索并安装搜索到的驱动程序,如图 4-19 所示。

④ 在驱动程序安装完成窗体中单击"完成"按钮,完成 SmartRF04EB 驱动程序

图 4-17　发现新硬件向导

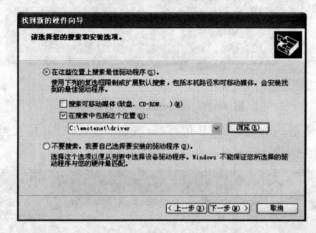

图 4-18　驱动程序搜索路径选项

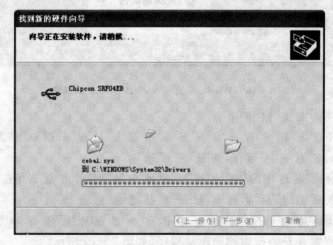

图 4-19　驱动程序安装过程

的安装,如图 4-20 所示。

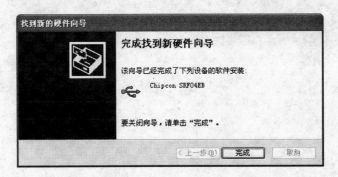

图 4-20 驱动安装完成界面

驱动程序安装完毕后,在 Windows 操作系统的设备管理器中可以查看,如图 4-21 所示。

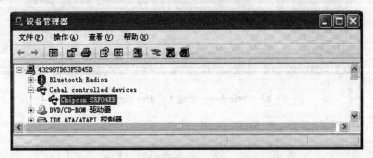

图 4-21 设备管理器的驱动程序显示

4.1.6 CC Debugger 仿真器

Zigbee 多功能仿真/调试工具 CC Debugger 仿真器同 SmartRF04EB 仿真器一样,主要用于仿真和调试 TI 公司推出的 RF 片上系统(CC1010 除外),当然也可使用 TI 的 SmartRF Flash Programmer 软件对 TI 的 RF PSoC 进行编程,同时与 IAR Embedded Workbench for 8051(V7.51A)编译开发环境无缝连接,实现对 TI 的 RF PSoC 芯片的调试。CC Debugger 实物图如图 4-22 所示。

同时,CC Debugger 可结合 TI 推出的 CC2530EM/CC2430EMS 射频模块实现对 802.15.4/Zigbee,Zigbee Pro 的协议分析,从而帮助读者全面理解和掌握复杂的 ZigBee 协议栈,加快 ZigBee 应用程序的开发。

如果第一次使用 CC Debugger,当 CC Debugger 接入 PC 时,Windows 操作系统会提示检测到新硬件,如图 4-23 所示。具体安装方法可参考 SmartRF04EB 仿真器的安装过程。

SmartRF04EB 和 CC Debugger 仿真器的 JTAG 控制引脚的信号定义如

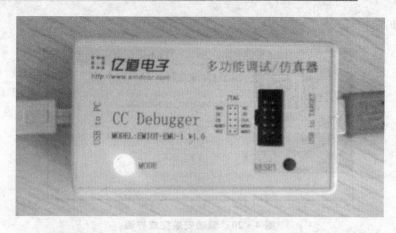

图 4-22　CC Debugger 实物图

图 4-23　Windows 发现 CC Debugger 新硬件

图 4-24 所示。

当仿真器用于对目标板进行仿真、调试和编程时，只需用到 VDD、DC、DD、GND 和 RESET 信号线。其中，JTAG 的 VDD 引脚的 +3.3 V 电压可为目标板提供电源。对仿真器调试时的推荐连接图如图 4-25 所示。

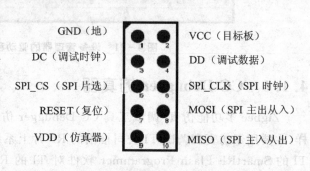

图 4-24　仿真器的引脚定义

当仿真器对具有 SPI 接口的目标板进行仿真、调试和编程或结合 CC2530EM 利用 Packet Sniffer 进行 ZigBee 协议分析时，需要用到 JTAG 的所有信号线。其中，JTAG 的 VDD 引脚的 +3.3 V 电压可为目标板提供电源，连接图如图 4-26 所示。

读者在 SmartRF Studio 或 SmartRF Flash Programmer 软件中使用仿真器时，如果出现仿真器的固件过时或固件版本不兼容，仿真器将自动更新固件，也可按下列步骤手动更新固件（以 CC Debugger 仿真器为例）：

① 断开 CC Debugger 仿真器的 USB 线。

② 断开 CC Debugger 仿真器的 JTAG 连接线。

第 4 章 enmote 物联网开发平台介绍

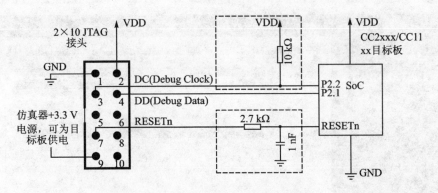

图 4 – 25 仿真器调试时的推荐连接图

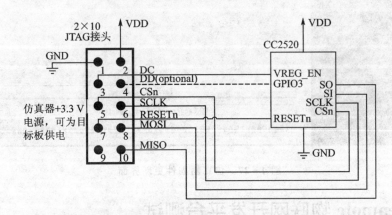

图 4 – 26 仿真器调试时 SPI 接口方式连接图

③ 插上 CC Debugger 的 USB 电缆。

④ 启动 SmartRF Flash Programmer 程序，CC Debugger 将显示 EB application (USB)选项卡列表框，如图 4 – 27 所示。

⑤ 在 EB application(USB)选项卡中的 Flash 中选择 CC Debugger 固件所在的位置。如果读者已经安装了 SmartRF Flash Programmer 软件，则 CC Debugger 的固件保存在"…\Texas Instruments\Extras\ccdebugger"目录中，而 SmartRF04EB 的固件保存在"…\Texas Instruments\Extras\Srf04eb"目录中。

⑥ 单击 Perform actions 按钮，CC Debugger 将更新到指定的固件。

CC Debugger 仿真器有一个模式状态指示灯，主要提示 CC Debugger 仿真器的工作状态：

- 熄灭：仿真器未通电或仿真器固件损坏。
- 闪烁：仿真器运行在引导程序模式，需要更新固件。
- 红灯亮：未检测到目标器件。
- 绿灯亮：检测到目标器件，仿真器正常运行。

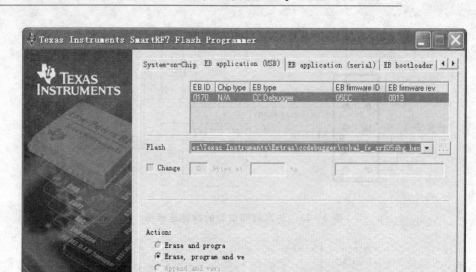

图 4-27　仿真器固件更新界面

4.2　enmote 物联网开发平台测试

4.2.1　enmote 开发平台的硬件连接

在 TinyOS 开发环境安装完毕后,可利用第 3 章介绍的 TinyOS 在 Windows 操作系统下的开发工具或直接在 Cygwin 环境下开发 TinyOS 应用程序。

在 enmote 物联网开发平台上开发和测试 TinyOS 应用程序时,要确保硬件连接正确。enmote 物联网开发平台的硬件连接如图 4-28 所示。检查硬件连接的步骤如下:

① 确保被编程的节点或网关板上的射频模块(CC2530EM)连接良好,同时通过按动编程节点选择按钮选中编程节点。系统底板上的丝印层标注了节点板的编号,节点板编号为 1~8,网关板的编号为 9。

② 如果需要使用网关板上的串口通信,则要确保网关板上的 USB 串口线与计算机连接。

③ 确保 SmartRF04EB 或 CC Debugger 仿真器的 JTAG 线与系统底板上的 JTAG 接口连接良好。可以利用仿真器的 Mini USB 下载线与系统底板的 Mini-

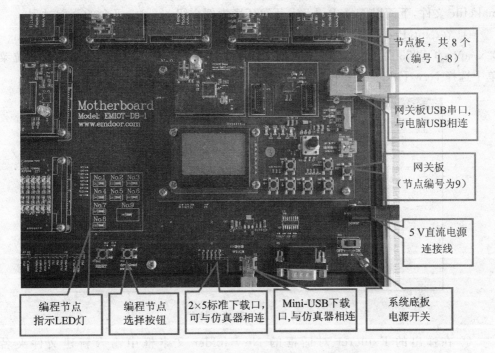

图 4-28 物联网开发平台的硬件连接图

USB 下载接口相连,也可通过 2×5 标准的 JTAG 下载口与系统底板的下载口相连,两者只能选择其中一个。

④ 确保 SmartRF04EB 或 CC Debugger 仿真器的 USB 接口与计算机连接良好。

⑤ 接好 5 V 直流电源线,拨动电源开关,开启系统电源。

⑥ 在编程过程中如果无法找到编程节点中的 CC2530 芯片,可以通过系统底板或仿真器的复位按钮对系统进行复位处理。

4.2.2 创建应用程序

读者可以在 Cygwin 环境中利用相关的工具开发 TinyOS 应用程序,也可将第 3 章介绍的 TinyOS 在 Windows 环境下的集成开发工具作为 TinyOS 的开发环境。为了程序的统一性,对后续章节的程序作如下两点说明:

① 没有特殊说明,均采用免费的 NotePad++软件作为 TinyOS 的开发工具。

② 为了后续章节的统一性,应用程序文件均保存在 Cygwin 环境下"/opt/tinyos-2.x/apps/CC2530"目录下的相应目录中,如 TestGPIO 应用程序中的所有文件保存在"/opt/tinyos-2.x/apps/CC2530/TestGPIO"目录下(注:实际的应用程序文件可以保存在任意文件夹中)。

一个 TinyOS 应用程序至少包括组件配置文件、组件实现文件和用于编译的

makefile 文件,下面以 NotePad++开发环境为例介绍 enmote 平台的开发过程。

① 在 NotePad++的 Explorer 窗体中展开到 Cygwin 环境下的"/opt/tinyos-2.x/apps/CC2530"目录级,在该级的 CC2530 目录树处单击右键,在弹出的下拉菜单中选择 New Folder 菜单项,单击鼠标左键,如图 4-29 所示。

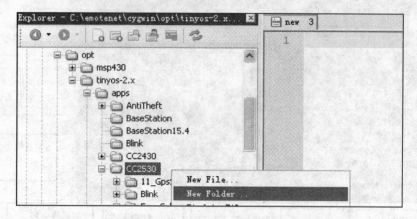

图 4-29 新建文件

② 在弹出的 Explorer 对话框的 New folder 文本框中输入新建文件夹名 TestEnMote,单击 OK 按钮,如图 4-30 所示。

③ 选中新建的 TestEnMote 文件夹,单击右键,在弹出的如图 4-29 所示的下拉菜单中单击 New File 菜单,在随后弹出的 Explore 对话框的 New file 文本框中输入新建的文件名 TestEnMoteAppC.nc,如图 4-31 所示。

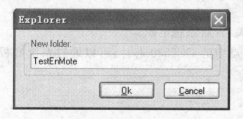

图 4-30 输入文件夹名

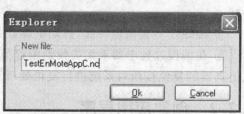

图 4-31 输入文件名

④ 在 TestEnMoteAppC.nc 文件中输入如下内容:

```
/***************************************************************
*   文 件 名:TestEnMoteAppC.nc
*   功能描述:开发平台测试程序配置文件
*   日    期:2012/4/15
*   作    者:李外云 博士
***************************************************************/
configuration TestEnMoteAppC{ }
```

第 4 章 enmote 物联网开发平台介绍

```
implementation
{
    components TestEnMoteM as App;
    components MainC;                              //MainC 组件
    App.Boot -> MainC.Boot;                        //boot 接口绑定到 MainC 组件的 Boot 接口
    components LedsC;                              //LED 组件
    App.Leds -> LedsC.Leds;                        //Leds 接口绑定到 LedsC 组件的 Leds 接口
    components new TimerMilliC() as Timer1;        //定时器组件
    App.Timer1 -> Timer1;                          //Timer 接口绑定到 TimerMilliC 组件的 Timer 接口
    components PlatformLcdC;                       //128*64 LCD 组件
    App.Lcd->PlatformLcdC.PlatformLcd;             //LCD 接口绑定到 PlatformLcdC 组件
    App.LcdInit->PlatformLcdC.Init;
}
```

按照同样的方法,新建 TestEnMoteM.nc 文件和 makefile 文件。其中 TestEn-MoteM.nc 文件的内容如下:

```
/***************************************************************
*  文 件 名:TestEnMoteM.nc
*  功能描述:开发平台测试模块程序
*  日    期:2012/4/15
*  作    者:李外云 博士
****************************************************************/
module TestEnMoteM
{
    uses interface Boot;                           //主程序 Boot 接口
    uses interface Leds;                           //LED 灯的 Leds 接口
    uses interface Timer<TMilli> as Timer1;        //定时器的 Timer 接口
    uses interface PlatformLcd as Lcd;             //LCD 显示屏的 PlatformLcd 接口
    uses interface Init as LcdInit;                //LCD 显示屏的 Init 接口
}
implementation {
    /***************************************************************
    *  函数名:test()任务函数
    *  功  能:空任务,IAR 交叉编译 TinyOS 应用程序,至少需要一个任务函数
    ****************************************************************/
    task void test() { }
    /***************************************************************
    *  函数名:booted()事件函数,
    *  功  能:系统启动完毕后有 MainC 组件自动触发
    *  参  数:无
    ****************************************************************/
    event void Boot.booted()  {
```

```
    call Timer1.startPeriodic(1024);              //定时时间 1 s
    call Leds.led2On();
    call LcdInit.init();                          //初始化 LCD
    call Lcd.ClrScreen();                         //LCD 清屏
    call Lcd.FontSet_cn(0,1);                     //设置显示字体
    call Lcd.PutString_cn(0,0,"上海市东川路 500 号");  //显示中文字符串
    call Lcd.PutString_cn(0,14,"华东师范大学通信系");
    call Lcd.FontSet_cn(1,1);                     //改变字体
    call Lcd.PutString_cn(0,30,"李外云 博士");
    call Lcd.PutString(0,50,"Hello world");       //显示英文字符串
}
/****************************************************
 * 函数名:fired()事件函数
 * 功   能:定时事件,当定时器设定时间一到自动触发该事件
 * 参   数:无
 ****************************************************/
event void Timer1.fired()   {
    call Leds.led2Toggle();
    DbgOut(10,"This is TinyOS Test Program\r\n");
}
}
```

makefile 文件的内容如下:

```
COMPONENT = TestEnMoteAppC
PFLAGS += - DUART_DEBUG
PFLAGS += - DUART_BAUDRATE = 9600
include $(MAKERULES)
```

4.2.3 编译应用程序

如果读者按第 3 章的讲解正确地定义了 NotePad++ 的自定义编译菜单(3.2.3 节),便可以利用 NotePad++ 的自定义菜单编译 TinyOS 应用程序了。在编译时,一定要确保被编译的程序(TinyOS 的配置文件或实现文件)在 NotePad++ 编辑器中处于当前打开激活状态。然后单击"运行"菜单下的 make enmote 菜单或者按自定义快捷键 F7,如图 4-32 所示。

如果程序满足编译条件,则单击自定义菜单后,NotePad++ 调用作者编写的批处理文件自动编译程序,如图 4-33 所示。

如果程序没有错误,则在 cmd 命令行终端显示编译的详细信息,然后按任意键关闭命令行终端,如图 4-34 所示。

第 4 章 enmote 物联网开发平台介绍

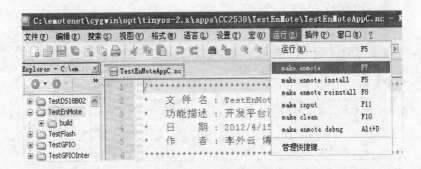

图 4-32　NotePad++自定义的 make enmote 编译菜单

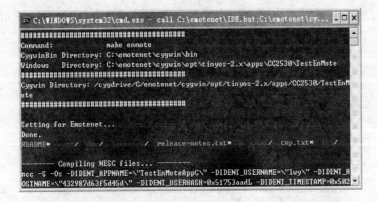

图 4-33　NotePad++中的 make enmote 命令编译过程界面

图 4-34　NotePad++中的 make enmote 命令编译结果界面

4.2.4　下载、烧录应用程序

下载烧录程序时，读者需要按照图 4-28 连接好开发板，通过节点选择按钮选择网关板节点(编程节点号为 9)，确保被下载的程序源码在 Notepad++编辑器中处于当前打开激活状态。如果程序没有编译过或者已经修改，单击"运行"菜单下的 make enmote install 菜单或者按自定义快捷键 F5，如图 4-35 所示，NotePad++将编译并下载当前程序。

图 4-35　NotePad++自定义的 make enmote install 编译下载菜单

从 cmd 命令行终端可以看到程序编译和下载的信息,如图 4-36 所示。

图 4-36　make enmote install 菜单编译和下载应用程序信息

如果应用程序已经编译过,在应用程序没有修改或者无需重新编译的情况下,可在 NotePad++编辑器中打开应用程序源码,然后单击"运行"菜单下的 make enmote reinstall 菜单或者按自定义快捷键 F8,如图 4-37 所示,NotePad++将自动下载烧录原来编译好的程序。如图 4-38 所示为重新下载烧录编译过的程序信息界面。

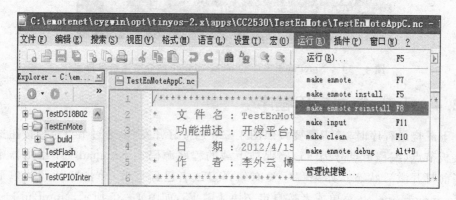

图 4-37　NotePad++自定义的 make enmote reinstall 下载烧录菜单

第4章 enmote 物联网开发平台介绍

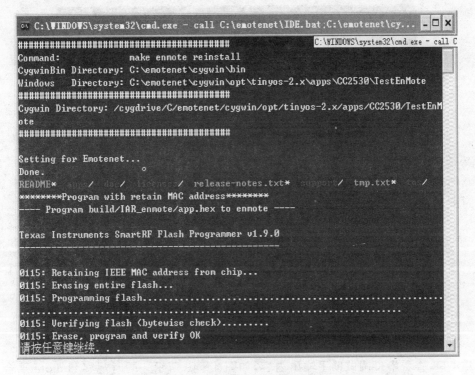

图 4-38　make enmote reinstall 菜单下载烧录 TinyOS 程序界面

当然，可以利用 TI 公司提供的 SmartRF Flash Programmer 软件下载烧录编译好的 hex 文件。读者可以从 TI 公司的官方网站下载最新的编程程序，也可以使用安装光盘的"…\emotenet\tools\TI tools"目录下的 Setup_SmartRFProgr_1.7.1.exe 文件。如果读者已经安装好了该程序，在 Windows XP 的"开始"菜单中运行 Smart-RF Flash Programmer 程序，其界面如图 4-39 所示。如果硬件电路按图 4-28 正确连接，则 Chip type 列表项将显示芯片类型。

如果只需下载烧录应用程序，在 Flash 对应的文本框中选中需要下载烧录的应用程序的 hex 文件，并选中"Ease, program and verify"，然后单击 Perform actions 按钮即可。SmartRF Flash Programmer 程序可以修改芯片的 IEEE 地址。对于 CC2530 来说，有 Primary 和 Second 两个 IEEE 地址，其中 Primary 的 IEEE 地址是 TI 公司在生产 CC2530 时固化在 Flash 中的，用户只能单击 Read IEEE 按钮读取该 IEEE 地址，而无法修改该地址。对于 Second 的 IEEE 地址，用户不仅可以单击 Read IEEE 按钮读取该 IEEE 地址，还可以单击 Write IEEE 按钮修改芯片的 IEEE 地址。

对于 SmartRF Flash Programmer 的其他用法，读者可参考 SmartRF Flash Programmer 的用户手册。

程序下载烧录成功后，启动串口调试助手，选择正确的串口和波特率（9 600）。

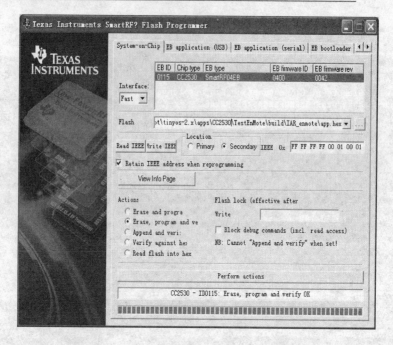

图 4-39　SmartRF Flash Programmer 程序界面

打开串口,查看串口调试助手输出内容,如图 4-40 所示。同时观察 enmote 平台上 L3(蓝色 LED)的点亮情况,以及 LCD 屏的显示内容如,图 4-41 所示。

图 4-40　测试程序串口的输出情况

4.2.5　调试应用程序

　　enmote 物联网开发平台的 TinyOS 程序编译成功后,在源码对应的目录中新建了一个 build\IAR_enmote 目录,所有编译过程中产生的中间文件和最后的 hex 文件都保存在该目录中。图 4-42 所示为 TestEnMote 编译后的"build\IAR_en-

图 4-41　测试程序的 LCD 显示界面

第 4 章　enmote 物联网开发平台介绍

mote"目录下的文件列表情况,其中 app.hex 为编译后的 hex 程序文件,app.eww 为 IAR 的工程文件,app.preMangle.c 为 nesC 编译器编译后的文件,app.c 为将 app.preMangle.c 经过 perl 脚本文件处理转换后符合 IAR 编译器的 C 源代码文件,其他的 app.* 文件为 IAR 编译器编译 app.c 后生成的中间文件。

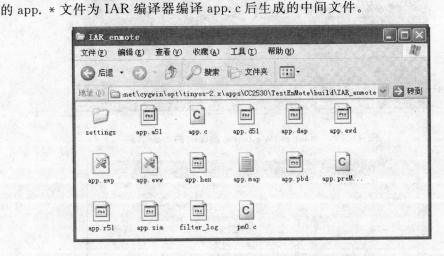

图 4-42　build\IAR_enmote 目录下的文件列表

如果读者需要调试编译后的程序,单击"运行"菜单下的 make enmote debug 菜单或者按自定义快捷键"Alt+D",如图 4-43 所示。

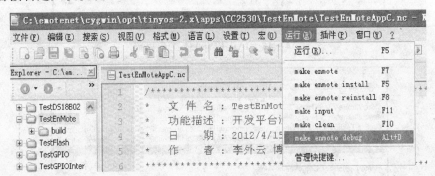

图 4-43　make enmote debug 菜单

NotePad++将自动调用编译批处理文件编译应用程序,如图 4-44 所示。

系统编译完成后,自动启动 IAR 工程,读者可以利用 IAR EW8051 软件仿真调试 TinyOS 应用程序。图 4-45 为编译完成后自动调用的 IAR EW8051 工程。

应用程序经过 nesC 编译、脚本处理和 IAR 编译后,原来代码的函数名发生了一定的变化,但是变化后的函数名称中一定包括有原函数名字符。例如,在上述的 TestEnMoteM.nc 程序中定时周期的设置函数"call Timer1.startPeriodic(1024)",读者可以利用 IAR EW8051 的搜索功能搜索到一个"TestEnMoteM__Timer1__startPeriodic(1024)"代码项,如图 4-46 所示。

C:\WINDOWS\system32\cmd.exe - call C:\emotenet\IDE.bat;C:\emotenet\cy...
Command: make enmote debug
CygwinBin Directory: C:\emotenet\cygwin\bin
Windows   Directory: C:\emotenet\cygwin\opt\tinyos-2.x\apps\CC2530\TestEnMote
Cygwin Directory: /cygdrive/C/emotenet/cygwin/opt/tinyos-2.x/apps/CC2530/TestEnM
ote
Setting for Emotenet...
Done.
README* apps/ doc/ licenses/ release-notes.txt* support/ tmp.txt* tos/
-------- Compiling NESC files... ---------
ncc -S -Os -DIDENT_APPNAME=\"TestEnMoteAppC\" -DIDENT_USERNAME=\"lwy\" -DIDENT_H

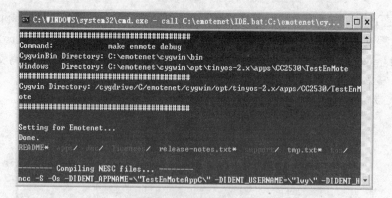

图 4-44　make enmote debug 编译时的终端信息

IAR Embedded Workbench IDE
File Edit View Project Texas Instruments Emulator Tools Window Help
Debug
Files
app - Debug
app.c
Output
app
app.c
#include <ioCC2530.h>
#define MANGLED_NESC_APP_C
#define nx_struct struct
#define nx_union union
#define dbg(mode, format, ...) ((void)0)
#define dbg_clear(mode, format, ...) ((void)0)
#define dbg_active(mode) 0
//# 151 "/usr/lib/gcc/i686-pc-cygwin/3.4.4/include/stddef.:
Ready
Ln 1, Col 1

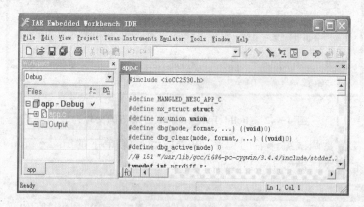

图 4-45　IAR EW8051 工程界面

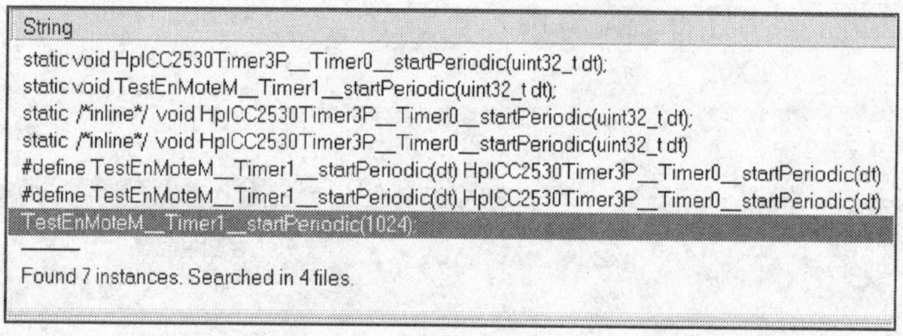

String
static void HplCC2530Timer3P__Timer0__startPeriodic(uint32_t dt);
static void TestEnMoteM__Timer1__startPeriodic(uint32_t dt);
static /*inline*/ void HplCC2530Timer3P__Timer0__startPeriodic(uint32_t dt);
static /*inline*/ void HplCC2530Timer3P__Timer0__startPeriodic(uint32_t dt)
#define TestEnMoteM__Timer1__startPeriodic(dt) HplCC2530Timer3P__Timer0__startPeriodic(dt)
#define TestEnMoteM__Timer1__startPeriodic(dt) HplCC2530Timer3P__Timer0__startPeriodic(dt)
TestEnMoteM__Timer1__startPeriodic(1024);
Found 7 instances. Searched in 4 files.

图 4-46　函数名的搜索

在搜索视图中，双击鼠标左键，IAR 会自动切换到源代码区。从源代码可以知道该函数的定义方式，如图 4-47 所示。

在 IAR EW8051 界面中，单击 Project→Option 菜单，在弹出的工程属性对话框中单击 Linker 属性项，在 Linker 属性项中的 Output 项目中选中“Debug information for C-SPY”，如图 4-48 所示，单击 OK 按钮。

在代码编辑区左边空白的地方连击鼠标左键，设置程序断点，如图 4-49 所示。(注：SmartRF04EB 或 CC Debugger 仿真器用于程序仿真调试时，最多只能设置 3 个

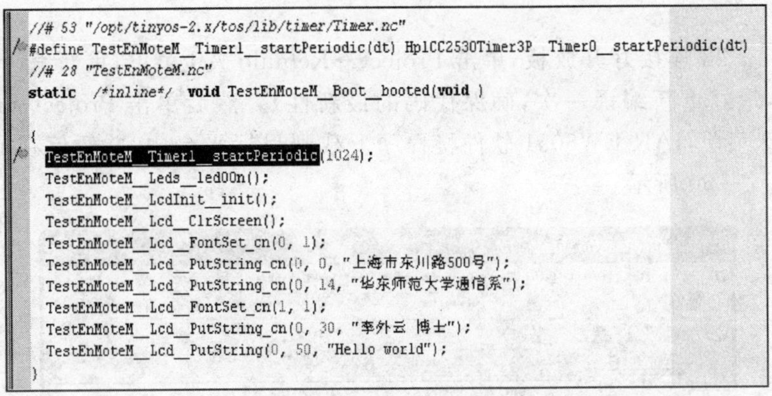

//# 53 "/opt/tinyos-2.x/tos/lib/timer/Timer.nc"
#define TestEnMoteM__Timer1__startPeriodic(dt) HplCC2530Timer3P__Timer0__startPeriodic(dt)
//# 28 "TestEnMoteM.nc"
static /*inline*/ void TestEnMoteM__Boot__booted(void)
{
TestEnMoteM__Timer1__startPeriodic(1024);
TestEnMoteM__Leds__led0On();
TestEnMoteM__LcdInit__init();
TestEnMoteM__Lcd__ClrScreen();
TestEnMoteM__Lcd__FontSet_cn(0, 1);
TestEnMoteM__Lcd__PutString_cn(0, 0, "上海市东川路500号");
TestEnMoteM__Lcd__PutString_cn(0, 14, "华东师范大学通信系");
TestEnMoteM__Lcd__FontSet_cn(1, 1);
TestEnMoteM__Lcd__PutString_cn(0, 30, "李外云 博士");
TestEnMoteM__Lcd__PutString(0, 50, "Hello world");
}

图 4-47　源代码搜索定位

Options for node "app"
Category:
General Options
C/C++ Compiler
Assembler
Custom Build
Build Actions
Linker
Debugger
Third-Party Driver
Texas Instruments
FS2 System Navig.
Infineon
Nordic Semiconduc
ROM-Monitor
Analog Devices
Silabs
TI Sensium
Simulator
Factory Settings
Output
Extra Output
#define
Diagnostics
List
Output file
Override default
Secondary output file:
Format
Debug information for C-SPY
With runtime control mod
With I/O emulation modu
Allow C-SPY-specific extra output file
Other
Module-local
Include all
OK
Cancel

图 4-48　调试编译信息输出选择

Debug
Files
app
static /*inline*/ void TestEnMoteM__Boot__booted(void)
{
TestEnMoteM__Timer1__startPeriodic(1024);
TestEnMoteM__Leds__led0On();
TestEnMoteM__LcdInit__init();
TestEnMoteM__Lcd__ClrScreen();
TestEnMoteM__Lcd__FontSet_cn(0, 1);
TestEnMoteM__Lcd__PutString_cn(0, 0, "上海市东川路500号");
TestEnMoteM__Lcd__PutString_cn(0, 14, "华东师范大学通信系");
TestEnMoteM__Lcd__FontSet_cn(1, 1);
TestEnMoteM__Lcd__PutString_cn(0, 30, "李外云 博士");
TestEnMoteM__Lcd__PutString(0, 50, "Hello world");
}

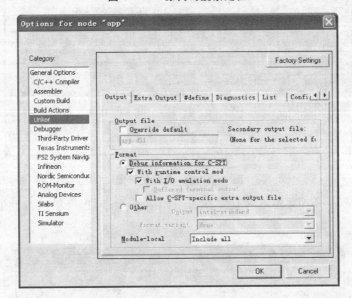

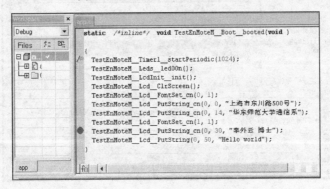

图 4-49　程序断点设置界面

断点)。

按图 4-28 连接好开放板,单击 Project→Rebuild All 菜单,重新编译程序(注:在调试前,最好重新编译一次,确保代码的最新性)。然后单击 Project→Download and Debug 菜单,IAR EW8051 软件将程序下载到目标平台中,并暂停在 main 函数位置,如图 4-50 所示。

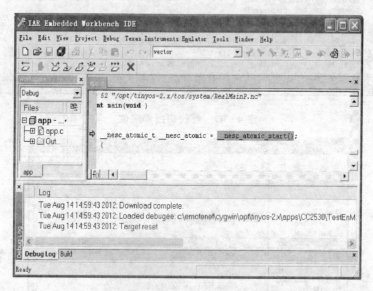

图 4-50 仿真调试界面

单击 Debug→Go 菜单或者直接按 F5,如果有断点,程序就运行到断点暂停,如图 4-51 所示。

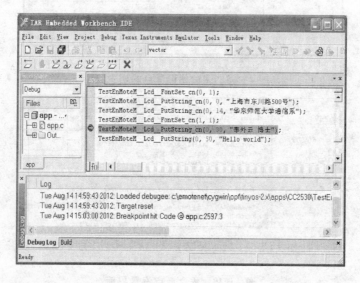

图 4-51 运行到断点情况

读者可以通过 View 菜单中的 Watch 菜单、Register 菜单和 Local 菜单设置查看变量、寄存器和本地变量的运行时赋值情况的变化,如图 4-52 所示。

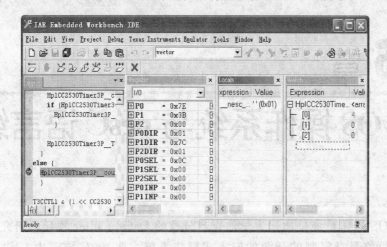

图 4-52 调试变量、寄存器查看界面

4.3 本章小结

本章重点介绍了 enmote 开发平台的硬件组成以及应用程序的开发过程,主要包括应用程序的创建、编译和调试等。

在 enmote 物联网平台上开发程序时,首先 TinyOS 的 Cygwin 开发环境和 IAR EW8051 编译器要安装成功,至于应用程序开发环境的选择,读者可以直接在 Cygwin 环境中利用命令的方式编译、烧录,也可以利用 TinyOS 的 Windows 集成开发环境进行程序的编辑、编译和调试。

程序的烧录可以直接利用 Cygwin 的命令行,也可以利用 TinyOS 的 Windows 集成开发环境自定义菜单的方式进行。如果只有编译后的 hex 文件,可利用 TI 公司的 SmartRF Flash Programmer 软件进行。

第 5 章
TinyOS 操作系统与 nesC 语言编程

TinyOS 操作系统是加州大学伯克利分校的 David Culler 领导的研究小组为无线传感器网络量身定制的开源的嵌入式操作系统。而 nesC 语言由 C 语言扩展而来,用来描述 TinyOS 的执行模型和结构。nesC 语言是 TinyOS 的编程语言,也是 TinyOS 应用程序的开发工具。

本章介绍 TinyOS 操作系统的特点和功能、nesC 编程方法以及基于 TinyOS 的平台构建过程,同时还要详细地分析 CC2530 在 TinyOS-2.x 中的移植过程。

5.1 TinyOS 操作系统

5.1.1 TinyOS 操作系统简介

TinyOS 是基于组件(Component)的架构方式,能够快速实现各种应用。TinyOS 程序采用模块化设计,程序核心比较小,能够突破传感器存储资源少的限制,这使得 TinyOS 能够有效地运行在无线传感器网络上并执行相应的管理工作。而且 TinyOS 组件模型是经过特殊设计的,其执行方式是基于时间的高效模式,因此 TinyOS 应用程序具有模块化、高效率和容易构造的特点。

TinyOS 本身提供了一系列组件,可以简单方便的编制程序,用来获取和处理传感器数据并通过无线电来传输信息。在 TinyOS 中,应用程序开发人员通过 nesC 语言来表达组件与组件之间的事件/命令接口。组件分为配置文件和模块,模块用来具体实现逻辑功能,而配置文件以其接口的连接实现来构建程序的流程。TinyOS 系统构建的是一个自下而上的树状结构,硬件直接和最底层的组件交互,底层组件向上报告事件的发生,上层组件收到信号并向下发送指令。

5.1.2 TinyOS 技术特点

TinyOS 的特点主要体现在以下四个方面：

1. 主动消息通信技术

在主动消息通信方式中，一个应用层的处理器由一个消息进行相应的维护，消息到达目标节点时，该消息中的数据被作为参数传递给应用层的处理器。由应用层完成消息数据解析、计算处理或完成响应的操作。

主动消息通信技术是一种高性能的事件驱动模式的并行通信方式，该技术是并行计算机中的概念，即在发送消息的同时，传送处理这个消息的相应函数和数据，接收方收到消息后可立即进行处理，从而减少消息量。WSN 本身是一种大规模的网络系统，导致通信的并行程度高，传统的通信方式无法适应。TinyOS 的系统组件可以快速地响应主动消息通信方式传来的驱动事件，有效提高 CPU 效率。

2. 事件驱动模式

WSN 是一种要求节能的无线网络系统，而 TinyOS 采用事件驱动的运行机制，通过触发事件来唤醒传感器的工作状态。TinyOS 操作系统中的事件相当于不同组件之间传递信号，当对应于硬件中断的事件发生时，系统能够快速地调用相关的事件处理程序，迅速地响应外部事件并执行相应的事件操作任务。当事件处理完毕后，如果没有其他事件的驱动，TinyOS 将会进入休眠，从而有效地提高了 CPU 的使用率，达到节能的目的。

TinyOS 程序的运行由一个个事件驱动。数据包收发、传感器采样等操作引发的硬件中断会触发底层组件中的事件处理程序，这些程序对该中断作初步处理后触发上层组件的事件，通知上层组件作进一步处理。事件驱动机制可以使 CPU 在事件产生时迅速执行相关任务，并在处理完成后进入休眠状态。

3. 轻量级线程技术及两层调度方式

TinyOS 提供任务和硬件事件处理两级调度体系。轻量级线程，也就是所谓的任务，是一种简单的线程，主要用在对时间要求不是很高的应用系统中。TinyOS 操作系统中所有的任务都是平等的，不能相互抢占，按先入先出（First Input First Out，简称 FIFO）进行调度。WSN 系统中各传感器节点的硬件资源有限，短流程的并发操作比较频繁。传统的进程或线程调度算法在进程切换过程中占用大量资源（如内存堆栈），所以无法用于对资源比较敏感的 WSN 系统。而轻量级线程和基于 FIFO 的调度机制能够使用短流程的并发任务共享堆栈存储空间，并且进行快速切换，从而使得 TinyOS 适用于任务频繁并发的 WSN 系统。任务为空时，CPU 进入休眠状态，由外部中断来唤醒 CPU，从而减少 CPU 的能耗。

硬件处理线程，也就是所谓的硬件事件处理，能够快速进行硬件中断响应。TinyOS

就是采用了任务和硬件事件处理这种两层的调度方式。

4. 组件化编程

WSN 既具有多样化的上层应用,又强调系统的节能要求,而 TinyOS 采用基于组件编程的体系结构,这种体系结构被广泛应用在嵌入式操作系统中,其组件是对软、硬件功能的抽象。整个系统由组件构成,通过组件提高软件重用度和兼容性。

TinyOS 的顶层配置文件面向应用程序,可以进行应用的整体装配,当程序实现组件化、模块化时,就可以使独立组件方便快速地组合到各层的配置文件中。程序员只需要关心组件功能接口和逻辑,而不必关心组件的具体实现,从而能够提高编程效率,快速实现各种应用。

5.1.3 TinyOS 的体系结构

TinyOS 操作系统采用组件结构,是一种基于事件的操作系统。TinyOS 本身提供了一系列的组件供用户调用,其主要目标是代码量小、耗能少、并发性高和鲁棒性好,可以适应不同的应用。一个完整的 TinyOS 应用系统由调度器和所利用的组件组成,TinyOS 应用程序与其所使用的组件一起编译成可运行的程序。TinyOS 自下而上可以分为底层硬件抽象组件、中间综合硬件组件和上层软件组件,如图 5-1 所示。底层硬件抽象组件将物理硬件映射到 TinyOS 组件模型,负责向上层报告事件;中间综合硬件组件模拟高级硬件行为,负责解析数据和传递数据参数;上层软件组件主要实现组件控制、路由以及数据传输、协议解析等,上层组件向底层组件发出命令。

TinyOS 的层次结构如同一个网络协议,底层硬件负责接收和发送最原始的数据包,综合硬件层组件负责数据编码、解析和参数传递,上层软件组件负责数据打包、路由选择以及数据传递。

图 5-1 TinyOS 体系结构

上层软件组件层包括主组件和应用程序组件。主组件即所谓的调度器,用于维护任务,只有当组件状态维护完成后,任务才能被调度。应用程序组件完成命令和事件的维护,在硬件发生中断时对组件的状态进行处理。

TinyOS 的调度模式有以下特点:

① 所有任务单线程运行到结束,只分配单个任务栈,减少对系统内存的需求。

第 5 章　TinyOS 操作系统与 nesC 语言编程

② 对任务按简单的 FIFO 队列进行调度,对资源采用优先分配策略。

③ FIFO 的任务调度策略是能耗敏感。当任务队列为空时,处理器休眠,随后由外部事件唤醒 CPU 进行任务调度。

④ 两级的调度结构可以实现优先执行少量同事件相关的处理,同时打断长时间运行的任务。

⑤ 基于事件的调度策略,只需少量空间就可获得并发性,并允许独立的组件共享单个执行上下文。同事件相关的任务集合可以很快被处理,不允许阻塞,具有高度并发性。

⑥ 任务之间互相平等,没有优先级的概念。

5.2 nesC 编程语言

TinyOS 操作系统最初采用汇编语言和 C 语言编写,但由于 C 语言不能有效、方便地支持面向 WSN 的系统及其应用程序的开发,研究人员便对 C 语言进行了扩展,提出了支持组件化编程的 nesC 语言。nesC 编程语言把组件化模块化的思想和基于事件驱动的执行模型结合起来,通过组织、命名和连接组件形成一个嵌入式网络系统,能很好地支持 TinyOS 的并发运行模式。

TinyOS 操作系统、组件库以及 WSN 的应用程序都采用 nesC 语言编写,这样便于开发应用程序并提高执行的可靠性。

5.2.1 nesC 简介

nesC 语言由 C 语言扩展而来,用来描述 TinyOS 的执行模型和结构,它是 TinyOS 的编程语言,也是 TinyOS 应用程序的开发工具。nesC 的基本编程思想主要包括:

① 组件的行为规范由一组接口函数来定义,接口由组件提供(provide)或被组件使用(use)。组件使用接口,体现了该组件对其他组件功能上的需求;组件提供接口,体现了该组件能给其他组件所提供的功能。

② 组件包含两种范围,一种是组件接口的定义,另一种是组件接口的实现。组件可以以任务的形式存在,具有并发性。整个程序由多个组件连接而成。TinyOS 程序的组合机制和构造机制互相分离。

③ TinyOS 程序中组件通过接口彼此静态相连,这种连接方式提高了程序运行效率,增强了鲁棒性,而且可以更好地静态分析程序。

④ nesC 的设计考虑到由编译器生成完整程序代码的要求,可以提供较好的代码重用和分析。

nesC 编程语言结合了 C 语言的模块化风格与 TinyOS 的事件型驱动,是一种开发结构化组件型应用程序的新语言。接口(interface)和组件(component)是 nesC 语言中最重要的两个元素,组件又包含模块(module)和配置(configuration)两种类型。nesC 语言中的模块、配置和接口都以文件的形式存在,即模块文件、接口文件和配置文件。

5.2.2 接　口

接口是一系列声明的有名函数集合,这有点像 C 语言中的头文件。同时接口也是连接不同组件的纽带。nesC 中的接口和接口文件是一一对应的,例如 Leds.nc 是 Leds 接口所对应的文件,同时接口文件具有全局域名作用,也就是说,接口名在 TinyOS 操作系统中具有唯一性。例如,如果 TinyOS 程序的组件使用或提供 Leds 接口,nesC 编译器在能搜索到的所有文件夹中只装载一个 Leds.nc 接口文件进行编译。

nesC 中接口具有双向性,这种特性实际上是接口提供者(provider)和接口使用者(user)之间的一种多功能交互通道,如图 5-2 所示。

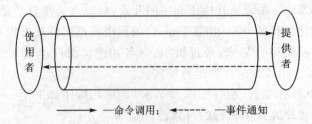

图 5-2　nesC 接口功能示意图

接口提供命令(command)和事件(event)两种类型函数,但这两种类型接口函数的实现和调用方式完全不一样,向下调用命令,向上触发事件。命令函数必须由接口提供者实现,由接口使用者调用(call);事件函数必须由接口提供者触发通知(signal),由接口使用者实现。也就是说,上层组件(接口使用者)调用底层组件(接口提供者)的命令函数,启动底层组件实现命令功能;底层组件实现某种功能后,通过触发事件通知上层组件对相应的事件进行处理。

组件的接口体现了组件具有事件驱动功能和模块化特性,通过组件的事件通知让使用接口者对事件进行响应,任何满足接口功能的实现者都可以被其他需要该接口功能的组件调用。例如,在 Timer 接口中定义有 startPeriodic(uint32_t dt)命令函数和 fired()事件函数,nesC 中使用关键字 call 调用命令,而使用 signal 关键字完成对事件的通知。

```
interface Timer<precision_tag>
{
    command void startPeriodic(uint32_t dt);
    event void fired();
    ……
}
```

第5章 TinyOS 操作系统与 nesC 语言编程

"tinyos – 2.x\apps\CC2530\Blink"目录下的 BlinkM 组件使用了 Timer 接口，所以 BlinkM 组件可以调用 startPeriodic 接口命令 call Timer1.startPeriodic(1024)，但必须要实现接口 fired 事件函数 event void Timer1.fired()。当然，事件函数中的内容可以为空。具体代码如下：

```
module BlinkLedM
{
    uses interface Boot;                              //主程序 Boot 接口
    uses interface Leds;                              //LED 灯的 Leds 接口
    uses interface Timer<TMilli> as Timer1;           //定时器的 Timer 接口
}
Implementation
{
    /************************************************************
    * 函数名:Demo()任务函数
    * 功  能:空任务,IAR 交叉编译 TinyOS 应用程序,至少需要一个任务函数
    * 参  数:无
    ************************************************************/
    task void Demo()  {}
    /************************************************************
    * 函数名:booted()事件函数,
    * 功  能:Boot 接口的 boot 事件,系统启动完毕后由 MainC 组件自动触发
    * 参  数:无
    ************************************************************/
    event void Boot.booted()
    {
        call Timer1.startPeriodic(1024);
        call Leds.led0Off();
    }
    /************************************************************
    * 函数名:fired()事件函数
    * 功  能:定时事件,当定时器设定时间一到自动触发该事件
    * 参  数:无
    ************************************************************/
    event void Timer1.fired()
    {
        call Leds.led0Toggle();
    }
}
```

"tinyos – 2.x\tos\chips\CC2530\timer"目录下的 HplCC2530Timer3P 组件提供了 Timer 接口，所以该组件必须实现接口定义中所有命令函数，当然命令函数中

的具体内容可以为空，如 Timer0.startPeriodicAt(uint32_t t0, uint32_t dt)。组件可选择性地使用 signal 关键字触发接口中定义的事件函数，以通知接口使用者对该事件做出相应的处理。其代码如下：

```
module HplCC2530Timer3P {
    provides interface Timer<TMilli> as Timer0;
    ……
}
implementation
{
    command void Timer0.startPeriodic(uint32_t dt)
    {
        uint32_t cnt;
        cnt = dt * 1000;
        cnt = cnt/256;
        TCOUNT[0] = cnt;
        count[0] = 0;
        T3CC0 = 0xFF;
        atomic {TIMIF &= ~BV(CC2530_TIMIF_T3CH0IF);}// reset
        atomic {T3CCTL0 |= BV(CC2530_T34CCTL_IM);}// start
    }

    command void Timer0.startPeriodicAt(uint32_t t0, uint32_t dt) {}

    ……
    MCS51_INTERRUPT(SIG_T3) {
        atomic
        {
            if((T3CCTL0 & BV(CC2530_T34CCTL_IM)) && (TIMIF & BV(CC2530_TIMIF_T3CH0IF)))
            {
                TIMIF &= ~BV(CC2530_TIMIF_T3CH0IF);
                if(count[0] >= TCOUNT[0]) {
                    count[0] = 0;
                    if(bOneShot[0])
                    {
                        call Timer0.stop();
                        bOneShot[0] = 0;
                    }
                    signal Timer0.fired();
                }
                else
                    count[0] ++;
```

				}
			}
			……
		}

5.2.3 组 件

nesC 程序是组件的集合体,nesC 中的组件和组件文件是一对一的关系,如 LedsC.nc 文件是组件 LedsC 的 nesC 代码。组件名具有全局域名作用,例如,如果 nesC 程序用到 LedsC 组件,nesC 编译器在能搜索到的所有文件夹中只装载一个 LedsC.nc 文件进行编译。

nesC 编程语言中有模块和配置两种类型组件。模块实现具体逻辑功能(包括提供和使用接口),以及提供接口中的命令和使用接口中的事件;配置则是将一系列组件装配起来的一种特殊组件,它将内部各个组件所使用的接口与其他组件提供的接口连接(wiring)在一起。

模块组件和配置组件各有两部分代码块:第一块为声明部分,主要定义提供或使用接口;第二块为组件的实现部分。模块的实现部分同 C 语言一样,完成组件逻辑功能的实现;而配置的实现部分只包含将组件接口连接在一起的连接代码,实现将组件所提供的接口与其他组件使用的接口连接起来。

例如"tinyos-2.x\tos\system"目录下的 MainC 配置组件,声明部分为该组件提供或使用的接口,实现部分主要完成将组件接口连接关联起来,从而组成新的组件。具体代码如下:

```
configuration MainC  {
   //配置组件的声明部分,定义提供或使用的接口
   provides interface Boot;
   uses interface Init as SoftwareInit;
}
Implementation   {
   //配置组件的实现部分,完成将组件接口连接关联起来
   components PlatformC, RealMainP, TinySchedulerC;
   RealMainP.Scheduler -> TinySchedulerC;
   RealMainP.PlatformInit -> PlatformC;
   SoftwareInit = RealMainP.SoftwareInit;
   Boot = RealMainP;
}
```

"tinyos-2.x\tos\chips\CC2530\watchdog"目录下的 WatchDogP 模块组件,其声明部分同配置组件一样,为该组件所能提供或使用的接口,但是其实现部分与配置组件完全不一样,主要实现提供接口的命令函数或使用接口的事件函数。具体代码

如下：

```
module WatchDogP
{
    //模块组件的声明部分,定义提供或使用的接口
        provides interface WatchDog;
}
implementation
{
    //模块组件的实现部分,实现提供接口的命令函数和触发事件或完成使用接口的事件函数
    command void WatchDog.enable( uint8_t time )
    {
        atomic {
            WDCTL& = ~0x03;
            WDCTL |= (time &0x03);
            WDCTL |= 0x08;
        }
    }

    command void WatchDog.disable()
    {
        atomic {
            WDCTL & = ~0x08;
        }
    }

    command void WatchDog.clr()
    {
        atomic {
            WDCTL = (WDCTL & ~0xF8) | 0xA8;
            WDCTL = (WDCTL & ~0xF8) | 0x58;
        }
    }
}
```

5.2.4 接口连接

nesC 的配置组件中可以包括多个组件,如图 5-3 所示。

利用"->"、"<-"和"="三种操作符将各组件对应的接口连接在一起。"->"和"<-"两种操作表示提供者和使用者之间的相互连接,箭头的方向由使用者指向提供者,即调用者"->"被调用者,这也确定了组件接口中的命令函数和事件函数的调用路径。"->"和"<-"操作符在使用上完全相同,例如,"tinyos-2.x\apps\CC2530\Blink"目录中的 BlinkLed 配置组件的代码如图 5-4(a)所示。可以利用

第5章　TinyOS 操作系统与 nesC 语言编程

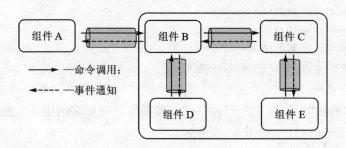

图 5-3　组件装配图

"<-"操作符写成如图 5-4(b)所示的形式,这两者是完全等价的。

```
configuration BlinkLed { }

implementation {
    components BlinkLedM as App;

    components MainC;
    App.Boot -> MainC.Boot;

    components LedsC;
    App.Leds -> LedsC.Leds;

    components new TimerMilliC() as Timer1;
    App.Timer1 -> Timer1;
}
```

(a) "->"操作符的连接方式

```
configuration BlinkLed { }

implementation {
    components BlinkLedM as App;

    components MainC;
    MainC.Boot <- App.Boot;

    components LedsC;
    LedsC.Leds <- App.Leds;

    components new TimerMilliC() as Timer1;
    Timer1 <- App.Timer1;
}
```

(b) "<-"操作符的连接方式

图 5-4　操作符的使用

配置组件像模块组件一样,也可提供和使用接口,但配置组件没有接口实现代码,只能将其他组件的接口连接起来。为了实现配置组件提供和使用接口所需要的代码,配置组件利用"="操作符将其他组件的实现部分进行重命名作为自己实现代码中的一部分。例如,"tinyos-2.x\tos\system"目录下的 LedsC 配置组件,虽然它提供了 Leds 接口,但是该接口的实现代码由 LedsP 模块组件完成。具体代码如下:

```
configuration LedsC {
    provides interface Leds;
}
implementation {
    components LedsP, PlatformLedsC;

    Leds = LedsP;
```

```
LedsP.Init <- PlatformLedsC.Init;
LedsP.Led0 -> PlatformLedsC.Led0;
LedsP.Led1 -> PlatformLedsC.Led1;
LedsP.Led2 -> PlatformLedsC.Led2;
}
```

读者可以利用"->"、"<-"和"="三种操作符将更多的组件装配起来,形成一个更大、功能更多的组件,如图 5-5 所示。

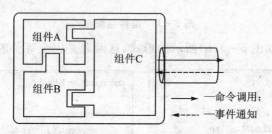

图 5-5　组件模块的装配

5.2.5　as 关键字的使用

在 nesC 程序中,程序员可以使用 as 关键字将组件或组件接口重命名为一个具有特定意义且易记的别名。例如,MainC 组件使用 as 关键字将使用的 Init 接口重命名为 SoftwareInit,这样便于理解和掌握。重命名代码如下:

```
configuration MainC {
    provides interface Boot;
    uses interface Init as SoftwareInit;
}
```

在 nesC 程序中,组件提供和使用的接口名具有唯一性,所以如果一个组件多次提供或使用同一接口,则必须使用 as 关键字来区分接口的例化,否则组件会因无法进行接口正确连接而导致编译错误。例如,"tinyos-2.x\tos\system"目录中的 LedsC 配置组件利用 Leds 接口提供了三个用于 LED 的端口,作为一个配置组件,LedsC 组件不能拥有执行代码,而是利用"="操作符将 LedsP 模块组件作为实现代码。而在 LedsP 模块中,需要三次使用 GeneralIO 接口来满足 LedsC 组件中三个 LED 灯的需求,所以必须使用 as 关键字对接口重命名进行区分。

LedsC 配置组件的部分代码:

```
configuration LedsC {
    provides interface Leds;
}
implementation {
    components LedsP, PlatformLedsC;
```

第 5 章　TinyOS 操作系统与 nesC 语言编程

```
    Leds = LedsP;
    LedsP.Init <- PlatformLedsC.Init;
    LedsP.Led0 -> PlatformLedsC.Led0;
    LedsP.Led1 -> PlatformLedsC.Led1;
    LedsP.Led2 -> PlatformLedsC.Led2;
}
```

LedsP 模块组件的部分代码：

```
module LedsP @safe() {
    provides {
        interface Init;
        interface Leds;
    }
    uses {
        interface GeneralIO as Led0;
        interface GeneralIO as Led1;
        interface GeneralIO as Led2;
    }
}
```

如果 nesC 程序中使用 as 关键字对组件或接口进行了重命名,在连接接口或使用组件时,就必须使用重命名后的别名。例如,"tinyos-2.x\apps\CC2530\TestLCD"目录下的 TestLcdM 模块组件,将 PlatformLcd 接口利用 as 关键字重命名为 Lcd、将 Init 接口重命名为 LcdInit。而在 TestLcd 配置组件中,TestLcdM 模块重命名为 App,则在组件接口连接时,App.LcdInit—>PlatformLcdC.Init 和 App.Lcd—>PlatformLcdC.PlatformLcd 是连接正确的。如果将 App.LcdInit—>PlatformLcdC.Init 和 App.Lcd—>PlatformLcdC.PlatformLcd 改为 TestLcdM.Init—>PlatformLcdC.Init 和 TestLcdM.PlatformLcd—>PlatformLcdC.PlatformLcd,则在 nesC 编译过程中将会出错。具体代码如下：

```
configuration TestLcd{}
implementation
{
    components TestLcdM as App;
    components MainC;
    App.Boot -> MainC.Boot;
    components PlatformLcdC;
    App.Lcd -> PlatformLcdC.PlatformLcd;
    App.LcdInit -> PlatformLcdC.Init;
}
```

```
module TestLcdM
{
    uses interface Boot;
    uses interface PlatformLcd as Lcd;
    uses interface Init as LcdInit;
}
```

5.2.6 通用接口(Generic Interface)

除了 Boot、Init 等普通接口外,nesC 语言还提供了支持类型参数的通用接口(generic interface)。例如,"tinyos - 2.x\tos\interface"目录下的 Queue 接口支持一个类型参数。Queue<t>表明该接口可以接收一个类型参数 t,该接口的命令函数 enqueue(t newVal)使用一个类型为 t 的参数作为输入,其 head、dequeue 和 element 接口命令返回类型为 t 的值。

```
interface Queue<t> {
    command bool empty();
    command uint8_t size();
    command uint8_t maxSize();
    command t head();
    command t dequeue();
    command error_t enqueue(t newVal);
    command t element(uint8_t idx);
}
```

当一个组件提供和使用通用接口时,在定义中必须申明该接口的参数。例如,如果一个组件需要使用 32 位的 Queue 接口,则需要在组件的接口声明中定义类型,同时,接口的提供者和使用者之间类型必须匹配,所以 QueueUserC 组件只能使用 Queue32C 模块组件中所提供的接口。代码如下:

```
module QueueUserC
{
uses interface Queue<uint32_t>;
}
module Queue16C                          module Queue32C
{                                        {
provides interface Queue<uint16_t>;      provides interface Queue<uint32_t>;
}                                        }
```

如果没有通用接口,nesC 需要为每种类型的 Queue 接口编写代码,这样就加大了程序的工作量。Timer<precision_tag>接口也是一个通用接口,nesC 程序为 Timer 接口定义了 TMilli、TMicro 和 T32khz 三种接口参数,分别对应定时时间的毫秒、微秒和 T32kHz。在提供或使用 Timer 接口时，需要指定接口参数。其代码如下：

```
generic configuration TimerMilliC()        module BlinkLedM
{                                          {
    provides interface Timer<TMilli>;          uses interface Timer<TMilli> as Timer1;
}                                          }
```

5.2.7　通用组件(Generic Component)

默认情况下，TinyOS 中的组件具有单一性，也就是说，同名配置组件为同一组件。例如，如果两个配置组件同时连接到 LedsC 组件，则这两个组件实际上连接到同一段代码上。组件的单一性表明组件名具有全局域名的功能。

除了单一组件外，nesC 还有通用组件。与单一组件不同，通用组件可以有多个实例。早期的 nesC 编译器不支持通用组件，当需要使用同一个公共数据结构时，程序员必须拷贝一份并重新取一个新的名称。这种代码拷贝的方式不仅不能实现代码重用，同时也迫使程序员重复处理组件中存在的相同问题。

通用组件通过代码拷贝机制实现代码的重用，每一个通用组件的实例都作为一个新的组件使用。如果不使用通用组件的拷贝重用机制，只能对所有实例化的组件进行代码重命名复制，如果组件带有参数，则这种重命名复制方法就更加无能为力。

通用组件在组件名前冠以 generic 关键字。例如，"tinyos - 2.x\tos\system"目录下 TimerMilliC 和 SineSensorC 组件代码如下：

```
generic module SineSensorC() {             generic configuration TimerMilliC()
    provides interface Init;               {
    provides interface Read<uint16_t>;         provides interface Timer<TMilli>;
}                                          }
```

如果需要使用通用组件，则在配置组件的声明中必须使用 new 关键字实例化通用组件。例如，在"tinyos - 2.x\apps\ CC2530\Blink"目录下的 BlinkLed 配置组件中实例化 TimerMilliC 组件的代码如下：

```
configuration BlinkLed   {   }
implementation   {
    components BlinkLedM as App;
    components MainC;
    App.Boot -> MainC.Boot;
    components LedsC;
    App.Leds ->LedsC.Leds ;
    components new TimerMilliC() as Timer1;
    App.Timer1 ->Timer1;
}
```

同通用接口一样,通用组件也可以支持输入参数。例如,"tinyos - 2. x\tos\system"目录下的 BitVectorC 组件中有 maxBits 参数,用于指明该组件在实现过程中的位数。代码如下:

```
generic module BitVectorC(uint16_t maxBits) {
provides interface Init;
provides interface BitVector;
}
```

当然,通用组件也可以使用 typedef 关键字定义组件参数中的类型。例如,"tinyos - 2. x\tos\system"目录下的 QueueC 组件定义参数类型的代码如下:

```
generic module QueueC(typedef queue_t, uint8_t queueSize)
{
    provides interface Queue<queue_t>;
}
```

5.3 nesC 应用程序

5.3.1 nesC 程序架构

TinyOS 操作系统中,每个 nesC 应用程序通常都包括顶层配置文件(configuration 组件文件)、核心处理模块文件(module 组件文件)、编译文件(makefile 文件)以及其他诸如头文件等。配置文件主要用于说明应用程序所要使用的组件以及组件之间的接口关系,通过配置文件中的接口连接,能把许多功能独立且相互联系的软件组件构成一个应用程序框架;模块文件负责实现应用程序中的具体逻辑功能;编译文件主要引导 nesC 编译器对应用程序进行编译,包括编译变量的预定义,如图 5-6 所示。

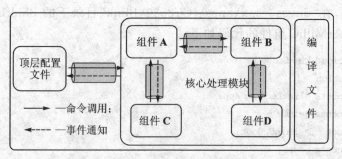

图 5-6 nesC 程序架构

一般而言,每个应用程序有且仅有一个顶层配置文件,与应用程序的顶层配置文件相对应的是一个核心处理模块文件。当然,如果一个应用程序只需将几个系统组

第 5 章　TinyOS 操作系统与 nesC 语言编程

件装配起来就可以实现所需的功能,则可以不用显性地定义核心处理模块文件,但仍然需要存在一个核心处理模块进行模块功能统调。应用程序功能决定所包括的组件模块,组件之间通过接口进行连接/绑定,上层组件可以调用下层组件的命令函数,下层组件向上层组件触发事件。下面以"tinyos-2.x\apps\CC2530\Test"目录下的 nesC 测试程序为例进行讲解。

(1) nesC 测试程序的配置文件

TestC 为应用程序的顶层配置文件,所以在该配置文件中没有使用或提供其他接口,主要负责将程序模块中用到的接口与相对应的组件接口连接/绑定在一起。例如,核心模块 TestM 中使用了 Boot、Leds、Timer、PlatformLcd 和 Init 等接口,所以 TestC 配置文件需要将这些接口和提供这些接口的组件连接/绑定在一起。如将 TestM 模块使用到的 Boot 接口与 MainC 组件提供的 Boot 接口连接起来,将 TestM 模块使用到的 PlatformLcd 接口与 PlatformLcdC 提供的接口连接起来,这样 TestM 模块可以调用 PlatformLcdC 中的命令函数(call Lcd.ClrScreen();)。当系统启动完成后,MainC 通过 Boot 接口触发 booted 事件,通知 TestM 组件,系统启动完毕。

```
/*****************************************************************
 *    文 件 名：TestC.nc
 *    功能描述：开发平台测试模块程序
 *    日    期：2012/4/15
 *    作    者：李外云 博士
 *****************************************************************/
configuration TestC {    }

implementation
{
    components TestM as App;
    components MainC;                        //MainC 组件
    App.Boot -> MainC.Boot;                  //boot 接口绑定到 MainC 组件的 Boot 接口
    components LedsC;                        //LED 组件
    App.Leds -> LedsC.Leds;                  //Leds 接口绑定到 LedsC 组件的 Leds 接口
    components new TimerMilliC() as Timer1;  //定时器组件
    App.Timer1 -> Timer1;                    //Timer 接口绑定到 TimerMilliC 组件的 Timer 接口
    components new TimerMilliC() as Timer2;
    App.Timer2 -> Timer2;                    //Timer 接口绑定到 TimerMilliC 组件的 Timer 接口

    components PlatformLcdC;                 //128×64 LCD 组件
    App.Lcd->PlatformLcdC.PlatformLcd;       //LCD 接口绑定到 PlatformLcdC 组件的 LCD 接口
    App.LcdInit->PlatformLcdC.Init;          //Init 接口绑定到 PlatformLcdC 组件的 Init 接口

}
```

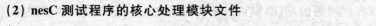

(2) nesC 测试程序的核心处理模块文件

```
/*************************************************************
 *    文 件 名:TestM.nc
 *    功能描述:开发平台测试模块程序
 *    日    期:2012/4/15
 *    作    者:李外云 博士
 *************************************************************/
module TestM {
    uses interface Boot;                              //主程序 Boot 接口
    uses interface Leds;                              //LED 灯的 Leds 接口
    uses interface Timer<TMilli> as Timer1;           //定时器的 Timer 接口
    uses interface Timer<TMilli> as Timer2;
    uses interface PlatformLcd as Lcd;                //LCD 显示屏的 PlatformLcd 接口
    uses interface Init as LcdInit;                   //LCD 显示屏的 Init 接口
}

Implementation {
    /*************************************************************
     * 函数名:test()任务函数
     * 功    能:空任务,IAR 交叉编译 TinyOS 应用程序,至少需要一个任务函数
     *************************************************************/
    task void test()    {   }
    /*************************************************************
     * 函数名:booted()事件函数
     * 功    能:Boot 接口的 boot 事件,系统启动完毕后由 MainC 组件自动触发
     * 参    数:无
     *************************************************************/
    event void Boot.booted()    {
        call Timer1.startPeriodic(512);               //定时时间 0.5 s
        call Timer2.startPeriodic(512*5);             //定时时间 2.5 s

        call Leds.led0On();
        call Leds.led1On();
        call Leds.led2On();
        call LcdInit.init();                          //初始化 LCD
        call Lcd.ClrScreen();                         //LCD 清屏
        call Lcd.FontSet_cn(0,1);                     //设置显示字体
        call Lcd.PutString_cn(0,0,"上海市东川路 500 号");  //显示中文字符串
        call Lcd.PutString_cn(0,14,"华东师范大学通信系");
        call Lcd.FontSet_cn(1,1);                     //改变字体
        call Lcd.PutString_cn(0,30,"李外云 博士");
```

```
        call Lcd.PutString(0,50,"Hello world");        //显示英文字符串
    }
    /****************************************************
    * 函数名:fired()事件函数
    * 功    能:定时事件,当定时器设定时间一到自动触发该事件
    * 参    数:无
    ****************************************************/
    event void Timer1.fired()   {
        call Leds.led0Toggle();
    }
    event void Timer2.fired()
    {
        call Leds.led1Toggle();
        DbgOut(10,"This is TinyOS Test Program\r\n");
    }
}
```

(3) nesC 测试程序的编译文件

```
/****************************************************
* 功能描述:测试程序的 makefile
*   日   期:2012/4/15
*   作   者:李外云 博士
****************************************************/
COMPONENT = TestC
PFLAGS += - DUART_DEBUG                //启用调试串口
PFLAGS += - DGATEBOARD                 //启用网关板 LED
PFLAGS += - DUART_BAUDRATE = 9600      //设置串口波特率
include $(MAKERULES)
```

5.3.2 nesC 程序开发步骤

根据 nesC 程序的架构,开发 nesC 程序的基本步骤如下:

(1) 建立应用程序文件夹

一般情况下,需要为每个 nesC 应用程序建立一个文件夹,通常以应用程序的功能或其他有具体含义的名称命名。nesC 程序的文件夹通常包括顶层配置文件、模块处理文件、编译文件和诸如头文件等其他文件。文件夹可建在计算机的任何一个物理盘中,默认情况下,nesC 应用程序的文件夹建在"opt\tinyos - 2.x\apps"目录下。

(2) 编写顶层配置文件

顶层配置文件由配置组件声明部分和实现部分组成。声明部分主要包括配置文件提供或使用接口情况,由于作为应用程序的顶层配置文件一般情况不再提供或使用接口,所以顶层配置文件的声明部分为空。实现部分主要包括配置文件使用的组

件列表以及组件间接口的连接/绑定关系。

（3）编写模块文件

模块文件同配置文件一样，主要由模块组件声明部分和实现部分组成。模块组件的声明部分主要包括该组件提供或使用接口情况，作为应用程序的核心模块文件一般情况只使用底层组件提供的接口。顶层模块的实现主要通过调用底层接口的命令函数或响应底层组件触发的事件来完成程序功能。

（4）编写编译文件

无论在 Linux 还是 UNIX 环境中，make 都是一个非常重要的编译命令，其最重要也是最基本的功能就是通过 makefile 文件来描述源程序文件之间的相互关系并自动维护编译工作。makefile 文件需要按照某种特定的语法进行编写。

例如 5.3.1 节中 nesC 测试程序的 makefile 文件中，"COMPONENT＝TestC"表明 nesC 程序使用的组件名为 TestC，"PFLAGS＋＝－DUART_DEBUG"和"PFLAGS＋＝－DUART_BAUDRATE＝9600"是通过 nesC 编译器向源程序传递"UART_DEBUG"和"UART_BAUDRATE＝9600"编译参数，"include $(MAKERULES)"则在编译时包含保存在"tinyos-2.x\support\make"目录下的 MAKERULES 文件，该文件定义了 nesC 编译时所需要的环境变量以及编译规则。

5.3.3　nesC 程序编译过程

ncc 编译器是在 gcc 编译器的基础上修改和扩充而来的，它首先将 nesC 程序预编译为 C 程序，然后再利用交叉编译器将 C 程序编译成可执行的文件。在编译 nesC 程序时，ncc 的输入通常是 makefile 文件通过 component 关键字定义的顶层配置文件。如图 5-7 所示为 nesC 程序的编译过程。

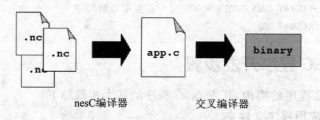

图 5-7　nesC 程序的编译过程

下面以"tinyos-2.x\apps\CC2530\Test"目录下 TestM 的 Boot.booted()代码段为例，说明 nesC 程序到交叉编译时代码的变化过程。

（1）ncc 预编译前的 nesC 代码

```
event void Boot.booted()  {
    call Timer1.startPeriodic(512);        //定时时间 0.5 s
    call Timer2.startPeriodic(512 * 5);    //定时时间 2.5 s
```

```
    call Leds.led0On();
    call Leds.led1On();
    call Leds.led2On();
    call LcdInit.init();                                    //初始化 LCD
    call Lcd.ClrScreen();                                   //LCD 清屏
    call Lcd.FontSet_cn(0,1);                               //设置显示字体
    call Lcd.PutString_cn(0,0,"上海市东川路 500 号");        //显示中文字符串
    call Lcd.PutString_cn(0,14,"华东师范大学通信系");
    call Lcd.FontSet_cn(1,1);                               //改变字体
    call Lcd.PutString_cn(0,30,"李外云 博士");
    call Lcd.PutString(0,50,"Hello world");                 //显示英文字符串
}
```

(2) ncc 预编译后的 C 程序代码

预编译后的 C 程序代码存放在"tinyos - 2.x\apps\CC2530\Test\build\IAR_enmote"目录下的 app.preMangle.c 文件中。

```
static inline void TestM$Boot$booted(void)
{
  TestM$Timer1$startPeriodic(512);
  TestM$Timer2$startPeriodic(512 * 5);
  TestM$Leds$led0On();
  TestM$Leds$led1On();
  TestM$Leds$led2On();
  TestM$LcdInit$init();
  TestM$Lcd$ClrScreen();
  TestM$Lcd$FontSet_cn(0, 1);
  TestM$Lcd$PutString_cn(0, 0, "上海市东川路 500 号");
  TestM$Lcd$PutString_cn(0, 14, "华东师范大学通信系");
  TestM$Lcd$FontSet_cn(1, 1);
  TestM$Lcd$PutString_cn(0, 30, "李外云 博士");
  TestM$Lcd$PutString(0, 50, "Hello world");
}
```

(3) 经 perl 脚本处理后的代码

适合 CC2530 的 IAR EW8051 交叉编译器编译的 C 程序代码存放在"tinyos - 2.x\apps\CC2530\Test\build\IAR_enmote"目录下的 app.c 文件中。

```
static  /* inline */  void TestM__Boot__booted(void)
{
  TestM__Timer1__startPeriodic(512);
  TestM__Timer2__startPeriodic(512 * 5);
  TestM__Leds__led0On();
```

```
        TestM__Leds__led1On();
        TestM__Leds__led2On();
        TestM__LcdInit__init();
        TestM__Lcd__ClrScreen();
        TestM__Lcd__FontSet_cn(0, 1);
        TestM__Lcd__PutString_cn(0, 0, "上海市东川路 500 号");
        TestM__Lcd__PutString_cn(0, 14, "华东师范大学通信系");
        TestM__Lcd__FontSet_cn(1, 1);
        TestM__Lcd__PutString_cn(0, 30, "李外云 博士");
        TestM__Lcd__PutString(0, 50, "Hello world");
    }
```

5.4 nesC 程序的运行模型

nesC 程序采用任务和异步中断构成的并行运行模式。nesC 调度器能以任意次序调用任务,但任务必须服从一旦运行直到完成的规则,中断由硬件触发。

然而,这种运行模型将导致 nesC 程序的不稳定。由于 nesC 不含动态存储分配,所以在应用程序中需要避免变量的竞争冲突,导致 nesC 程序要么只在任务内部访问共享状态,要么在原子代码块内访问以避免竞争冲突。为了消除潜在的竞争冲突,nesC 提出了原子性代码执行方式。

5.4.1 任 务

nesC 程序在形式上可以分为同步代码和异步代码。所谓同步代码是指按单一先后顺序执行,没有任何形式的抢占。当同步代码开始执行时,直到完成前,它都不会放弃对 CPU 的占有权。TinyOS 这种简单的运行机制可以将内存的消耗降到最低。但如果一段同步代码运行时间较长,则会妨碍其他同步代码的执行,不利于系统响应,因此这种运行方式不适合大规模的计算处理。

在 TinyOS 中,任务是一个函数,可以使组件具有"后台"处理能力,组件通过"布置"(post)任务通知系统稍后运行某个函数,而不是立即执行。nesC 程序员可以从一个命令、事件甚至是另外一个任务内部"布置"任务。"布置"操作将任务放入一个以先进先出(FIFO)方式处理的内部任务队列。当某个任务执行时,它会一直运行直至结束,然后下一个任务开始执行。因此,任务不应该被挂起或阻塞太长时间。虽然任务之间不能够相互抢占,但任务可能被硬件事件句柄所抢占。如果要运行一系列较长的操作,应该为每个操作分配一个任务,而不是使用一个过大的任务。

例如,将"tinyos - 2. x\apps\CC2530\Blink"目录下的 BlinkM 代码中的 event void Timer1.fired()内容改成下面右边的代码形式,编译后下载到目标平台,可以观察到原来每秒闪烁一次的 L1、L2 两个 LED 灯,变成了 L1、L2 依次点亮,而且 L2 高度明显不够,这是因为大量的循环计算妨碍了定时器的运行。

```
event void Timer1.fired()          event void Timer1.fired()   {
{                                      uint32_t i;
    call Leds.led0Toggle();            for(i = 0;i<100001;i + +)   {
}                                          call Leds.led0Toggle();
                                       }
                                   }
```

为了解决这个问题,利用任务的方式让 TinyOS 稍后再执行这个计算,将计算放到 Demo 任务中进行,然后利用 post 提交操作任务。如下代码在 event void Timer1.fired()中增加任务的提交功能,而将计算放到 Demo 任务中,编译后下载到目标平台,可以发现 L1 和 L2 两个 LED 灯又恢复了每秒闪烁一次。因为任务是在 CPU 空闲时间再执行,因而不会影响定时器的运转。

```
event void Timer1.fired()          task void Demo()
{                                  {
    call Leds.led0Toggle();            uint32_t i;
    post Demo();                       for(i = 0;i<10001;i + +)   {}
}                                  }
```

任务被执行时将一直运行,直到结束。虽然任务之间不能相互抢占,但可以被硬件中断抢占。所以在实际应用程序中,一个任务的运行周期不能太长,否则会影响其他任务。例如,将程序的循环次数增大,如下代码编译后下载到目标平台,此时 L1 和 L2 两个 LED 灯不再闪烁。这是因为太多的任务的计算量已经大大地影响了定时器的运行。

```
event void Timer1.fired()          task void Demo()
{                                  {
    call Leds.led0Toggle();            uint32_t i;
    post Demo();                       for(i = 0;i<400000001;i + +)   {}
}                                  }
```

5.4.2　同步和异步

在 nesC 程序中,组件的命令或事件函数在默认情况下是同步的,如果用 async 关键字修饰命令或事件函数,就表示该命令或事件函数为异步。作为异步的命令或事件函数,可以抢占当前的执行过程。根据 nesC 编程规范,异步函数调用的命令和触发的事件都是异步的。命令或事件的异步性,必须在接口的定义中指明。例如,Send 接口中的所有命令和事件为同步,代码如下:

```
interface Send {
command error_t send(message_t * msg, uint8_t len);
```

```
command error_t cancel(message_t * msg);
event void sendDone(message_t * msg, error_t error);
command uint8_t maxPayloadLength();
command void * getPayload(message_t * msg, uint8_t len);
}
```

而 UartStream 接口中的所有命令和事件都是异步的,代码如下:

```
interface UartStream {
  async command error_t send( uint8_t * buf, uint16_t len );
  async event void sendDone( uint8_t * buf, uint16_t len, error_t error );
  async command error_t enableReceiveInterrupt();
  async command error_t disableReceiveInterrupt();
  async event void receivedByte( uint8_t byte );
  async command error_t receive( uint8_t * buf, uint16_t len );
  async event void receiveDone( uint8_t * buf, uint16_t len, error_t error );
}
```

中断程序是异步的,所以在中断程序中不能调用同步函数。在中断处理程序中执行同步函数的唯一方式是"布置"任务,虽然任务本身是一种同步操作,但是任务的发布却是一种异步操作。

在实际应用 TinyOS 程序时,只有当代码的执行时间要求比较严格或者调用该代码段的上级代码对时间要求严格时(比如端口操作、串口数据的读/写等),才建议采用异步代码。

5.4.3 原子与原子操作

原子是 nesC 程序运行的最小单位,其目的是确保程序在运行时不会被其他的程序抢占,主要用于更新一些并发性操作的互斥变量。为了满足不被其他程序打断,原子性的代码段要求尽量简短,同时禁止调用命令或触发事件。

中断(异步过程)会抢占当前代码的执行过程,但有些情况下要求能够保护一小段代码不被其他程序抢占(例如对 CPU 端口初始化时),所以 nesC 程序利用 atomic 语句提供原子操作。尤其在对微处理器的寄存器进行初始化或数据读/写操作时,要求禁止其他程序抢占,所以可以利用原子操作提供保护。

下面代码为 nesC 程序在进行微处理器的寄存器操作时的原子操作保护代码。

```
void P0InterEnable(uint8_t pin) {
    atomic {
        P0IFG = 0x00;              //中断状态标志清零
        P0IF = 0;                  //中断标志清零
        P0IEN |= 1 << pin;         //"位"中断使能
        IEN1 |= 0x20;              //端口中断使能允许
```

}
}

在编译 TinyOS 程序时,nesC 编译器能够检查变量是否得到合理的保护,如果存在潜在的竞争冲突,nesC 编译器会报告潜在的数据竞争,如图 5-8 所示。

图 5-8　nesC 编译时报告的潜在数据竞争

在编写 nesC 程序时,为了避免数据的竞争冲突,可以任意使用 atomic 代码段。但需要注意的是,针对具体微处理器而言,原子操作实际上关闭微处理器的中断,为了不影响系统对中断的响应,要求 atomic 代码段尽量简短。CC2530 微处理器原子操作时的代码定义在"tinyos-2.x\tos\chips\CC2530\inc"目录下的 CC2530hardware.h 文件中。其中"__nesc_atomic_start(void)"表示原子操作的开始,基本原理是将 CC2530 微处理器的总中断允许位 EA 先保存起来,通过使 EA=0 来屏蔽系统所有的中断,然后进行原子操作;"__nesc_atomic_end(__nesc_atomic_t oldSreg)"表示原子操作的结束,恢复总中断屏蔽位。

原子操作开始代码段:

```
inline __nesc_atomic_t __nesc_atomic_start(void) __attribute((spontaneous))
{
    __nesc_atomic_t tmp = EA;
    EA = 0;
    return tmp;
}
```

原子操作结束代码段:

```
inline void __nesc_atomic_end(__nesc_atomic_t oldSreg) __attribute__((spontaneous))
{
    EA = oldSreg;
}
```

下面是"tinyos-2.x\apps\CC2530\TestGPIOInterrupt"目录下的TestGPIOInterrupt测试程序经ncc编译器预编译后的代码段。从该代码段可知,原子操作本质上是对中断允许位的操作。

```
static void HplCC2530InterruptC $ P0InterEnable(uint8_t pin)
#line 20
{
  { __nesc_atomic_t __nesc_atomic = __nesc_atomic_start();
#line 21
    {
      P0IFG = 0x00;
      P0IF = 0;
      P0IEN |= 1 << pin;
      IEN1 |= 0x20;
    }
#line 26
    __nesc_atomic_end(__nesc_atomic); }
}
```

5.5 TinyOS 平台的搭建

TinyOS 系统支持多种硬件平台,每种平台都有自己的文件夹存放相应的驱动代码,同时每种平台在硬件上都包括微处理器芯片和射频芯片。例如,MicaZ 平台由 Atmegal 128L 单片机和 CC2420 射频芯片组成,telos 平台由 MSP430 单片机和 CC2420 射频芯片组成。而本书使用的 enmote 平台由包含有射频功能的 CC2530 SoC 芯片组成。

虽然同一种射频芯片在不同平台中采用的硬件连接方式不同,但 TinyOS 采用分层结构,其大部分的逻辑工作与具体的平台无关,因此 TinyOS 的大部分代码可以重用。对于一个特定的平台开发而言,大部分工作都集中在平台芯片的底层驱动开发上。本节以 TinyOS 的 null 测试平台为例,主要介绍 TinyOS 平台的架构以及构建一个新平台的步骤。

5.5.1 TinyOS 平台架构

1. 平台目录

TinyOS 的每种平台都有一个平台目录,其所有的平台目录都位于"tinyos-2.x\tos\platforms"目录中,平台目录存放的是平台级相关的底层驱动代码。每个平台目录至少包括.platform(注:该文件只有扩展名,没有文件名)、platform.h、hardware.h 以及平台启动初始化相关的 PlatformC.nc 或 PlatformP.nc 等文件。当然,

第 5 章　TinyOS 操作系统与 nesC 语言编程

读者可以将一些平台级的 nesC 程序（如 PlatformSerial. nc、PlatformLedsC 等）存放在该目录。如图 5-9 所示为 TinyOS-2. x 的平台目录，其中 enmote 目录为本书支持的平台目录。

图 5-9　TinyOS-2. x 平台目录图

2. 平台文件 . platform

每种平台目录中都包含一个名为 . platform 的文件，它包含了该平台的基本编译参数和编译时的搜索路径。例如，"tinyos-2. x\tos\platforms\null"目录下的 . platform 文件中的@opts 为 null 平台的编译参数，@includes 为编译 null 平台时增加的路径。其中%T 指 TOSDIR 环境参数，即 tinyos-2. x\tos，也就是说，在编译基于 null 平台的应用程序时会用到这些目录中的文件。具体文件内容如下：

```
push( @includes, qw (
  %T/lib/timer
  %T/lib/serial
) );
@opts = qw(
  -fnesc-target=pc
  -fnesc-no-debug
);
if (defined( $ENV{"GCC"} )) {
  push @opts, "-gcc=$ENV{'GCC'}";
} else {
  push @opts, "-gcc=gcc";
}
Push @opts," -fnesc-scheduler=TinySchedulerC,TinySchedulerC.TaskBasic,TaskBasic,
```

TaskBasic,runTask, postTask " if ! $with_scheduler_flag;

3. 头文件 hardware.h 和 platform.h

每个平台目录中都必须有 hardware.h 和 platform.h，当编译基于该平台的应用程序时，编译器会默认地包含这两个头文件。其中 hardware.h 文件可以定义该平台的常量、引脚名称，或者包含平台使用到的一些外部头文件、对平台不支持的一些变量（如浮点数）的处理以及原子与原子操作的定义等。下面为 null 平台目录中 hardware.h 头文件的定义内容。至于 platform.h 头文件，其内容可以为空。具体文件内容如下：

```
#ifndef HARDWARE_H
#define HARDWARE_H
inline void __nesc_enable_interrupt() { }
inline void __nesc_disable_interrupt() { }
typedef uint8_t __nesc_atomic_t;
typedef uint8_t mcu_power_t;
inline __nesc_atomic_t __nesc_atomic_start(void) @spontaneous() {
    return 0;
}
inline void __nesc_atomic_end(__nesc_atomic_t x) @spontaneous() { }
inline void __nesc_atomic_sleep() { }
typedef float nx_float __attribute__((nx_base_be(afloat)));
inline float __nesc_ntoh_afloat(const void * COUNT(sizeof(float)) source) @safe() {
    float f;
    memcpy(&f, source, sizeof(float));
    return f;
}
inline float __nesc_hton_afloat(void * COUNT(sizeof(float)) target, float value) @safe() {
    memcpy(target, &value, sizeof(float));
    return value;
}
enum {
    TOS_SLEEP_NONE = 0,
};
#endif
```

4. 平台目标文件

当利用 make 命令编译基于某个平台的应用程序时，需要为编译平台配置编译环境、本地编译器和交叉编译器以及指明编译规则（rules）所在的目录和名称。

TinyOS 支持的所有平台的编译目标文件保存在"tinyos-2.x\support\make"

第 5 章 TinyOS 操作系统与 nesC 语言编程

目录中,该目录中所有以. target 为扩展名的文件都是对应于某平台的编译目标文件。例如,telos. target 和 mica2. target 分别为对应于 telos 和 mica2 平台的编译文件。读者在执行 make mica2 命令进行平台应用程序编译时,make 命令根据 makefile 包含的 Makerules 编译规则文件,查询该目录中是否有平台编译目标文件,然后再根据平台编译目标文件中定义的一些规则进行编译。

在平台编译目录中,clean. target 是用于清除编译时使用的一个特殊的编译目标文件,当读者使用 make clean 命令进行平台编译清除时,使用的就是这个特殊的编译平台文件。

"tinyos - 2. x\support\make"目录下的以 extra 为扩展名的文件对应编译平台应用程序的附加参数。例如,读者在某个应用程序目录中利用 make null docs 编译命令可生成该应用程序的可视化组件关联图,利用 make mica2 sim 编译命令生成该应用程序仿真时所需要的一些编译结果,其中 docs. extra 和 sim. extra 便对应相应的编译附加参数文件。

如图 5 - 10 所示为平台目标编译文件目录。

图 5 - 10　平台目标编译文件目录

下面代码为 null. target 平台目标编译文件的内容,其中"LATFORM＝null"指明平台名,"PFLAGS ＋＝－finline－limit＝100000"定义一些编译参数,"＄(call TOSMake_include_platform,null)"指明平台编译时的规则文件所在的目录文件名分别为 null 和 null. rules,＄(BUILD_DEPS)为传递到 null. rules 中的参数,♯为注释符。

```
# - * - Makefile - * - vim:syntax = make
# $ Id: null.target,v 1.4 2006/12/12 18:22:55 vlahan Exp $
PLATFORM = null
PFLAGS += - finline - limit = 100000
```

```
    $(call TOSMake_include_platform,null)
null: $(BUILD_DEPS)
    @:
```

根据上面的解释说明,就不难理解"tinyos-2.x\support\make"目录下的 clean. target 文件中的内容了。利用 Linux 的删除命令 rm 强制性地删除一些编译中间文件,具体内容如下:

```
#-*-Makefile-*- vim:syntax=make
# $Id: clean.target,v 1.7 2008/09/22 20:54:11 idgay Exp $
clean: FORCE
    rm -rf build $(CLEAN_EXTRA) pp
    rm -rf _TOSSIMmodule.so TOSSIM.pyc TOSSIM.py app.xml simbuild
    rm -rf VolumeMapC.nc
    rm -f $(COMPONENT).cmap $(COMPONENT).dot $(COMPONENT).html $(COMPONENT).png
```

5. 编译规则目录与编译规则文件

平台目标编译文件中的 $(call TOSMake_include_platform,xxx)定义了平台编译时的规则文件所在的目录和文件名分别为 xxx 和 xxx.rules。编译规则文件是基于标准 makefile 语法的编译指示性文件,主要包括平台通用的一些编译规则(如编译器、编译参数和连接库等内容),这样可以减少应用程序目录中编写 makefile 文件的难度。下面为"tinyos-2.x\support\make\null"目录下的 null.rules 文件的部分内容,其中 nesC 编译器为 ncc,交叉编译器为 gcc,编译后的所有文件保存在应用程序目录下的"bulid\null"目录中,目标二进制可执行文件为 main.exe。

```
……
export GCC = gcc
OBJCOPY = objcopy
OBJDUMP = objdump
NCC = ncc
LIBS = -lm
BUILDDIR ?= build/$(PLATFORM)
MAIN_EXE = $(BUILDDIR)/main.exe
MAIN_SREC = $(BUILDDIR)/main.srec
MAIN_IHEX = $(BUILDDIR)/main.ihex
……
```

5.5.2 TinyOS 平台搭建过程

平台(platform)是 TinyOS 操作系统应用程序的基础,TinyOS 操作系统本身已经支持多种硬件平台,但对于某些自行设计的硬件节点,就需要读者自己建立相应的平台架构并开发相应的平台驱动。读者可以以 TinyOS 操作系统中的某种与自己所设计硬件类似的平台为依据,在此基础上进行修改以创建新的平台,当然,如果 TinyOS 操作系统中没有可参考的平台,读者也可以从头开始新建平台并编写平台驱动,但这是件非常费时的工作。本小节根据 5.5.1 小节介绍过的 TinyOS 平台架构的内容,详细介绍一个不包括硬件资源的纯测试平台的建立过程,帮助读者理解和掌握 TinyOS 操作系统中应用平台的相关技术。假设新建的平台名为 myplatform,搭建步骤如下:

① 在"tinyos - 2. x \ tos \ platforms"目录中新建一个 myplatform 目录,如图 5 - 11 所示。

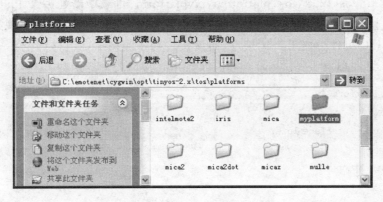

图 5 - 11　建立平台目录

② 在"tinyos - 2. x\tos\platforms\myplatform"目录中新建一个. platform 文件(注意 platform 前面有小数点符号".")。. platform 文件的内容如下:

```
# FILE: MyPlatform/.platform
push( @includes, qw(
  % T/lib/timer
  % T/lib/serial  ) );
@opts = qw(
  - fnesc - target = pc
  - fnesc - no - debug
  - gcc = gcc  );
push @opts, " - fnesc - scheduler = TinySchedulerC,TinySchedulerC.TaskBasic,TaskBasic,TaskBasic, runTask, postTask" ;
```

③ 在"tinyos - 2. x\tos\platforms\myplatform"目录中新建一个 hardware. h 文件。由于测试的平台为一个纯虚拟的平台,不包括任何硬件资源,所以其具体内容如下:

```
# ifndef HARDWARE_H
```

```
#define HARDWARE_H
typedef uint8_t __nesc_atomic_t;
inline void __nesc_enable_interrupt() { }
inline void __nesc_disable_interrupt() { }
inline __nesc_atomic_t __nesc_atomic_start(void) @spontaneous() { return 0; }
inline void __nesc_atomic_end(__nesc_atomic_t x) @spontaneous() { }
#endif
```

④ 在"tinyos - 2.x\tos\platforms\myplatform"目录中新建一个 platfom.h 文件,文件内容为空。

⑤ 在"tinyos - 2.x\tos\platforms\myplatform"目录中新建一个 PlatformC.nc 组件,该组件文件只提供一个 Init 接口以及该接口的命令函数 init 的实现过程,这是因为在 mainC 组件中使用 Init 接口,而该接口与 PlatformC 组件绑定在一起,因此 PlatformC 组件必须要提供 Init 接口并实现 Init 接口的命令函数。

```
module PlatformC
{
  provides interface Init;
}
implementation
{
  command error_t Init.init() {
    return SUCCESS;
  }
}
```

⑥ 在"tinyos - 2.x\tos\platforms\myplatform"目录中新建一个 McuSleepC.nc 文件,该文件只提供一个 McuSleep 接口以及该接口的命令函数 sleep 的实现过程。

```
module McuSleepC
{
  provides interface McuSleep;
}
implementation
{
  async command void McuSleep.sleep() { }
}
```

⑦ 在"tinyos - 2.x\support\make"目录中新建一个 myplatform.target 目标编译文件和 myplatform 文件夹,如图 5-12 所示。目标编译文件利用 PLATFORM 环境参数定义目标平台名、目标平台的编译规则所在的目录以及向编译规则传递 BUILD_DEPS 编译参数。目标编译文件 myplatform.target 的内容如下:

第 5 章 TinyOS 操作系统与 nesC 语言编程

```
# - * - Makefile - * - vim:syntax = make
PLATFORM = myplatform
 $(call TOSMake_include_platform,myplatform)
myplatform: $(BUILD_DEPS)
    @:
```

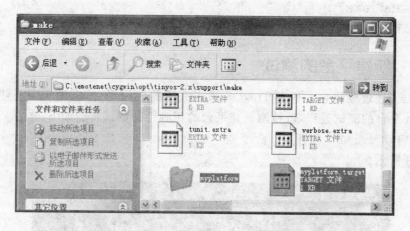

图 5-12 myplatform 文件夹和 myplatform.target 目标编译文件

⑧ 在"tinyos-2.x\support\make\myplatform"目录中新建一个 myplatform.rules 编译规则文件,该编译规则文件是一种基于 makefile 语法的编译指示性文件,定义了 nesC 程序的编译器 ncc、交叉编译器 gcc 以及编译时的一些编译参数。根据 makefile 语法规则和编译目标文件 myplatform.target 传递过来的参数 BUILD_DEPS 可知"BUILD_DEPS=nccbuild binbuild FORCE",make 命令先解释并强制性执行 nccbuild、binbuild 标签下编译内容。具体内容如下:

```
# myplatform.rules,
export GCC = gcc
OBJDUMP = objdump
NCC = ncc
LIBS = -lm

BUILDDIR = build/$(PLATFORM)
MAIN_EXE = $(BUILDDIR)/main.exe

PFLAGS += -Wall -Wshadow -fnesc-gcc=$(GCC) $(NESC_FLAGS)
PFLAGS += -target=$(PLATFORM) -fnesc-cfile=$(BUILDDIR)/app.c

BUILD_DEPS = nccbuild binbuild FORCE

nccbuild: builddir FORCE
    @echo "    compiling $(COMPONENT) to a $(PLATFORM) binary"
```

```
    $(NCC) -o $(MAIN_EXE) $(OPTFLAGS) $(PFLAGS) $(CFLAGS) $(COMPONENT).nc
$(LIBS) $(LDFLAGS)
    @echo "    compiled $(COMPONENT) to $(MAIN_EXE)"
builddir: FORCE
    mkdir -p $(BUILDDIR)

binbuild: FORCE
    @ $(OBJDUMP) -h $(MAIN_EXE)
```

5.5.3 新建平台的测试

根据上述过程建立了基于 TinyOS 操作系统的应用平台，下面介绍新建的 myplatform 平台的测试过程，以检测新建平台的正确性。测试步骤如下：

① 启动 cygwin，利用 cd 命令进入 opt\tinyos-2.x\apps\Null 目录，如图 5-13 所示。

图 5-13　cd 命令的目录切换

② 在"opt\tinyos-2.x\apps\Null"目录中，利用 make myplatform 编译命令测试新建平台的编译，如图 5-14 所示。

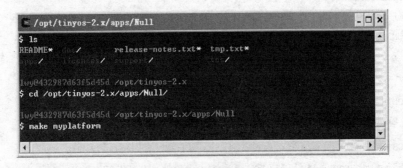

图 5-14　新建平台的编译命令

③ 如图 5-15 所示为 make myplatform 命令编译 null 程序的结果，表明新建平台编译成功。

第5章 TinyOS 操作系统与 nesC 语言编程

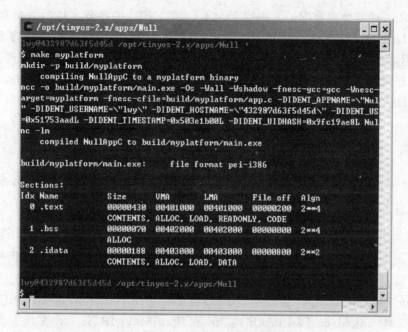

图 5-15 新建平台的编译结果

5.6 CC2530 平台的移植

CC2530 是用于 2.4 GHz IEEE 802.15.4、ZigBee 和 RF4CE 应用的一个真正的片上系统(SoC)解决方案。CC2530 结合了领先的 RF 收发器的优良性能、业界标准的增强型 8051 CPU、系统内可编程闪存、8 KB RAM 以及许多其他强大的功能。CC2530 具有不同的运行模式,同时运行模式之间的转换时间短,使其尤其适应超低功耗要求的系统。

Copenhagen 大学计算机系的 DIKU 项目组成立了 TinyOS 8051 工作组(TinyOS 8051 working group),并于 2007 年公布了 TinyOS-2.0 操作系统 CC2430 的移植过程,于 2008 年 10 月发布了支持 CC2430 的第 4 版 TinyOS 平台程序"TinyOS8051wg-0.1pre4.tgz",具体可参考 http://www.tinyos8051wg.net/。TinyOS 8051 目前支持 KEIL、IAR 和 SDCC 编译器,实际上该项目组只对 KEIL 交叉编译器进行了测试。国内许多有关对 CC2430 移植的文献都源于该项目组。

作者在 TinyOS-2.1.1-3 操作系统下移植了支持 CC2530 的 enmote 开发平台,该平台的移植过程参考了 TinyOS 8051 工作组的 CC2430 的移植。移植后的平台支持 KEIL 和 IAR 两种交叉编译器,但建议读者使用 IAR 作为交叉编译工具,主要原因如下:

① 虽然移植后 CC2530 程序支持 KEIL 和 IAR 两种交叉编译器,但 KEIL 编译

器和 IAR 编译器处理数据的大小端完全不一样，KEIL 编译器支持的数据存储为大端模式，IAR 编译器支持的数据存储为小端模式。平台中的部分程序在存取高于 8 位的数据时（16 位数据或 32 位数据等），采用 IAR 编译器支持的小端数据模式，也就是说，程序采用 KEIL 编译器虽然可以通过，但在执行过程中可能会有问题。

② 目前 KEIL 仅支持用于仿真 CC2430 的 Smart04dd 仿真器，对于仿真 CC2530 的 smartRF04eb 和 CC Debuger 仿真器尚无法支持。

5.6.1 CC2530 平台结构分析

作者移植的支持 CC2530 芯片的 enmote 平台目录结构与 TinyOS 操作系统中其他平台（如 mica2、telosa 等）完全一致。平台的构建方法可参考 5.5 节中的内容。

1. 平台目录

enmote 平台目录存放该平台级相关的驱动代码，其中包括 TinyOS 平台必需的平台文件.platform、头文件 hardware.h 和 platform.h、平台初始化组件文件 PlatformC.nc 和 PlatformP.nc 以及平台 LED 灯组件文件 PlatformLedsC.nc，如图 5-16 所示。PlatformLcd.nc、PlatformLcdC.nc 和 PlatformLcdP.nc 三个文件为支持平台 128×64 LCD 显示屏的驱动组件接口以及组件的实现。

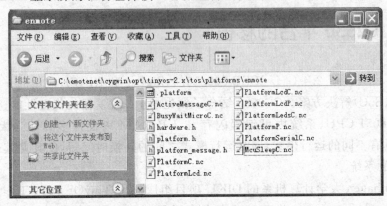

图 5-16　enmote 平台目录

2. 目标编译文件 enmote.target 和目标文件夹 enmote

enmote 平台的目标编译文件 enmote.target 和目标文件夹 enmote 如图 5-17 所示。其中，enmote.target 内容与其他平台的目标编译文件大同小异，具体内容如下：

/***
* 功能描述：目标编译文件 enmote.target
* 日　　期：2012/4/15
* 作　　者：李外云 博士

第5章　TinyOS 操作系统与 nesC 语言编程

```
*******************************************************/
PLATFORM = enmote

ifdef PLATFORM
PFLAGS += -D__$(PLATFORM)__ = 1
endif

$(call TOSMake_include_platform,enmote)

enmote: $(BUILD_DEPS)
        @:
```

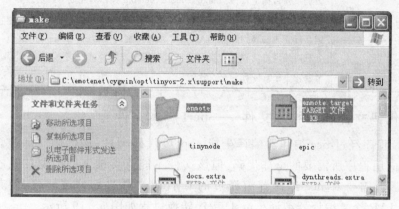

图 5-17　目标编译文件与目标文件夹

"tinyos-2.x\support\make\enmote"目录下的 enmote 目标文件夹中包括平台编译规则文件 enmote.rules、扩展名为.extra 的编译选项文件、将 nesC 编译后的 C 源代码转换为交叉编译器支持的 C 源文件的 perl 脚本处理文件以及程序下载工具等，如图 5-18 所示。该目标文件中部分重要文件说明如表 5-1 所列。

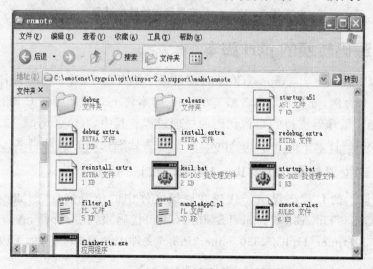

图 5-18　enmote 目标文件夹中文件列表

表 5-1　enmote 目标文件夹中的部分重要文件列表

文件名	功能描述
enmote.rules	目标平台的编译规则文件，基于 makefile 语法的编译指示性文件
mangleAppC.pl filter.pl	Perl 脚本处理文件。负责将 nesC 编译后的 C 代码文件转换为 KEIL 或 IAR 交叉编译器支持的 C 代码文件，其中 filter.pl 负责处理内联函数、宏定义等
install.extra reinstall.extra	编译下载选项文件。当执行 make enmote install 编译操作时，make 命令根据编译规则文件完成代码的编译，并利用 flashwrite.exe 工具将编译后的应用程序下载烧录到目标平台；而 make enmote reinstall 操作只完成下载功能烧录
debug.extra redebug.extra	编译调试选项文件。当执行 make enmote debug 操作时，make 命令根据编译规则文件完成编译，并启动 IAR IDE 对程序进行调试；而 make enmote redebug 命令只对编译过的程序启动 IAR IDE 对程序进行调试，并不编译 nesC 程序
flashwrite.exe	下载烧录工具文件

3. 代码文件转换脚本文件——perl 脚本文件

nesC 程序经过 ncc 编译器编译生成 app.C 代码文件，该代码文件包含了运行 TinyOS 应用程序所需要的全部代码，但该文件不能直接被 KEIL 或 IAR 交叉编译器编译，因此需要对 ncc 编译器编译过的 C 代码文件进行修改转换，使其能够被 KEIL 或 IAR 交叉编译器编译。nesC 程序转换过程如图 5-19 所示。

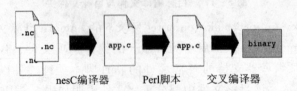

图 5-19　nesC 应用程序的转换过程

5.6.2　源码转换的 perl 脚本

下面以"tinyos-2.x\apps\CC2530\"目录下的 Test 程序经 ncc 编译后的 app.preMangle.c 为例，分析利用作者编写的 perl 脚本将 ncc 编译后的 C 源代码转换为 KEIL 或 IAR 编译器支持的 C 源代码的处理过程。其中，"opt\tinyos-2.x\support\make\enmote"目录中的 mangleAppC.pl 文件为处理代码的 perl 脚本。

1. 代码位置信息(如 #line 196、# 72)

ncc 编译后的 C 代码保留了代码在原始文件中的位置信息，例如，static inline void HplCC2530Timer3P$Timer1$stop(void)代码段，在"/opt/tinyos-2.x/tos/chips/cc2530/timer/HplCC2530 Timer3P.nc"文件中的第 196 行，如下段代码所示。

72 "/opt/tinyos-2.x/tos/lib/timer/Timer.nc"

第 5 章 TinyOS 操作系统与 nesC 语言编程

```
#define HplCC2530Timer3P$Timer0$fired(void) TestM$Timer1$fired()
# 196 "/opt/tinyos-2.x/tos/chips/cc2530/timer/HplCC2530Timer3P.nc"
static inline void HplCC2530Timer3P$Timer1$stop(void)
#line 196
{
  /* atomic removed: atomic calls only */
#line 196
  {
#line 196
    T3CCTL1 &= ~(1 << CC2530_T34CCTL_IM);
  }
}
```

而 perl 脚本需要屏蔽代码的位置信息,所以需要查找代码中所有以"#line"开始的代码段,然后利用 C 语言的注释符"//"来屏蔽行信息。处理代码的位置信息 perl 脚本为:

```
s{^(#line\s\d+)}{//$1};
s{^(#\d+|#line)}{//$1};
```

包含位置信息代码的 nesC 编译过的源代码文件经过 perl 脚本处理,变成了如下形式:

```
//# 72 "/opt/tinyos-2.x/tos/lib/timer/Timer.nc"
#define HplCC2530Timer3P__Timer0__fired(void) TestM__Timer1__fired()
//# 196 "/opt/tinyos-2.x/tos/chips/cc2530/timer/HplCC2530Timer3P.nc"
static  /*inline*/  void HplCC2530Timer3P__Timer1__stop(void)
//#line 196
{
  /* atomic removed: atomic calls only */
//#line 196
  {
//#line 196
    T3CCTL1 &= ~(1 << CC2530_T34CCTL_IM);
  }
}
```

2. 内联函数标志信息(如:inline)

由于 KEIL 和 IAR 编译器不支持内联函数,在处理时需要注释掉内联函数标志符。perl 脚本先将 nesC 程序中的 __inline 关键字转换为 inline,然后注释掉 inline,即在原 inline 的位置进行注释,如:/*inline*/。

```
s{\b__inline\b}{ inline };
```

```
if ( $ KEIL || $ SDCC || $ IAR ) {
    s{\b((?:__)? inline)\b}{ / * $ 1 * / }
}
```

例如,nesC 编译后的包括内联函数标识符 inline 的 C 代码如下:

```
static __inline void __nesc_disable_interrupt();
static __inline void __nesc_enable_interrupt();
```

经过 perl 脚本处理,就变成了如下格式:

```
static    / * inline * /    void __nesc_disable_interrupt();
static    / * inline * /    void __nesc_enable_interrupt();
```

3. $ 符号处理

对于 IAR 和 KEIL 编译器来说,$ 符号是一个关键字。而 ncc 编译器则将 $ 符号作为不同模块函数的连接符,例如,下列代码表示 HplCC2530Timer3P.nC 组件中 Timer1 接口的 stop(void)命令函数。

```
static inline void HplCC2530Timer3P $ Timer1 $ stop(void )
```

因此需要用其他符号代替 $ 符号。例如,mangleAppC.plperl 脚本利用双下划线"__"来代替 $ 符号,perl 脚本代码如下:

```
s{([\w\$]+)}{ (my $t = $1) =~ s/\$/__/g; $t }ge if /\$/;
```

经过 perl 脚本处理,$ 符号就变成了下划线"__",如:

```
static    / * inline * /    void HplCC2530Timer3P__Timer1__stop(void )
```

4. 对微处理器特殊功能寄存器的定义

nesC 程序中,对 8051 系列单片机特殊功能寄存器以及位寻址功能定义如下。在 KEIL 编译器中,特殊功能寄存器和位寻址位分别采用 sfr 和 sbit 定义,而 IAR 编译器则利用 #define SFR(name,addr) name DEFINE addr 宏定义来定义寄存器。

```
/ * Port 1 */
uint8_t volatile P1              __attribute((sfrAT0x90));
/ *   P1 bit adressable locations */
uint8_t volatile P1_0            __attribute((sbitAT0x90));
uint8_t volatile P1_1            __attribute((sbitAT0x91));
uint8_t volatile P1_2            __attribute((sbitAT0x92));
uint8_t volatile P1_3            __attribute((sbitAT0x93));
uint8_t volatile P1_4            __attribute((sbitAT0x94));
uint8_t volatile P1_5            __attribute((sbitAT0x95));
uint8_t volatile P1_6            __attribute((sbitAT0x96));
```

第5章 TinyOS 操作系统与 nesC 语言编程

```
    uint8_t volatile P1_7          __attribute((sbitAT0x97));
```

对于特殊功能寄存器，KEIL 的处理方法是将"uint8_t volatile P0 __attribute((sfrAT0x86))"用"sfr P0=0x86"代替；而 IAR 编译器则采用更为灵活的方式，先将所有含有 sfr 和 sbit 的代码全部注释掉，然后将 IAR 中 CC2530 的头文件添加到转换后的代码文件中。

对微处理器特殊功能寄存器替代（适合 KEIL 编译器）和注释掉（适合 IAR 编译器）的 perl 脚本如下：

```
if(m{uint(\d+)_t\s+volatile\s+(.*)\s+__attribute(?:__)? \(\((?:__)? (sfr|sbit|sfr16)AT(.{4})(?:__)? \)\).*;}) {
    my $width = $1; my $ident = $2;  my $type = $3; my $addr = $4;
    if( $width == 16 && $type ne "sfr16") {
        printf "Error";
        exit;
    }
    if ( $KEIL ) { $_ = " $type $ident = $addr;\n"; }
    if ( $SDCC ) { $_ = "__ $type __at ( $addr) $ident;\n"; }
    if ( $IAR )  {
    if ( $type eq "sfr" )   {
            $_ = "//__sfr __no_init volatile unsigned char $ident @ $addr;\n";
        }
    if ( $type eq "sfr16" )  {
            $_ = "//__sfr __no_init volatile unsigned int $ident @ $addr;\n";
        }
    if ( $type eq "sbit" )   {
            $_ = "//\n";#__bit __no_init bool $ident @ $addr;\n";
        }
    }
}
```

将 CC2530 头文件添加到转换后的代码文件中的 perl 脚本如下：

```
if( $IAR)
{
    print "#include <ioCC2530.h>\n";
}
```

5. 中断向量地址的处理

ncc 编译后的 C 代码对中断的处理包括两部分：一部分为中断向量的定义，例如 void __vector_11(void)   __attribute((interrupt))；另外一部分为中断向量对应的中断服务程序的定义,例如 __attribute((interrupt)) void __vector_11(void)。

在 KEIL 编译器中,中断服务程序利用中断函数、中断关键字 interrupt 以及中断号来定义中断,例如串口中断的定义代码如下:

```
UartInterrupt () interrupt   4   {}
```

而在 IAR 中,例如 CC2530 串口 0 接收中断的定义代码如下:

```
#pragma vector = URX0_VECTOR
__interrupt void UartRecv(void) {}
```

因此,perl 脚本处理中断程序分两部分完成:注释掉中断向量的定义,然后将中断函数转换为 KEIL 或 IAR 支持的形式。

对于 IAR 和 KEIL 两种编译器,利用下列 perl 脚本注释掉中断代码原型。

```
s{^(\s*void\s+__vector_\d+\s*\(void\s\)\s+__attribute(?:__)?\(\(((?:__)?interrupt(?:__)?\)\))\s+\;)}{/* $1 */};
```

然后根据所使用的编译器对中断函数进行处理。下面为中断变换的 perl 脚本。

```
if(m{^\s*(?:void\s+)?__attribute(?:__)?\(\(((?:__)?interrupt(?:__)?\)\))\s+(?:void\s+)?([_[:alpha:]]+)(\d+)\s*\(void\s\)}&&
      $_ !~ m{;}) {
    my $int_no = $2; my $func_name = $1;
    if ( $KEIL ) { $_ = "void $func_name $int_no(void) interrupt $int_no\n"; }
    if ( $SDCC ) { $_ = "void $func_name $int_no(void) __interrupt ( $int_no)\n"; }
    if( $IAR ) { $_ = "#pragma vector = $int_no * 8 + 3\n__interrupt void $func_name $int_no(void)\n"; }
}
```

对于 KEIL 来说,中断服务程序采用 vector_+中断向量序号作为中断程序函数,然后再加上中断服务程序所必需的 interrupt 关键字和中断序号,例如 CC2530 定时器 4 的中断定义转换为:

```
void vector_12(void) interrupt 12 { }
```

而 IAR 编译器需要对中断向量进行变换。中断序号乘以 8 再加上 3 等于 CC2530 的中断向量号。例如,CC2530 定时器 4 的中断序列号为 12,可以计算出 CC2530 的中断向量号为 12×8+3=0x63,再利用与 KEIL 一样的方法,用 vector_+中断向量序号作为中断函数。下面为 CC2530 定时器 4 的中断定义转换后的形式:

```
#pragma vector = 12 * 8 + 3
__interrupt void __vector_12(void) {}
```

6. 空数组和结构体

KEIL 和 IAR 编译器不支持空数组或结构体的定义,因此,对于空数组或结构

第5章 TinyOS 操作系统与 nesC 语言编程

体,可以采用注释或者添加数据成员的方法进行处理。本平台中所使用的 perl 脚本对一些无用的空结构体进行了注释屏蔽,具体代码如下:

```perl
if( /^struct __nesc_attr_atmostonce {/  ||
    /^struct __nesc_attr_atleastonce {/ ||
    /^struct __nesc_attr_exactlyonce {/ ) {
    $ empty_struct = 1;
    $ _ = "/ * " . $ _;
}

if( /^struct __nesc_attr_nonnull {/  ||
    /^struct __nesc_attr_one {/      ||
    /^struct __nesc_attr_one_nok {/  ||
    /^struct __nesc_attr_nts {/ ) {
    $ empty_struct = 1;
    $ _ = "/ * " . $ _;
}
if ( $ empty_struct && /\}   \;/) {
    $ empty_struct  = 0;
    chomp( $ _);
    $ _ = $ _ . " * /\n";
}
```

例如下列空结构体:

```
struct __nesc_attr_atmostonce {
};
# line 35
struct __nesc_attr_atleastonce {
};
# line 36
struct __nesc_attr_exactlyonce {
};
```

经过转换后变成了如下代码:

```
/ * struct __nesc_attr_atmostonce {
}; * /
// # line 35
/ * struct __nesc_attr_atleastonce {
}; * /
// # line 36
/ * struct __nesc_attr_exactlyonce {
}; * /
```

对于其他的处理过程,如数据类型(uint64 变换为 uint32)、代码或数据保存空间的转换(CODE、DATA、XDATA)等,读者可参考 mangleAppC.pl 文件中的具体内容。由于篇幅原因,不再一一展开说明。

5.6.3 编译选项文件

在 TinyOS 操作系统中,扩展名为 extra 的文件是 make 编译命令支持的编译选项文件。编译选项文件在编译平台应用程序时传递一些附加编译变量到编译规则文件中,以便指引编译工具完成某些特定的编译过程。

作者为 enmote 平台的编译编写了支持命令下载烧录和启动调试的两类编译选项文件,分别为 install.extra、reinstall.extra 和 debug.extra、redebug.extra。编译选项文件将 BUILD_DEPS 参数传递到编译规则文件 enmote.rules 中,具体内容如下。

install.extra 文件的内容:

```
/****************************************************
 * 功能描述:install.extra,执行 make enmote install 调用
 * 日    期:2012/4/15
 * 作    者:李外云 博士
 ****************************************************/

BUILD_DEPS = compile $(FLASHPROGRAM)
```

reinstall.extra 文件的内容:

```
/****************************************************
 * 功能描述:reinstall.extra,执行 make enmote reinstall 调用
 * 日    期:2012/4/15
 * 作    者:李外云 博士
 ****************************************************/

BUILD_DEPS = $(FLASHPROGRAM)
```

Debug.extra 文件的内容:

```
/****************************************************
 * 功能描述:debug.extra,执行 make enmote debug 调用
 * 日    期:2012/4/15
 * 作    者:李外云 博士
 ****************************************************/

BUILD_DEPS = compile iardebug
```

reinstall.extra 文件的内容:

第 5 章　TinyOS 操作系统与 nesC 语言编程

```
/*************************************************
* 功能描述：redebug.extra,执行 make enmote redebug 调用
* 日    期：2012/4/15
* 作    者：李外云 博士
*************************************************/
BUILD_DEPS = iardebug
```

两类编译选项文件的具体介绍如下：

1. 支持下载烧录的编译选项文件

当读者在 TinyOS 应用程序文件夹中执行 make enmote install 操作时，如果该应用程序满足编译要求且硬件平台已连接良好，则该操作首先进行编译，将 TinyOS 编译为可以执行的文件，然后利用目标文件夹中的下载烧录工具 flashwrite.exe 将可执行文件下载到目标平台，如图 5-20 所示。

图 5-20　make enmote install 编译过程

如果希望将已经编译过的程序直接下载烧录到目标平台，读者可执行 make enmote reinstall 操作，该操作只将原来编译好的可执行文件下载烧录到目标平台，如图 5-21 所示。

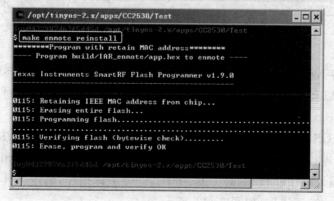

图 5-21　make enmote reinstall 下载烧录过程

如果 TinyOS 程序没有编译过,在执行 make enmote reinstall 操作时,工具将提示无法打开 hex 文件,如图 5-22 所示。

图 5-22　执行 make enmote reinstall 出错情况

2. 支持启动调试 IDE 的编译选项文件

当读者在 TinyOS 应用程序文件夹中执行 make enmote debug 编译操作时,如果应用程序满足编译要求,则该操作首先进行编译,如图 5-23 所示。

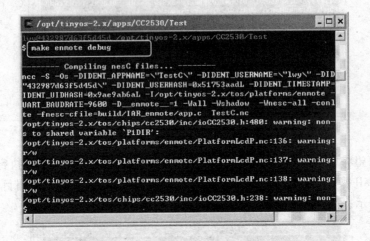

图 5-23　make enmote debug 编译过程

编译成功后,编译器根据编译规则启动 IAR EW8051 IDE 开发环境,如图 5-24 所示。读者可以利用 IAR EW8051 IDE 开发环境和 CC2530 仿真器对硬件平台进行仿真调试。

如果 TinyOS 应用程序已经编译过,读者希望直接启动 IAR EW8051 IDE 对编译过的 C 代码进行仿真调试,则可执行 make enmote redebug 编译操作。如果 TinyOS 程序没有编译过便执行 make enmote redebug 编译操作,编译工具将因没有建立调试文件而提示编译错误,如图 5-25 所示。

第 5 章 TinyOS 操作系统与 nesC 语言编程

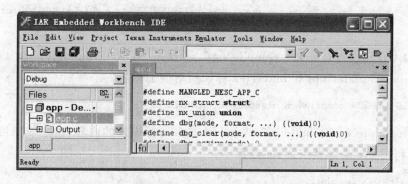

图 5-24　IAR EW8051 IDE 界面

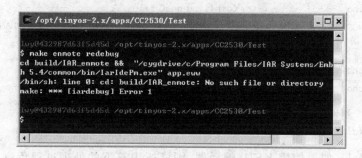

图 5-25　make enmote redebug 编译出错信息

5.6.4　编译规则文件的处理过程

编译规则文件是一种基于 makefile 语法的编译指示性文件,定义了 nesC 程序的编译器 ncc、交叉编译工具以及编译时的一些编译参数。make enmote 编译操作将编译目标文件 enmote.targe 的 BUILD_DEPS 参数传递到编译规则文件 enmote.rules 中,编译规则文件对传递过来的 BUILD_DEPS 进行判断,确定编译过程。代码如下:

```
ifndef BUILD_DEPS
ifeq ($(filter $(BUILDLESS_DEPS),$(GOALS)),)
    BUILD_DEPS = exe
  endif
endif
```

根据"BUILD_DEPS=exe",说明先执行 exe 标号中的内容。根据 makefile 的语法规则,exe 标识下的内容执行过程依赖于 BUILD_TARGET,所以必须编译 BUILD_TARGET 标识下的内容。

```
exe: $(BUILD_TARGET)
    @echo ""
```

```
    @echo "- - - - - - - compiling $(COMPONENT) to a $(PLATFORM) binary - - -
- - - - -"
```

而"BUILD_TARGET＝compileNesC startobj FORCE buildHex",所以依次编译 compileNesC、startobj 和 buildHex 标识所对应的内容。

```
BUILD_TARGET = compileNesC startobj FORCE buildHex
```

① "compileNesC: builddir":先执行 builddir 标识下的内容,建立编译目录文件夹,然后利用 ncc 编译器编译 nesC 程序。

```
compileNesC: builddir
    @echo ""
    @echo "- - - - - - - Compiling nesC files... - - - - - - - -"
    $(NCC) -S $(OPTFLAGS) $(CFLAGS) $(PFLAGS) $(WIRING_CHECK_FLAGS) $(COMPO-
NENT).nc
    @echo ""
    @echo "- - - - - - have compiled $(COMPONENT) to $(APP_C) - - - - - -"
builddir: FORCE
    @mkdir -p $(BUILDDIR)
```

② startobj:如果使用 KEIL 编译器,则该标识符下的处理过程负责将 KEIL 程序的启动代码复制到编译目录中,并运行 startup.bat 批处理文件,编译 KEIL 程序的 startup 目标文件。如果使用 IAR 编译器,不做任何操作。

```
startobj:
    @echo ""
    @echo "- - - - - - - compiling startup.obj - - - - - - - -"
ifdef KEIL
    @cp $(enmote_MAKE_PATH)/startup.a51 $(BUILDDIR)
    @cp $(enmote_MAKE_PATH)/startup.bat $(BUILDDIR)
    @cd $(BUILDDIR) && ./startup.bat 2>&1
endif
```

③ "buildHex: mangleAppC":先执行 mangleAppC 标识下的处理过程,由于 mangleAppC 标识下的处理过程依赖于 apppre 和 $(FILTER_INLINE),所以根据 makefile 规则,先处理 apppre 标识下的内容,即将 ncc 编译器编译过的 app.c 文件重命名为 app.preMangle.c,然后处理 $(FILTER_INLINE)标识下的内容。而 $(FILTER_INLINE)标识对应于 filterinline,需要利用 filter.pl 脚本文件对 app.preMangle.c 文件中的内联函数进行预处理。然后使用 mangleAppC.pl 脚本将 ncc 编译过的 C 代码文件转换为 KEIL 或 IAR 编译器支持的 C 代码文件,转换后的文件名为 app.c。最后根据所选的编译器将处理后的 app.c 复制到编译目录中,并调用

相应的编译器将C代码文件编译为可执行的hex文件。

```
FILTER_INLINE =
ifndef NO_FILTER
    FILTER_INLINE += filterinline
Endif

filterinline:
    @echo ""
    @echo "- - - - - - - Filtering dummy inline - - - - - - - -"
    @perl -w $(enmote_MAKE_PATH)/filter.pl --file=$(BUILDDIR)/app.preMangle.c > $(BUILDDIR)/filter_log

apppre:
    @mv $(APP_C) $(BUILDDIR)/app.preMangle.c

mangleAppC: apppre $(FILTER_INLINE)
    @echo ""
    @echo "- - - - - - - Mangle app.c now - - - - - - - -"
    @perl -w $(enmote_MAKE_PATH)/mangleAppC.pl -- $(MCS51_COMPILER) --file=$(BUILDDIR)/app.preMangle.c > $(APP_C)

buildHex: mangleAppC
    @echo ""
    @echo "- - - - - - - Building Hex file - - - - - - - -"
ifdef KEIL
    @cp $(enmote_MAKE_PATH)/$(BUILD_BAT) $(BUILDDIR)/keilbuild.bat
    @cd $(BUILDDIR) && ./keilbuild.bat $(WITH_LIB)
else
ifdef RELEASE
    cp $(enmote_MAKE_PATH)/release/app* $(BUILDDIR)
    cd $(BUILDDIR) && $(WINE_IAR) "$(IAR_PATH)/iarbuild.exe" app.ewp -build Release
else
    cp $(enmote_MAKE_PATH)/debug/app* $(BUILDDIR)
    cd $(BUILDDIR) && $(WINE_IAR) "$(IAR_PATH)/iarbuild.exe" app.ewp -build Debug
endif
    @grep -B 3 -A 20 "SEGMENTS IN ADDRESS ORDER" $(BUILDDIR)/app.map
    @grep -A 8 "END OF CROSS REFERENCE" $(BUILDDIR)/app.map | grep memory
    cp $(BUILDDIR)/app.a51 $(BUILDDIR)/app.hex
endif
    @echo "compiled $(COMPONENT) to a $(PLATFORM) binary"
```

对于增加编译选项文件的编译过程,例如 make enmote install 编译操作,只是将传递到编译规则文件中的 BUILD_DEPS 参数改为"BUILD_DEPS = compile \$(FLASHPROGRAM)",也就是说将 compile \$(FLASHPROGRAM)传递到编译规则文件中,读者可自行分析编译处理过程。

```
# - make enmote install
BUILD_DEPS = compile $(FLASHPROGRAM)
```

5.6.5　CC2530 底层驱动

底层驱动是一个平台的核心部分,TinyOS 平台底层驱动包括微处理器芯片驱动和射频芯片驱动。CC2530 集微处理器和射频功能于一体,所以平台的底层驱动程序全部存放在"tinyos-2.x\tos\chips\CC2530"目录中,其中包括 CC2530 的硬件资源驱动(随机数发生器、DMA、内部 Flash 读/写和高级加密驱动等)、外设资源驱动(定时器、串口、ADC 采样等)、射频资源驱动(radio 文件夹)、射频路由驱动以及平台支持的传感数据采集驱动(光照、DS18B02 温度和雨点等)。底层驱动程序的编写与使用可参考第 6 章和第 7 章中内容。如图 5-26 所示为 CC2530 底层驱动文件夹。

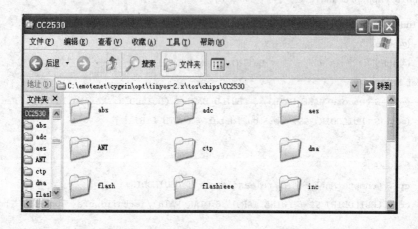

图 5-26　CC2530 底层驱动文件夹

5.6.6　CC2530 驱动测试程序

作者为 CC2530 的每一种底层驱动都编写了驱动测试程序,所有测试程序和相关的项目程序都保存在"tinyos-2.x\tos\chips\CC2530"目录中。底层驱动程序的编写和使用参考本书第 6~10 章的内容。如图 5-27 所示为 CC2530 测试程序文件夹。

第 5 章 TinyOS 操作系统与 nesC 语言编程

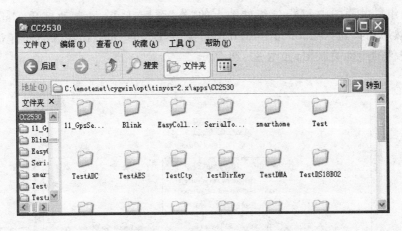

图 5－27　CC2530 测试程序文件夹

5.7　TinyOS－2.x 的启动过程

任何一个应用程序都有一个启动入口函数，就是大家熟悉的 main 函数。对于具有操作系统的嵌入式系统应用程序而言，了解系统启动顺序和初始化过程对理解和掌握该操作系统尤为重要。本节以"tinyos－2.x\apps\CC2530\Test"目录下的 Test 程序为例，详细介绍 TinyOS 的启动顺序和系统组件的初始化过程。

5.7.1　TinyOS－2.x 的启动接口

利用 Eclipse 工具的导入功能（import）导入"tinyos－2.x\apps\CC2530\Test"目录下的 Test 程序，再利用 Eclipse 的 TinyOS 插件建立 Test 程序的组件关联图，如图 5－28 所示。

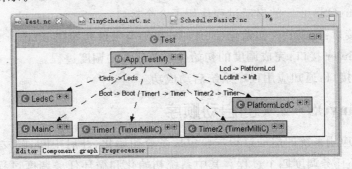

图 5－28　Test 程序的组件关联图

从组件关联图可知，测试程序使用的 Boot 接口与 MainC 组件提供的 Boot 接口连接在一起。也就是说，TinyOS 操作系统启动完毕后，将触发 Boot 接口的 booted 事件，通知应用程序操作系统启动完成。

单击组件关联图中 MainC 组件图上的"↑"图标,Eclipse 自动打开 MainC 组件源代码,然后切换到 component graph 项目条中,Eclipse 的 TinyOS 插件将立即建立 MainC 组件的组件关联图,如图 5-29 所示。

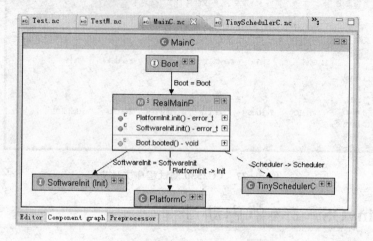

图 5-29　MainC 组件的组件关联图

由 MainC 组件关联图可知,MainC 组件提供的 Boot 接口和使用的 Init 接口利用"="连接操作符分别与 RealMainP 模块组件提供的 Boot 接口以及使用的 SoftwareInit 接口(Init 接口的别名)相连,也就是说,MainC 组件的 Boot 和 Init 接口在 RealMainP 模块组件中完成实现过程;MainC 组件中包含的平台相关的 PlatformC 组件所提供的初始化接口 Init 与 RealMainP 模块组件所使用的 PlatformInit 接口 (Init 接口的别名)相连,这样 RealMainP 模块组件可调用平台组件所实现的平台初始化函数;RealMainP 模块组件中所使用的 Scheduler 接口与 TinySchedulerC 组件中所提供的 Scheduler 接口相连,以完成任务调度。

所以,TinyOS-2.x 的启动过程使用了 3 个接口:

① Init 接口:完成软件初始化(SoftwareInit)与硬件初始化(PlatformInit)过程。
② Scheduler 接口:完成调度的初始化以及任务的调度过程。
③ Boot 接口:通知应用程序系统启动成功。

5.7.2　TinyOS-2.x 的启动顺序

TinyOS 应用系统的启动过程主要包括系统初始化、开启中断、触发启动成功的事件以及循环任务调度四个过程。其中系统初始化和循环任务调度过程是由 TinyOS 操作系统完成的,对应用程序而言,只需使用 MainC 组件提供的 Boot 接口接收系统成功启动后的事件即可。

TinyOS 的 MainC 组件是一个配置组件,它封装了标准的 RealMainP 模块组件并导出应用程序所需的 Boot 接口和 SoftwareInit 接口。具体代码如下:

第 5 章 TinyOS 操作系统与 nesC 语言编程

```
#include "hardware.h"
configuration MainC {
  provides interface Boot;
  uses interface Init as SoftwareInit;
}
implementation {
  components PlatformC, RealMainP, TinySchedulerC;

  RealMainP.Scheduler -> TinySchedulerC;
  RealMainP.PlatformInit -> PlatformC;

  //为应用程序导出 SoftwareInit 和 Boot 接口
  SoftwareInit = RealMainP.SoftwareInit;
  Boot = RealMainP;
}
```

配置组件只能完成组件的装配过程，MainC 组件所提供的 Boot 接口和使用的 SoftwareInit 接口利用"="连接操作符分别与 RealMainP 模块组件的 Boot 和 Init 接口相连，所以 TinyOS 的真正启动过程在 RealMainP 组件中完成。

RealMainP 模块组件除了因为 MainC 组件需要而提供 Boot 接口和使用 SoftwareInit 接口外，还使用了 PlatformInit 接口和 Scheduler 接口。实际在应用程序中，MainC 组件通过 RealMainP 组件将这些操作隐藏起来，由 RealMainP 组件自动连接到系统的任务调度程序和平台的初始化过程中，从而减少上层应用程序对底层的操作。RealMainP 的代码如下：

```
module RealMainP @safe() {
  provides interface Boot;                    //提供的 Boot 接口
  uses interface Scheduler;                   //使用 Scheduler 接口
  uses interface Init as PlatformInit;
  uses interface Init as SoftwareInit;
}
implementation {
  int main() @C() @spontaneous() {
    atomic
    {
      platform_bootstrap();                   //启动硬件平台

      call Scheduler.init();                  //初始化调度器
      call PlatformInit.init();               //初始化硬件平台
      while (call Scheduler.runNextTask());
      call SoftwareInit.init();               //初始化软件系统
```

```
    while (call Scheduler.runNextTask());
    }
    __nesc_enable_interrupt();           //开启硬件中断
    signal Boot.booted();                //触发启动完成事件
    /* Spin in the Scheduler */
    call Scheduler.taskLoop();           //循环任务调度
    return -1;
}
default command error_t PlatformInit.init() { return SUCCESS; }
default command error_t SoftwareInit.init() { return SUCCESS; }
default event void Boot.booted() { }
}
```

RealMainP 组件的代码段包括了 TinyOS 应用程序的系统初始化、开启中断、触发启动成功的事件以及循环任务调度四个过程。

1. 系统初始化

TinyOS 操作系统的初始化包括调度器、硬件平台和软件三方面的初始化。

任何一个操作系统，在系统运行之前都要确保硬件系统已经处于工作状态。"platform_bootstrap()"函数用于将系统置于运行状态，在"platform_bootstrap()"函数中可以配置系统内存以及设置微处理器的工作模式、电源状态和时钟频率等，通常情况下"platform_bootstrap()"为空函数。如果某个平台需要将这个默认的函数替换成其他的具体操作，程序员可以在平台的头文件 platform.h 中重定义这个函数。tos.h 文件中的"platform_bootstrap()"函数代码的定义形式如下：

```
#include <platform.h>
#ifndef platform_bootstrap
#define platform_bootstrap() {}
#endif
```

TinyOS 操作系统基于组件和事件启动机制，初始化序列要求能够运行任务，如果在平台和软件初始化之前，操作系统的调度器还没完成初始化，那么组件的初始过程就不能分发任务。

在调度器初始化完成后，RealMainP 组件调用硬件平台初始化命令（call PlatformInit.init()）。节点硬件模块的初始化是平台开发人员需要完成的工作，因此需要将平台初始化命令 PlatformInit 连接/绑定到特定的硬件平台的 PlatformC 组件上。不同的硬件平台具有不同的初始化方法和过程，因此平台初始化顺序与具体硬件平台相关。当读者需要将 TinyOS 移植到一个新的硬件平台上时，必须包含一个 PlatformC 组件，并由该组件提供 Init 接口的实现。"tinyos-2.x\tos\platforms\enmote"目录下的 PlatformP.nc 为 PlatformC 的实现过程，其代码如下：

第 5 章　TinyOS 操作系统与 nesC 语言编程

(1) PlatformC 配置组件的实现代码

```
/***************************************************************
 * 文 件 名：PlatformC.nc
 * 功能描述：平台初始化配置组件
 * 日    期：2012/4/15
 * 作    者：李外云 博士
 ***************************************************************/
configuration PlatformC
{
    provides interface Init;        //提供 Init 接口
}
implementation
{
    components PlatformP;           //平台模块组件
    Init = PlatformP;               //绑定 Init 接口到 PlatformP

    components  HplCC2530GeneralIOC ;               //GPIO 组件
    PlatformP.GIOInit -> HplCC2530GeneralIOC.Init;  //绑定 GPIOInit 接口

    components FlashIEEEC;                          //IEEE 地址组件
    PlatformP.FlashIEEEInit -> FlashIEEEC;          //绑定 FlashIEEEInit 接口
    PlatformP.FlashIEEE -> FlashIEEEC;              //绑定 FlashIEEE 接口

    #ifdef EN_ZIGBEE
    components MeshC;                               //TinyOS Mesh 网络组件
    PlatformP.WsnInit -> MeshC;                     //绑定 WsnInit 接口
    #endif
}
```

(2) PlatformP 模块组件的实现代码

```
/***************************************************************
 * 文 件 名：PlatformP.nc
 * 功能描述：平台初始化模块组件
 * 日    期：2012/4/15
 * 作    者：李外云 博士
 ***************************************************************/
#include <CC2530Timer.h>
module PlatformP
{
    provides interface Init;                //提供初始化 Init 接口
    uses interface Init as GIOInit;         //使用 Init 接口
    uses interface Init as LedsInit;
```

```
    #ifdef EN_ZIGBEE
      uses interface Init as WsnInit;
    #endif
      uses interface Init as FlashIEEEInit;
      uses interface FlashIEEE;
}
implementation
{
    /***********************************************
    * 函数名：init()命令函数
    * 功  能：Init 接口的 Init 命令函数,实现对平台的初始化
    * 参  数：无
    ***********************************************/
    command error_t Init.init()
    {
        CLKCONCMD = 0;                               //系统时钟设置(32 MHz OSC 晶振)
        while (((CLKCONSTA &(0x3 << CC2530_CLKCON_OSC))! = 0);   //等待时钟稳定
        #ifdef UART_DEBUG         //如果定义了 UART_DEBUG 宏,初始化串口
            UartDebugInit();
        #endif
        #ifdef EN_ZIGBEE          //如果定义了 EN_ZIGBEE 宏,调用网络初始化
        call WsnInit.init();
        #endif
        call FlashIEEEInit.init();
        call FlashIEEE.WriteToAM();    //将 IEEE 地址写入 RAM 寄存器中
        call LedsInit.init();
        return SUCCESS;
    }
    default command error_t LedsInit.init() { return SUCCESS; }
}
```

任何需要初始化的组件都可以使用 Init 接口。对于不依赖于硬件资源的组件初始化,应该将初始化 Init 接口绑定到 MainC 组件的 SoftwareInit 接口上。

2. 开启硬件中断

当系统初始化完毕后才能使能中断,如果在组件的初始化过程中需要处理中断,可以采用一些标志或临时开启中断的方法进行处理。RealMainP 组件通过调用"__nesc_enable_interrupt();"函数开启硬件中断。下面为 CC2530 开启中断的定义代码,该代码定义在"tinyos - 2. x\tos\chips\CC2530\inc"目录下的 CC2530hardware. h 文件中。

第 5 章　TinyOS 操作系统与 nesC 语言编程

```
inline void __nesc_enable_interrupt()
{
    EA = 1;
}
```

3. 触发启动成功的事件

一旦初始化和中断开启操作完成之后，MainC 组件的 Boot.booted 接口事件就可以触发了，应用程序在 Boot.booted() 事件函数中可以自由地调用其他组件命令。至此，应用系统进入工作状态。所以，从用户的角度上来说，应用程序中的 Boot.booted() 事件函数类似 main() 函数。

4. 循环任务调度

一旦系统启动并开启所需的服务，TinyOS 程序就会进入内核调度循环过程，只要有任务在队列中，调度系统就会持续运行任务，一旦发现任务队列为空，调度系统就会将微处理器调节到硬件允许的低功耗休眠状态。当中断到达时，微处理器退出休眠状态，运行中断程序，调度循环重新开始。如果中断处理程序发布了一个或多个任务，则调度系统就会运行任务队列中的任务，直到队列为空，再回到休眠状态。

下面为"tinyos-2.x\tos\system"目录下的 SchedulerBasicP.nc 模块组件的循环任务调度代码。

```
command void Scheduler.taskLoop()
{
    for (;;)
    {
        uint8_t nextTask;
        while ((nextTask = popTask()) == NO_TASK)
        {
            call McuSleep.sleep();
        }
        signal TaskBasic.runTask[nextTask]();
    }
}
```

5.8　本章小结

本章介绍了 TinyOS 操作系统的特点和功能、nesC 编程方法以及基于 TinyOS 的平台构建过程，同时详细地分析了 CC2530 在 TinyOS-2.x 中的移植过程。帮助读者了解和掌握基于 TinyOS 的平台建立以及不同平台的移植等应用开发过程和方法。

第 6 章
CC2530 基本接口组件设计与应用

CC2530 是美国 TI 公司推出的一款用于 2.4 GHz IEEE 802.15.4、ZigBee 和 RF4CE 应用的一个真正的片上系统(SoC)解决方案,能够以非常低材料成本建立强大的网络节点。CC2530 结合了领先的 RF 收发器的优良性能、业界标准的增强型 8051 CPU、系统内可编程闪存、8 KB RAM 以及许多其他强大的功能。

CC2530 外设资源比较丰富,其中包括 21 个多功能复用数字 I/O 口、一个 16 位定时器 T1、一个 24 位定时器 T2、两个 8 位定时器 T3 和 T4、一个睡眠定时器、一个看门狗定时器以及两个串口 USART 0 和 USART 1,同时支持 7 位到 12 位 ADC、支持硬件随机数发生器和 AES 高级加密处理单元等。

本章分别介绍 CC2530 的 GPIO 操作、随机数产生、Flash 读/写、串口通信、高级加密 AES、DMA 传输、看门狗定时器、定时器硬件结构,以及各硬件组件底层驱动的 TinyOS 接口定义、组件的配置与实现等方面的内容。同时详细地阐述了 CC2530 各外设在 TinyOS 操作系统中的实现过程,帮助读者理解和掌握 CC2530 在 TinyOS 操作系统中的编程实现方法。

6.1 CC2530 的通用 GPIO 组件

6.1.1 CC2530 的 GPIO 概述

CC2530 具有两个 8 位的输入输出端口 P0、P1 和一个 5 位的输入输出端口 P2,总计 21 个数字 I/O 引脚。这些 GPIO 端口可配置成通用的 I/O 端口,也可配置成与定时器、ADC 和 USART 串口等外设相关的具有特殊功能的输入输出端口,端口的具体功能需要通过软件配置端口寄存器来完成。

CC2530 每组 GPIO 端口配备了 4 个 8 位寄存器,分别为 GPIO 方向控制寄存器 PxDIR、输入模式寄存器 PxINP、功能选择寄存器 PxSEL 和端口数据寄存器 $Px.n(x$

第6章 CC2530基本接口组件设计与应用

$=0\sim2, n=0\sim7$)。CC2530的GPIO的工作方式和表现特征由这4个I/O寄存器控制。

方向寄存器PxDIR用于控制GPIO的输入输出方向,即控制I/O口的工作方式为输入方式还是输出方式。

当方向寄存器PxDIR中的某个位设置为1时,对应的端口处于输出工作模式,引脚寄存器Px中的数据通过内部电路输出到外部引脚。当$Px.n=1$时,对应的外部引脚呈现高电平,而当$Px.n=0$时,对应的外部引脚呈现低电平。对于CC2530来说,不同的引脚最大的驱动电流是不一样的。除了P1.0和P1.1有20 mA的驱动电流外,其他端口只有4 mA的驱动电流。

当方向寄存器PxDIR中的某个位设置为0时,对应的端口处于输入工作模式,此时引脚寄存器Px中的数据就是外部引脚的实际电平。通过读取I/O指令可将物理引脚的真实数据读入到处理器中,当I/O口定义为输入时,可通过输入模式PxINP控制端口使用上拉还是下拉。

CC2530的GPIO主要特点如下:

- 双向可独立进行位寻址的I/O口,CC2530的P0、P1都是8位双向I/O口,P2为5位双向I/O口,这21个引脚中每一位都可以单独定义和使用,相互不受影响。例如用户定义P0口的0~4位用于输入,同时定义5~7位为输出,互不影响。
- 每个I/O口均采用推挽式输出,可提供输出(吸入)4 mA的电流。(P1.0和P1.1除外)。
- 每一位引脚内部都可独立地通过编程设置为上/下拉电阻或高阻态,当I/O口用于输入状态且设置为上拉时,如果外部引脚被拉低,则构成电流源输出电流。
- CC2530的I/O结构同其他8051单片机的明显区别在于:CC2530采用了4个寄存器来控制I/O口,除了一般的8051单片机采用的数据寄存器和控制寄存器外,还多了方向控制寄存器PxDIR和输入模式寄存器PxINP。方向控制寄存器PxDI用于控制I/O的输入和输出方向,而输入模式寄存器PxINP实际上是一个可选通的三态缓冲器,外部引脚通过该三态缓冲器与MCU内部总线连接,实现端口在输入方式时的上/下拉或高阻态。这种I/O结构真正具备"读—修改—写"的特性。

CC2530的每个GPIO引脚都可独立编程作为数字输入或输出,也都可通过软件设置改变引脚的输入输出硬件状态配置和硬件功能配置。在应用I/O端口前需要通过不同的特殊功能寄存器对其进行配置。

寄存器PxSEL(其中x为端口编号,其值为0~2)用来配置I/O端口作为通用I/O还是作为外部设备I/O。任何一个I/O口在使用之前,都必须首先对寄存器PxSEL赋值。CPU复位之后,所有输入/输出引脚都设置为通用输入I/O口,要改变某个引脚的输入/输出方向特性,需要配置端口方向寄存器 PxDIR 中的指定位。PxDIR 中的某个位设置为 1 时,其对应的引脚的设置为输出,为 0 则设置为输入。当用作输入时,每个通用 I/O 口的引脚都可以设置为上拉、下拉或三态模式。复位缺省的情况下,所有 I/O 口均设置为上拉输入。要将输入口的某一位取消上拉或下拉,就要将 PxINP 中的对应位设置为 1。

对于应用中未使用的 I/O 引脚,要求确保引脚电平为确定值。一个方法是使引脚不连接,配置引脚为具有上拉电阻的通用 I/O 输入。这也是所有引脚复位后的状态(除了 P1.0 和 P1.1 没有上拉/下拉功能外),或者将引脚配置为通用 I/O 输出。这两种情况下引脚都不能直接连接到电源或地,以避免过多的功耗。

6.1.2　GPIO 相关寄存器

GPIO 相关寄存器如表 6-1～6-9 所列。

(1) 端口寄存器

表 6-1　端口寄存器 P0(0x80)的位描述

位	名称	复位	读/写	功能描述
7:0	P0[7:0]	0xFF	R/W	端口 P0。通用 GPIO,可位寻址

表 6-2　端口寄存器 P1(0x90)的位描述

位	名称	复位	读/写	功能描述
7:0	P1[7:0]	0xFF	R/W	端口 P1。通用 GPIO,可位寻址

表 6-3　端口寄存器 P2(0xA0)的位描述

位	名称	复位	读/写	功能描述
7:5	—	000	R0	未用
4:0	P2[4:0]	0x1F	R/W	端口 P2。通用 GPIO,可位寻址

(2) 端口方向寄存器

表 6-4　端口方向寄存器 P0DIR(0xFD)的位描述

位	名称	复位	读/写	功能描述
7:0	DIRP0_[7:0]	0x00	R/W	P0.7-P0.0 方向,0:输入;1:输出

表 6-5　端口方向寄存器 P1DIR(0xFE)的位描述

位	名称	复位	读/写	功能描述
7:0	DIRP1_[7:0]	0x00	R/W	P1.7-P1.0 方向,0:输入;1:输出

第6章 CC2530基本接口组件设计与应用

表6-6 端口方向寄存器P2DIR(0xFE)的位描述

位	名称	复位	读/写	功能描述
4:0	DIRP2_[4:0]	0x00	R/W	P2.4—P2.0方向,0:输入;1:输出

(3) 端口功能选择寄存器

表6-7 端口功能选择寄存器P0SEL(0xF3)的位描述

位	名称	复位	读/写	功能描述
7:0	SELP0_[7:0]	0x00	R/W	P0.7—P0.0功能选择,0:通用I/O;1:外设功能

表6-8 端口功能选择寄存器P1SEL(0xF4)的位描述

位	名称	复位	读/写	功能描述
7:0	SELP1_[7:0]	0x00	R/W	P1.7—P1.0功能选择,0:通用I/O;1:外设功能

表6-9 端口功能选择寄存器P2SEL(0xF5)的位描述

位	名称	复位	读/写	功能描述
2	SELP4	0	R/W	P2.4、P2.3和P2.0功能选择,0:通用I/O;1:外设功能
1	SELP3	0	R/W	
0	SELP0	0	R/W	

6.1.3 TinyOS的GPIO接口组件GeneralIO

TinyOS中的平台设备的微控制器可能有各种各样的数字接口,这些接口大致可以分成通用I/O口和数字I/O两类。其中通用I/O口为芯片物理引脚上的单独数字信号,而数字I/O口则有预先定义的通信协议格式,如SPI(Serial Peripheral Interface)总线接口、I2C(Inter-Integrated Circuit)总线接口以及通用异步收发(UART)接口(Universal Asynchronous Receiver/Transmitter)等。为了满足GPIO的输入输出功能,TinyOS提供了GPIO的硬件接口层接口GeneralIO、GpioInterrupt和GpioCapture等,本小节主要介绍CC2530底层GeneralIO的设计。

GeneralIO接口的基本功能是控制一个GPIO引脚,主要包括设置引脚输入/输出模式、读取和设置引脚的电平值以及GPIO引脚的电平切换(toggle)。每个带有GPIO功能的平台都必须提供该接口,该接口一般情况由GeneralIO组件提供,读者可根据实际需要由其他组件提供。

TinyOS在GeneralIO.nc接口文件中对GeneralIO接口进行了定义,如果读者的平台系统在应用程序中需要提供GeneralIO接口,则必须实现GeneralIO接口中定义的所有命令(command)。GeneralIO接口定义在"tinyos-2.x/tos/interface"目

录中,具体代码如下:

```
interface GeneralIO
{
  async command void set();            //置位
  async command void clr();            //清零
  async command void toggle();         //切换触发
  async command bool get();            //获取端口值
  async command void makeInput();      //设置端口为输入
  async command bool isInput();        //查询是否为输入
  async command void makeOutput();     //设置端口为输出
  async command bool isOutput();       //查询端口是否为输出
}
```

对 CC2530 端口的通用功能操作,实际是对端口寄存器 P0～P2、方向寄存器 P0DIR～P2DIR、功能选择寄存器 P0SEL～P2SEL 进行编程控制。下面是作者针对 CC2530 的 GPIO 编写的 HplCC2530GeneralIOC 组件底层驱动代码。HplCC2530GeneralIOC 组件文件保存在"../TinyOS-2.x/chips/CC2530/pins/"目录下。

为了实现使用同一个组件命令对同类端口中(P0～P2)的不同端口号($Px.0$～$Px.7$)进行操作,采用参数化形式定义所提供的接口。例如,使用"provides interface GeneralIO as P0_Port[uint8_t pin];"定义针对 P0 口的接口,其中参数 pin 为所操作的端口号(0～7)。

下面为 HplCC2530GeneralIOC 组件所提供的 GeneralIO 接口的命令函数的实现代码,代码的本质是实现对端口相关寄存器的配置和操作。例如,将 P0 口中某一位设置输入功能的命令函数"async command void P0_Port.makeInput[uint8_t pin]() {P0DIR &= ~BV(pin);}",也就是说将 P0DIR 寄存器的相应位清零,如果传入的参数 pin 等于 7,其相应的代码为"P0DIR &= ~BV(7);",等效于"P0DIR &= ~(1<<7);"。读者可根据 CC2530 相关的端口寄存器分析其他的接口命令函数。

```
/****************************************************************
 * 文 件 名: HplCC2530GeneralIOC.nc
 * 功能描述: CC2530 GPIO 的设置
 * 日    期: 2012/4/15
 * 作    者: 李外云 博士
 ****************************************************************/
#include <ioCC2530.h>
module HplCC2530GeneralIOC {
    provides interface GeneralIO as P0_Port[uint8_t pin];   //P0 口
    provides interface GeneralIO as P1_Port[uint8_t pin];   //P1 口
    provides interface GeneralIO as P2_Port[uint8_t pin];   //P2 口
    provides interface Init;
```

}
implementation {
/***
* 功　　能：设置 GPIO P0 相关输入/输出特性
* 参　　数：pin 为端口号，对于 P0 口，对应 0～7，即 P0.0～P0.7
***/
async command bool P0_Port.get[uint8_t pin]()   {return((P0 & BV(pin)) != 0);}
//获取端口状态
async command void P0_Port.set[uint8_t pin]()   {P0 |= BV(pin);}
//端口置 1
async command void P0_Port.clr[uint8_t pin]()   {P0 &= ~BV(pin);}
//端口清零
async command void P0_Port.toggle[uint8_t pin]()   {P0 ^= BV(pin);}
//端口状态翻转
async command bool P0_Port.isInput[uint8_t pin]()   {return ((P0DIR & BV(pin)) == 0);}
//判断是否为输入
async command bool P0_Port.isOutput[uint8_t pin]()   {return ((P0DIR & BV(pin)) != 0);}
//判断是否为输出
async command void P0_Port.makeInput[uint8_t pin]()   {P0DIR &= BV(pin);}
//设置端口为输入功能
async command void P0_Port.makeOutput[uint8_t pin]()   {P0DIR |= BV(pin);}
//设置端口为输出功能
/***
* 功　　能：设置 GPIO P1 相关输入/输出特性
* 参　　数：pin 为端口号，对于 P1 口，对应 0～7，即 P1.0～P1.7
***/
async command bool P1_Port.get[uint8_t pin]()   {return ((P1 & BV(pin)) != 0);}
//获取端口状态
async command void P1_Port.set[uint8_t pin]()   {P1 |= BV(pin);}
//端口置 1
async command void P1_Port.clr[uint8_t pin]()   {P1 &= ~BV(pin);}
//端口清零
async command void P1_Port.toggle[uint8_t pin]()   {P1 ^= BV(pin);}
//端口状态翻转
async command bool P1_Port.isInput[uint8_t pin]()   {return ((P1DIR & BV(pin)) == 0);}
//判断是否为输入
async command bool P1_Port.isOutput[uint8_t pin]()   {return ((P1DIR & BV(pin)) != 0);}
//判断是否为输出
async command void P1_Port.makeInput[uint8_t pin]()   {P1DIR &= ~BV(pin);}
//设置端口为输入功能
async command void P1_Port.makeOutput[uint8_t pin]()   {P1DIR |= BV(pin);}

```
//设置端口为输出功能
/***************************************************************
 * 功    能：设置 GPIO P2 相关输入/输出特性
 * 参    数：pin 为端口号，对于 P2 口，对应 0～4，即 P2.0～P2.4
 ***************************************************************/
async command bool P2_Port.get[uint8_t pin]()      {return((P2 & BV(pin)) != 0);}
//获取端口状态
async command void P2_Port.set[uint8_t pin]()      {P2 |= BV(pin);}
//端口置 1
async command void P2_Port.clr[uint8_t pin]()      {P2 &= ~BV(pin);}
//端口清零
async command void P2_Port.toggle[uint8_t pin]()   {P2 ^= BV(pin);}
//端口状态翻转
async command bool P2_Port.isInput[uint8_t pin]()  {return ((P1DIR & BV(pin)) == 0);}
//判断是否为输入
async command bool P2_Port.isOutput[uint8_t pin]() {return ((P1DIR & BV(pin)) != 0);}
//判断是否为输出
async command void P2_Port.makeInput[uint8_t pin]()  {P2DIR &= ~BV(pin);}
//设置端口为输入功能
async command void P2_Port.makeOutput[uint8_t pin]() {P2DIR |= BV(pin);}
//设置端口为输出功能
/***************************************************************
 * 函数名：init
 * 功    能：GPIO 初始化命令函数
 * 参    数：无
 ***************************************************************/
command error_t Init.init() {
    P0DIR = 0;
    P1DIR = 0;
    P2DIR = 0;
}
```

6.1.4 GeneralIO 接口组件的测试

enmote 开发平台网关板上的 GPIO 硬件接口电路如图 6-1 所示。

网关板上的四个 LED 灯分别接在 P1.1、P1.2、P1.3 和 P2.0 端口上，OK 与 CANCEL 按键分别接在 P0.4 和 P0.5 端口。GPIO 的测试程序每隔 0.1 s 扫描按键，并读取按键值。按下 OK 键不放，黄色的 LED 灯 L4 按 0.1 s 频率闪烁；当 OK 键释放时，蓝色的 LED 灯熄灭（点亮）；再次按下 OK 键并释放时，蓝色的 LED 灯点亮（熄灭）。具体代码如下：

第6章 CC2530 基本接口组件设计与应用

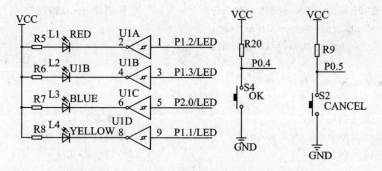

图 6-1 enmote 网关板上的 GPIO 硬件接口电路

(1) 配置文件 TestGPIOC.nc

```
/************************************************************
* 文 件 名：TestGPIOC.nc
* 功能描述：测试 CC2530 GPIO 组件功能的配置文件
* 日    期：2012/4/15
* 作    者：李外云 博士
************************************************************/
configuration TestGPIOAppC { }
Implementation {
    components MainC;
    components TestGPIOC as App;
    App.Boot -> MainC.Boot;
    components HplCC2530GeneralIOC as GPIO;      //CC2530 GPIO 组件
    App.OkKey -> GPIO.P0_Port[4];                //OK 键与 P0.4 口绑定
    App.Led0 -> GPIO.P2_Port[0];                 //LED0 与 P2.0 口绑定
    App.Led1 -> GPIO.P1_Port[1];                 //LED1 与 P1.1 口绑定
    components new TimerMilliC() as Timer0;      //定时器组件
    App.Timer0 -> Timer0;
}
```

(2) 实现文件 TestGPIOC.nc

```
/************************************************************
* 文 件 名：TestGPIOC.nc
* 功能描述：测试 CC2530 GPIO 组件功能
* 日    期：2012/4/15
* 作    者：李外云 博士
************************************************************/
module TestGPIOC {
    uses interface Boot;
    uses interface Timer<TMilli> as Timer0;      //定时器
```

```
    uses interface GeneralIO as OkKey;           //使用 GeneralIO 接口
    uses interface GeneralIO as Led0;
    uses interface GeneralIO as Led1;
}
Implementation
{
    uint8_t OkValue;                             //键值变量
    enum {NoKey,KeyDown,KeyUp};                  //按键状态枚举量
    uint8_t OkState;                             //按键状态变量
    /***********************************************
    * 函数名：proKey()任务函数
    * 功    能：空任务,IAR 交叉编译 TinyOS 应用程序,至少需要一个任务函数
    ***********************************************/
    task void proKey() {}
    /***********************************************
    * 函数名：booted()事件函数
    * 功    能：系统启动完毕后由 MainC 组件自动触发
    * 参    数：无
    ***********************************************/
    //系统启动事件
    event void Boot.booted() {
        call OkKey.makeInput();                  //调用 makeInput 命令函数将端口设置为输入
        call Led0.makeOutput();                  //调用 makeOutput 命令函数将端口设置为输出
        call Led1.makeOutput();                  //设置为输出
        call Led0.clr();                         //调用 clr 命令函数将端口清零,熄灭 LED 灯
        call Led1.clr();
        OkState = NoKey;
        OkValue = 1;
        call Timer0.startPeriodic(100);          //定时 100 ms
    }
    /***********************************************
    * 函数名：fired()事件函数
    * 功    能：定时事件,当定时器设定时间一到自动触发该事件
    * 参    数：无
    ***********************************************/
    //定时器事件触发
    event void Timer0.fired() {
        OkValue = call OkKey.get();              //获取键值
        switch(OkState) {
            case NoKey:
                if(OkValue == 0)
                    OkState = KeyDown;
```

第6章　CC2530基本接口组件设计与应用

```
        break;
    case KeyDown:                    //键按下
        if(OkValue == 1)
            OkState = KeyUp;
        else
            call Led1.toggle();      //切换 LED1 的亮灭状态
        break;
    case KeyUp:                      //键释放
        if(OkValue == 1) {
            OkState = NoKey;
            call Led0.toggle();      //切换 LED0 的亮灭状态
        }
        else
            OkState = KeyDown;
        break;
    }
  }
}
```

(3) makefile 编译文件

```
/******************************************************
* 功能描述：GPIO 测试 makefile
* 日    期：2012/4/15
* 作    者：李外云 博士
******************************************************/
COMPONENT = TestGPIOC
include $(MAKERULES)
```

连接好硬件电路,在 NotePad++编辑器中,使测试程序处于当前打开状态。单击"运行"菜单下的 make enmote install 自定义菜单,如图 6-2 所示,编译下载测试。

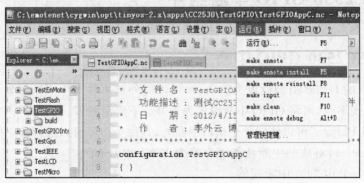

图 6-2　"运行"菜单下的 make enmote install 菜单

当程序下载成功后，操作网关板平台上的 OK 按键。当按住 OK 键不放时，网关板上黄色的 LED 灯 L4 不停闪烁，当松开 OK 键时，黄色的 LED 灯 L4 停止闪烁，同时蓝色的 LED 灯 L3 切换亮灭状态（原来为点亮状态，松开 OK 键后，该灯熄灭）。程序编译下载的界面如图 6-3 所示。

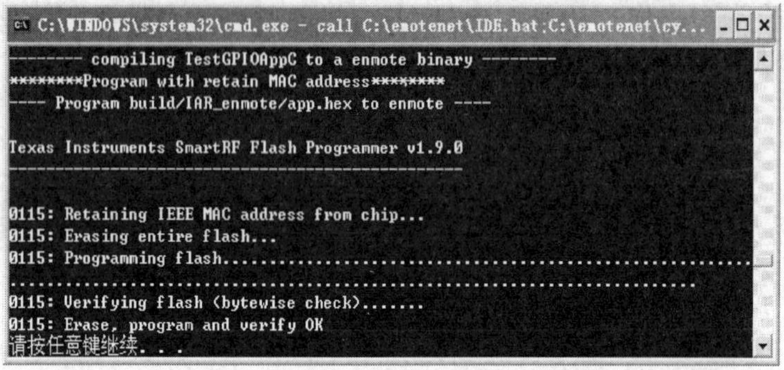

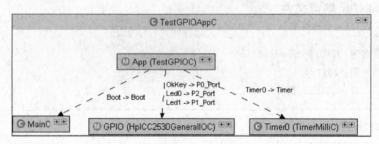

图 6-3　GPIO 测试程序编译下载界面

读者可以利用 Eclipse 的 TinyOS 插件功能建立 GPIO 测试程序的组件关联关系图，如图 6-4 所示。

图 6-4　GPIO 测试程序的组件关联图

6.2　CC2530 GPIO 中断组件

6.2.1　CC2530 GPIO 中断

CC2530 的 GPIO 引脚设置为输入后，可以对外部事件产生中断触发。根据中断源的触发方式不同，可将 GPIO 中断设置为上升或下降沿触发。CC2530 中的 GPIO 端口（P0、P1 或 P2）除了可以使能整个端口中断外，其每个位都可以进行独立中断使能。

P0、P1、P2 口对应的中断使能寄存器为 IEN1 和 IEN2：

- IEN1--P0IE：P0 中断使能；
- IEN2--P1IE：P1 中断使能；

第6章 CC2530基本接口组件设计与应用

- IEN2--P2IE：P2 中断使能。

除了整个端口中断使能之外，端口中的每一个位都可以通过位于I/O口的特殊功能寄存器实现中断使能。

① GPIO端口"位"中断使能特殊功能寄存器：
- P0IEN：P0端口"位"中断使能；
- P1IEN：P1端口"位"中断使能；
- P2IEN：P2端口"位"中断使能。

② GPIO端口"位"中断状态标志特殊功能寄存器：
- P0IFG：P0端口"位"中断标志；
- P1IFG：P1端口"位"中断标志；
- P2IFG：P2端口"位"中断标志。

③ GPIO端口中断状态特殊功能寄存器：
- P0IF：P0端口"位"中断状态；
- P1IF：P1端口"位"中断状态；
- P2IF：P2端口"位"中断状态。

④ GPIO"位"中断触发方式特殊功能寄存器：
- PICTL：P0、P1、P2端口中断触发控制寄存器。

6.2.2 GPIO中断相关寄存器

GPIO中断相关寄存器介绍如表6-10～6-20所列。

(1) 端口中断使能寄存器

表6-10 中断使能寄存器 IEN1(0xB8) 的位描述

位	名称	复位	读/写	功能描述
5	P0IE	0	R/W	P0口中断使能。0：中断屏蔽；1：中断允许

表6-11 中断使能寄存器 IEN2(0x9A) 的位描述

位	名称	复位	读/写	功能描述
1	P2IE	0	R/W	P2口中断使能。0：中断屏蔽；1：中断允许
0	P1IE	0	R/W	P1口中断使能。0：中断屏蔽；1：中断允许

(2) 端口中断标志寄存器

表6-12 中断标志寄存器 IRCON(0xC0) 的位描述

位	名称	复位	读/写	功能描述
5	P0IF	0	R/W	P0口中断标志。0：无中断；1：有中断，软件清零

表 6-13　中断标志寄存器 IRCON2(0xE8)的位描述

位	名称	复位	读/写	功能描述
3	P1IF	0	R/W	P1 口中断标志。0:无中断;1:有中断,软件清零
0	P2IF	0	R/W	P2 口中断标志。0:无中断;1:有中断,软件清零

(3) GPIO 端口"位"中断使能寄存器(P0IEN、P1IEN、P2IEN)

表 6-14　P0 口的位中断使能寄存器 P0IEN(0xAB)的位描述

位	名称	复位	读/写	功能描述
7:0	P0_[7:0]IEN	0x00	R/W	P0.7-P0.0 中断屏蔽位。0:中断屏蔽;1:中断允许

表 6-15　P0 口的位中断使能寄存器 P1EN(0x8D)的位描述

位	名称	复位	读/写	功能描述
7:0	P1_[7:0]IEN	0x00	R/W	P1.7-P1.0 中断屏蔽位。0:中断屏蔽;1:中断允许

表 6-16　P2 口的位中断使能寄存器 P2EN(0xAC)的位描述

位	名称	复位	读/写	功能描述
4:0	P2_[4:0]IEN	0x00	R/W	P2.4-P2.0 中断屏蔽位。0:中断屏蔽;1:中断允许

(4) GPIO 端口"位"中断状态标志寄存器(P0IFG、P1IFG、P2IFG)

表 6-17　P0"位"中断状态标志寄存器 P0IFG (0x89)的位描述

位	名称	复位	读/写	功能描述
7:0	P0IF[7:0]	0x00	R/W0	P0.7-P0.0 中断状态标志。当某端口发生中断时,相应的位置 1

表 6-18　P1"位"中断状态标志寄存器 P1IFG (0x8A)的位描述

位	名称	复位	读/写	功能描述
7:0	P1IF[7:0]	0x00	R/W0	P1.7-P1.0 中断状态标志。当某端口发生中断时,相应的位置 1

表 6-19　P2"位"中断状态标志寄存器 P2IFG (0x8B)的位描述

位	名称	复位	读/写	功能描述
4:0	P2IF[4:0]	0x00	R/W0	P2.4-P2.0 中断状态标志。当某端口发生中断时,相应的位置 1

(5) GPIO 端口中断控制寄存器 PICTL

表 6-20 中断控制寄存器 PICTL(0x8C)的位描述

位	名 称	复 位	读/写	功能描述
3	P2ICONL	0	R/W	P2.4-P2.0 中断方式配置。0:上升沿中断；1:下降沿中断
2	P1ICONH	0	R/W	P1.7-P1.4 中断方式配置。0:上升沿中断；1:下降沿中断
1	P1ICONL	0	—	P1.3-P1.0 中断方式配置。0:上升沿中断；1:下降沿中断
0	P0ICON	0	—	P0 中断方式配置。0:上升沿中断；1:下降沿中断

6.2.3 TinyOS 的 GPIO 中断接口组件 GpioInterrupt

TinyOS 的 GpioInterrupt 接口是对微处理器的 GPIO 中断的 HIL 接口,该接口除了提供基本的控制功能外,还提供了对中断源的边沿设置机制。需要注意的是上升沿使能命令 enableRisingEdge 和下降沿使能命令 enableFallingEdge 的调用都不是累积的,也就是说,在同一个时刻点,只有一种边沿设置有效。GpioInterrupt 的定义如下:

```
interface GpioInterrupt {
    async command error_t enableRisingEdge();     //上升沿中断使能
    async command error_t enableFallingEdge();    //下降沿中断使能
    async command error_t disable();              //中断屏蔽
    async event void fired();                     //触发事件
}
```

对 CC2530 端口的中断操作,实际是对 6.2.2 节所介绍的端口中断相关寄存器进行编程控制。下面是作者针对 CC2530 GPIO 中断编写的底层驱动组件代码。保存在"../TinyOS-2.x/chips/CC2530/pins/"目录下。

```
/***************************************************************
* 文 件 名：HplCC2530InterruptC.nc
* 功能描述：CC2530 GPIO 中断控制
* 日    期：2012/4/15
* 作    者：李外云 博士
***************************************************************/
module HplCC2530InterruptC
{
    provides interface GpioInterrupt as P0_INT[uint8_t pin];
    provides interface GpioInterrupt as P1_INT[uint8_t pin];
    provides interface GpioInterrupt as P2_INT[uint8_t pin];
}
implementation
```

```
{
    //设置 P0 口中断允许特性
    void P0InterEnable(uint8_t pin) {
        atomic{
            P0IFG = 0x00;              //中断状态标志清零
            P0IF = 0;                  //中断标志清零
            P0IEN |= 1 << pin;         //"位"中断使能
            IEN1 |= 0x20;              //端口中断使能允许
        }
    }
    //设置 P1 口中断允许特性
    void P1InterEnable(uint8_t pin) {
        atomic{
            P1IFG = 0x00;              //中断状态标志清零
            P1IF = 0;                  //中断标志清零
            P1IEN |= 1 << pin;         //"位"中断使能
            IEN2 |= 0x10;              //端口中断使能允许
        }
    }
    //设置 P2 口中断允许特性
    void P2InterEnable(uint8_t pin) {
        atomic{
            P2IFG = 0x00;              //中断状态标志清零
            P2IF = 0;                  //中断标志清零
            P2IEN |= 1 << pin;         //"位"中断使能
            IEN2 |= 0x02;              //端口中断使能允许
        }
    }
    /******************************************************
    * 函数名:enableRisingEdge[uint8_t pin]/enableRisingEdge
    * 功  能:设置 P0 口中断特性
    * 参  数:入口参数:uint8_t pin 对应的端口号;返回参数:成功
    ******************************************************/
    async command error_t P0_INT.enableRisingEdge[uint8_t pin]() {
        PICTL &= ~0x01;                //设置为上升沿触发
        P0InterEnable(pin);            //中断允许
        return SUCCESS;
    }
    async command error_t P0_INT.enableFallingEdge[uint8_t pin]() {
        PICTL |= 0x01;
        P0InterEnable(pin);            //中断允许
        return SUCCESS;
```

第6章 CC2530基本接口组件设计与应用

```
    }
    async command error_t P1_INT.enableRisingEdge[uint8_t pin]() {
        PICTL &= (pin >3 ? ~0x04:~0x02);
        P1InterEnable(pin);              //中断允许
        return SUCCESS;
    }
    async command error_t P1_INT.enableFallingEdge[uint8_t pin]() {
        PICTL |= (pin >3? 0x04:0x02);
        P1InterEnable(pin);              //中断允许
        return SUCCESS;
    }
}
async command error_t P2_INT.enableFallingEdge[uint8_t pin]() {
        PICTL |= 0x08;
        P2InterEnable(pin);              //中断允许
        return SUCCESS;
    }
    async command error_t P2_INT.enableRisingEdge[uint8_t pin]() {
        PICTL &= ~0x08;
        P2InterEnable(pin);              //中断允许
        return SUCCESS;
    }
    /*******************************************************
    * 函数名：P0_INT.disable;P1_INT.disable;P2_INT.disable
    * 功   能：设置P0、P1、P2口中断屏蔽
    * 参   数：入口参数:uint8_t pin 对应的端口号;返回参数:成功
    ********************************************************/
    async command error_t P0_INT.disable[uint8_t pin]() {
        P0IEN &= ~(1 << pin);
        return SUCCESS;
    }
    async command error_t P1_INT.disable[uint8_t pin]() {
        P1IEN &= ~(1 << pin);
        return SUCCESS;
    }
    async command error_t P2_INT.disable[uint8_t pin]() {
        P2IEN &= ~(1 << pin);
        return SUCCESS;
    }
    /*******************************************************
    * 函数名：MCS51_INTERRUPT(SIG_P0INT)
    * 功   能：P0 的中断向量入口
    ********************************************************/
```

```
MCS51_INTERRUPT(SIG_P0INT) {
    atomic {
        int i;
        for (i = 0; i < 8; i++) {
            if (P0IFG & (1 << i)) {
                signal P0_INT.fired[i]();
            }
        }

        P0IFG = 0x00;
        P0IF = 0;
    }
}
/************************************************************
 * 函数名：MCS51_INTERRUPT(SIG_P1INT)
 * 功  能：P0 的中断向量入口
 ************************************************************/
MCS51_INTERRUPT(SIG_P1INT)    {
    atomic       {
        int i;
        for (i = 0; i < 8; i++)      {
            if (P1IFG & (1 << i))      {
                signal P1_INT.fired[i]();
            }
        }

        P1IFG = 0x00;
        P1IF = 0;
    }
}


/************************************************************
 * 函数名：MCS51_INTERRUPT(SIG_P2INT)
 * 功  能：P0 的中断向量入口
 ************************************************************/
MCS51_INTERRUPT(SIG_P2INT)    {
    atomic      {
        int i;
        for (i = 0; i < 5; i++)    {
            if (P2IFG & (1 << i))    {
                signal P2_INT.fired[i]();
            }
```

第6章 CC2530 基本接口组件设计与应用

```
        }
        P2IFG = 0x00;
        P2IF = 0;
    }
}
default async event void P0_INT.fired[uint8_t pin]()  {    }
default async event void P1_INT.fired[uint8_t pin]()  {    }
default async event void P2_INT.fired[uint8_t pin]()  {    }
}
```

6.2.4 GPIOInterupt 中断组件的测试程序

enmote 开发平台网关板上的 GPIO 硬件接口电路参考图 6-1。

GPIO 的中断测试程序说明：网关板上的 OK 键设置为下降沿触发，CANCEL 设置为上升沿触发，一旦有键按下，产生按键中断，从而触发中断事件，在中断事件中点亮(熄灭)LED 灯，并在 LCD 屏上显示相应的触发键。具体代码如下：

(1) 配置文件 TestGPIOinterruptAppC.nc

```
/**************************************************************
 * 文 件 名：TestGPIOinterruptAppC.nc
 * 功能描述：测试 CC2530 GPIO 中断功能与中断组件
 * 日    期：2012/4/15
 * 作    者：李外云 博士
 **************************************************************/
configuration TestGPIOinterruptAppC { }

implementation {
    components MainC;
    components TestGPIOinterruptC as App;
    components LedsC;                              //LED 组件
    App.Boot -> MainC.Boot;
    App.Leds -> LedsC.Leds;
    components PlatformLcdC;                       //128×64 LCD 组件
    App.Lcd -> PlatformLcdC.PlatformLcd;
    App.LcdInit -> PlatformLcdC.Init;
    components HplCC2530GeneralIOC as IO;          //CC2530 GPIO 组件
    App.OkKey -> IO.P0_Port[4];
    App.CancelKey -> IO.P0_Port[5];
    components HplCC2530InterruptC;                //CC2530 GPIO 中断组件
    App.OkKeyInterrupt -> HplCC2530InterruptC.P0_INT[4];
    App.CancelKeyInterrupt -> HplCC2530InterruptC.P0_INT[5];
}
```

CC2530 与无线传感器网络操作系统 TinyOS 应用实践

(2) 实现文件 TestGPIOinterruptC.nc

```
/************************************************************
 * 文 件 名：TestGPIOinterruptC.nc
 * 功能描述：测试CC2530 GPIO中断功能与中断组件，触发相应的LED灯
 * 日    期：2012/4/15
 * 作    者：李外云 博士
 ************************************************************/
module TestGPIOinterruptC
{
    uses interface Boot;
    uses interface Leds;
    uses interface PlatformLcd as Lcd;              //LCD相关接口
    uses interface Init as LcdInit;
    uses interface GeneralIO as OkKey;              //GPIO接口
    uses interface GeneralIO as CancelKey;

    uses interface GpioInterrupt as OkKeyInterrupt;     //GPIO中断接口
    uses interface GpioInterrupt as CancelKeyInterrupt;
}

implementation
{
    /************************************************
     * 函数名：proKey()任务函数
     * 功  能：空任务，IAR交叉编译TinyOS应用程序，至少需要一个任务函数
     ************************************************/
    task void proKey() {    }
    /************************************************
     * 函数名：GPIOInit()函数
     * 功  能：初始化GPIO，属于内部函数
     * 参  数：无
     ************************************************/
    // GPIO 初始化
    void GPIOInit() {
        call OkKey.makeInput();                         //OK键设置为输入
        call CancelKey.makeInput();                     //CANCEL键设置为输入
        call OkKeyInterrupt.enableFallingEdge();        //OK设置为下降沿触发
        call CancelKeyInterrupt.enableRisingEdge();     //CANCEL键设置为上升沿触发
    }
    /************************************************
     * 函数名：booted()事件函数
     * 功  能：系统启动完毕后由MainC组件自动触发
```

第 6 章　CC2530 基本接口组件设计与应用

```
 *  参    数：无
 *********************************************************/
//系统启动事件
event void Boot.booted() {
    GPIOInit();                                    //初始化 GPIO 口
    call LcdInit.init();                           //初始化 LCD
    call Lcd.ClrScreen();                          //LCD 清屏
    call Lcd.FontSet_cn(0,1);                      //设置显示字体
    call Lcd.PutString_cn(10,20,"请按键");
}
/*********************************************************
 *  函数名：fired()事件函数,
 *  功    能：OK 键 GPIO 中断事件
 *  参    数：无
 *********************************************************/
async event void OkKeyInterrupt.fired()
{
    call Leds.led1Toggle();                        //触发 LED 灯
    call Lcd.ClrScreen();                          //LCD 清屏
    call Lcd.ClrScreen();                          //LCD 清屏
    call Lcd.PutString_cn(10,20,"OK 键中断");
}
/*********************************************************
 *  函数名：fired()事件函数
 *  功    能：CANCEL 键 GPIO 中断事件
 *  参    数：无
 *********************************************************/
// CANCEL 键 GPIO 中断事件
async event void CancelKeyInterrupt.fired() {
    call Leds.led2Toggle();
    call Lcd.ClrScreen();          //LCD 清屏
    call Lcd.ClrScreen();          //LCD 清屏
    call Lcd.PutString_cn(10,20,"Cancel 键中断");
}
}
```

(3) makefile 编译文件

```
/*********************************************************
 *  功能描述：GPIO 测试 makefile
 *  日    期：2012/4/15
 *  作    者：李外云 博士
 *********************************************************/
```

```
COMPONENT = TestGPIOinterruptAppC
include $(MAKERULES)
```

连接好硬件电路,在 NotePad++编辑器中,使测试程序处于当前打开状态。单击"运行"菜单下的 make enmote install 自定义菜单或按 F5 快捷键,如图 6-5 所示,编译下载测试。

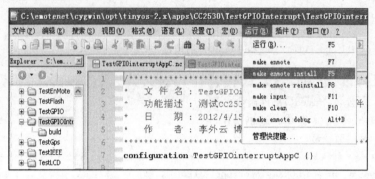

图 6-5 "运行"菜单下的 make enmote install 菜单

当程序下载烧录成功后,网关板的 LCD 屏显示内容如图 6-6(a)所示。当按下 OK 键后,LCD 屏显示的内容如图 6-6(b)所示,同时红色的 LED 灯 L2 切换到点亮状态。当按网关板上的 CANCEL 键时,LCD 屏显示如图 6-6(c)所示,同时蓝色的 LED 灯 L3 切换到点亮状态。

图 6-6 按键式 LCD 屏的显示内容

利用 Eclipse 的 TinyOS 插件功能,建立 GPIO 中断组件测试程序的组件关联关系图,如图 6-7 所示。

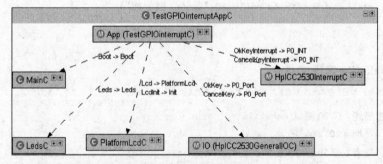

图 6-7 GPIO 中断组件测试程序的组件关联图

6.3 CC2530 随机数组件

6.3.1 CC2530 随机数发生器

随机数发生器在 M 序列、扰码、信道编码和密码学等方面有着广泛的应用，根据随机数产生的方式不同，可以分为伪随机数发生器和真随机数发生器。

伪随机数发生器是由数学公式产生随机序列，该序列具有一定的周期性，即序列必然重复出现，而且使用相同的"种子"(seed)将产生相同的序列。虽然伪随机数发生器并非真实的随机，但由于产生的序列可重复以及不需要额外的硬件成本，所以伪随机数发生器应用依然十分广泛。

真随机数发生器的随机源来源于真实的物理过程，因而可以彻底消除伪随机数的周期性问题，从而获得高质量的随机序列。由于随机源本身的随机性，这样的序列是不可预测的。

CC2530 的随机数发生器是一个 16 位的线性反馈移位寄存器（Linear-Feedback Shift Register，简称 LFSR）。其反馈函数是寄存器中某些位的简单异或，这些位也称之为抽头序列。一个 n 位的 LFSR 能够在重复之前产生 2^n-1 位的伪随机序列。CC2530 的随机数发生器的函数多项式为 $x^{16}+x^{15}+\cdots+x^2+1$。

CC2530 随机数发生器具有以下特性：
- 伪随机数可以通过 CPU 指令或由 CC2530 的 strobe 指令直接读取；
- 用于计算写入 RNDH 寄存器中的字节内容的 16 位 CRC 校验值；
- 伪随机数的 16 位种子数可通过两次写 RNDL 进行设置。

CC2530 的随机数发生器的运行是由寄存器 ADCCON1 的 RCTRL 位控制的。LFSR 的 16 位移位寄存器的当前值可以从 RNDH 和 RNDL 寄存器中读取。LFSR 可以通过两次写入 RNDL 寄存器两次产生种子数。每次写入 RNDL 寄存器，LFSR 的 8 位 LSB 复制到 8 位 MSB，8 位 LSB 被替换为写入 RNDL 的新的数据字节。

6.3.2 随机数发生器相关寄存器

随机数发生器相关寄存器介绍如表 6-21~6-23 所列。

表 6-21 伪随机数发生器控制位 RCTRL 的位描述

位	名称	复位	读/写	功能描述
3:2	RCTRL[1:0]	0x00	R/W	控制 16 位伪随机数发生器，但写入 01 时，操作完成后自动返回 00 00：正常操作；01：时钟控制 LFSR；10：保留；11：停止

表 6－22 伪随机数发生器低字节 RNDL（0xBC）的位描述

位	名称	复位	读/写	功能描述
7:0	RNDL[7:0]	0xFF	R/W	伪随机数/种子数/16 位 CRC 的低字节

表 6－23 伪随机数发生器高字节 RNDH（0xBD）的位描述

位	名称	复位	读/写	功能描述
7:0	RNDH[7:0]	0xFF	R/W	伪随机数/种子数/16 位 CRC 的高字节

6.3.3 TinyOS 的随机数组件接口

伪随机数可以由软件或硬件来产生。TinyOS 操作系统中不仅定义了随机数接口（Interface），而且还通过纯软件的方式实现了随机数组件（Component）。

TinyOS 定义的伪随机数接口代码如下：

```
interface Random
{
    async command uint32_t rand32();      //32 位伪随机数
    async command uint16_t rand16();      //16 位伪随机数
}
```

6.3.4 TinyOS 随机数组件的软件实现

TinyOS 通过纯软件的方式实现了伪随机数产生功能，具体实现文件在"tinyos - 2.x/tos/system"目录下的 RandomLfsrC.nc 和 RandomMlcgC.nc 中。这两个文件唯一区别在于 RandomMlcgC 产生的伪随机数的随机性比 RandomLfsrC 要大。下面为 RandomLfsrC.nc 实现的伪随机数的产生代码。

```
module RandomLfsrC  {
    provides interface Init;
    provides interface Random;
}

Implementation  {
    uint16_t shiftReg;
    uint16_t initSeed;
    uint16_t mask;
    command error_t Init.init() {
        atomic {
            shiftReg = 119 * 119 * (TOS_NODE_ID + 1);    //利用 TOS_NODE_ID 作为伪随机
                                                         //数的种子数
```

第 6 章　CC2530 基本接口组件设计与应用

```
    initSeed = shiftReg;
    mask = 137 * 29 * (TOS_NODE_ID + 1);
  }
  return SUCCESS;
}
//返回 16 位伪随机数
async command uint16_t Random.rand16(){
  bool endbit;
  uint16_t tmpShiftReg;
  atomic {
    tmpShiftReg = shiftReg;
    endbit = ((tmpShiftReg & 0x8000) ! = 0);
    tmpShiftReg << = 1;
    if (endbit)
      tmpShiftReg ^ = 0x100b;
    tmpShiftReg ++ ;
    shiftReg = tmpShiftReg;
    tmpShiftReg = tmpShiftReg ^ mask;
  }
  return tmpShiftReg;
}
//返回 32 位伪随机数
async command uint32_t Random.rand32(){
  return (uint32_t)call Random.rand16() << 16 | call Random.rand16();
}
```

6.3.5　TinyOS 随机数组件的硬件实现

CC2530 伪随机数发生器可以利用硬件产生伪随机数。代码存放在"tinyos - 2.x\tos\chips\ CC2530\random"目录中,具体实现如下：

```
/***************************************************************
 * 文 件 名：CC2530RandomP.nc
 * 功能描述：CC2530 Random 数组件实现文件
 * 日    期：2012/4/15
 * 作    者：李外云 博士
 ***************************************************************/
module CC2530RandomP
{
  provides interface Init;
  provides interface Random;
}
```

```
implementation {

inline enableRandom()
{
    atomic {
        ADCCON1 &= ~0x0C;    //正常随机数产生
    }
}
inline void clockRandom()
{
    atomic {
    ADCCON1 |= 0x04;
    }
}
/************************************************
* 函数名：init()命令函数
* 功  能：初始化随机数的设置
* 参  数：无
************************************************/
command error_t Init.init() {
    enableRandom();
    return SUCCESS;
}
/************************************************
* 函数名：rand16()命令函数
* 功  能：产生16位随机数
* 参  数：返回16位随机数
************************************************/
  async command uint16_t Random.rand16()
{
    clockRandom();
    return (uint16_t) RNDH << 8 | RNDL ;
}
/************************************************
* 函数名：rand32()命令函数
* 功  能：产生32位随机数
* 参  数：返回16位随机数
************************************************/
  async command uint32_t Random.rand32()
{
    return (uint32_t)call Random.rand16() << 16 | call Random.rand16();
}
```

6.3.6 TinyOS 随机数组件的测试

在实际应用项目中,可以使用 TinyOS 的软件随机数组件,也可以使用 CC2530 的硬件随机数组件。硬件随机数组件的测试程序保存在"tinyos - 2. x\apps\CC2530 \TestRandom"目录中,软件随机数组件的测试程序保存在"tinyos - 2. x\apps\ CC2530\TestSoftRandom"目录中。两个程序的基本原理一致,每隔 1 s 获取一个新的随机数,并由串口发送出去。下面测试 CC2530 的硬件随机数组件。

程序的代码如下:

(1) 硬件随机数组件测试程序的配置文件 TestRandom.nc

```
/***************************************************************
 * 文 件 名:TestRandomC.nc
 * 功能描述:CC2530 随机数发生器组件功能测试
 * 日    期:2012/4/15
 * 作    者:李外云 博士
 ***************************************************************/
configuration TestRandomC{}
implementation {
    components TestRandomM as App;
    components MainC;
    App.Boot -> MainC.Boot;              //Boot 接口绑定到 MainC 组件的 Boot 接口
    components CC2530RandomC as RandomC; //CC2530 硬件随机数组件
    App.RandomInit -> RandomC.Init;      //Init 接口绑定到 RandomC 组件 Init 接口
    App.Random -> RandomC.Random;        //Random 接口绑定到 RandomC 组件的 Random 接口
    components new TimerMilliC() as Timer1; //定时器组件
    App.Timer1 -> Timer1;
}
```

(2) 硬件随机数组件测试程序的实现文件 TestRandomM.nc

```
/***************************************************************
 * 文 件 名:TestRandomM.nc
 * 功能描述:CC2530 随机数发生器组件功能测试
 * 日    期:2012/4/15
 * 作    者:李外云 博士
 ***************************************************************/
#define DbgOut_LEVEL    9

module TestRandomM
{
    uses interface Boot;                 //主程序 Boot 接口
    uses interface Init as RandomInit;   //随机数组件的 Init 接口
```

```
        uses interface Random;              //随机数组件的 Random 接口
        uses interface Timer<TMilli> as Timer1; //定时器的 Timer 接口
}
implementation
{
    /*******************************************************
     * 函数名:test()任务函数
     * 功   能:空任务,IAR 交叉编译 TinyOS 应用程序,至少需要一个任务函数
     *******************************************************/
    task void test() {    }
    /*******************************************************
     * 函数名:booted()事件函数
     * 功   能:系统启动完毕后由 MainC 组件自动触发
     * 参   数:无
     *******************************************************/
    event void Boot.booted()
    {
        call RandomInit.init();              //随机数初始化
        call Timer1.startPeriodic(1024);     //定时时间 0.5 s
    }
    /*******************************************************
     * 函数名:fired()事件函数
     * 功   能:定时事件,当定时器设定时间一到自动触发该事件
     * 参   数:无
     *******************************************************/
    event void Timer1.fired()                //定时触发事件
    {
        DbgOut(DbgOut_LEVEL,"RandomNum = 0x%x\r\n",(int)call Random.rand16());
                                             //串口输出
    }
}
```

(3) 硬件随机数组件测试程序的 makefile 文件

```
/*******************************************************
 * 功能描述:随机数发生器测试程序 makefile
 *     日   期:2012/4/15
 *     作   者:李外云 博士
 *******************************************************/
COMPONENT = TestRandomC
PFLAGS += - DUART_DEBUG
PFLAGS += - DUART_BAUDRATE = 9600
include $ (MAKERULES)
```

第 6 章　CC2530 基本接口组件设计与应用

连接好硬件电路,打开串口助手,选择好对应的串口号,波特率设置为 9 600。在 NotePad++编辑器中,使测试程序处于当前打开状态。单击"运行"菜单下的 make enmote install 自定义菜单或按 F5 快捷键,如图 6-8 所示,编译下载测试。

图 6-8　"运行"菜单下的 make enmote install 菜单

当程序下载成功后,串口助手界面每隔 1 s 将显示测试程序获取的随机数,如图 6-9 所示。

图 6-9　随机数测试程序的串口显示情况

利用 Eclipse 的 TinyOS 插件功能,建立 CC2530 硬件随机数组件测试程序的组件关联关系图,如图 6-10 所示。

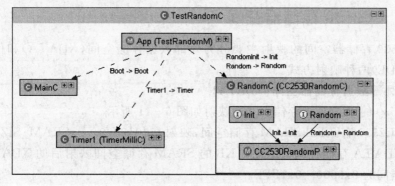

图 6-10　CC2530 硬件随机数组件测试程序的组件关联图

6.4 CC2530 Flash 组件

6.4.1 CC2530 存储器介绍

CC2530 使用增强型 8051 核,同标准的 8051 CPU 一样,CC2530 有 4 个不同的存储空间:
- 代码存储区(CODE):16 位只读存储空间,用于程序存储。CC2530 为 Flash 存储空间。
- 内部数据存储区(DATA):8 位可存取存储空间,可以直接或间接被单 CPU 指令访问。该空间的低 128 字节可以直接或间接访问,而高 128 字节只能够间接访问。
- 外部数据存储区(XDATA):16 位可存取存储空间,通常需要 4~5 个 CPU 指令周期来访问。
- 特殊功能寄存器(SFR):8 位可存取寄存器存储空间,可以被单 CPU 指令访问。标准 8051 有 128 字节的特殊功能寄存器,地址能被 8 整除的特殊功能寄存器可以实现位操作。

在存储器地址映射方面,CC2530 与标准 8051 有两个重要不同之处:

① 为了使 DMA 控制器访问全部物理存储空间,实现不同存储区的数据传输,全部物理存储器都映射到 XDATA 存储空间;

② 代码存储器空间有两种方法可以实现存储空间映射:一种方法是将程序存储区(Program Memory)映射到代码存储空间(CODE),这种方法是标准 8051 采用的映射方式,也是 CC2530 复位后默认的映射方式;第二种方法是从 SRAM 存储器执行代码(CODE),在这种方式中,CC2530 的 SRAM 存储空间映射到"0x8000 - 0x8000+SRAM_SIZE-1"地址空间,这样可以在 SRAM 存储空间执行程序,从而提高系统性能并减少能量的消耗。

6.4.2 CC2530 存储器空间

CC2530 存储器空间的映射主要分为外部数据存储空间(XDATA)和代码存储空间(CODE)两种映射方式。

(1) 外部数据存储器空间(XDATA)

CC2530 的 XDATA 存储空间的映射如图 6-11 所示。
- CC2530 有 8 KB SRAM 存储空间,映射在"0x0000-0xSRAM_SIZE-1"的 XDATA 存储空间。因此 8 KB 的 SRAM 存储空间映射后的 XDATA 地址空间为 0x0000~0x1FFF。
- 256 字节的 DATA 数据存储器映射后的 XDATA 地址空间为"0xSRAM-1-

第 6 章　CC2530 基本接口组件设计与应用

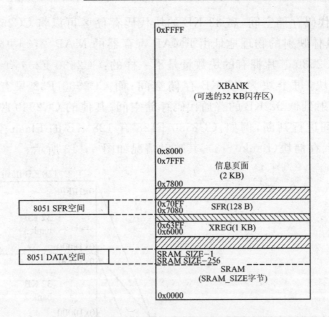

图 6-11　CC2530 的 XDATA 存储空间映射图

0xSRAM-256"，CC2530 的 SRAM 大小为 8 KB，所以 256 字节的 DATA 数据存储空间的映射地址为 0x2000～0x20FF。

- 128 字节的特殊功能寄存器（SFR）映射后的 XDATA 地址空间为 0x7080～0x70FF。
- XREG 是 CC2530 增加寄存器，存储空间为 1 KB，映射后的地址空间为 0x6000～0x63FF。CC2530 部分外设寄存器（T1CCTL0）和所有射频寄存器（Radio）都映射在这个地址空间。
- CC2530 的 Flash 存储器的页信息映射在 0x7800～0x7FFF 的 2 KB 的地址空间，该空间属于只读存储器，主要包括 CC2530 Flash 存储器的页信息。
- 高 32 KB 的 XDATA 存储空间（0x8000～0xFFFF）为只读 Flash 代码块，可以通过设置 MEMCTR.XBANK[2:0] 位将 CC2530 的不同 Flash 地址映射到该区域，这样可以像访问 XDATA 一样读取 Flash 区域中的内容。

（2）代码存储器空间（CODE）

CC2530 的 64 KB 代码空间分成低 32 KB 的普通存储空间（0x0000～0x7FFF）和高 32 KB 的块代码存储空间（Bank）（0x8000～0xFFFF），如图 6-12 所示。CC2530 的低 32 KB 的 Flash 存储空间（0x0000～0x7FFF：Bank0）映射到低

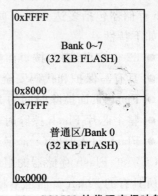

图 6-12　CC2530 的代码空间映射图

32 KB 的普通代码存储空间,高 32 KB 的块代码存储区可以将 CC2530 的所有块映射到该区域,具体映射的物理地址由 FMAP 寄存器的 MAP[2:0]决定。不同 Flash 空间大小的 CC2530 芯片拥有的块数量是不一样的:CC2530 F256 有 Bank0~Bank7 共 8 个 Flash 块,每个块为 32 KB 存储空间;而 CC2530 F32 只有一个 Flash 块 Bank0,只能映射到低 32 KB 的普通代码存储空间;其他的 CC2530 芯片需要根据不同的 Flash 空间进行判断,例如,CC2530 F128 有 128 KB 的 Flash 空间,共有 4 个 32 KB 的 Flash 存储块(Bank0~3),其映射情况如图 6-13 所示。

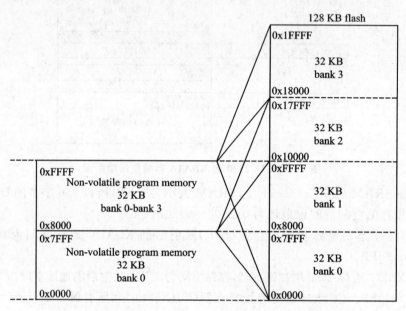

图 6-13 CC2530 F128 代码空间映射图

6.4.3 CC2530 Flash 控制器

CC2530 Flash 控制器负责写入和擦除 CC2530 嵌入式 Flash 存储器,嵌入式 Flash 存储器包括多达 128 个页面,每页有 2 048 个字节。CC2530 的 Flash 控制器具有如下特性:

- 32 位字可编程,按页面擦除;
- 具有写保护和代码安全的锁定位;
- Flash 页面擦除时间约 20 ms;
- 整个芯片 Flash 擦除时间为 200 ms;
- Flash 写入时间(4 个字节)约 20 μs。

CC2530 Flash 存储器的组织结构为每页 2 KB。不同 Flash 存储空间的 CC2530 芯片所具有的 Flash 页面也不相同,如 CC2530 F256 共有 128 页。Flash 存储器不同于 RAM、EEPROM 等其他存储介质,对 Flash 存储器进行写操作时,每位可以由 1

第6章 CC2530基本接口组件设计与应用

变为0而不能由0变为1,必须分页擦除后才能恢复1。因此,当需要修改某页中的部分字节时,首先必须擦除本页,然后才能进行写操作。

CC2530使用Flash控制器来处理Flash读/写和擦除操作。Flash写操作可以使用DMA传输和CPU直接访问两种方法。

(1) DMA写Flash操作

使用DMA进行Flash写操作,需要写入的数据应存放在XDATA空间,其首地址作为DMA的源地址,目的地址固定为Flash写数据寄存器FWDATA(0x6273)。设置DMA写Flash触发事件,当Flash控制寄存器FCTL.WRITE置为1时,触发DMA传输。

使用DMA写Flash操作时必须注意以下问题:
- Flash为32位字可编程,传输的长度必须为4的整数倍,否则必须进行位补充;
- DMA选择按字节方式传输;
- 传输模式为单次传输;
- 在DMA传输期间,如果其他中断程序处理时间超过一次写Flash时间(20 μs),Flash写操作因为超时而停止,所以DMA传输优先级设置为最高。

(2) CPU直接写Flash操作

CPU直接写Flash的操作指令必须在SRAM空间运行,具体步骤如下:

① FADDRH:FADDRL为将传输数据的首地址;

② 设置FCTL.WRITE为1,开始写Flash操作;

③ 在20 μs 时间内写FWDATA四次,直到FCTL.FULL变低(第一次写FWDATA时,FCTL.FULL为高电平);

④ 等待直到FCTL.FULL变为低电平。

由于CPU不能直接访问Flash存储器空间,即不能读程序代码区,而写Flash时,所有操作指令正在执行,因此执行写Flash程序必须在SRAM中执行。当写Flash操作指令在SRAM执行后,CPU指令寄存器再执行"FCTL.WRITE=1"指令后的下一条指令。

6.4.4 CC2530 Flash操作的相关寄存器

CC2530 Flash操作的相关寄存器介绍如表6-24~6-29所列。

表6-24 存储器仲裁控制寄存器MEMCTR(0xC7)的位描述

位	名 称	复 位	读/写	功能描述
3	XMAP	0	R/W	XDATA映射到CODE区,0:禁止映射;1:允许映射
2:0	XBANK[2:0]	000	R/W	控制映射到XDATA数据存储器的Flash存储块(Bank),具体设置取决于芯片的存储器空间大小

表 6-25 Flash 块映射控制寄存器 FMAP(0x9F)的位描述

位	名称	复位	读/写	功能描述
2:0	MAP[2:0]	000	R/W	控制映射到 CODE 存储器(0x8000～0xFFFF)的 Flash 存储块(Bank),具体设置取决于芯片的存储器空间大小

表 6-26 Flash 控制寄存器 FCTL(0x6270)的位描述

位	名称	复位	读/写	功能描述
7	BUSY	0	R	Flash 擦除和写时的状态标志,0:无操作;1:正在操作
6	FULL	—	R/H0	写缓冲满状态,当 4 个字节的数据已经写入到 FWDATA,该标志位置 1,不再接受数据
5	ABORT	0	R/H0	当放弃 Flash 写或擦除操作时,该位置 1;进行下一次写或擦除操作时,该位清零
1	WRITE	0	R/W1/H0	Flash 写操作,在写过程中该位保持为 1,直到写完成或超时
0	EASE	0	R/W1/H0	页擦除操作,擦除的页地址由 FADDH[7:1]决定,在擦除过程中,该为保持为 1,直到擦除完毕或擦除超时

表 6-27 写 Flash 的数据寄存器 FWDATA(0x6273)的位描述

位	名称	复位	读/写	功能描述
7:0	FWDATA[7:0]	0x00	R0/W	Flash 写数据寄存器,只有当 FCTL.WRITE=1 时,该寄存器才能写

表 6-28 Flash 地址的高字节 FADDRH(0x6272)的位描述

位	名称	复位	读/写	功能描述
7:0	FADDH[7:0]	0x00	R/W	Flash 页/Flash 字地址的高字节,[7:1]选择访问的 Flash 页

表 6-29 Flash 地址的低字节 FADDRL(0x6271)的位描述

位	名称	复位	读/写	功能描述
7:0	FADDL[7:0]	0x00	R/W	Flash 字地址的低字节,FADDH[0] FADDL[7:0] Flash 页内字节地址,共 9 位

6.4.5 CC2530 Flash 组件接口与实现

作者利用 CC2530 的存储器映射功能和 Flash 的 DMA 操作,定义了 CC2530 的

第 6 章　CC2530 基本接口组件设计与应用

Flash 擦除和读/写操作组件接口,并实现了 Flash 组件的擦除和读/写功能。

对 CC2530 Flash 的写操作采用了推荐的 DMA 方式,而对 Flash 存储空间的数据读取,则通过将 Flash 存储器区映射到 XDATA,然后读普通的 XDATA 数据来读取 Flash 空间的数据。

Flash 擦除和读/写操作的存储器地址使用了实际物理地址。具体代码包括组件接口的定义文件 HalFlash.nc、组件配置文件 HalFlashC.nc 和组件模块的实现文件 HalFlashP.nc。

(1) Flash 组件接口定义文件

```
/*************************************************************
 * 文 件 名：HalFlash.nc
 * 功能描述：CC2530 Flash 组件接口定义
 * 日    期：2012/4/15
 * 作    者：李外云 博士
 *************************************************************/
interface HalFlash
{
    command error_t read(uint8_t * buf, uint32_t address, uint16_t length);
    command error_t write(uint8_t * buf, uint32_t address, uint16_t length);
    command error_t erase(uint32_t address);
}
```

(2) Flash 组件配置文件

```
/*************************************************************
 * 文 件 名：HalFlashC.nc
 * 功能描述：CC2530 Flash 读/写和擦除操作组件配置
 * 日    期：2012/4/15
 * 作    者：李外云 博士
 *************************************************************/
configuration HalFlashC
{
    provides interface HalFlash;
}
implementation
{
    components HalFlashP;
    HalFlash = HalFlashP;
    components new DmaC() as Dma0;
    HalFlashP.Dma -> Dma0.Dma;
}
```

(3) Flash 组件模块实现文件

```
/***************************************************************
 * 文 件 名：HalFlashP.nc
 * 功能描述：CC2530 Flash 读/写和擦除操作组件实现
 * 日    期：2012/4/15
 * 作    者：李外云 博士
 ***************************************************************/
#include "dma.h"
module HalFlashP  {
    provides interface HalFlash;
    uses interface Dma ;
}

implementation
{
    /*************************************************
     * 函数名：read(uint8_t * buf, uint32_t address, uint16_t length)命令函数
     * 功  能：Flash 读功能
     * 参  数：uint8_t * buf，读取数据指针；uint32_t address：Flash 物理地址；
     *        uint16_t length:写入数据的长度
     *************************************************/
    command error_t HalFlash.read(uint8_t * buf, uint32_t address, uint16_t length)
    {
        uint16_t old_code_map;
        uint8_t pg;
        uint8_t * ptr = (uint8_t *)(address & 0xFFFF);
        pg = ((uint32_t) address >> 15) & 0x7;          //页地址
        atomic         {
            CC2530_XDATA_MAP_SAVE(old_code_map);//保存 MEMCTR 寄存器内容
            CC2530_XDATA_MAP_TO(pg);                    //映射到 XDATA 数据存储区
            memcpy(buf, ptr, length);                   //读取映射后 FLash 中的内容
            CC2530_XDATA_MAP_LOAD(old_code_map);        //恢复 MEMCTR 寄存器的内容
        }
        return SUCCESS;
    }
    /*************************************************
     * 函数名：write(uint8_t * buf, uint32_t address, uint16_t length)命令函数
     * 功  能：Flash 写功能
     * 参  数：uint8_t * buf：写入数据指针；uint32_t address:Flash 物理地址；
     *        uint16_t length：写入数据的长度
     *************************************************/
```

第6章 CC2530基本接口组件设计与应用

```
command error_t HalFlash.write(uint8_t * buf, uint32_t address, uint16_t length)
{
    uint8_t addH;
    uint8_t addL;
    DMADesc_t * ch;
    addH = ((uint32_t)address) >> 10;           //DMA 访问时的 Flash 高地址
    addL = ((uint32_t)address) >> 2;            //DMA 访问时的 Flash 低地址
    ch = call Dma.getConfig();                  //获取 DMA 配置
    DMA_SET_SOURCE(ch, buf);                    //DMA 传输源地址
    DMA_SET_DEST(ch, &FWDATA);                  //DMA 传输目的地址(FWDATA)
    DMA_SET_LEN(ch, length);                    //DMA 传输长度
    DMA_SET_TRIG_SRC(ch, DMA_TRIG_FLASH);       //FLASH 操作
    DMA_SET_DST_INC(ch, DMA_DSTINC_0);          //目标增长长度
    DMA_SET_IRQ(ch, DMA_IRQMASK_DISABLE);       //关闭 DMA 传输中断
    DMA_SET_PRIORITY(ch,DMA_PRI_HIGH);          //设置最高优先级
    if(call Dma.armChannel() == SUCCESS)
    {
        FADDRH = (uint8_t)addH;                 //Flash 高地址字节
        FADDRL = (uint8_t)addL;                 //Flash 低地址字节
        FCTL |= 0x02;                           //触发 Flash 写操作
        while (FCTL & 0x80);                    //等待写操作完成
    }
    return SUCCESS;
}
/*******************************************************
 * 函数名：erase(uint32_t address)命令函数
 * 功  能：Flash 擦除功能
 * 参  数：uint32_t address：Flash 的物理地址
 *******************************************************/
command error_t HalFlash.erase(uint32_t address)
{
    atomic  {
        while (FCTL & 0x80);
        FADDRH = ((uint32_t)address >> 10);     //擦除的页地址
        FCTL |= 0x01;                           //Flash 擦除操作
        while (FCTL & 0x80);                    //等待擦除完成
    }
    return SUCCESS;
}
async event void Dma.transferDone()    {}
```

6.4.6 CC2530 Flash 组件的测试程序

CC2530 Flash 组件的测试首先利用 Flash 组件的擦除函数将 CC2530 的一个 Flash 页擦除，然后利用 Flash 组件的写 Flash 功能将 XDATA 缓冲区的数据 WDataBuff 写入到 CC2530 的 Flash 存储地址空间，再利用读 Flash 函数将写入的数据读出，并发送到串口输出。具体实现代码如下：

(1) Flash 组件测试程序 TestFlashC.nc

```
/************************************************************
 * 文 件 名：TestFlashC.nc
 * 功能描述：CC2530 Flash 在系统读/写功能
 * 日    期：2012/4/15
 * 作    者：李外云 博士
 ************************************************************/
configuration TestFlashC {}
implementation {
    components TestFlashM as App;
    components MainC;
    App.Boot -> MainC.Boot;
    components HalFlashC;                    //Flash 读/写组件
    App.HalFlash -> HalFlashC;
}
```

(2) Flash 组件测试程序实现文件 TestFlashM.nc

```
/************************************************************
 * 文 件 名：TestFlashM.nc
 * 功能描述：CC2530 Flash 组件读/写测试功能
 * 日    期：2012/4/15
 * 作    者：李外云 博士
 ************************************************************/
module TestFlashM {
    uses interface Boot;
    uses interface HalFlash;
}
Implementation {
    uint8_t xdata RDataBuff[8]={0};                     //读入数据缓冲
    uint8_t xdata WDataBuff[4]={0xaa,0x01,0xcc,0x02};   //写入数据缓冲
    /***********************************************************
```

第6章　CC2530基本接口组件设计与应用

```
 * 函数名:FlashReadWrite()任务函数
 * 功    能:擦除和读/写Flash任务
 * 参    数:无
 ***********************************************************/
task void FlashReadWrite()  {
    uint8_t i;
    call HalFlash.erase(0x1c800);                       //擦除Flash
    for(i = 0;i<20;i++)
        call HalFlash.write(WDataBuff,0x1c800 + 4 * i,4);//Flash写操作
    call HalFlash.read(RDataBuff, 0x1c800, 8);          //Flash读操作
    for (i = 0; i < sizeof(RDataBuff); ++i)
        DbgOut(20, "RDataBuff[ % d] = 0x % x\n", (int)i, (int)RDataBuff[i]);
}
/***********************************************************
 * 函数名:booted()事件函数
 * 功    能:系统启动完毕后由MainC组件自动触发
 * 参    数:无
 ***********************************************************/
event void Boot.booted()  {
    post FlashReadWrite();    //分发任务
}
```

(3) Flash组件测试程序的makefile文件

```
/***********************************************************
 * 功能描述:Flash组件测试程序的makefile
 *  日    期:2012/4/15
 *  作    者:李外云 博士
 ***********************************************************/
COMPONENT = TestFlashC
PFLAGS += - DUART_DEBUG
PFLAGS += - DUART_BAUDRATE = 9600
include $(MAKERULES)
```

连接好硬件电路,打开串口助手,选择好对应的串口号,波特率设置为9 600。在NotePad＋＋编辑器中,使测试程序处于当前打开状态。单击"运行"菜单下的make enmote install自定义菜单或按F5快捷键,如图6-14所示,编译下载测试。

当程序下载后,串口助手显示从Flash空间读出的内容,如图6-15所示。

利用Eclipse的TinyOS插件功能,建立CC2530 Flash组件测试程序的组件关

图 6-14 "运行"菜单下的 make enmote install 菜单

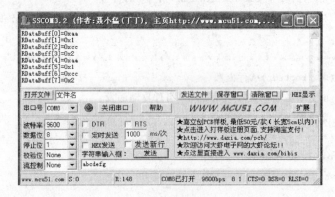

图 6-15 Flash 组件测试程序的串口显示情况

联关系图,如图 6-16 所示。

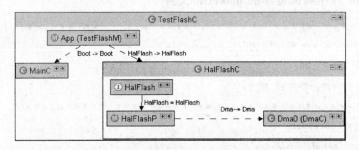

图 6-16 CC2530 Flash 组件测试程序的组件关联图

程序运行成功后,运行 SmartRF Flash Programmer 程序,在 Flash 对应的文本框中输入需要保存 CC2530 芯片内部程序的文件名,选中 Read flash into hex,单击 Perform actions,SmartRF Flash Programmer 将读出 CC2530 芯片内部的程序,并保存在输入的文件中。如图 6-17 所示。

利用文本编辑器打开保存的 hex 文件,定位到 0x1C800 存储地址位置,查看测试程序写入到 Flash 中的内容,如图 6-18 所示。

第 6 章　CC2530 基本接口组件设计与应用

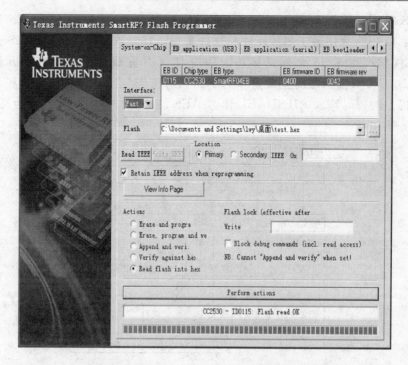

图 6-17　读取 CC2530 芯片内部的 Flash 数据

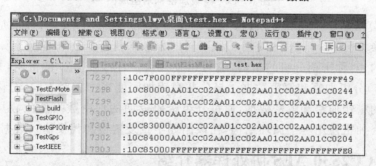

图 6-18　Flash 组件测试程序写入 Flash 中的内容

6.5　CC2530 高级加密标准 AES 组件

　　密码学中的高级加密标准(Advanced Encryption Standard,AES),又称 Rijndael 加密法,是美国联邦政府采用的一种区块加密标准。这个标准用来替代原先的 DES,已经被多方分析且为全世界所使用。经过五年的甄选,高级加密标准由美国国家标准与技术研究院(NIST)于 2001 年 11 月 26 日发布于 FIPS PUB 197,并在 2002 年 5 月 26 日成为有效的标准。2006 年,高级加密标准已然成为对称密钥加密中最流行的算法之一。

AES 的基本要求是：采用对称分组密码体制，支持 128、192、256 位的密钥长度，分组长度 128 位，算法易于多种硬件和软件实现。1998 年 NIST 开始 AES 分析、测试和征集，共产生了 15 个候选算法。1999 年 3 月完成了 AES2 的分析和测试。2000 年 10 月 2 日美国政府正式宣布选中比利时密码学家 Joan Daemen 和 Vincent Rijmen 提出的密码算法 RIJNDAEL 作为 AES 的算法。图 6-19 所示为高级加密标准组成图。

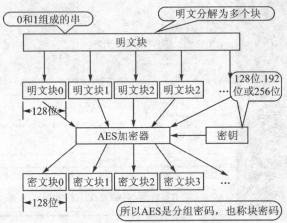

图 6-19　高级加密标准组成图

AES 算法基于排列和置换运算，排列是对数据重新进行安排，置换是将一个数据单元替换为另一个。AES 使用几种不同的方法来执行排列和置换运算。AES 是一个迭代的、对称密钥分组的密码，它可以使用 128、192 和 256 位密钥，并且用 128 位（16 字节）分组加密和解密数据。与公共密钥加密使用密钥对不同，对称密钥密码使用相同的密钥加密和解密数据，通过分组密码返回的加密数据的位数与输入数据相同。迭代加密使用一个循环结构，在该循环中重复置换和替换输入数据。

6.5.1　CC2530 AES 协处理器介绍

CC2530 数据加密由支持高级加密标准的协处理器完成加密/解密操作，极大地减轻了 CC2530 CPU 的负担。

AES 协处理器具有下列特性：
- 支持 IEEE 802.15.4 的全部安全机制。
- 支持 ECB(Electronic Code Book，电子密码本)、CBC(Cipher Block Chaining，密码防护链)、CFB(Cipher FeedBack Mode，密码反馈)、OFB(Output FeedBack，输出反馈加密)、CTR(Counter mode (encryption)，计数模式加密)和 CBC - MAC(Carrier Sense Multiple Access with Collision Avoidance，密码防护链消息验证代码)模式。
- 硬件支持 CCM(CTR+CBC - MAC)模式。

- 128 位密钥和初始化向量(IV)/当前时间(Nonce)。
- 具有 DMA 传送触发能力。

1. AES 操作

加密一条消息的步骤如下：
① 设置加密模式；
② 加载加密密钥；
③ 装入初始化向量(IV)；
④ 为加密/解密而下载/上传数据。

当 AES 协处理器运行在 128 位数据块加密时，数据块一旦装入 AES 协处理器，就开始加密。在处理下一个数据块之前，必须将加密好的数据块读出，并向 AES 协处理器传入开始命令。

2. 密钥和初始化向量

密钥或初始化向量(IV)装入之前，应发送装入密钥或 IV 的命令给协处理器。装密钥或初始化向量操作将取消协处理器正在运行的任何处理过程。密钥装入后，一直保持有效直到重新装入。在每条消息之前，必须下载初始化向量。通过复位 CC2530，可以清除密钥和初始化向量值。

3. 填充输入数据

AES 协处理器运行于 128 位数据块，如果数据块少于 128 位，必须在写入协处理器时填充 0 到该数据块中。

4. CPU 接口

CC2530 的微处理器与协处理器之间利用 ENCCS(加密控制和状态寄存器)、ENCDI(加密输入寄存器)以及 ENCDO(加密输出寄存器)三个特殊功能寄存器进行通信。状态寄存器通过 CPU 直接读/写，而输入/输出寄存器则必须使用存储器直接存取方式(DMA)。

当 AES 协处理器使用 DMA 方式时，需要利用两个 DMA 通道，其中一个用于数据输入，另一个用于数据输出。在开始命令写入寄存器 ENCCS 之前，必须初始化 DMA 通道。每写入一条开始命令将会产生一个 DMA 触发信号，并开始传送。当每个数据块处理完毕时，产生一个中断，该中断用于发送一个新的开始命令到寄存器 ENCCS。

5. 操作模式

当使用 CFB、OFB 和 CTR 模式时，128 位数据块分为 4 个 32 位的数据块。每 32 位数据块装入 AES 协处理器后，加密后再读出，直到 128 位加密完毕。注意，数据是直接通过 CPU 装入和读出的。当使用 DMA 时，就由 AES 协处理器产生的

DMA 触发自动进行,实现加密和解密的操作类似。

CBC-MAC 模式与 CBC 模式不同。当运行 CBC-MAC 模式进行加密时,除了最后一个数据块外,每次以 128 位数据块为单位下载到协处理器。最后一个数据块装入之前,加密模式必须改为 CBC。当最后一个数据块下载完毕后,上传的数据块就是 MAC 值。CBC-MAC 解密与加密类似。上传的 MAC 消息必须通过与 MAC 比较来加以验证。

CCM 是 CBC-MAC 和 CTR 的结合模式,因此有部分 CCM 必须由软件完成。

6.5.2 CC2530 AES 相关寄存器

CC2530 的微处理器与协处理器之间利用 ENCCS(加密控制和状态寄存器)、ENCDI(加密输入寄存器)以及 ENCDO(加密输出寄存器)三个特殊功能寄存器进行通信。三个特殊功能寄存器介绍如表 6-30～6-32 所列。

表 6-30 加密控制和状态寄存器 ENCCS(0xB3)的位描述

位	名称	复位	读/写	功能描述
7	—	0	R0	未用
6:4	MODE[2:0]	000	R/W	加密/解密模式。000:CBC;001:CFB;010:OFB;011:CTR;100:ECB;101:CBC-MAC;110～111:未用
3	RDY	1	R	加密/解密状态。0:正在处理;1:处理完成
2:1	CMD[1:0]	00	R/W	当 ST 为 1 时执行的操作命令。00:加密;01:解密;10:载入密钥;11:载入向量
0	ST	0	R/W1/H0	开始处理命令

表 6-31 加密数据输入寄存器 ENCDI(0xB1)的位描述

位	名称	复位	读/写	功能描述
7:0	DIN[7:0]	0x00	R/W	加密数据输入

表 6-32 加密数据输出寄存器 ENCDO(0xB2)的位描述

位	名称	复位	读/写	功能描述
7:0	DOUT[7:0]	0x00	R/W	加密数据输出

6.5.3 CC2530 的 AES 组件接口与组件实现

AES 是 CC2530 特有的一种协处理器,为此,作者根据 CC2530 的 AES 功能和要求,定义并实现了 AES 组件接口。具体代码包括 AES 组件接口定义文件 HalAes.nc、AES 组件配置文件 HalAesC.nc 以及组件模块实现文件 HalAesP.nc,

第 6 章　CC2530 基本接口组件设计与应用

该组件相关文件保存在"\tinyos‑2.x\tos\chips\CC2530\aes"目录中。

(1) CC2530 高级加密标准 AES 组件接口定义

```
/******************************************************************
 * 文 件 名：HalAes.nc
 * 功能描述：CC2530 高级加密标准 AES 组件接口定义
 * 日    期：2012/4/15
 * 作    者：李外云 博士
 ******************************************************************/
interface HalAes {
    command error_t setMode(uint8_t mMode);                        //设置加密模式命令
    command error_t LoadKeyOrInitVector(uint8_t * pData, uint8_t flag);
    //装入密钥和向量命令
    //加密与解密
    command error_t EncrDecr(uint8_t * pIn, uint16_t length, uint8_t * pOut, uint8_t * pVector, uint8_t flag);
}
```

(2) CC2530 高级加密标准 AES 组件配置文件

```
/******************************************************************
 * 文 件 名：HalAesC.nc
 * 功能描述：CC2530 高级加密标准 AES 组件配置
 * 日    期：2012/4/15
 * 作    者：李外云 博士
 ******************************************************************/
configuration HalAesC{
    provides interface HalAes;  }
implementation {
    components HalAesP;
    HalAes = HalAesP;
}
```

(3) CC2530 高级加密标准 AES 组件实现文件

```
/******************************************************************
 * 文 件 名：HalAesP.nc
 * 功能描述：CC2530 高级加密标准组件实现文件
 * 日    期：2012/4/15
 * 作    者：李外云 博士
 ******************************************************************/
module HalAesP
{
    provides interface HalAes;          //提供 AES 组件
```

}

implementation
{
/***
* 函数名:EncrDecr (uint8_t * pIn, uint16_t length, uint8_t * pOut, uint8_t
*   * pVector, uint8_t decr)
* 功 能:CC2530 高级加密标准组件数据加/解密
* 参 数:uint8_t * pIn, 输入数据指针;uint16_t length:输入数据长度
*   uint8_t * pOut:输出数据缓冲;uint8_t * pVector:向量数据指针;
*   uint8_t decr:加密/解密
***/
command error_t HalAes.EncrDecr(uint8_t * pIn, uint16_t length, uint8_t * pOut, uint8_t * pVector, uint8_t decr)
{
    uint16_t i;
    uint8_t j, k;
    uint8_t mode = 0;
    uint16_t conOfBlock;
    uint8_t delay;
    uint16_t nbrOfBlocks;
    nbrOfBlocks = length / 16;   //加密数据块(16 整数倍)
    if((length % 16) != 0)   //不是 16 整数倍
      nbrOfBlocks ++ ;
    call HalAes.LoadKeyOrInitVector(pVector,FLAG_INIT_VECT);//加载初始化向量
    if(decr)
        AES_SET_ENCR_DECR_KEY_IV(AES_DECRYPT);   //解密
    else
        AES_SET_ENCR_DECR_KEY_IV(AES_ENCRYPT);   //加密
    mode = ENCCS & 0x70;   //获取操作模式.
    for(conOfBlock = 0; conOfBlock < nbrOfBlocks; conOfBlock ++)
    {
        AES_START();   //启动转换
        i = conOfBlock * 16;
        if((mode == CFB) || (mode == OFB) || (mode == OFB))
        //CFB、OFB、OFB 每 4 字节进行加密
        {
            for(j = 0; j < 4; j++)
            {
                for(k = 0; k < 4; k++)   //写待解密/加密数据,数据位不足补 0
                    ENCDI = ((i + 4 * j + k < length)? pIn[i + 4 * j + k]:0x00);
                delay = 0x0F;

第 6 章　CC2530 基本接口组件设计与应用

```c
                while(delay--);                //延时等待
                for(k = 0; k < 4; k++)         //读取加密/解密数据
                    pOut[i + 4 * j + k] = ENCDO;
            }
        }
        else if (mode == CBC_MAC)              //CBC_MAC 模式
        {
            for(j = 0; j < 16; j++)            //写待解密/加密数据,数据位不足补 0
                ENCDI = ((i + j < length) ? pIn[i + j] : 0x00);
            if(conOfBlock == nbrOfBlocks - 2)  //CBC_MAC 模式最后块为 CBC 模式
            {
                AES_SETMODE(CBC);
                delay = 0x0F;
                while(delay--);                //延时等待
            }
            else if(conOfBlock == nbrOfBlocks - 1) //CBC-MAC 模式在最后块才读出
            {
                delay = 0x0F;
                while(delay--);
                for(j = 0; j < 16; j++)
                    pOut[j] = ENCDO;           //读出加密/解密数据
            }
        }
        else                                   //其他模式
        {
            for(j = 0; j < 16; j++)            //写待解密/加密数据,数据位不足补 0
                ENCDI = ((i + j < length) ? pIn[i + j] : 0x00);
            delay = 0x0F;
            while(delay--);
            for(j = 0; j < 16; j++)            //读出加密/解密数据
                pOut[i + j] = ENCDO;
        }
    }
}
/***********************************************************
* 函数名:LoadKeyOrInitVector(uint8_t * pData, uint8_t key)
* 功    能:密钥或向量装载命令函数
* 参    数:uint8_t * pData,密钥数据指针;uint8_t key:密钥方式
***********************************************************/
command error_t HalAes.LoadKeyOrInitVector(uint8_t * pData, uint8_t key)
{
    uint8_t i;
```

```
        if(key)                                     //判断是密钥还是初始化向量
            AES_SET_ENCR_DECR_KEY_IV(AES_LOAD_KEY);  //装入密钥
        else
            AES_SET_ENCR_DECR_KEY_IV(AES_LOAD_IV);   //载入初始化向量
        AES_START();                                 //启动装载
        for(i = 0; i < 16; i++)                      //载入密钥/初始化向量
            ENCDI = pData[i];
    }
```

```
/*************************************************************
 * 函数名：setMode(uint8_t mMode)
 * 功　能：加解密模式设置命令函数
 * 参　数：uint8_t mMode:加解密模式
 *************************************************************/
    command error_t HalAes.setMode(uint8_t mMode)
    {
        AES_SETMODE(mMode);                          //设置加密模式
    }
```

6.5.4　CC2530 AES 组件的测试程序

AES 组件测试程序测试 CC2530 的高级加密标准功能。测试代码将一个字符串装入到 CC2530 的高级加密标准协处理器中进行加密处理，并读出加密后的数据，然后将加密后的数据作为解密的数据源进行解密，并读出解密后的数据。所有的数据都发送到串口进行显示。具体实现代码如下：

(1) AES 组件测试程序配置文件 TestFlashC.nc

```
/*************************************************************
 * 文 件 名：TestAESC.nc
 * 功能描述：测试 CC2530 高级加密 AES 组件功能
 * 日　　期：2012/4/15
 * 作　　者：李外云 博士
 *************************************************************/
configuration TestAESC {  }

implementation {
    components TestAESM as App;
    components MainC;
    App.Boot -> MainC.Boot;
    components HalAesC;                              //AES 组件
    App.HalAes -> HalAesC;
}
```

第6章 CC2530基本接口组件设计与应用

（2）AES 组件测试程序实现文件 TestAESM.nc

```
/************************************************************
 * 文 件 名：TestAESM.nc
 * 功能描述：测试 CC2530 高级加密 AES 组件功能
 * 日    期：2012/4/15
 * 作    者：李外云 博士
 ************************************************************/
#include "aes.h"
module TestAESM
{
    uses interface Boot;
    uses interface HalAes;
}
Implementation    {
#define LENGTH        16
uint8_t key[LENGTH] = {0x01, 0x02, 0x03, 0x04, 0x05, 0x06, 0x07, 0x08,
                       0x09, 0x0A, 0x0B, 0x0C, 0x0D, 0x0E, 0x0F, 0x11};//16位密钥
uint8_t IV[LENGTH ] = {0x00, 0x00, 0x00, 0x00, 0x00, 0x00, 0x00, 0x00,
                       0x00, 0x00, 0x00, 0x00, 0x00, 0x00, 0x00, 0x00}; //16位向量
uint8_t plainText[LENGTH];              //待加密/解密数据缓冲
uint8_t cipherText[LENGTH];             //解密/加密数据缓冲
/************************************************************
 * 函数名：doAes()任务函数
 * 功  能：CC2530加密和解密任务函数
   * 参  数：无
 ************************************************************/
task void doAes()
{
        uint8_t i;
        call HalAes.setMode(CTR);                           //设置加密模式
        call HalAes.LoadKeyOrInitVector (key,FLAG_LOAD_KEY);//加载密钥
        memset(plainText,'', LENGTH);                       //清空数据
            memset(cipherText,'', LENGTH);
            DbgOut(DbgOut_LEVEL,"\r\n 加密前数据:\r\n");
        strcpy(plainText, (char *)"Hello World");           //赋值待加密数据
        for(i = 0;i<LENGTH;i++)
            DbgOut(DbgOut_LEVEL,"%c",plainText[i]);
        call HalAes.EncrDecr(plainText, LENGTH,cipherText,IV, ENCRYPT);//加密数据
            DbgOut(DbgOut_LEVEL,"\r\n\r\n 加密后数据:\r\n");
        for(i = 0;i<LENGTH;i++)
            DbgOut(DbgOut_LEVEL,"%c",cipherText[i]);
```

```
        memset(plainText,'', LENGTH);                                    //清空数据
        call HalAes.EncrDecr(cipherText, LENGTH,plainText,IV, DECRYPT); //解密数据
            DbgOut(DbgOut_LEVEL,"\r\n\r\n 解密后数据:\r\n");
        for(i = 0;i<LENGTH;i ++)
            DbgOut(DbgOut_LEVEL," % c",plainText[i]);
  }
/*********************************************************
 * 函数名:booted()事件函数
 * 功  能:系统启动完毕后由 MainC 组件自动触发
 * 参  数:无
 *********************************************************/
event void Boot.booted()   {
    post doAes();                        //启动加密任务
  }
}
```

(3) AES 组件测试程序编译文件 makefile

```
/*********************************************************
 * 功能描述:AES 组件程序的 makefile
 *   日    期:2012/4/15
 *   作    者:李外云 博士
 *********************************************************/
COMPONENT = TestAESC
PFLAGS += - DUART_DEBUG
PFLAGS += - DUART_BAUDRATE = 9600
include $(MAKERULES)
```

连接好硬件电路,打开串口助手,选择好对应的串口号,波特率设置为 9 600。在 NotePad++编辑器中,使测试程序处于当前打开状态。单击"运行"菜单下的 make enmote install 自定义菜单或按 F5 快捷键,如图 6 - 20 所示。

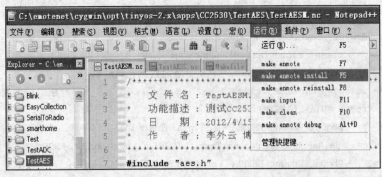

图 6 - 20 "运行"菜单下的 make enmote install 菜单

第 6 章　CC2530 基本接口组件设计与应用

当程序下载后,串口助手显示加密前、加密后和解密后的数据,如图 6-21 所示。

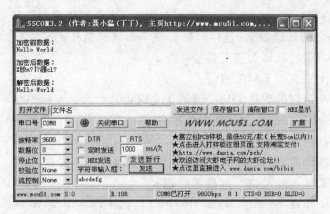

图 6-21　高级加密 AES 组件测试程序串口显示内容

利用 Eclipse 的 TinyOS 插件功能,建立 CC2530 AES 组件测试程序的组件关联关系图,如图 6-22 所示。

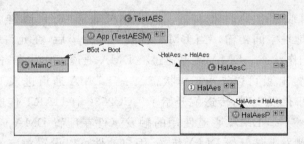

图 6-22　CC2530 ASE 组件测试程序的组件关联图

6.6　CC2530 DMA 组件

6.6.1　CC2530 DMA 介绍

CC2530 的存储器直接存取(DMA)控制器用于减轻 CPU 的负担,并实现高效数据传输。DMA 控制器可以将外设数据如 ADC 或 RF 收发器的数据传送到存储器,而只需要 CPU 极少的干预。

DMA 控制器统调所有的 DMA 传送,以确保 DMA 请求和 CPU 存取之间按照优先等级协调、合理地进行。DMA 控制器含有若干可编程的 DMA 通道,用来实现存储器到存储器之间的数据传送。

DMA 控制器可控制数据在整个 XDATA 的存储空间实现传输。由于大部分特殊功能寄存器(SFR)可以映射到 DMA 存储器空间,所以可以灵活使用 DMA 来减轻 CPU 的负担，例如从存储器传送数据到 USART 或周期性地将 ADC 采样数据传送到存储器保存等。另外，使用 DMA 可以保持 CUP 在休眠状态下（即低能耗模式下）与外部设备之间传送数据，这样可降低整个系统的能耗。

CC2530 DMA 控制器的主要性能如下：
- 拥有 5 个独立的 DMA 通道；
- 拥有 3 个可以配置的 DMA 通道优先级；
- 拥有 32 个可以配置的传送触发事件；
- 源地址和目标地址可以独立控制；
- 具有单独传送、数据块传送和重复传送 3 种传送模式；
- 支持定长数据和可变长度数据传输；
- 既可以工作在字（word－size）模式，又可以工作在字节（byte－size）模式。

6.6.2 CC2530 DMA 控制器

1. DMA 操作

CC2530 具有通道 0 到通道 4 共 5 个 DMA 通道，每个通道可以实现数据在 XDATA 存储器地址空间传输。当 DMA 通道配置完毕后，在允许任何传送初始化之前，必须进入工作状态。DMA 通道通过将 DMA 通道工作状态寄存器中的指定位（即 DMAARM）置 1，就可以进入工作状态。一旦 DMA 通道进入工作状态后，当设定的 DMA 触发事件发生时，传送就开始了。CC2530 有 UART 传送、计数器溢出等 32 个 DMA 触发事件。DMA 通道使用的触发事件在配置 DMA 通道时进行设置。为了通过 DMA 触发事件开始 DMA 传送，用户软件可以设置对应的 DMAREQ 位，使 DMA 传送开始。DMA 通道的 DMAREQ 位只有在 DMA 传输完毕后才能由硬件清零，如果 DMA 通道被卸载（disarmed），则 DMA 通道的 DMAREQ 位不会被清零。

2. DMA 配置参数

CC2530 的 DMA 通道的安装和控制由用户软件完成。DMA 通道使用之前，必须配置参数。每个 DMA 通道的特性与源地址、目标地址、传送长度、可变长度（VLEN）设置、优先级别、触发事件、源地址和目标地址增量、DMA 传送模式、字节传送或字传送、中断屏蔽和设置 M8 模式等参数有关。

- 源地址：DMA 通道要传送源数据的首地址。
- 目标地址：DMA 通道要写入的目标数据首地址，用户必须确认该目标地址可写。
- 传送长度：当传输数据总数（字节/字）达到 DMA 设定的数量时，DMA 通道重新装载或者卸载，同时向 CPU 申请中断请求。可以在配置 DMA 参数时设置该长度，或者将 DMA 读出的第一个字节/字用作该长度。

第6章　CC2530基本接口组件设计与应用

- 可变长度(VLEN)设置:DMA通道可以利用源数据中的第一个字节或字作为传送长度,允许使用可变长度。当使用可变长度传送时,要给出不同的传送字节长度。在任何情况下,都是设置传送长度(LEN)为传送的最大长度。
- 触发事件:每个DMA通道接受单事件触发,这样可以判定DMA通道的触发事件。
- 源地址和目标地址增量:当DMA通道进入工作状态或者重新进入工作状态时,源地址和目标地址传送到内部地址指针。其地址增量可能有下列4种:
  ① 增量为0:每次传送之后,地址指针将保持不变。
  ② 增量为1:每次传送之后,地址指针将加上1。
  ③ 增量为2:每次传送之后,地址指针将加上2。
  ④ 减量为1:每次传送之后,地址指针将减去1。
- DMA传送模式:CC2530的DMA传输共有4种模式。
  ① 单一模式:每当触发时,发生单一DMA传送。此后,DMA通道等待下一个触发。当完成指定的传送长度后,传送结束,通知CPU解除DMA通道的工作状态。
  ② 阻塞(Block)模式:每当触发时,若干DMA传送按照指定的传送长度尽快传送。然后通知CPU解除DMA通道的工作状态。
  ③ 重复的单一模式:每当触发时,发生单一DMA传送。此后,DMA通道等待下一个触发,当完成指定的传送长度后,通知CPU使DMA通道重新进入工作状态。
  ④ 重复的阻塞(Block)模式:每当触发时,若干DMA传送按照指定的传送长度尽快传送。然后再通报CPU DMA通道重新进入工作状态。
- 字节传送或字传送:决定按字节(8位)还是字(16位)进行传送。
- 中断屏蔽:每完成DMA传送,该DMA通道能够产生一个中断到CPU,中断可以屏蔽。
- 设置M8模式:决定采用7位还是8位长的字节来传送数据,此模式仅仅适用于字节传送。
- 优先级别:DMA传送的优先级别与每个DMA存取相关,每个DMA中断优先级都可以配置。DMA优先级别用于判定同时发生多个中断请求时,哪一个优先级最高,以及DMA存储器存取的优先级别是否超过同时发生的CPU存储器存取的优先级别。当具有相同优先级时,采用轮转调度(rounld-robin)方案处理所有请求。DMA优先级有3级:
  ① 高级:最高内部优先级别。DMA存取总是优于CPU存取。
  ② 正常:中等内部优先级别。保证DMA存取至少在每秒一次的尝试中优于CPU存取。
  ③ 低级:最低内部优先级别。DMA存取低于CPU存取。

3. DMA 配置安装

CC2530 的 DMA 参数(诸如地址模式、传送模式和优先级别等)必须在 DMA 通道装载和激活之前配置完成。DMA 参数不直接通过 SFR 寄存器配置,而是通过写入存储器中特殊的 DMA 配置数据结构进行配置。每个 DMA 通道都有自己的 DMA 配置数据结构,何时使用 DMA 配置数据结构由用户软件决定。DMA 数据结构的地址通过"DMAxCFGH:DMAxCFGL(x=0~1)"传送到 DMA 控制器,一旦 DMA 通道被安装,DMA 控制器就会通过"DMAxCFGH:DMAxCFGL"读取该通道的配置数据结构。

需要注意的是配置 DMA 通道 0 和 DMA 通道 1~4 的方法是不一样的。
- "DMA0CFGH:DMA0CFGL":DMA 通道 0 的配置数据结构的开始地址。
- "DMA1CFGH:DMA1CFGL":DMA 通道 1 的配置数据结构的开始地址,其后跟着通道 2~4 的配置数据结构的开始地址。

4. 停止 DMA 传送

通过设置 DMAARM 可停止正在运行的 DMA 传送,将 1 写入 DMAARM 的 ABORT 位和需要放弃 DMA 传输的相应的 DMAARM.DMAARMx 位即可。如果某个 DMA 通道不希望放弃 DMA 传输,将 0 写入 DMA 通道对应的 DMAARM.DMAARMx 位即可。

5. DMA 中断

每个 DMA 通道都可以配置为一旦完成 DMA 传送就产生中断。中断功能在通道配置时通过 IRQMASK 位设置。当中断产生时,特殊功能寄存器 DMAIRQ 中所对应的中断标志位置 1。一旦 DMA 通道完成传送,不管在通道配置中 IRQMASK 位是何值,中断标志都会置 1。如果重新安装 DMA 传输时,用户软件可以检测(以及清除)这个寄存器以改变 IRQMASK 的设置。

6.6.3 CC2530 DMA 配置结构

DMA 数据结构由 8 个字节组成,如表 6-33 所列

表 6-33 DMA 数据结构表

字节偏移量	位	名称	功能描述
0	7:0	SRCADDR[15:8]	DMA 数据源地址高 8 位
1	7:0	SRCADDR[7:0]	DMA 数据源地址低 8 位
2	7:0	DESTADDR[15:8]	DMA 数据目的地址高 8 位
3	7:0	DESTADDR[7:0]	DMA 数据目的地址低 8 位

续表 6-33

字节偏移量	位	名 称	功能描述
4	7:5	VLEN[2:0]	可变长度模式设置： 000/111:采用 LEN 作为传输长度； 001:由第一个字节/字+1 指定长度； 010:由第一个字节/字指定长度； 011:由第一个字节/字+2 指定长度； 100:由第一个字节/字+3 指定长度； 其他保留
	4:0	LEN[12:8]	DMA 通道传输长度。当 VLEN 使能时,采用最大长度；当 DMA 运行于字模式时,DMA 通道长度按字计算
6	7:0	LEN[7:0]	
6	7	WORDSIZE	DMA 字节或字选择： 0:字节(8 位)；1:字(16 位)
	6:5	TMODE[1:0]	DMA 信息传输模式： 00:单一模式；01:块模式； 10:单一重复模式；11:块重复模式
	4:0	TRIG[4:0]	DMA 使用的触发源： 0 0000:无触发； 0 0001:前一个 DMA 传输完成后； 0 0010~1 1111:选择表 6-34 的触发源(依照序号)
7	7:6	SRCINC[1:0]	DMA 传输源地址增长模式： 00:0 字节/字(保持不变)；01:1 字节/字； 10:2 字节/字； 11:1 字节/字(减)
	5:4	DESTINC[1:0]	DMA 传输目的地址增长模式： 00:0 字节/字(保持不变)； 01:1 字节/字； 10:2 字节/字； 11:1 字节/字(减)
	3	IRQMASK	DMA 中断屏蔽位： 0:屏蔽中断；1:使能中断
	2	M8	使用字节作为 VLEN 传输时： 0:使用 8 位传输计数；1:低 7 位作为传输计数
	1:0	PRIORITY[1:0]	DMA 传输优先级： 00:低优先级,低于 CPU 优先级； 01:中等优先级,DMA 每两次尝试一次； 11:高优先级,优于 CPU 优先级

6.6.4 CC2530 DMA 中断触发源

CC2530 DMA 中断触发源介绍如表 6-34 所列。

表 6-34 DMA 中断触发源

DMA 触发序号	DMA 触发名称	功能单元	描述
0	NONE	DMA	无触发，设置 DMAREQ.DMAREQx 开始传输
1	PREV	DMA	前一个 DMA 传输完成
2	T1_CH0	Timer1	定时器 1 比较通道 0
3	T1_CH1	Timer1	定时器 1 比较通道 1
4	T1_CH2	Timer1	定时器 1 比较通道 2
5	T2_EVENT1	Timer2	定时器 2 事件脉冲 1
6	T2_EVENT2	Timer2	定时器 2 事件脉冲 2
7	T3_CH0	Timer3	定时器 3 比较通道 0
8	T3_CH1	Timer3	定时器 3 比较通道 1
9	T4_CH0	Timer4	定时器 4 比较通道 0
10	T4_CH1	Timer4	定时器 4 比较通道 1
11	ST	Sleep Timer	睡眠定时器比较
12	IOC_0	IO Controller	端口 P0 输入转换
13	IOC_1	IO Controller	端口 P1 输入转换
14	URX0	USART 0	USART 0 接收
15	UTX0	USART 0	USART 0 发送
16	URX1	USART 1	USART 1 接收
17	UTX1	USART 1	USART 1 发送
18	FLASH	Flash controller	写闪存完成
19	RADIO	Radio	RF 数据包接收/发送完毕
20	ADC_CHALL	ADC	ADC 结束一次转换，采样已经准备好
21	ADC_CH11	ADC	ADC 通道 0 结束一次转换，采样已经准备好
22	ADC_CH21	ADC	ADC 通道 1 结束一次转换，采样已经准备好
23	ADC_CH32	ADC	ADC 通道 2 结束一次转换，采样已经准备好
24	ADC_CH42	ADC	ADC 通道 3 结束一次转换，采样已经准备好
25	ADC_CH53	ADC	ADC 通道 4 结束一次转换，采样已经准备好
26	ADC_CH63	ADC	ADC 通道 5 结束一次转换，采样已经准备好

第6章 CC2530基本接口组件设计与应用

续表 6-34

DMA触发序号	DMA触发名称	功能单元	描述
27	ADC_CH74	ADC	ADC通道6结束一次转换,采样已经准备好
28	ADC_CH84	ADC	ADC通道7结束一次转换,采样已经准备好
29	ENC_DW	AES	AES加密请求下一次下传输入数据
30	ENC_UP	AES	AES加密请求下一次上传输出数据
31	DBG_BW	Debug interface	调试写

6.6.5 CC2530 DMA 相关寄存器

CC2530 DMA 相关寄存器介绍如表6-35～6-40所列。

表6-35 DMA 通道安装寄存器 DMAARM(0xD6) 的位描述

位	名称	复位	读/写	功能描述
7	ABORT	0	R0/W	DMA 传输放弃位。0:正常操作 1:放弃所有选择的通道
6:5	—	00	R/W	未用
4:0	DMAARMx	0	R/W1	装载 DMA 通道 x,通道 x 进行传输,该位必须置1,对于非重复性传输模式,一旦传输完毕,该位自动清零($x=4\sim0$)

表6-36 DMA 开始请求和状态寄存器 DMAREQ(0xD7) 的位描述

位	名称	复位	读/写	功能描述
7:5	—	000	R0	未用
4:0	DMAREQx	0	R/W1 H0	DMA 通道 x 传输请求。当置1时,激活 DMA 通道,通道开始传输时,该位清零($x=4\sim0$)

表6-37 DMA0 配置地址高字节寄存器 DMA0CFGH(0xD5) 的位描述

位	名称	复位	读/写	功能描述
7:0	DMA0CFG[15:8]	0x00	R/W	DMA 通道0配置地址,高字节地址

表6-38 DMA0 配置地址低字节寄存器 DMA0CFGL(0xD4) 的位描述

位	名称	复位	读/写	功能描述
7:0	DMA0CFG[7:0]	0x00	R/W	DMA 通道0配置地址,低字节地址

表 6-39 DMA1 配置地址高字节寄存器 DMA1CFGH(0xD3)的位描述

位	名 称	复 位	读/写	功能描述
7:0	DMA1CFG[15:8]	0x00	R/W	DMA 通道 1～4 配置地址,高字节地址

表 6-40 DMA1 配置地址低字节寄存器 DMA1CFGL(0xD2)的位描述

位	名 称	复 位	读/写	功能描述
7:0	DMA1CFG[7:0]	0x00	R/W	DMA 通道 1～4 配置地址,低字节地址

6.6.6 CC2530 的 DMA 组件接口与组件实现

CC2530 的存储器直接存取(DMA)控制器用于减轻 CPU 的负担,并实现高效数据传输,对于一些大数据块传输的应用系统(如 CC2530 的空间数据更新),使用 DMA 可以提高整个系统的性能。作者对 CC2530 的 DMA 进行了分析和总结,定义并实现了 DMA 组件接口。由于 CC2530 的 5 个 DMA 通道的配置和使用过程大同小异,尤其通道 1～4 的配置过程完全相同,所以为了提高该组件的灵活性,作者采用通用组件的实现方式来完成对 DMA 组件的声明和定义。

具体包括 DMA 组件接口定义文件 Dma.nc、DMA 组件配置文件 DmaC.nc 以及组件模块实现文件 DmaP.nc,相关文件保存在"\tinyos-2.x\tos\chips\CC2530\Dma"目录中。

(1) CC2530DMA 组件接口定义文件

```
/******************************************************
* 文 件 名:Dma.nc
* 功能描述:CC2530 DMA 组件接口定义
* 日    期:2012/4/15
* 作    者:李外云 博士
******************************************************/
#include "dma.h"

interface Dma {
    command DMADesc_t * getConfig();        //获取 DMA 配置命令函数
    command error_t armChannel();           //装载 DMA 通道命令函数
    command error_t disarmChannel();        //卸载 DAM 通道命令函数
    command bool isArmed();                 //判断 DMA 通道是否装载完成
    command error_t startTransfer();        //启动 DAM 传输
    command error_t stopTransfer();         //停止 DMA 传输
    async event void transferDone();        //DMA 传输完成事件
}
```

第 6 章　CC2530 基本接口组件设计与应用

(2) CC2530 DMA 组件配置文件

```
/***************************************************************
* 文 件 名：DmaC.nc
* 功能描述：CC2530 DMA 组件配置
* 日    期：2012/4/15
* 作    者：李外云 博士
***************************************************************/
generic configuration DmaC()
{
    provides interface Dma;
}

implementation
{
    components MainC, DmaP;
    MainC.SoftwareInit -> DmaP.Init;
    enum { ID = unique("UNIQUE_DMA_CHANNEL"), };
    Dma = DmaP.Dma[ID];
}
```

(3) CC2530 DMA 组件实现文件

```
/***************************************************************
* 文 件 名：DmaP.nc
* 功能描述：CC2530 DMA 组件实现
* 日    期：2012/4/15
* 作    者：李外云 博士
***************************************************************/
module DmaP
{
    provides interface Init;
    provides interface Dma[uint8_t id];
}

implementation
{
    DMADesc_t dmaCh0;
    DMADesc_t dmaCh1234[4];
    DMADesc_t *ch;
    /***********************************************
    * 函数名：init()命令函数，
    * 功　能：DMA 初始化,系统启动时便进行初始化
```

* 参 数：无
 ***/
```
command error_t Init.init()    {
    uint8_t i;
    DMA_SET_ADDR_DESC0(&dmaCh0);              //设置 DMA 通道 0 地址
     DMA_SET_ADDR_DESC1234(dmaCh1234);        //设置 DMA 通道 1～4 地址
       ch = DMA_GET_DESC0();                  //获取 DMA 通道 0

    //通道 0 设置默认值
    DMA_SET_VLEN(ch, DMA_VLEN_USE_LEN);       //使用 LEN 决定传输字节/字数量
    DMA_SET_PRIORITY(ch, DMA_PRI_HIGH);       // 最高优先级
    DMA_SET_M8(ch, DMA_M8_USE_8_BITS);        //8 位传输
    DMA_SET_IRQ(ch, DMA_IRQMASK_DISABLE);     //屏蔽中断
    DMA_SET_SRC_INC(ch, DMA_SRCINC_1);        //源地址增加 1
    DMA_SET_DST_INC(ch, DMA_DSTINC_1);        //目的地址增加 1
    DMA_SET_TRIG_SRC(ch, DMA_TRIG_NONE);      //无触发源，软件启动传输
    DMA_SET_TRIG_MODE(ch, DMA_TMODE_SINGLE);  //单次传输
    DMA_SET_WORD_SIZE(ch, DMA_WORDSIZE_BYTE); //按字节传输
    //通道 1～4 设置默认值
    for (i = 1; i <= 4; i++) {
       ch = DMA_GET_DESC1234(i);
        DMA_SET_VLEN(ch, DMA_VLEN_USE_LEN);       //使用 LEN 决定传输字节/字数量
        DMA_SET_PRIORITY(ch, DMA_PRI_HIGH);       //最高优先级
        DMA_SET_M8(ch, DMA_M8_USE_8_BITS);        //8 位传输
        DMA_SET_IRQ(ch, DMA_IRQMASK_DISABLE);     //屏蔽中断
        DMA_SET_SRC_INC(ch, DMA_SRCINC_1);        //源地址增加 1
        DMA_SET_DST_INC(ch, DMA_DSTINC_1);        //目的地址增加 1
        DMA_SET_TRIG_SRC(ch, DMA_TRIG_NONE);      //无触发源，软件启动传输
        DMA_SET_TRIG_MODE(ch, DMA_TMODE_SINGLE);  //单次传输
        DMA_SET_WORD_SIZE(ch, DMA_WORDSIZE_BYTE); //按字节传输
    }
    DMAARM = 0;       //安装位清零，不安装
    DMAREQ = 0;       //请求位清零，无请求
    DMAIRQ = 0;       //中断清零，无中断请求
    DMAIF = 0;        //中断标志位清零
    DMAIE = 1;        //中断位置 1，允许中断
    return SUCCESS;
}
```
/***
 * 函数名：getConfig[uint8_t id]()命令函数
 * 功 能：获取 DMA 配置数据结构
 * 参 数：返回 DMA 数据结构指针

```
***********************************************/
command DMADesc_t * Dma.getConfig[uint8_t id]() {
    switch(id) {
        case 0:    return &dmaCh0;
        case 1:    return &dmaCh1234[0];
        case 2:    return &dmaCh1234[1];
        case 3:    return &dmaCh1234[2];
        case 4:    return &dmaCh1234[3];
        default:   return &dmaCh0;;
    }
}
/************************************************
* 函数名：armChannel[uint8_t id]()命令函数
* 功  能：DMA 通道装载，使其进入工作状态
* 参  数：无
***********************************************/
command error_t Dma.armChannel[uint8_t id]()
{
    if (id > 4)
        return FAIL;
    DMA_ABORT_CH(id);      //停止传输
    DMA_ARM_CH(id);        //装载 DMA 通道
    DMAIRQ = 0x01 << id;   //清中断标志位
    return SUCCESS;
}
/************************************************
* 函数名：disarmChannel[uint8_t id]()命令函数
* 功  能：卸载 DMA 通道命令函数
* 参  数：无
***********************************************/
command error_t Dma.disarmChannel[uint8_t id]()
{
    if (id > 4)
        return FAIL;
    DMA_ABORT_CH(id);      //停止传输
    return SUCCESS;
}
/************************************************
* 函数名：isArmed[uint8_t id]()命令函数
* 功  能：判断某个 DMA 是否装载成功命令函数
* 参  数：无
***********************************************/
```

```
command bool Dma.isArmed[uint8_t id]()
{
    uint8_t channel;
    if(id > 4)
        return FALSE;
    channel = (0x01 << id) & 0x1F;
    return ((DMAARM & channel) == channel);
}
/************************************************
* 函数名：startTransfer[uint8_t id]()命令函数
* 功  能：启动 DMA 传输命令函数
* 参  数：无
************************************************/
command error_t Dma.startTransfer[uint8_t id]() {
    if(id > 4)
        return FAIL;
    DMA_START_CH(id);     //启动 DMA 传输
    return SUCCESS;
}
/************************************************
* 函数名：stopTransfer[uint8_t id]()命令函数
* 功  能：停止 DMA 传输命令函数
* 参  数：无
************************************************/
command error_t Dma.stopTransfer[uint8_t id]() {
    if(id > 4)
        return FAIL;
    DMA_ABORT_CH(id);     //停止 DMA 传输
    return SUCCESS;
}
/************************************************
* 函数名：MCS51_INTERRUPT(SIG_DMA)
* 功  能：DMA 中断向量入口地址
* 参  数：无
************************************************/
MCS51_INTERRUPT(SIG_DMA) {
    atomic {
        DMAIF = 0;        //清除 DMA 中断标志
        if(DMAIRQ & DMA_CHANNEL_0){
            DMAIRQ &= ~DMA_CHANNEL_0;       //清除 DMA 通道 0 中断请求
            signal Dma.transferDone[0]();   //触发中断事件
        }
```

```
        if(DMAIRQ & DMA_CHANNEL_1){
            DMAIRQ &= ~DMA_CHANNEL_1;          //清除 DMA 通道 1 中断请求
            signal Dma.transferDone[1]();      //触发中断事件
        }
        if(DMAIRQ & DMA_CHANNEL_2){
            DMAIRQ &= ~DMA_CHANNEL_2;          //清除 DMA 通道 2 中断请求
            signal Dma.transferDone[2]();      //触发中断事件
        }
        if(DMAIRQ & DMA_CHANNEL_3){
            DMAIRQ &= ~DMA_CHANNEL_3;          //清除 DMA 通道 3 中断请求
            signal Dma.transferDone[3]();      //触发中断事件
        }
        if(DMAIRQ & DMA_CHANNEL_4){
            DMAIRQ &= ~DMA_CHANNEL_4;          //清除 DMA 通道 4 中断请求
            signal Dma.transferDone[4]();      //触发中断事件
        }
    }
  }
    default async event void Dma.transferDone[uint8_t id]() { }
}
```

6.6.7 CC2530 DMA 组件的测试程序

在 6.4 节的 Flash 组件测试程序中利用了 CC2530 DMA 组件实现写 Flash 功能。在 Flash 组件中，主要采用 DMA 组件的软件启动的方式完成 DMA 传输。本小节的 DMA 组件测试程序实现将 XDATA 的数据块从一个位置传输到另一个位置，程序配置为中断传输方式。具体实现代码如下：

(1) DMA 组件测试程序配置文件 TestDmaC.nc

```
/****************************************************************
 * 文 件 名：TestDmaC.nc
 * 功能描述：测试 CC2530 的 DMA 传输组件功能
 * 日   期：2012/4/15
 * 作   者：李外云 博士
 ****************************************************************/
configuration TestDmaC   { }

implementation
{
    components TestDmaM as App;
    components MainC;
```

```
    App.Boot  -> MainC.Boot;

    components PlatformLcdC;                   //128×64 LCD 组件
    App.Lcd -> PlatformLcdC.PlatformLcd;
    App.LcdInit -> PlatformLcdC.Init;

    components new DmaC() as Dma0;      //DMA 组件功能
    App.Dma  -> Dma0;
}
```

(2) DMA 组件测试程序实现文件 TestDmaM.nc

```
/****************************************************************
 * 文 件 名：TestDmaM.nc
 * 功能描述：测试 CC2530 的 DMA 传输组件功能
 * 日    期：2012/4/15
 * 作    者：李外云 博士
 ****************************************************************/
#include "dma.h"
module TestDmaM  {
    uses interface Boot;
    uses interface Dma ;
    uses interface PlatformLcd as Lcd;
    uses interface Init as LcdInit;
}
implementation {
    uint8_t xdata sourceString[14] = "DMA transfer.";    //源数据缓冲
        uint8_t xdata destString[14] = {0};              //目的数据缓冲
    DMADesc_t * pDma;                                    //DMA 结构指针
    /****************************************************
     * 函数名：initTask()任务函数
     * 功  能：完成 DMA 配置、装载和启动传输
     * 参  数：无
     ****************************************************/
    task void initTask()
    {
        pDma = call Dma.getConfig();                     //获取 DMA 配置
        DMA_SET_DEST(pDma, destString);                  //设置目的地址
        DMA_SET_SOURCE(pDma, sourceString);              //设置源地址
        DMA_SET_LEN(pDma, sizeof(sourceString));         //设置传输长度
        DMA_SET_IRQ(pDma, DMA_IRQMASK_ENABLE);           //使能中断
        DMA_SET_TRIG_MODE(pDma, DMA_TMODE_BLOCK);        //按块传输
```

第6章 CC2530 基本接口组件设计与应用

```
    if(call Dma.armChannel() == SUCCESS)        //DMA 装载
        call Dma.startTransfer();                //启动传输
}
/*********************************************
* 函数名：booted()事件函数
* 功  能：系统启动完毕后由 MainC 组件自动触发
* 参  数：无
*********************************************/
event void Boot.booted()
{
    call LcdInit.init();                //初始化 LCD
    call Lcd.ClrScreen();                //LCD 清屏
    call Lcd.FontSet_cn(0,1);            //设置显示字体
    call Lcd.PutString_cn(10,0," == DMA 传输测试 == ");
    call Lcd.PutString(0,15,"Src:");
    call Lcd.PutString(25,15,sourceString);
    post initTask();
}
/*********************************************
* 函数名：transferDone()事件函数
* 功  能：DMA 传输完成后自动触发该事件
* 参  数：无
*********************************************/
async event void Dma.transferDone()
{
    call Lcd.PutString_cn(15,30," == DMA 传输完成 == ");
    call Lcd.PutString(0,45,"Dest:");
    call Lcd.PutString(30,45,destString);
}
}
```

(3) DMA 组件测试程序编译文件 makefile

```
/*********************************************
* 功能描述：DMA 组件测试程序编译文件 makefile
* 日    期：2012/4/15
* 作    者：李外云 博士
*********************************************/
COMPONENT = TestDmaC
include $(MAKERULES)
```

连接好硬件电路，在 NotePad++ 编辑器中，使测试程序处于当前打开状态。单击"运行"菜单的 make enmote install 自定义菜单或按 F5 快捷键，如图 6-23 所示。

CC2530 与无线传感器网络操作系统 TinyOS 应用实践

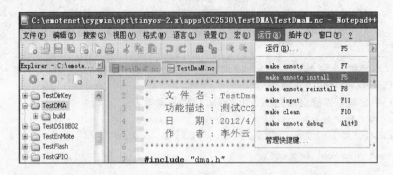

图 6-23 "运行"菜单下的 make enmote install 菜单

当程序下载烧录完成后，Enmote 网关板的 LCD 屏显示的内容如图 6-24 所示。

利用 Eclipse 的 TinyOS 插件功能，建立 CC2530 DMA 组件测试程序的组件关联关系图，如图 6-25 所示。

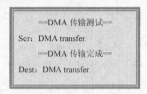

图 6-24 DMA 测试程序网关板 LCD 显示内容

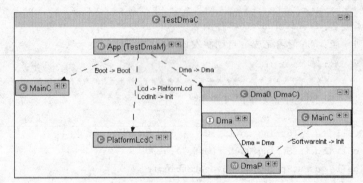

图 6-25 CC2530 DMA 组件测试程序的组件关联图

6.7 CC2530 WatchDog 组件

6.7.1 CC2530 WDT 定时器介绍

看门狗定时器（Watch Dog Timer，WDT）实际上是一个计数器，一般给看门狗定时器一个大数，程序开始运行后看门狗开始倒计数。如果程序运行正常，过一段时间 CPU 应发出指令让看门狗复位，重新开始倒计数。如果看门狗减到 0 就认为程序没有正常工作，强制整个系统复位。看门狗可用于受到电气噪音、电源故障、静电放电等影响的环境，或用于需要高可靠性的环境。如果应用系统中不需要看门狗功能，可以将看门狗定时器配置为一个定时器,这样可以用于在选定的时间间隔产生中断。

CC2530 看门狗定时器的特性如下:
- 拥有四个可选的定时器间隔;
- 可以运行于看门狗模式;
- 可以运行于定时器模式;
- 能够在定时器模式下产生中断请求。

CC2530 WDT 可以配置为一个看门狗定时器或一个通用的定时器。WDT 模块的运行由看门狗控制寄存器 WDCTL 控制。CC2530 WDT 包括一个 15 位计数器,它的频率由 32 kHz 时钟源规定。在所有供电模式下,15 位计数器的内容保留,且当重新进入主动模式时,看门狗定时器继续计数。

1. 看门狗模式

系统复位后,CC2530 的 WDT 是被禁止的。为了启动 CC2530 WDT 的看门狗模式,将 10 写入看门狗控制寄存器 WDCTL 的 MODE[1:0]位,看门狗定时器便从 0 开始计数。看门狗定时器一旦进入看门狗模式,就不能被禁止,因此当看门狗定时器进入看门狗模式时,写 00 或 01 到 WDCTL 的 MODE[1:0]位无效。

看门狗定时器到达预定的定时时间时产生一个复位信号,如果在看门狗定时器到达预定时间之前执行清除操作过程,定时器清零并重新开始计数,即在看门狗定时器时钟周期之内,先写 0x0a 到 WDCTL 的 CLR[3:0]位,然后写 0x05 到该寄存器位。如果看门狗定时器在看门狗预定的时间周期内没有执行清除操作,看门狗定时器将产生一个系统复位信号。

当 CC2530 看门狗定时器设置为看门狗模式时,通过写 DCTL 的 MODE[1:0]位无法改变看门狗定时器的模式,同样也无法修改看门狗的时间间隔。C2530 看门狗定时器工作在看门狗模式时,不能产生中断请求。

2. 定时模式

将看门狗控制寄存器 WDCTL.MODE[1:0]位设置为 11 时,CC2530 看门狗定时器便设置为定时模式,从 0 开始定时计数,到达预定时间时便产生中断请求信号。

在定时模式,写 1 到 WDCTL.CLR[0]可清除定时器的内容,同时定时计数内容变为 0;写 00 或 01 到 WDCTL.MODE[1:0]可停止定时计数,并将定时计数清零。

定时时间间隔由 WDCTL.INT[1:0]设置,定时时间只能在定时开始前才能修改,在定时过程中是无法修改的。在定时模式中,看门狗定时器到达预定时间间隔时不会产生复位信号。

6.7.2　CC2530 WDT 相关寄存器

CC2530 WDT 相关寄存器介绍如表 6-41 所列。

表 6-41　看门狗定时器控制寄存器 WDCTL(0xC9)的位描述

位	名 称	复 位	读/写	功能描述
7:4	CLR[3:0]	0000	R0/W	清除定时器。在看门狗模式,先写 0xa,然后写 0x5 到这些位,定时器清除(即加载 0),仅写入 0xa 后,在 1 个看门狗时钟周期内写入 0x5 才被清除。当看门狗定时器为空闲时,写这些位没有影响。当运行在定时器模式时,定时器可以通过写 1 到 CLR[0]即可
3:2	MODE[1:0]	00	R/W	模式选择。该位用于启动 WDT 处于看门狗模式还是定时器模式。当处于定时器模式,设置这些位为 IDLE 将停止定时器。从定时器模式转换到看门狗模式,首先停止 WDT,然后启动 WDT 处于看门狗模式。当运行在看门狗模式时,写这些位没有影响。 00/01：IDLE 10:看门狗模式 11:定时模式
1:0	INT[1:0]	00	R/W	定时器间隔选择。这些位选择定时器间隔,时钟频率为 32 kHz 晶体振荡器周期的规定数。注意间隔只能在 WDT 处于 IDLE 时改变,这样间隔必须在定时器启动的同时设置。 00：时钟周期×32,768（～1 s）,当运行在 32 kHz×OSC 01:时钟周期×8192（～0.25 s） 10:时钟周期×512（～15.625 ms） 11:时钟周期×64（～1.9 ms）

6.7.3　CC2530 WDT 组件接口与组件实现

CC2530 WDT 组件的接口定义、配置文件和实现文件的代码如下：
(1) WDT 组件接口定义

```
/*********************************************
* 文 件 名：WatchDog.nc
* 功能描述：CC2530 WatchDog 接口定义
* 日    期：2012/4/15
* 作    者：李外云 博士
```

第6章　CC2530基本接口组件设计与应用

```
*********************************************************/
interface WatchDog
{
    command void enable(uint8_t time);//使能看门狗,time为看门狗时间间隔,取值为0～3
    command void disable();              //屏蔽看门狗
    command void clr();                  //喂看门狗
}
```

(2) WDT 组件配置文件

```
/*********************************************************
* 文 件 名:WatchDogC.nc
* 功能描述:CC2530 WatchDog 组件配置文件
* 日    期:2012/4/15
* 作    者:李外云 博士
*********************************************************/
configuration WatchDogC
{
    provides interface WatchDog;
}
Implementation  {
    components WatchDogP;
    WatchDog = WatchDogP;
}
```

(3) WDT 组件实现文件

```
/*********************************************************
* 文 件 名:WatchDogP.nc
* 功能描述:CC2530 WatchDog 组件实现文件
* 日    期:2012/4/15
* 作    者:李外云 博士
*********************************************************/
module WatchDogP   {
    provides interface WatchDog;
}
Implementation
{
    /*****************************************************
    * 函数名:enable(uint8_t time)命令函数
    * 功    能:使能看门狗命令函数
    * 参    数:uint8_t time:时间间隔(0～3)
    *****************************************************/
    command void WatchDog.enable(uint8_t time)  {
```

```
    atomic {
        WDCTL &= ~0x03;
        WDCTL |= (time &0x03);
        WDCTL |= 0x08;
    }
}
/*************************************************
 * 函数名:disable()命令函数
 * 功   能:屏蔽看门狗功能命令函数
 * 参   数:无
 *************************************************/
command void WatchDog.disable()
{
    atomic {
        WDCTL &= ~0x08;
    }
}
/*************************************************
 * 函数名:clr()命令函数
 * 功   能:喂狗命令函数
 * 参   数:无
 *************************************************/
command void WatchDog.clr()    {
    atomic {
        WDCTL = (WDCTL & ~0xF8) | 0xA8;
        WDCTL = (WDCTL & ~0xF8) | 0x58;
    }
}
```

6.7.4　CC2530 WDT 组件的测试程序

WDT 组件接口程序测试完成后,系统启动,开启 CC2530 看门狗功能。当看门狗定时器到达预定的时间间隔时,看门狗定时器产生一个复位信号,重启系统。在开启看门狗功能后,为了使看门狗定时器到达预定时间间隔而不产生重启系统的复位信号,必须在程序中执行喂狗操作。

(1) WDT 组件测试程序配置文件 TestWatchDogC.nc

```
/*************************************************
 * 文 件 名:TestWatchDogC.nc
 * 功能描述:CC2530 看门狗组件功能测试
 * 日   期:2012/4/15
```

第 6 章　CC2530 基本接口组件设计与应用

```
 * 作    者:李外云 博士
 *****************************************************/
configuration TestWatchDogC  {}

implementation  {
    components TestWatchDogM as App;
    components MainC;
    App.Boot -> MainC.Boot;              //绑定 Boot 接口
    components WatchDogC;                //看门狗组件
    App.WatchDog -> WatchDogC;           //绑定 WatchDog 接口
}
```

(2) WDT 组件测试程序实现文件 TestWatchDogC.nc

```
/*****************************************************
 * 文 件 名:TestWatchDogM.nc
 * 功能描述:CC2530 看门狗组件功能测试
 * 日    期:2012/4/15
 * 作    者:李外云 博士
 *****************************************************/
module TestWatchDogM
{
    uses interface Boot;
    uses interface WatchDog;
}
implementation
{
    /*************************************************
     * 函数名:initTask()任务函数
     * 功  能:启动看门狗任务
     * 参  数:无
     *************************************************/
    task void initTask()
    {
        uint16_t i,j;
        DbgOut(DbgOut_LEVEL, "restart now \n");

        call WatchDog.enable(0);         //使能看门狗
        while(1)
        {
            ; //call WatchDog.clr();
        }
    }
```

```
/************************************************
 * 函数名:booted()事件函数
 * 功   能:系统启动完毕后由 MainC 组件自动触发
 * 参   数:无
 ************************************************/
event void Boot.booted()
{
    DbgOut(DbgOut_LEVEL, "\nBoot.booted\n");
    post initTask();
}
```

(3) WDT 组件测试程序编译文件 makefile

```
/************************************************
 * 功能描述:WDT 组件程序的 makefile
 * 日    期:2012/4/15
 * 作    者:李外云 博士
 ************************************************/
COMPONENT = TestWatchDogC
PFLAGS += - DUART_DEBUG
PFLAGS += - DUART_BAUDRATE = 9600
include $(MAKERULES)
```

连接好硬件电路,打开串口助手,选择好对应的串口号,波特率设置为 9 600。在 NotePad++编辑器中,使测试程序处于当前打开状态。单击"运行"菜单的 make enmote install 自定义菜单或按 F5 快捷键,如图 6-26 所示。

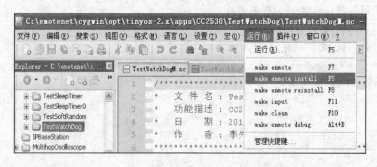

图 6-26 "运行"菜单下的 make enmote install 菜单

当程序下载烧录完成后,串口助手每隔一定时间显示系统重启的提示信息,重启时间间隔的长短由 WDT 组件的 enable 命令函数的 time 参数决定,0 为最长(大约 1 s),3 为最短(约 1.9 ms),如图 6-27 所示。

如果已经使能看门狗功能,为了使看门狗定时器到达预定时间间隔而不产生重

第6章 CC2530基本接口组件设计与应用

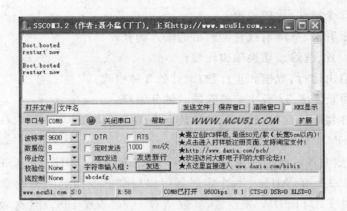

图6-27 WDT组件测试程序的串口显示信息

启系统的复位信号，必须在程序中执行喂狗操作。通过调用看门狗组件的clr()命令函数，例如call WatchDog.clr()，即可完成喂狗操作，此时看门狗定时器不会产生重启系统的复位信号。

利用Eclipse的TinyOS插件功能，建立CC2530 WDT组件测试程序的组件关联关系图，如图6-28所示。

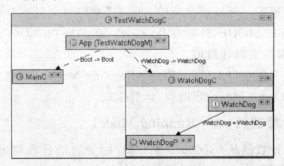

图6-28 CC2530 WDT组件测试程序的组件关联图

6.8 CC2530定时器组件

6.8.1 CC2530定时器1介绍

CC2530拥有定时器1、MAC定时器2、定时器3和4、睡眠定时器和看门狗定时器6个定时器，每个定时器的功能不尽相同。本小节主要以定时器1的定时功能为例，介绍TinyOS定时组件的底层驱动的编写方法。

定时器1是一个独立的16位定时器，在时钟上升沿或下降沿递增或递减定时/计数。定时器1有5个捕获/比较通道，每个通道与一个GPIO引脚相连。

定时器1的特性如下：

> 拥有 5 个捕获/比较通道；
> 具有上升沿、下降沿或任何边沿的输入捕获；
> 具有设置、清除或切换输出比较；
> 具有自由运行、取模和正计数/倒计数 3 种模式；
> 具有可被 1、8、32 或 128 整除的时钟分频器；
> 能够在每个捕获/比较和最终计数上生成中断请求；
> 具有 DMA 触发功能。

CC2530 定时器的全局时钟频率由寄存器 CLKCONCMD.TICKSPD 定义，时钟频率范围为 0.25~32 MHz。每个定时器可以对自己使用的时钟频率进一步划分，定时器 1 通过 T1CTL.DIV 来设置，其取值有 1、8、32 或 128。因此，如果系统时钟源为 32 MHz，定时器 1 可以使用的最低时钟频率为 1 953.125 Hz，最高时钟频率为 32 MHz。

通过读 T1CNTH 和 T1CNTL 两个 8 位特殊功能寄存器可以读取 16 位的计数器值。当读取 T1CNTL 时，计数器的高位字节被缓冲到 T1CNTH，以便高位字节可以从 T1CNTH 中读出，因此 T1CNTL 总是在读取 T1CNTH 之前首先读取。对 T1CNTL 寄存器的所有写操作将复位 16 位计数器，当达到最终计数值（溢出）时，计数器产生一个中断请求。可以通过设置 T1CTL 来控制定时器开始或挂起。如果是非 00 值写入 T1CTL.MODE，计数器开始运行；如果是 00 写入 T1CTL.MODE，计数器停止计数，并保持当前计数值。

定时器 1 可以工作在自由运行（Free-Running Mode）、取模（Modulo Mode）以及递增/递减（Up/Down Mode）定时器/计数模式。

1. 自由运行模式（Free-Running Mode）

自由运行模式计数器从 0x0000 开始，每个时钟边沿计数器增加 1，当计数器达到 0xFFFF 时，计数器载入 0x0000 重新开始计数。如图 6-29 所示为自由计数模式。

当终端计数器的值达到 0xFFFF 时，IRCON.T1IF 和 T1STAT.OVFIF 将置 1。如果设置了 TIMIF.OVFIM 和 IEN1.T1EN，将产生一个中断请求。自由运行模式可以产生独立的时间间隔，输出信号频率。

2. 取模模式（Modulo Mode）

取模计数时，定时器 1 的 16 位计数器从 0x0000 开始，每个时钟边沿计数器增加 1，当计数器达到寄存器 T1CC0（T1CC0H：T1CC0L）保存的最终计数值时，计数器将复位到 0x0000，重新开始计数，如图 6-30 所示。

如果计数器以大于 T1CC0 的值开始，当计数器达到 0xFFFF 时，将设置 IRCON.T1IF 和 T1STAT.OVFIF。如果设置了 TIMIF.OVFIM 和 IEN1.T1EN，将产生一个中断请求。取模计数模式可以用于周期小于 0xFFFF 的应用程序。

第 6 章　CC2530 基本接口组件设计与应用

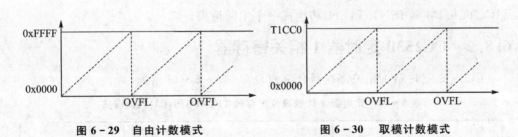

图 6-29　自由计数模式　　　　图 6-30　取模计数模式

3. 递增计数/递减计数模式(Up/Down Mode)

计数器反复从 0x0000 开始,递增计数直到 T1CC0,然后递减计数直到 0x0000。该模式可以输出对称脉冲,可应用于一些要求中心对齐的 PWM 输出系统中,如图 6-31 所示。

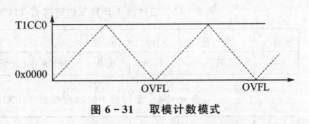

图 6-31　取模计数模式

当计数器达到 0X0000 时,IRCON. T1IF 和 T1STAT. OVFIF 将置 1。如果设置了 TIMIF. OVFIM 和 IEN1. T1EN,将产生一个中断请求。

4. 通道模式控制(Channel Mode Control)

定时器 1 的通道模式由每个通道的控制和状态寄存器 T1CCTLn 设置,包括输入捕获模式和输出比较模式。

(1) 输入捕获模式(Input Capture Mode)

当一个通道配置为输入捕获模式时,与该通道关联的 I/O 引脚必须被设置为输入。定时器启动后,输入引脚的上升沿、下降沿或任何边沿将触发一个捕获,即把 16 位计数器(T1CNTH:T1CNTL)内容捕获到相关的捕获寄存器(T1CCnH:T1CCnL)中,因此定时器可以捕获一个外部事件发生的时间。

当捕获发生时,IRCON. T1IF 和 T1STAT. CHnIF 将置 1。如果设置了 T1CCTLn. IM 和 IEN1. T1EN,将产生一个中断请求。

(2) 输出比较模式(Output Compare Mode)

在输出比较模式中,与该通道相关的 I/O 引脚必须被设置为输出。定时器启动后,将比较计数器(T1CNTH:T1CNTL)和捕获寄存器(T1CCnH:T1CCnL)的内容,如果捕获寄存器和计数器内容相等,则设置输出引脚(根据比较输出模式 T1CCTLn. CMP 的设置进行复位或切换)。

写 T1CCnL 寄存器时,写入的数值被缓冲,只有写入相应的高位寄存器 T1CCnH 时,数据才会真正被写入。只有计数器值为 0x00 时,写入比较寄存器 (T1CCnH:T1CCnL)才有效。

当发生一个比较时,将置位 IRCON. T1IF 和 T1STAT. CHnIF。如果设置了

T1CCTLn.IM 和 IEN1.T1EN,将生成一个中断请求。

6.8.2　CC2530 定时器 1 相关寄存器

CC2530 定时器 1 相关寄存器介绍如表 6-42～6-48 所列。

表 6-42　定时器 1 计数高位寄存器 T1CNTH(0xE3)的位描述

位	名称	复位	读/写	功能描述
7:0	CNT[15:8]	0x00	R/W	定时器 1 计数高位

表 6-43　定时器 1 计数低位寄存器 T1CNTL(0xE2)的位描述

位	名称	复位	读/写	功能描述
7:0	CNT[7:0]	0x00	R/W	定时器 1 计数低位

表 6-44　定时器 1 控制寄存器 T1CTL(0xE4)的位描述

位	名称	复位	读/写	功能描述
7:4	—	0000	R0	未用
3:2	DIV[1:0]	00	R/W	时钟分频； 00:不分频;01:8 分频; 10:32 分频;11:128 分频
1:0	MODE[1:0]	00	R/W	模式选择； 00:暂停;01:自由模式; 10:取模模式;11:递增/递减模式

表 6-45　定时器 1 状态寄存器 T1STAT(0xAF)的位描述

位	名称	复位	读/写	功能描述
7:6	—	00	R0	未用
5	OVIF	0	R/W0	溢出中断标志位。当定时计数到达终点值时,该位置 1
4:0	CHxIF	0	R/W0	定时器 1 通道 $x(x=4\sim0)$ 中断标志位。中断条件满足时,该位置 1

表 6-46　定时器 1 通道 0 捕获/比较控制寄存器 T1CCTL0(0xE5)的位描述

位	名称	复位	读/写	功能描述
7	RFIRQ	0	R/W	该位置 1 时,使用 RF 中断作为捕获信号
6	IM	1	R/W	通道 0 中断屏蔽位； 1:允许中断;0:屏蔽中断

第 6 章　CC2530 基本接口组件设计与应用

续表 6-46

位	名称	复位	读/写	功能描述
5:3	CMP[2:0]	000	R/W	通道 0 比较模式选择： 000:输出置 1;001:输出置 0; 010:切换; 011:上升置 1,到 0 清零; 100:上升清零,到 0 置 1; 101～110:未用; 111:初始化输出口
2	MODE	0	R/W	模式选择： 0:比较模式; 1:捕获模式
1:0	CAP[1:0]	00	R/W	通道 0 捕获模式设置： 00:无捕获; 01:上升沿捕获; 10:下降沿捕获; 11:边沿捕获

表 6-47　定时器 1 通道 0 捕获/比较计数高位寄存器 T1CC0H(0xDB)的位描述

位	名称	复位	读/写	功能描述
7:0	T1CC0[15:8]	0x00	R/W	定时器 1 通道 0 捕获/比较计数高位

表 6-48　定时器 1 通道 0 捕获/比较计数低位寄存器 T1CC0L(0xDA)的位描述

位	名称	复位	读/写	功能描述
7:0	T1CC0[7:0]	0x00	R/W	定时器 1 通道 0 捕获/比较计数低位

定时器 1 通道 1～4 的相关寄存器与定时器 1 通道 0 的相关寄存器完全相同,具体参考 CC2530 用户手册。

CC2530 的定时器 3 和定时器 4 为两个 8 位定时计数器,每个定时器有两个捕获/比较通道,其控制方法和操作模式与定时器 1 大同小异,在此不再进行讨论,读者可参考 CC2530 用户手册。

6.8.3　TinyOS 的定时器接口

TinyOS 提供了 Counter、Alarm、BusyWait、LocalTime 和 Timer 等与定时器相关的接口定义文件。TinyOS 定时器组件为通用组件(generic component),可以通过实例化的方法将一个定时器例化为多个对象(最多 255 个)。在声明定义和使用定时器时,需要指定定时器的精度,分别为 Tmilli(ms)、T32kHz(32 kHz)和 Tmicro(μs)。

本小节只介绍 Timer 接口定义及相关实现,至于其他与定时器相关的接口,读者可以自行分析。

(1) 定时器的 Timer 接口定义

```
#include "Timer.h"
interface Timer<precision_tag>
{
  command void startPeriodic(uint32_t dt);                              //设置定时周期
  command void startOneShot(uint32_t dt);                               //单次定时触发时间
  command void stop();                                                   //停止定时器
  event void fired();                                                    //定时器触发
  command bool isRunning();                                              //查询定时器运行状态
  command bool isOneShot();                                              //查询单次运行状态
  command void startPeriodicAt(uint32_t t0, uint32_t dt);  //从指定时间开始设置定时周期
  command void startOneShotAt(uint32_t t0, uint32_t dt);   //从指定时间设置单次触发时间
  command uint32_t getNow();                                             //获取当前定时时间
  command uint32_t gett0();                                              //获取设定的起始时间
  command uint32_t getdt();                                              //获取设定的时间间隔
}
```

一般嵌入式微处理器具有多个定时计数器，例如 CC2530 就有 6 个与定时功能有关的定时计数器，但对于上层应用程序而言，只要能使用定时计数功能就可以了，所有为了便于例化，TinyOS 将定时器组件声明为通用组件。

(2) 定时器 TimerMilliC 组件的配置文件

```
#include "Timer.h"
generic configuration TimerMilliC()
{
  provides interface Timer<TMilli>;      //定时器接口
}
implementation
{
  components TimerMilliP;
  Timer = TimerMilliP.TimerMilli[unique(UQ_TIMER_MILLI)];
}
```

(3) 定时器 TimerMilliC 组件的实现文件

```
#include "Timer.h"
configuration TimerMilliP
{
  provides interface Timer<TMilli> as TimerMilli[uint8_t id];
}
implementation
{
```

```
    components HilTimerMilliC, MainC;
    MainC.SoftwareInit -> HilTimerMilliC;
    TimerMilli = HilTimerMilliC;
}
```

6.8.4　CC2530 的 TinyOS 定时器底层驱动

虽然 TinyOS 可以通过例化的方法将一个定时器组件例化为多个定时器使用，但是对微处理器而言，只有一个定时器在工作。对于需要使用多个定时器的应用系统，采用定时器例化的方法将会对系统的稳定性产生一定的影响，甚至出现定时计数混乱的现象。而且使用定时器例化，对底层驱动而言，使用者根本无法知晓当前定时器触发的事情到底归属于哪一个例化实例。为此，作者根据 CC2530 多定时器和多定时器通道的硬件条件，采用上层例化、底层细化的定时器组件的底层驱动方法，实现定时器组件的底层驱动编程，具体使用 CC2530 的定时器 3、定时器 4 和定时器 1 作为定时器组件实现定时计数功能。

1. TinyOS 定时器的中间层 HilTimerMilliC 代码

```
/**********************************************************
 * 文 件 名：HilTimerMilliC.nc
 * 功能描述：CC2530 定时器的中间接口层驱动
 * 日    期：2012/4/15
 * 作    者：李外云 博士
 **********************************************************/
configuration HilTimerMilliC
{
    provides interface Init;
    provides interface Timer<TMilli> as TimerMilli[ uint8_t num ];
}
Implementation {
    components HplCC2530Timer3P;        //CC2530 定时器 3
    components HplCC2530Timer4P;        //CC2530 定时器 4
    components HplCC2530Timer1P;        //CC2530 定时器 1

    Init = HplCC2530Timer3P;            //CC2530 定时器 3 初始化命令,由系统初始化调用
    Init = HplCC2530Timer4P;            //CC2530 定时器 4 初始化命令,由系统初始化调用
    Init = HplCC2530Timer1P;            //CC2530 定时器 1 初始化命令,由系统初始化调用

    TimerMilli[0] = HplCC2530Timer3P.Timer0;    //CC2530 定时器 3 捕获/比较通道 0
    TimerMilli[1] = HplCC2530Timer3P.Timer1;    //CC2530 定时器 3 捕获/比较通道 1
    TimerMilli[2] = HplCC2530Timer3P.Timer2;    //CC2530 定时器 3 定时计数溢出
```

```
    TimerMilli[3] = HplCC2530Timer4P.Timer0;     //CC2530 定时器 4 捕获/比较通道 0
    TimerMilli[4] = HplCC2530Timer4P.Timer1;     //CC2530 定时器 4 捕获/比较通道 1
    TimerMilli[5] = HplCC2530Timer4P.Timer2;     //CC2530 定时器 4 定时计数溢出

    TimerMilli[6] = HplCC2530Timer1P.Timer0;     //CC2530 定时器 1 捕获/比较通道 0
    TimerMilli[7] = HplCC2530Timer1P.Timer1;     //CC2530 定时器 1 捕获/比较通道 1
    TimerMilli[8] = HplCC2530Timer1P.Timer2;     //CC2530 定时器 1 捕获/比较通道 2
    TimerMilli[9] = HplCC2530Timer1P.Timer3;     //CC2530 定时器 1 捕获/比较通道 3
    TimerMilli[10] = HplCC2530Timer1P.Timer4;    //CC2530 定时器 1 捕获/比较通道 4
}
```

2. TinyOS 定时器的底层代码

下面具体分析定时器 1 通道 0 和定时器 3 通道 0 的定时计数功能,读者可以依据同样的方法分析其他通道的实现过程。

(1) 定时器 1 的初始化命令函数

定时器 1 的初始化命令函数主要完成定时器 1 相关寄存器的初始化,包括全局变量、定时器 1 的控制寄存器 T1CTL、状态寄存器 T1STAT、计数寄存器 TCNTH：TCNTL 以及各通道控制寄存器 T1CCTLx(x=0~4)的初始化。

```
/*******************************************************
* 函数名:init()命令函数
* 功  能:对定时器寄存器进行初始化
* 参  数:无
*******************************************************/
command error_t Init.init()
{
    uint8_t i;
    for(i = 0;i<5;i++)    {          //全局变量初始化
        count[i] = 0;                //定时计数累计变量
        TCOUNT[i] = 0;               //定时计数总数变量
        bOneShot[i] = 0;             //单次定时触发标志变量
    }
    atomic {
    T1CCTL0 = 0;                     //定时器 1 通道 0 控制寄存器
    T1CCTL1 = 0;                     //定时器 1 通道 1 控制寄存器
    T1CCTL2 = 0;                     //定时器 1 通道 2 控制寄存器
    T1CCTL3 = 0;                     //定时器 1 通道 3 控制寄存器
    T1CCTL4 = 0;                     //定时器 1 通道 4 控制寄存器
    T1CNTL = 0;                      //定时器 1 计数定时寄存器清零
    T1CNTH = 0;
    // 清各通道的中断标志位、溢出中断标志
```

第6章　CC2530基本接口组件设计与应用

```
        T1STAT & = ～(CC2530_T1_CH0IF) & ～(CC2530_T1_CH1IF) & ～(CC2530_T1_CH2IF) & ～
(CC2530_T1_CH4IF)& ～(CC2530_T1_OVFIF);
        T1IE = 1;                                       // 允许定时器1中断
        // 设置为自由定时器计数模式
        T1CTL = (T1CTL & ～CC2530_T1CTL_MODE_MASK) | CC2530_TIMER1_MODE_FREE;
        EA = 1;                                         //开总中断
    }
    return SUCCESS;
}
```

(2) 定时器1的通道0定时周期命令函数

系统主时钟频率采用32 MHz的XOSC，由CLKCONCMD.TICKSPD控制("tinyos-2.x\tos\platforms\enmote"目录下的平台初始化组件PlatformP.nc)。定时器1控制寄存器的分频控制位使用系统默认值，不进行分频，所以定时器1时钟频率为32 MHz，定时计算模式为自由模式(0xFFFF)，可以算出CC2530定时器1各通道产生一次中断的时间为2 048 μs，如果定时时间为1 s，则至少需要产生488次中断，实际定时时间为488×2.048＝999.424 ms，定时1 s的误差为0.6 ms。如果考虑同时使用同一定时器的各通道，可能产生定时器1的定时计数寄存器不为零所造成的最大误差为2.048 μs，定时1 s的总误差为2.648 ms。误差率为0.3%，这是完全可以接受的。

```
/***********************************************************
* 函数名:startPeriodic(uint32_t dt)
* 功   能:定时器1的channel0循环定时时间设置
* 参   数:uint32_t dt,定时时间,单位ms
***********************************************************/
command void Timer0.startPeriodic(uint32_t dt)
{
    uint32_t cnt;
    cnt = dt * 488;
    cnt = cnt/1000;
    TCOUNT[0] = (uint16_t)cnt;                  //总中断次数
    T1CCTL0 |= (1 << CC2530_T1CCTLx_MODE);      //捕获比较模式
    T1CC0H = 0xFF;                              //捕获比较初始值
    T1CC0L = 0xFF
    T1STAT  & = ～BV(CC2530_T1CTL_CH0IF);        //捕获比较中断标志清零
    T1CCTL0 |= BV(CC2530_T1CCTLx_IM);           //捕获比较中断使能
}
/***********************************************************
* 函数名:startOneShot(uint32_t dt)
```

```
 *  功    能:定时器1的channel0单次定时时间设置
 *  参    数:uint32_t dt,定时时间,单位ms
 ***************************************************************/
command void Timer0.startOneShot(uint32_t dt)
{
    uint32_t cnt;
    cnt = dt * 488;
    cnt = cnt/1000;
    TCOUNT[0] = (uint16_t)cnt;                    //总中断次数
    bOneShot[0] = 1;                              //设置单次定时触发标志
    T1CC0H = 0xFF;                                //捕获比较初始值
    T1CC0L = 0xFF;
    T1CCTL0 |= (1 << CC2530_T1CCTLx_MODE);        //捕获比较模式
    T1STAT &= ~BV(CC2530_T1CTL_CH0IF);            //捕获比较中断标志清零
    T1CCTL0 |= BV(CC2530_T1CCTLx_IM);             //捕获比较中断使能
}
```

(3) 定时器3的初始化命令函数

定时器3初始化命令函数主要完成定时器3相关寄存器的初始化,包括全局变量、定时器3的控制寄存器T3CTL、计数寄存器T3CNT以及各通道控制寄存器T3CCTL0和T3CCTL1的初始化。

```
/***************************************************************
 *  函数名:init()命令函数
 *  功    能:定时器3的初始化设置
 *  参    数:
 ***************************************************************/
command error_t Init.init()
{
    //全局变量初始化
    for(i = 0;i<3;i++) {
        count[i] = 0;                             //定时计数累计变量
        TCOUNT[i] = 0;                            //定时计数总数变量
        bOneShot[i] = 0;                          //单次定时触发标志变量
    }
    atomic {
        T3CC0 = 0;                                //定时器3通道0捕获比较寄存器清零
        T3CC1 = 0;                                //定时器3通道1捕获比较寄存器清零
        T3CNT = 0;                                //定时器3定时计数寄存器清零
```

```
        T3CTL = ((T3CTL &~CC2530_T34CTL_DIV_MASK)|CC2530_TIMER3_4_DIV_32);  //32 分频
        T3CCTL0 |= (1 << CC2530_T34CCTL_MODE);         //定时器 3 通道 0 比较模式
        T3CCTL1|= (1 << CC2530_T34CCTL_MODE);          //定时器 3 通道 1 比较模式
        T3IE = 1;                                      //使能定时器 3
        //自由模式
        T3CTL = (T3CTL & ~CC2530_T34CTL_MODE_MASK) | CC2530_TIMER3_4_MODE_FREE;
        T3CTL & = ~BV(CC2530_T34CTL_OVFIM);            //屏蔽溢出中断
        T3CTL |= BV(CC2530_T34CTL_START);              //启动定时计数
        T3CCTL0 & = ~BV(CC2530_T34CCTL_IM);            //屏蔽通道 0 中断
        T3CCTL1 & = ~BV(CC2530_T34CCTL_IM);            //屏蔽通道 1 中断
        EA = 1;                                        //开总中断
    }

    return SUCCESS;
}
```

(4) 定时器 3 的通道 0 定时时间命令函数

系统主时钟频率采用 32 MHz 的 XOSC,由 CLKCONCMD. TICKSPD 控制("tinyos-2.x\tos\platforms\enmote"目录下的平台初始化组件 PlatformP. nc)。定时器 3 控制寄存器的分频控制位使用 32 分频,所以定时器 3 的时钟频率为 1 MHz,定时计算模式为自由模式(0xFF),可以算出 CC2530 定时器 3 各通道产生一次中断的时间约为 256 μs,如果定时时间为 1 s,则至少需要产生 3 906 次中断,实际定时时间为 0.256×3 906=999.936 ms,定时 1 s 的误差为 0.1 ms。如果考虑同时使用同一定时器的各通道,可能产生定时器 3 的定时计数寄存器不为零所造成的最大误差为 0.256 ms,定时 1 s 的总误差为 0.356 ms。误差率为 0.04%,这是完全可以接受的。

```
/**************************************************************
 * 函数名:startPeriodic(uint32_t dt)
 * 功  能:定时器 3 的 channel0 循环定时时间设置
 * 参  数:uint32_t dt,定时时间,单位 ms
 **************************************************************/
command void Timer0.startPeriodic(uint32_t dt)
{
    uint32_t cnt;
    cnt = dt * 1000;
    cnt = cnt/256;
    TCOUNT[0] = (uint16_t)cnt;                         //总中断次数
    count[0] = 0;                                      //单次中断计数
```

```
    T3CC0 = 0xFF;                                  //捕获比较初始值
    atomic {TIMIF &= ~BV(CC2530_TIMIF_T3CH0IF);}   //捕获比较中断复位(清零)
    atomic {T3CCTL0 |= BV(CC2530_T34CCTL_IM);}    //捕获比较中断使能
}

/*****************************************************************
 * 函数名:startPeriodic(uint32_t dt)
 * 功  能:定时器 3 的 channel1 单次定时时间设置
 * 参  数:uint32_t dt,定时时间,单位 ms
 *****************************************************************/
command void Timer0.startOneShot(uint32_t dt)
{
    uint32_t cnt;
    cnt = dt * 1000;
    cnt = cnt/256;
    TCOUNT[0] = (uint16_t)cnt;                     //总中断次数
    count[0] = 0;                                  //单次中断计数
    bOneShot[0] = 1;                               //单次定时标志置位
    T3CC0 = 0xFF;                                  //捕获比较初始值
    atomic {TIMIF &= ~BV(CC2530_TIMIF_T3CH0IF);}   //捕获比较中断复位(清零)
    atomic {T3CCTL0 |= BV(CC2530_T34CCTL_IM);}    //捕获比较中断使能
}
```

(5) 定时器中断函数

当定时器满足中断条件时将产生定时中断,定时中断首先对产生中断的中断源进行判断,随后对该中断源的中断标志清零。比较单次中断计数与总的中断次数(定时时间所需要的次数),如果相等,再判断是否为单次定时触发,如果是单次定时,则关闭定时,清单次定时标志,触发定时事件。如果比较次数不相等,单次定时计数变量加 1。下面为定时器 1 中断中通道 0 产生中断时的部分代码。

```
/*****************************************************************
 * 函数名:MCS51_INTERRUPT(SIG_T1)
 * 功  能:定时器 1 向量中断入口地址
 * 参  数:SIG_T1 中断向量地址
 *****************************************************************/
MCS51_INTERRUPT(SIG_T1) {
    atomic {
        // 定时器 1 通道 0 中断
        if ((T1CCTL0 & BV(CC2530_T1CCTLx_IM)) && (T1STAT & CC2530_T1_CH0IF)) {
```

```
        T1STAT &= ~BV(CC2530_T1CTL_CH0IF);    //清除中断标志
        if(count[0] >= TCOUNT[0])    {         //与总定时计数比较
            count[0] = 0;                      //单次中断计数变量清零
            if(bOneShot[0])  {
                call Timer0.stop();            //停止计数
                bOneShot[0] = 0;               //单次定时标志清零
            }
            signal Timer0.fired();             //触发定时事件
        }
        else
            count[0]++;                        //单次中断计数变量加1
    }
......
}
```

6.8.5 CC2530 定时器组件的测试

CC2530 定时器组件测试程序主要测试定时器组件的上层例化、底层细化的底层驱动方法，读者根据应用程序例化定时器的多少与顺序，可以推测上层应用程序到底使用底层的哪一个定时器，这样便于大家控制系统资源的利用。

定时器组件测试程序共例化了 4 个定时器组件。根据定时器组件的中间层 HilTimerMilliC 可知，该测试程序的 Timer1～Timer3 分别使用定时器 3 的比较通道 0、比较通道 1 和定时计数，而 Timer4 使用定时器 4 的比较通道 0。具体代码如下：

(1) 定时器组件测试程序配置文件 TestTimerC.nc

```
/*************************************************************
 * 文 件 名：TestTimerC.nc
 * 功能描述：CC2530 定时器组件功能测试配置文件
 * 日    期：2012/4/15
 * 作    者：李外云 博士
 *************************************************************/
configuration TestTimerC  {  }

implementation
{
    components TestTimerM as App;
    components MainC;
    components LedsC;
    App.Boot -> MainC.Boot;
    App.Leds -> LedsC.Leds;                    //绑定 Leds 接口
```

```
    components new TimerMilliC() as Timer1;        //定时器组件
    App.Timer1 -> Timer1;
    components new TimerMilliC() as Timer2;        //定时器组件
    App.Timer2 -> Timer2;
    components new TimerMilliC() as Timer3;
    App.Timer3 -> Timer3;
    components new TimerMilliC() as Timer4;
    App.Timer4 -> Timer4;
}
```

(2) 定时器组件测试程序实现文件 TestTimerM.nc

```
/****************************************************************
*   文 件 名:TestTimerM.nc
*   功能描述:CC2530 定时器组件功能测试实现文件
*   日     期:2012/4/15
*   作     者:李外云 博士
****************************************************************/
module TestTimerM
{
    uses interface Boot;
    uses interface Leds;
    uses interface Timer<TMilli> as Timer1;
    uses interface Timer<TMilli> as Timer2;
    uses interface Timer<TMilli> as Timer3;
    uses interface Timer<TMilli> as Timer4;
}
Implementation
{
    /***********************************************************
    *   函数名:InitTimer()任务函数
    *   功   能:初始化定时器
    *   参   数:无
    ***********************************************************/
    task void InitTimer()
    {
        call Timer1.startPeriodic(1000);         //定时时间 1 s
        call Timer2.startPeriodic(1000);         //定时时间 1 s
        call Timer4.startPeriodic(5*1000);       //定时时间 5 s
        call Leds.led0Off();
        call Leds.led1Off();
        call Leds.led2Off();
    }
    /***********************************************************
    *   函数名:booted()事件函数
```

第 6 章　CC2530 基本接口组件设计与应用

```
 * 功　能:系统启动完毕后由 MainC 组件自动触发
 * 参　数:无
 *******************************************************/
event void Boot.booted()            //系统启动触发事件
{
    post InitTimer();               //定时器触发事件
}

/*******************************************************
 * 函数名:fired()事件函数
 * 功　能:定时事件,当定时器设定时间一到自动触发该事件
 * 参　数:无
 *******************************************************/
event void Timer1.fired()    {call Leds.led1Toggle();}
event void Timer2.fired()    {call Leds.led0Toggle();}
event void Timer3.fired()    {  }
event void Timer4.fired()    {call Leds.led2Toggle();}

}
```

(3) 定时器组件测试程序编译文件 makefile

```
/*******************************************************
 * 功能描述:定时器组件程序的 makefile
 * 日　期:2012/4/15
 * 作　者:李外云  博士
 *******************************************************/
COMPONENT = TestTimerC
include $(MAKERULES)
```

连接好硬件电路,在 NotePad++编辑器中,使测试程序处于当前打开状态。单击"运行"菜单的 make enmote install 自定义菜单或按 F5 快捷键,如图 6-32 所示。当程序下载烧录完成后,网关板的 L1、L2 两个 LED 的点亮频率为 1 s,L3 点亮的频率为 5 s。

单击"运行"菜单的 make enmote debug 自定义菜单或按"Alt+D"快捷键,如图 6-33 所示,启动 IAR EW8051 程序。

在 IAR EW8051 IDE 环境中,利用 IDE 的查找功能定位到设置定时器周期的 InitTimer()任务的位置,如图 6-34 所示。

分别利用 IDE 的查找功能查找 TestTimerM__Timer1__startPeriodic、TestTimerM__Timer2__startPeriodic 和 TestTimerM__Timer4__startPeriodic,根据查找的内容可知,测试程序的 Timer1、Timer2 组件分别使用底层定时器 3 的比较通道 0 和比较通道 1,Timer4 组件则使用了底层定时器 4 的比较通道 0,如图 6-35

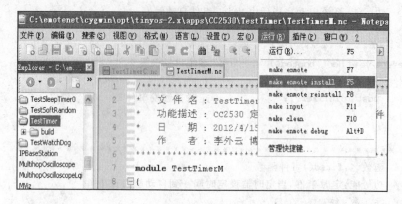

图 6-32 "运行"菜单的 make enmote install 菜单

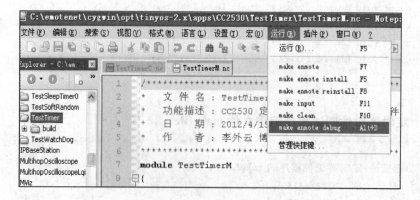

图 6-33 "运行"菜单的 make enmote debug 菜单

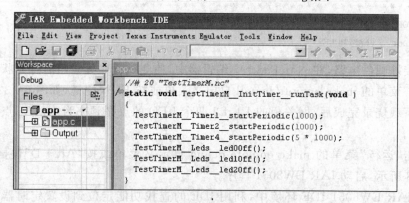

图 6-34 测试程序的初始化定时器的任务

的(a)、(b)、(c)所示。同理可知,测试程序的 Timer2 组件使用底层定时器 3 的定时计数功能,如果如图 6-35 的(d)所示。

利用 Eclipse 的 TinyOS 插件功能,建立 CC2530 定时器组件测试程序的组件关联关系图,如图 6-36 所示。

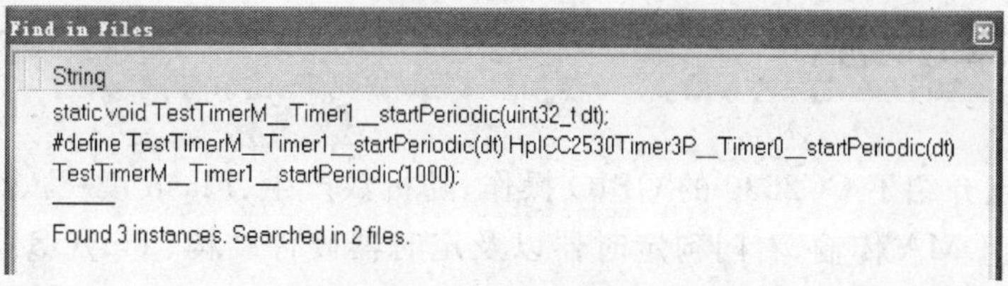

Find in Files
String
static void TestTimerM__Timer1__startPeriodic(uint32_t dt);
#define TestTimerM__Timer1__startPeriodic(dt) HplCC2530Timer3P__Timer0__startPeriodic(dt)
TestTimerM__Timer1__startPeriodic(1000);
Found 3 instances. Searched in 2 files.

(a) TestTimerM__Timer1__startPeriodic的查找结果

Find in Files
String
static void TestTimerM__Timer2__startPeriodic(uint32_t dt);
#define TestTimerM__Timer2__startPeriodic(dt) HplCC2530Timer3P__Timer1__startPeriodic(dt)
TestTimerM__Timer2__startPeriodic(1000);
Found 3 instances. Searched in 2 files.

(b) TestTimerM__Timer2__startPeriodic的查找结果

Find in Files
String
static void TestTimerM__Timer4__startPeriodic(uint32_t dt);
#define TestTimerM__Timer4__startPeriodic(dt) HplCC2530Timer4P__Timer0__startPeriodic(dt)
TestTimerM__Timer4__startPeriodic(5 * 1000);
Found 3 instances. Searched in 2 files.

(c) TestTimerM__Timer4__startPeriodic的查找结果

Find in Files
String
static void TestTimerM__Timer3__fired(void);
static /*inline*/ void TestTimerM__Timer3__fired(void);
static /*inline*/ void TestTimerM__Timer3__fired(void)
#define HplCC2530Timer3P__Timer2__fired(void) TestTimerM__Timer3__fired()
Found 4 instances. Searched in 2 files.

(d) 测试程序Timer2组件的查找结果

图 6－35　利用 IDE 的查找功能查看上层程序使用哪一个定时器的查找结果界面

TestTimerC
Boot -> Boot
App (TestTimerM)
MainC
Leds -> Leds
LedsC
Timer4 -> Timer
Timer1 (TimerMilliC)
Timer2 (TimerMilliC)
Timer3 (TimerMilliC)
Timer4 (TimerMilliC)
Timer
Timer = TimerMilli
TimerMilliP

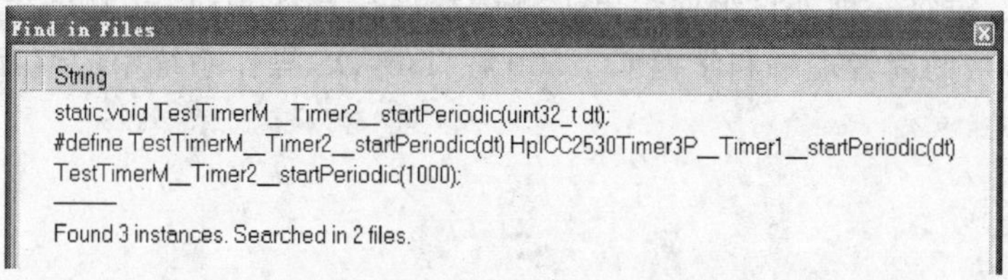

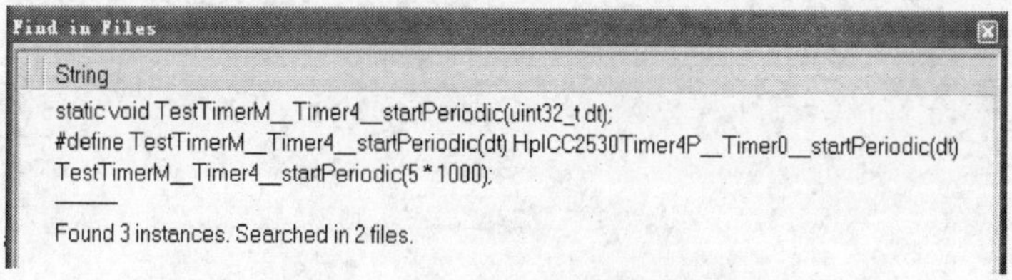

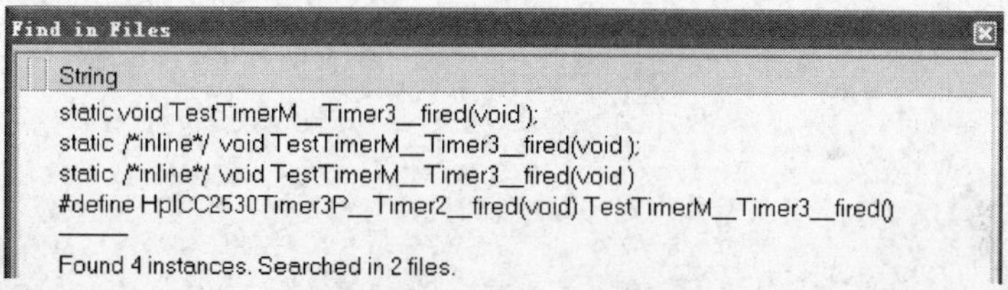

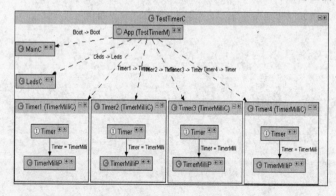

图 6－36　CC2530 定时器组件测试程序的组件关联图

6.9 本章小结

本章重点介绍了 CC2530 的 GPIO 操作、随机数产生、Flash 读/写、串口通信、高级加密 AES、DMA 传输、看门狗定时器以及定时器硬件结构、TinyOS 接口定义、组件的配置与实现等内容，同时详细地阐述了 CC2530 各外设在 TinyOS 操作系统中的实现过程。对每一种外设组件给出了测试程序全部实现过程、测试结果以及各组件的关联图，帮助读者理解和掌握 CC2530 在 TinyOS 操作系统中的编程实现方法。

第 7 章
CC2530 外设组件接口开发

ADC 组件和串口通信组件是 CC2530 重要的外设,本章首先通过介绍 TinyOS 所提供的 ADC 接口和串口通信接口以及 CC2530 的 ADC 和串口硬件结构,实现了 CC2530 的 ADC 和串口通信组件的配置。然后利用 CC2530 的通用数字接口模拟了 SPI 和 I2C 通信协议,实现了基于 TinyOS 的 SPI 和 I2C 接口和组件。

7.1 CC2530 ADC 组件

7.1.1 CC2530 的 ADC 组件介绍

CC2530 的 ADC 支持 14 位模拟数字转换,转换后的有效位数高达 12 位。ADC 包括一个具有 8 路独立可配置通道的模拟多路转换器和一个参考电压发生器,如图 7-1 所示为 CC2530 的 ADC 框图。CC2530 的 ADC 转换结果可以通过 DMA 方式写入存储器,也可直接读取 ADC 寄存器获取。CC2530 的 ADC 具有多种不同的运行模式。

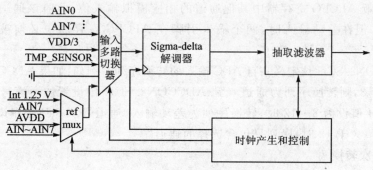

图 7-1　CC2530 的 ADC 框图

ADC 主要特性如下：
- 具有 7～12 位的有效分辨率位；
- 具有 8 个独立输入通道，可接受单端或差分信号；
- 参考电压可选为内部、外部单端、外部差分或 AVDD5；
- 能够产生中断请求；
- 转换结束时可触发 DMA；
- 内置温度传感器输入；
- 具有电池测量功能。

7.1.2 CC2530 的 ADC 操作

(1) ADC 输入

CC2530 的 P0 口可作为 ADC 输入，其中 AIN0～AIN7 分别对应 P0.0～P0.7。ADC 输入可配置成单端或差动输入，如选择差动输入，则对应的输入分别为 AIN0～AIN1、AIN2～AIN3、AIN4～AIN5 和 AIN6～AIN7，需要注意是引脚电压不能为负电压，也不能大于 VDD。在差动输入中，每个差动输入的转换模式是不一样的。

除了 AIN0～AIN7 作为 ADC 输入之外，片内温度传感器也可以用来作为测量温度的 ADC 输入，AVDD5/3 电压同样可以作为一个 ADC 输入。AVDD5/3 作为 ADC 输入主要用于电池测量，需要注意的是不能以待测的电池电压作为参考电压。

单端输入 AIN0～AIN7 对应 ADC 多路选择器的输入通道 0～7，差动输入 AIN0～AIN1、AIN2～AIN3、AIN4～AIN5 和 AIN6～AIN7 对应通道 8～11，通道 12 表示 GND，通道 13 表示温度传感器，通道 15 表示 AVDD5/3。通道的选择通过 ADCCON2.SCH 和 ADCCON3.SCH 寄存器位进行设置。

(2) 连续转换

CC2530 ADC 可进行连续 A/D 转换，并通过 DMA 把结果写入内存，无需 CPU 的参与。寄存器 APCFG 的设置将会影响连续序列转换的通道数，CC2530 的 8 路 ADC 输入不一定要求全部设置为模拟输入。如果只用到了序列转换中的部分通道，可以屏蔽 APCFG 寄存器中其他通道的相应模拟输入位，此时该通道在转换时将被跳过。但在差动输入时，两个输入引脚在 APCFG 寄存器中必须被设置成模拟输入。

ADCCON2.SCH 位定义来自 ADC 输入的转换序列。例如：如果 ADCCON2.SCH 设置值小于 8，则转换序列为通道 0 到 ADCCON2.SCH 中设置的通道号；当 ADCCON2.SCH 值设为 8～12 时，转换序列为差动输入，通道号从 8 到程序设置的通道号；当设置值大于 12 时，序列只包含选择的通道。

(3) 单次转换

除了序列转换外，ADC 可以通过编程执行单次转换。通过写入 ADCCON3 寄存器可以触发一次转换，当转换触发后立即启动转换，但如果转换序列也在进行中，则在连续序列完成后马上执行单次转换。

(4) 转换结果

A/D 转换后的结果以 2 的补码形式表示。对于单端配置,转换结果总为正,当输入信号等于 VREF 时达到最大转换结果(其中 VREF 是选择的参考电压)。而对于差动配置,由于差动输入的信号不同,结果可能是负的:对应 12 个有效位的数字转换,当采样率为 512,模拟输入等于 VREF 时,A/D 的转换结果为 2 047;当模拟输入等于 −VREF 时,A/D 的转换结果为 −2 048。当转换结束标志位 ADCCON1.EOC 为 1 时,保存在 ADCH 和 ADCL 寄存器中的数字转换结果才有效。

(5) 参考电压

CC2530 的 ADC 的参考电压可选择内部产生电压、AVDD5 引脚电压、AIN7 输入引脚的外部电压或 AIN6～AIN7 输入的差动电压。转换结果的准确度依靠于参考电压的稳定性和噪声度。

(6) 转换时间

ADC 只能运行于 32 MHz XOSC 且系统时钟不能进行分频。ADC 的 4 MHz 采样频率由 CC2530 芯片内部分频得到。执行一次 A/D 转换所需要的时间与所选择的采样率有关。一般来说,CC2530 A/D 转换时间的公式为 $T=(R+16) \times 0.25~\mu s$,其中 R 为采用率。

(7) ADC 中断

当单次转换完毕后,通过写 ADC 控制寄存器 ADCCON3 触发 ADC 中断,但对于连续序列转换,ADC 不会产生中断。

(8) ADC DMA 触发

每完成一次连续序列转换,ADC 将产生一次 DMA 触发。在 ADCCON2.SCH 中设置的前 8 个通道的每个通道都有一个 DMA 触发。当通道转换准备好一个采样时,将激活一个 DMA 触发。DMA 触发命名为"ADC_CHsd",其中 s 是单端通道,d 是差动通道。另外,当 ADC 序列转换通道中准备好一个新数据时,一个 DMA 触发(ADC_CHALL)将激活。

7.1.3 CC2530 的 ADC 相关寄存器

CC2530 ADC 包括控制寄存器(ADCCON1、ADCCON2 和 ADCCON3)、转换数据寄存器(ADCH:ADCL)、测试寄存器(TR0)以及端口配置寄存器。具体介绍如表 7-1～7-6 所列。

表 7-1 ADC 数据寄存器(高位)ADCH(0xBB)的位描述

位	名 称	复 位	读/写	功能描述
7:0	ADC[13:6]	0x00	R	ADC 数据的高位部分

表 7-2 ADC 数据寄存器(低位)ADCL(0xBA)的位描述

位	名称	复位	读/写	功能描述
7:2	ADC[5:0]	0	R	ADC 数据的低位部分
1:0	—	0	R0	未用,读取结果为 0

表 7-3 ADC 控制寄存器 1 ADCCON1(0xB4)的位描述

位	名称	复位	读/写	功能描述
7	EOC	0	R/H0	转换是否结束。当 ADCH 被读取后该位将清零。转换数据没有读完之前,EOC 仍保持高位。 0:转换未完成; 1:转换完成
6	ST	0	R/W	转换启动,转换完成之前读取总是1。 0:无转换; 1:如 ADCCON1.STSEL=11,当无序列运行时则启动一个序列转换
5:4	STSEL[1:0]	11	R/W1	启动转换事件选择。 00:P2.0 外部触发; 01:全速; 10:定时器通道 0 比较触发; 11:由 ADCCON1.ST=1 决定
3:2	RCTRL[1:0]	00	R/W	控制 16 位随机发生器
1:0	—	11	R/W	未用

表 7-4 ADC 控制寄存器 2 ADCCON2(0xB5)的位描述

位	名称	复位	读/写	功能描述
7:6	SREF[1:0]	00	R/W	转换序列参考电压选择位。 00:内部参考;01:AIN7 引脚上的外部参考电压; 10:AVDD5 引脚; 11:AIN6~AIN7 差动输入上的外部参考
5:4	SDIV[1:0]	01	R/W	设置序列转换通道抽取率,抽取率也决定完成转换的需求时间和分辨率。 00:64 抽取率(7 位分辨率); 01:128 抽取率(9 位分辨率); 10:256 抽取率(10 位分辨率); 11:512 抽取率(12 位分辨率)

续表 7-4

位	名 称	复 位	读/写	功能描述
3:0	SCH[3:0]	0000	R/W	序列转换通道选择。 0000～0111：AIN0～AIN7； 1000：AIN0～AIN1； 1001：AIN2～AIN3； 1010：AIN4～AIN5； 1011：AIN6～AIN7； 1100：GND； 1101：保留； 1110：温度传感器； 1111：VDD/3

表 7-5　ADC 控制寄存器 3 ADCCON3(0xB6)的位描述

位	名 称	复 位	读/写	功能描述
7:6	SREF[1:0]	00	R/W	外部转换参考电压选择位。 00：内部参考电压；01：AIN7 引脚上的外部参考电压； 10：AVDD5 引脚； 11：AIN6 - AIN7 差动输入上的外部参考电压
5:4	SDIV[1:0]	01	R/W	设置转换通道抽取率，抽取率也决定完成转换的需求时间和分辨率。 00：64 抽取率(7 位分辨率)； 01：128 抽取率(9 位分辨率)； 10：256 抽取率(10 位分辨率)； 11：512 抽取率(12 位分辨率)
3:0	SCH[3:0]	0000	R/W	单次转换通道选择。单次转换完成后，此位自动清零。 0000 - 0111：AIN0～AN7 1000：AIN0～AIN1 1001：AIN2～AIN3 1010：AIN4～AIN5 1011：AIN6～AIN7 1100：GND 1101：保留 1110：温度传感器 1111：VDD/3

表7-6 模拟外设端口配置寄存器 APCFG(0xF2)的位描述

位	名 称	复 位	读/写	功能描述
7:0	APCFG[7:0]	0x00	R	模拟外设端口配置寄存器,选择 P0.0～P0.7 作为模拟外设端口。 0:GPIO; 1:模拟端口

7.1.4 TinyOS 的 ADC 组件

CC2530 的 ADC 利用了 TinyOS 的 Read 接口,该接口的定义位于"tinyos - 2. x/tos/interface"目录中。Read 接口是一个参数化接口,对该接口进行实例化时需要指定用于<val_t>类型参数化。例如,provide interface Read<uint16_t>用于提供 16 位无符号整型数据。Read 接口定义了一个 read 命令函数用于读取 ADC 或启动 ADC 和一个 readDone 事件,该事件在 ADC 完成后可进行触发,告知上层应用程序对 ADC 的结果进行相应的处理。Read 接口的定义如下:

```
interface Read<val_t>
{
    command error_t read();
    event void readDone(error_t result, val_t val);
}
```

AdcControl 接口为设置 CC2530 ADC 通道的自定义接口,在该接口中主要定义了 enable(uint8_t Ref, uint8_t resolution, uint8_t input)和 disable 两个命令函数。enable 命令函数实现开启 ADC,同时传递参考电压、采样分辨率以及所使用的通道。而 disable 命令函数则是对 ADC 通道更换输入端口的功能达到屏蔽转换功能。具体参考 ADC 模块组件的实现部分。

```
/***********************************************
* 文 件 名:AdcControl.nc
* 功能描述:CC2530 ADC 接口文件
* 日    期:2012/4/15
* 作    者:李外云 博士
***********************************************/
interface AdcControl
{
    command void enable(uint8_t Ref, uint8_t resolution, uint8_t input);
    command void disable();
}
```

由于 CC2530 有多个 ADC 通道,所以作者利用 TinyOS 的通用组件方法实现相

第 7 章　CC2530 外设组件接口开发

同功能的不同实例。依据实例化中的 ID 号来区分不同的实体，ID 号的实现可由 TinyOS 的 unique 函数来完成。这样在应用程序中，不同的应用可以调用属于自己的 ADC 模块并且在 signal 相应的 event 时可以通过 ID 来进行识别。ADC 组件的配置组件和模块组件如下。

(1) AdcC 配置组件文件

```
/************************************************************
 * 文 件 名：AdcC.nc
 * 功能描述：CC2530 ADC 配置组件文件
 * 日    期：2012/4/15
 * 作    者：李外云 博士
 ************************************************************/
generic configuration AdcC()
{
  provides interface AdcControl;        //ADC 控制接口
  provides interface Read<int16_t>;     //ADC 读
}

implementation
{
  components MainC, AdcP;
  MainC.SoftwareInit -> AdcP.Init;      //Init 接口绑定到 MainC 组件的 Init 接口
  enum { ID = unique("UNIQUE_ADC"), };
  AdcControl = AdcP.AdcControl[ID];     //绑定 AdcControl 接口
  Read = AdcP.Read[ID];
}
```

(2) AdcC 模块组件文件

```
/************************************************************
 * 文 件 名：AdcC.nc
 * 功能描述：CC2530 ADC 模块组件文件
 * 日    期：2012/4/15
 * 作    者：李外云 博士
 ************************************************************/
#include "Adc.h"
module AdcP {
  provides interface Init;
  provides interface AdcControl[uint8_t id];
  provides interface Read<int16_t>[uint8_t id];
}

Implementation
```

```
{
    uint8_t refVolt[uniqueCount("UNIQUE_ADC")];
    uint8_t resolutions[uniqueCount("UNIQUE_ADC")];
    uint8_t inputs[uniqueCount("UNIQUE_ADC")];
    bool inUse[uniqueCount("UNIQUE_ADC")];
    uint8_t counter;
    uint8_t lastId = uniqueCount("UNIQUE_ADC");
    int16_t Adcvalue;
    /***********************************************
    *  函数名:init()命令函数
    *  功  能:ADC初始化
    *  参  数:无
    ***********************************************/
//初始化命令,参数初始化
command error_t Init.init() {
    uint8_t i;
    for (i = 0; i < uniqueCount("UNIQUE_ADC"); i++)
        inUse[i] = FALSE;
    counter = 0;
    return SUCCESS;
}
/***********************************************
*  函数名:enable[uint8_t id](uint8_t Ref, uint8_t resolution, uint8_t input)
          命令函数
*  功  能:使能 ADC
*  参  数:uint8_t Ref:参考电压;uint8_t resolution:分辨率;uint8_t input:端口
          设置
***********************************************/
command void AdcControl.enable[uint8_t id](uint8_t Ref, uint8_t resolution, uint8_t input)
{
    if (counter == 0) {
        ADCIE = 1;
        ADC_STSEL();                              //启动模式选择
    }
    if (!inUse[id]) {
        inUse[id] = TRUE;
        counter++;
        ADC_ENABLE_CHANNEL(inputs[id]); //转换输入端口功能
    }
    refVolt[id] = Ref;
    resolutions[id] = resolution;
```

第7章 CC2530外设组件接口开发

```
  inputs[id] = input;
}
/**********************************************************
 * 函数名:disable[uint8_t id]()命令函数
 * 功    能:屏蔽ADC输入端口功能
 * 参    数:无
 **********************************************************/
command void AdcControl.disable[uint8_t id]()
{
  if (inUse[id]) {
    inUse[id] = FALSE;
    ADC_DISABLE_CHANNEL(inputs[id]); //屏蔽端口
    counter--;
    if (counter == 0)
      ADCIE = 0;
  }
}
/**********************************************************
 * 函数名:read[uint8_t id]()命令函数
 * 功    能:启动ADC命令函数
 * 参    数:无
 **********************************************************/
command error_t Read.read[uint8_t id]()
{
  if (lastId < uniqueCount("UNIQUE_ADC"))
      return FAIL;
   else
   {
      uint8_t temp;
      lastId = id;      //保存通道号
      temp = ADCH;      //读转换值以清除转换标志
      temp = ADCL;
      ADC_SINGLE_CONVERSION(refVolt[id] | resolutions[id] | inputs[id]);
                        //开始转换
      return SUCCESS;
   }
}
/**********************************************************
 * 函数名:signalReadDone()事件函数
 * 功    能:转换结束事件
 * 参    数:无
 **********************************************************/
```

```
    task void signalReadDone()        {
    uint8_t tmp;
    tmp = lastId;
    lastId = uniqueCount("UNIQUE_ADC");
    signal Read.readDone[tmp](SUCCESS, Adcvalue);      //触发转换信号
    }
    /**********************************************************
    * 函数名: MCS51_INTERRUPT(SIG_ADC)
    * 功  能:ADC中断入口函数
    * 参  数:无
    **********************************************************/
MCS51_INTERRUPT(SIG_ADC) {
    Adcvalue = (((uint16_t) ADCH) << 8);
    Adcvalue |= ADCL;
    post signalReadDone();
    }
    default event void Read.readDone[uint8_t id](error_t result, int16_t val) {   }
}
```

7.1.5 ADC组件的测试程序

enmote物联网开发平台网关板上的VR1可调电位器可用来测试CC2530 ADC的功能,电路如图7-2所示,电位器的中心触头输出接CC2530的P0.7口。ADC组件的测试实现将电位器的输出电压进行A/D转换,并将转换结果送到网关板的LCD屏显示。采用单次A/D转换,测试程序保存在"opt\tinyos-2.x\apps\CC2530\TestADC\"目录中。程序代码如下:

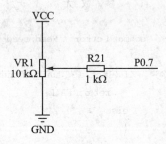

图7-2 网关板的电位器硬件电路图

(1) 配置文件 TestADC.nc

```
/**********************************************************
* 文 件 名:TestAdcC.nc
* 功能描述:测试CC2530的ADC采样组件配置文件
* 日    期:2012/4/15
* 作    者:李外云 博士
**********************************************************/
configuration TestAdcC { }
implementation    {
    components TestAdcM as App;
    components MainC;
```

第7章 CC2530 外设组件接口开发

```
    App.Boot -> MainC.Boot;
    components PlatformLcdC;                    //LCD 组件
    App.Lcd -> PlatformLcdC.PlatformLcd;
    App.LcdInit -> PlatformLcdC.Init;
    components new TimerMilliC() as Timer1;     //定时器组件
    App.Timer1 -> Timer1;
    components new AdcC() as Ad;                //ADC 组件
    App.AdControl -> Ad;
    App.AdRead -> Ad;
}
```

(2) 实现文件 TestAdc.nc

```
/**************************************************
 * 文 件 名:TestAdc.nc
 * 功能描述:测试 CC2530 的 ADC 采样组件模块文件
 * 日    期:2012/4/15
 * 作    者:李外云 博士
 **************************************************/
#include "ADC.H"
module TestAdcM
{
    uses interface Boot;
    uses interface PlatformLcd as Lcd;
    uses interface Init as LcdInit;
    uses interface AdcControl as AdControl;
    uses interface Read<int16_t> as AdRead;
    uses interface Timer<TMilli> as Timer1;
}
implementation
{
    #define VDD 33
    uint16_t m_val;
/**************************************************
 * 函数名:CalcVolt()任务函数
 * 功  能:对 ADC 测试后的电压进行转换
 * 参  数:无
 **************************************************/
    task void CalcVolt()
    {
        unsigned char s[16];
        m_val = ((float)m_val / (float)0x1FFF) * VDD;
        sprintf(s,(char *)"%d.%d V", m_val/10, m_val%10);
```

```
        call Lcd.PutString(60,20,s);
}
/***********************************************************
 * 函数名:booted()事件函数
 * 功    能:系统启动完毕后由 MainC 组件自动触发
 * 参    数:无
 ***********************************************************/
event void Boot.booted()
{
    call LcdInit.init();                              //LCD 初始化
    call Lcd.ClrScreen();                             //LCD 清屏
      call Lcd.FontSet_cn(1,1);                       //LCD 字体设置
      call Lcd.PutString_cn(0,20,"电压为 ");
    call AdControl.enable(ADC_REF_AVDD,ADC_14_BIT,ADC_AIN7);   //ADC 参数设置
    call Timer1.startPeriodic(1024);                  //设置定时时间 1 s
    call Lcd.FontSet(1,1);
}
/***********************************************************
 * 函数名:readDone(error_t result, int16_t val)事件函数
 * 功    能:采样完毕后自动触发该事件
 * 参    数:error_t result:转换是否成功;int16_t val:转换后的结果
 ***********************************************************/
event void AdRead.readDone(error_t result, int16_t val)
{
    m_val = val;
    post CalcVolt();                                  //分发事件
}
/***********************************************************
 * 函数名:fired()事件函数
 * 功    能:定时事件,当定时器设定时间一到自动触发该事件
 * 参    数:无
 ***********************************************************/
event void Timer1.fired()  {
    call AdRead.read();                               //调用 ADC 的 read 命令,启动 ADC
}
}
```

(3) makefile 编译文件

```
/***********************************************************
# 功能描述:TestAdcC 程序的 makefile
# 日    期:2012/4/15
# 作    者:李外云 博士
```

```
*************************************************/
COMPONENT = TestAdcC
include $(MAKERULES)
```

连接好硬件电路,在 NotePad++编辑器中,使 ADC 测试程序处于当前打开状态。单击"运行"菜单的 make enmote install 自定义菜单或按 F5 快捷键,如图 7-3 所示,编译下载测试。

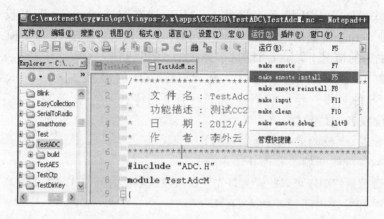

图 7-3 "运行"菜单的 make enmote install 菜单

当程序下载成功后,LCD 屏显示结果如图 7-4 所示。旋动网关板上的电位器,显示的电压将发生变化。根据电路图分析可知,最大电压为 3.3 V,最小电压为 0 V。

利用 Eclipse 的 TinyOS 插件功能,建立 CC2530 ADC 组件测试程序的组件关联关系图,如图 7-5 所示。

图 7-4 ADC 测试程序在网关板 LCD 上的显示内容

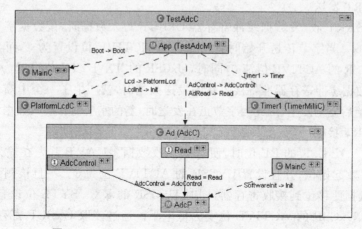

图 7-5 CC2530 ADC 组件测试程序的组件关联图

7.2 CC2530 串口通信组件

7.2.1 CC2530 串口介绍

CC2530 具有 USART0 和 USART1 两个串行通信接口,它们可运行于异步 UART 模式或同步 SPI 模式。两个 USART 具有同样的功能,可以设置不同的 GPIO 引脚。enmote 物联网开发平台主要使用串口通信的异步 UART 模式,所以在没有特殊说明的情况下,串口通信是指异步 UART 通信。

CC2530 的异步串行接口提供含有 RXD、TXD 的 2 线或者含有 RXD、TXD、RTS 和 CTS 的 4 线。异步 UART 模式具有下列特点:

- 8 位或者 9 位数据;
- 奇校验、偶校验或者无奇偶校验;
- 可软件配置起始位和停止位电平;
- 发送数据的顺序可以配置为首先发送待发送数据的低位(LSB)或者高位(MSB);
- 接收和发送中断相互独立,互不干扰;
- 接收和发送的 DMA 触发也相互独立;
- 提供奇偶校验和帧校验出错状态。

UART 模式提供全双工传送,接收器中的位同步对发送功能不会造成影响。一个 UART 字节包含 1 个起始位、8 个数据位、1 个作为可选项的第 9 位数据或者奇偶校验位,再加上 1 个(或 2 个)停止位。

CC2530 的 UART 操作由 USART 控制和状态寄存器 UxCSR 以及 USART 控制寄存器 UxUCR 控制(注:这里的 x 是 USART 的编号,其数值为 0 或者 1)。当 UxCSR.MODE 设置为 1 时,就选择了 UART 模式。

(1) UART 发送

当向 USART 收/发数据缓冲寄存器 UxBUF 写入数据时,该数据字节发送到输出引脚 TXDx。当字节传送开始时,UxCSR 的 ACTIVE 位设置为 1,而当字节传送结束时,UxCSR 的 ACTIVE 位清 0,同时 UxCSR 的 TX_BYTE 位设置为 1。当 USART 收/发数据缓冲寄存器准备接收新的发送数据时,就产生了一个中断请求。该中断在传送开始后立刻发生,因此当字节正在发送时,新的字节能够装入数据缓冲器。

(2) UART 接收

当 1 写入 UxCSR 的 RE 位时,便可以接收数据。UART 首先在输入引脚 RXDx 中寻找有效起始位,并且设置 UxCSR 的 ACTIVE 位为 1。一旦检测到有效起始位,收到的数据便移位到接收寄存器,同时 UxCSR 的 RX-BYTE 位设置为 1,并产生接收中断,UxCSR 的 ACTIVE 位变为低电平。通过读取 UxBUF 寄存器,接收到数据字节。一旦 UxBUF 读出,UxCSR 的 RX-BYTE 位便由硬件清 0。

(3) UART 硬件流控制

当 UxUCR 的 FLOW 设置为 1 时，便使能 UART 的硬件流控制。这时，当接收寄存器空而且接收允许时，RTS 输出变低。在 CTS 输入变低之前，不会发生数据传送。

(4) UART 特征格式

如果 UxUCR 寄存器中的 BIT9 和奇偶校验位设置为 1，数据在传输时就产生奇偶校验位并进行奇偶校验检测。奇偶校验位作为第 9 位来传送。在接收时，对接收到的数据计算出奇偶校验位并与收到的第 9 位进行比较。如果奇偶校验出错，则 UxCSR 的 ERR 位设置为 1。当读 UxCSR 寄存器时，UxCSR 的 ERR 位清 0。

停止位可以设置为 1 或者 2，这取决于寄存器 UxUCR 的 STOP 位。接收器总要检测一个停止位。如果在接收期间收到的第一个停止位不是期望的停止位电平，寄存器 UxCSR 的 FE 位设置为 1，发出帧出错信号。当读 UxCSR 时，UxCSR 的 FE 位清 0。当 UxCSR 的 SPB 位设为 1 时，接收器将检测两个停止位。

(5) UART 波特率发生器

CC2530 异步串行通信波特率（或 SPI 通信时钟）由寄存器 UxBAUD 的 BAUD_M[7:0] 和 UxCSR 的 BAUD_E[4:0] 定义。该波特率用于 UART 传送或 SPI 传送的串行时钟速率。波特率由下式给出：

$$BaudRate = \frac{(256 + BAUD\_M) \times 2^{BAUD\_E}}{2^{28}} \times f$$

式中：f 是系统时钟频率，等于 16 MHz 或者 32 MHz。

波特率所需的寄存器值如表 7-7 所列。该表适用于典型的 32 MHz 系统时钟。真实波特率与标准波特率之间的误差用百分数表示。当 BAUD_E 等于 16 且 BAUD_M 等于 0 时，UART 模式的最大波特率是 $f/16$（f 是系统时钟频率）。当 BAUD_E 等于 19 且 BAUD_M 等于 0 时，SPI 模式的最大波特率（即 SCK 频率）是 $f/2$。如果设置比这个更高的波特率就会出错。

表 7-7 常用波特率与波特率寄存器内容设置

波特率	UxBAUD.BAUD_M[7:0]	UxCSR.BAUD_E[4:0]	误差
2 400	59	6	0.14
4 800	59	7	0.14
9 600	59	8	0.14
14 400	216	8	0.03
19 200	59	9	0.14
28 800	216	9	0.03
38 400	59	10	0.14
57 600	216	10	0.03
76 800	59	11	0.14
115 200	216	11	0.03

7.2.2 CC2530 串口相关寄存器

CC2530 拥有 USART0 和 USART1 两个串行通信接口,这两个接口的控制寄存器十分相似,表 7-8～7-12 主要介绍 USART0 的相关寄存器。对于 USART1,读者可以自己分析。

表 7-8 USART0 的控制和状态寄存器 U0CSR(0x86)的位描述

位	名称	复位	读/写	功能描述
7	MODE	0	R/W	模式选择。0:SPI 模式;1:UART 模式
6	RE	0	R/W	接收允许位。0:禁止接收;1:允许接收
5	SLAVE	0	R/W	SPI 主从模式选择。0:主 SPI;1:从 SPI
4	FE	0	R/W0	帧错误状态标志。0:无错;1:停止位电平出错
3	ERR	0	R/W0	奇偶错误状态标志。0:无错;1:奇偶检测错
2	RX_BYTE	0	R/W0	接收字节状态位。0:无接收字节;1:接收完 1 字节
1	TX_BYTE	0	R/W0	发送字节状态位。0:无发送字节;1:字节已传输到缓冲寄存器
0	ACTIVE	0	R	收发状态位。0:空闲;1:正在发送或接收

表 7-9 USART0 的 UART 控制寄存器 U0UCR (0xC4)的位描述

位	名称	复位	读/写	功能描述
7	FLUSH	0	R0/W1	刷新,当设置为 1 时,停止当前操作返回空闲状态
6	FLOW	0	R/W	硬件流控制位。0:流控制屏蔽;1:流控制允许
5	D9	0	R/W	UART 奇校位。0:奇校验;1:偶校验
4	BIT9	0	R/W	9 位允许位。0:发送 8 位数据;1:发送 9 位数据
3	PARITY	0	R/W	奇偶校验允许位。0:无奇偶校验;1:奇偶校验
2	SPB	0	R/W	停止位设置。0:1 个停止位;1:两个停止位
1	STOP	1	R/W	停止位电平设置。0:停止位为低电平;1:停止位为高电平
0	START	0	R/W	起始位电平设置。0:起始位为低电平;1:起始位为高电平

表 7-10 USART0 通用控制寄存器 U0GCR (0xC5)的位描述

位	名称	复位	读/写	功能描述
5	ORDER	0	R/W	数据位的发送顺序。0:先发送低位;1:先发送高位
4:0	BAUD_E[4:0]	0	R/W	波特率指数控制位。与 BAUD_M 一起决定 UART 波特率

第7章 CC2530外设组件接口开发

表 7-11 USART0 波特率控制寄存器 U0BAUD(0xC2)的位描述

位	名称	复位	读/写	功能描述
7:0	BAUD_M[7:0]	0	R/W	波特率尾数控制位，与 BAUD_E 一起决定 UART 波特率

表 7-12 USART0 的发送和接收缓冲寄存器 U0DBUF(0xC2)的位描述

位	名称	复位	读/写	功能描述
7:0	DATA[7:0]	0	R/W	接收和发送缓冲寄存器。写寄存器时，数据写入内部的发送寄存器中；当读该寄存器时，读取内部接收寄存器的数据

7.2.3 CC2530 串口与引脚关系

CC2530 的串口端口可以通过软件设置到不同的 GPIO 引脚，表 7-13 所列为 CC2530 串口外设与 GPIO 引脚的映射关系。

表 7-13 CC2530 串口外设与 GPIO 引脚的映射关系

端口		P0								P1							
		7	6	5	4	3	2	1	0	7	6	5	4	3	2	1	0
串口 0	Alt1			RT	CT	TX	RX										
	Alt2											TX	RX	RT	CT		
串口 1	Alt1			RX	TX	RT	CT										
	Alt2											RX	TX	RT	CT		

相关寄存器介绍如表 7-14~7-16 所列。

表 7-14 外设控制寄存器 PERCFG(0xF1)的位描述

位	名称	复位	读/写	功能描述
1	U1CFG	0	R/W	串口 1 端口映射。0：转换位置 1；1：转换位置 2
0	U0CFG	0	R/W	串口 0 端口映射。0：转换位置 1；1：转换位置 2

表 7-15 端口 P0 功能选择 P0SEL(0xF3)的位描述

位	名称	复位	读/写	功能描述
7:0	SELP0_[7:0]	0x00	R/W	P0.7~P0.0 功能选择。0：GPIO；1：外设端口

表 7-16 端口 P1 功能选择 P1SEL(0xF4)的位描述

位	名称	复位	读/写	功能描述
7:0	SELP1_[7:0]	0x00	R/W	P1.7~P1.0 功能选择。0:GPIO;1:外设端口

7.2.4 TinyOS 的串口通信接口

串口是大部分微处理器必备的外设资源,TinyOS 为串口通信提供了基于单字节的接口 UartByte、基于多字节的接口 UartStream 以及独立于硬件的串口控制接口 UartControl,这三个接口都保存在"tinyos-2.x\tos\interfaces"目录中。

(1) 单字节串口接口

```
interface UartByte {
  async command error_t send(uint8_t byte);                          //发送命令函数
  async command error_t receive(uint8_t * byte, uint8_t timeout);    //接收命令函数
}
```

(2) 多字节串口接口

```
interface UartStream {
  async command error_t send(uint8_t * buf, uint16_t len);           //发送命令函数
  async event void sendDone(uint8_t * buf, uint16_t len, error_t error);
                                                                     //发送完毕事件
  async command error_t enableReceiveInterrupt();                    //使能发送中断命令函数
  async command error_t disableReceiveInterrupt();                   //屏蔽发送中断命令函数
  async event void receivedByte(uint8_t byte);                       //接收单字节事件
  async command error_t receive(uint8_t * buf, uint16_t len);        //接收多字节命令
  async event void receiveDone(uint8_t * buf, uint16_t len, error_t error);
                                                                     //接收完毕事件
}
```

(3) 串口控制接口

TinyOS 提供的串口通信控制接口 UartControl("tinyos-2.x\tos\interfaces"目录中)主要定义波特率、奇偶校验、停止位以及双工通信模式等命令函数。而对一般的单片机系列的微处理器来说,串口通信的控制设置比较单一,主要涉及通信波特率的设置以及收发中断的控制,其他可采用默认设置。所以作者根据 CC2530 串口通信的特点,自定义了串口控制接口,具体代码如下:

```
/*************************************************************
*  文 件 名:CC2530UartControl.nc
*  功能描述:串口通信控制接口
*  日    期:2012/4/15
*  作    者:李外云 博士
```

第 7 章　CC2530 外设组件接口开发

```
***************************************************/
interface CC2530UartControl
{
    async command error_t InitUart(uint32_t baud);              //初始化串口命令函数
    async command error_t setTxInterrupt(uint8_t bIntr);         //发送中断设置命令函数
    async command error_t setRxInterrupt(uint8_t bIntr);         //接收中断设置命令函数
}
```

7.2.5　CC2530 串口通信组件的实现

CC2530 串口通信组件主要完成串口相关寄存器的设置、端口引脚映射配置，实现所提供接口中的命令函数并触发相关事件。本小节只涉及到 CC2530 串口 0 通信组件的实现，读者可以根据自己实际需要完成对串口 1 通信组件的实现。详细注释可参考"tinyos – 2.x\tos\chips\CC2530\usart"目录中的源代码。

(1) CC2530 串口通信组件配置文件

```
/****************************************************
 * 文  件  名：HplCC2530UartC.nc
 * 功能描述：CC2530 串口通信组件配置文件
 * 日    期：2012/4/15
 * 作    者：李外云 博士
 ***************************************************/
configuration HplCC2530UartC
{
    provides interface UartStream as UartStream[uint8_t Num];
    provides interface CC2530UartControl as CC2530UartControl[uint8_t Num];
    provides interface UartByte as UartByte[uint8_t Num];
}
implementation
{
    components HplCC2530Uart0P;                      //串口 0
    UartStream[0] = HplCC2530Uart0P;                 //绑定串口 0 的 UartStream 接口
    CC2530UartControl[0] = HplCC2530Uart0P;          //绑定串口 0 的 CC2530UartControl 接口
    UartByte[0] = HplCC2530Uart0P;                   //绑定串口 0 的 UartByte 接口
    components HplCC2530Uart1P;                      //串口 1
    UartStream[1] = HplCC2530Uart1P;                 //绑定串口 1 的 UartStream 接口
    CC2530UartControl[1] = HplCC2530Uart1P;          //绑定串口 1 的 CC2530UartControl 接口
    UartByte[1] = HplCC2530Uart1P;                   //绑定串口 1 的 UartByte 接口
}
```

(2) CC2530 串口通信组件底层实现文件

```
/************************************************************
 * 文 件 名:HplCC2530UartP.nc
 * 功能描述:CC2530 串口通信组件实现文件
 * 日    期:2012/4/15
 * 作    者:李外云 博士
 ************************************************************/
module HplCC2530Uart0P   {
    provides interface UartStream;                //串口流接口
    provides interface CC2530UartControl ;        //自定义串口控制接口
    provides interface UartByte;                  //单字节串口接口
}
implementation
{
    norace uint8_t   * m_tx_buf;                  //串口发送缓冲指针
    norace uint16_t   m_tx_len;                   //发送长度
    /************************************************************
     * 函数名:UartSetup()函数
     * 功  能:设置串口 0 的相关寄存器
     * 参  数:无
     ************************************************************/
    void UartSetup()    {
        PERCFG &= ~0x1u;                          //GPIO 设置为交换功能 1
        P0SEL |= 0x0Cu;                           //P0.3 和 P0.2 作为外设端口
        U0CSR |= 0x80u | 0x40u; // U0CSR.Mode = 1 | U0CSR.ReceiveEnable = 1
        U0UCR |= (0x2u   | 0x80u); //((HIGH_STOP) | FLUSH)
        UTX0IF = 0;                               //清发送中断标志
        URX0IF = 0;                               //清接收中断标志
    }
    /************************************************************
     * 函数名:UartSend()任务函数
     * 功  能:串口输出任务
     * 参  数:无
     ************************************************************/
    task void UartSend()   {
        int i = 0;
        while ((i < m_tx_len) &&   (m_tx_buf[i] ! = '\0'))
        {
            call UartByte.send(m_tx_buf[i++]);           //发送单个字符
        }
        signal UartStream.sendDone(m_tx_buf,m_tx_len,SUCCESS);//触发发送完成事件
```

```
}
/***********************************************************
* 函数名:send(uint8_t * buf,uint16_t len)命令函数
* 功   能:串口输出流的发送命令函数
* 参   数:uint8_t * buf:发送数据指针;uint16_t len:发送数据长度
***********************************************************/
async command error_t UartStream.send(uint8_t * buf, uint16_t len)
{
    if (len == 0)
    return FAIL;
    m_tx_buf = buf;        //设置发送数据指针
    m_tx_len = len;        //设置发送数据长度
    post UartSend();       //分发 UartSend()任务
    return SUCCESS;
}
/***********************************************************
* 函数名:enableReceiveInterrupt()命令函数
* 功   能:使能接收中断命令函数
* 参   数:无
***********************************************************/
async command error_t UartStream.enableReceiveInterrupt()
{
    call CC2530UartControl.setRxInterrupt(0x01);
    return SUCCESS;
}
/***********************************************************
* 函数名:disableReceiveInterrupt() 命令函数
* 功   能:屏蔽接收中断命令函数
* 参   数:无
***********************************************************/
async command error_t UartStream.disableReceiveInterrupt()
{
    call CC2530UartControl.setRxInterrupt(0x00);
    return SUCCESS;
}
async command error_t UartStream.receive(uint8_t * buf, uint16_t len) {  }
default async event void UartStream.sendDone(uint8_t * buf, uint16_t len, error_t error){}
default async event void UartStream.receivedByte(uint8_t byte) {}
default async event void UartStream.receiveDone(uint8_t * buf, uint16_t len, error_t error){}
/***********************************************************
```

```
 *   函数名:send(uint8_t byte)命令函数
 *   功   能:单字节发送命令函数
 *   参   数:uint8_t byte:发送的字节内容
 ***********************************************************/
async command error_t UartByte.send(uint8_t byte) {
atomic {
    while (U0CSR & 0x01);        //查询数据是否发送完毕
    U0DBUF = byte;               //写发送缓冲寄存器
    while (U0CSR & 0x01);        //查询数据是否发送完毕
    }
return SUCCESS;  }
async command error_t UartByte.receive(uint8_t * byte, uint8_t timeout) { }
/***********************************************************
 *   函数名:InitUart(uint32_t baud)命令函数
 *   功   能:串口初始化命令函数
 *   参   数:uint32_t baud:串口波特率
 ***********************************************************/
async command error_t CC2530UartControl.InitUart(uint32_t baud) {
    m_tx_buf = NULL;
    m_tx_len = 0;
    atomic {
        UartSetup();                          //初始化串口寄存器
        U0GCR = BAUD_E((baud), (CLKCONCMD & 0x07));
        U0BAUD = BAUD_M(baud);                //设置波特率
        }
    return SUCCESS;
}
/***********************************************************
 *   函数名:setTxInterrupt(uint8_t bIntr)命令函数
 *   功   能:设置串口发送中断命令函数
 *   参   数:uint8_t bIntr:发送中断方式:0 屏蔽;1 开启
 ***********************************************************/
//
async command error_t CC2530UartControl.setTxInterrupt(uint8_t bIntr) {
    atomic {
        if(bIntr == 0)
            IEN2&= ~BV(CC2530_IEN2_UTX0IE);    //屏蔽发送中断
        else
            IEN2|= BV(CC2530_IEN2_UTX0IE);     //开启发送中断
    }
    return SUCCESS;
```

```
}
/******************************************************
 * 函数名:setRxInterrupt(uint8_t bIntr)命令函数
 * 功  能:设置串口接收中断命令函数
 * 参  数:uint8_t bIntr:发送中断方式;0 屏蔽;1 开启
 ******************************************************/
async command error_t CC2530UartControl.setRxInterrupt(uint8_t bIntr)  {
    atomic {
        if(bIntr == 0)
            IEN0& = ~BV(CC2530_IEN0_URX0IE);   //屏蔽接收中断
        else
            IEN0 |= BV(CC2530_IEN0_URX0IE);    //开启接收中断
        }
return SUCCESS;
}
/******************************************************
 * 函数名:MCS51_INTERRUPT(SIG_URX0) 函数
 * 功  能:串口接收中断向量入口地址
 * 参  数:无
 ******************************************************/
MCS51_INTERRUPT(SIG_URX0) {
    URX0IF = 0;
    signal UartStream.receivedByte(U0DBUF);
}
/******************************************************
 * 函数名:MCS51_INTERRUPT(SIG_UTX0) 函数
 * 功  能:串口发送中断向量入口地址
 * 参  数:无
 ******************************************************/
MCS51_INTERRUPT(SIG_UTX0)  {
    atomic {
        if (!(U0CSR & 0x1))
            UTX0IF = 0;
        }    }
}
```

7.2.6 CC2530 串口通信组件的测试程序

CC2530 串口通信组件测试程序完成串口 0 的测试。程序运行后,首先利用组件的输出功能在串口助手终端显示一个提供的菜单,并等待用户按键输入,当用户按下 PC 机键盘上的 1、2、3 键时,分别触发 enmote 平台上的三个 LED 灯的点亮和熄灭。

具体代码清单如下:
(1) 串口通信组件测试程序配置文件 TestSerialC. nc

```
/************************************************
 * 文 件 名:TestSerialC.nc
 * 功能描述:测试 CC2530 串口数据收发通信
 * 日    期:2012/4/15
 * 作    者:李外云 博士
 ************************************************/
configuration TestSerialC  {  }
implementation
{
    components TestSerialM as App;
    components MainC;
    App.Boot -> MainC.Boot;
    components LedsC;                              //LED 组件
    App.Leds -> LedsC.Leds;                        //绑定 Leds 接口
    components HplCC2530UartC;                     //串口组件
    App.UartControl->HplCC2530UartC.CC2530UartControl[0];  //绑定 UartControl 接口
    App.UartStream->HplCC2530UartC.UartStream[0];          //绑定 UartStream 接口
}
```

(2) 串口通信组件测试程序实现文件 TestSerialM. nc

```
/************************************************
 * 文 件 名:TestSerialM.nc
 * 功能描述:测试 CC2530 串口数据收发通信
 * 日    期:2012/4/15
 * 作    者:李外云 博士
 ************************************************/
module TestSerialM  {
    uses interface Boot;
    uses interface Leds;
    uses interface UartStream;
    uses interface CC2530UartControl as UartControl;   }
#ifndef UART_BAUDRATE
    #define UART_BAUDRATE    9600
#endif
Implementation  {
    uint8_t m_strRecv;            //接收到的数据变量
    uint8_t m_sendBuf[120];       //接收到的数据缓冲
    /*********************************************
     * 函数名:ShowMenu()函数
```

```
*  功   能:显示提示菜单
*  参   数:无
***********************************************************/
void ShowMenu()
{
    strcpy(m_sendBuf,"串口测试程序,请选择输入:\r\n");
    strcat(m_sendBuf,"[1] Toggle The No.1 Led.\r\n");
    strcat(m_sendBuf,"[2] Toggle The No.2 Led.\r\n");
    strcat(m_sendBuf,"[3] Toggle The No.3 Led.\r\n");
    call UartStream.send(m_sendBuf,strlen(m_sendBuf));
}
/***********************************************************
*  函数名:SendMsg(char * str)函数
*  功   能:发送字符串函数
*  参   数:char * str:字符串指针
***********************************************************/
void SendMsg(char * str)
{
    call UartStream.send(str,strlen(str));
}
/***********************************************************
*  函数名:TaskLightLed()函数
*  功   能:处理串口接收到的数据任务函数
*  参   数:无
***********************************************************/
task void TaskLightLed()  {
    switch(m_strRecv)  {
        case '1':
            call Leds.led0Toggle();              //触发亮灭 LED 灯 0
            SendMsg("You Toggle No.1 Led!!\r\n"); //串口输出字符串
            break;
        case '2':
            call Leds.led1Toggle();              //触发亮灭 LED 灯 1
            SendMsg("You Toggle No.2 Led!!\r\n"); //串口输出字符串
            break;
        case '3':
            call Leds.led2Toggle();              //触发亮灭 LED 灯 2
            SendMsg("You Toggle No.3 Led!!\r\n"); //串口输出字符串
            break;
        default:
            call Leds.led0Toggle();
            SendMsg("\r\nError Key,Toggle No.4 Led\r\n\r\n");
```

```
            ShowMenu();
            break;
    }  }
/***************************************************
* 函数名:booted()事件函数
* 功   能:系统启动完毕后由 MainC 组件自动触发
* 参   数:无
***************************************************/
booted event void Boot.booted()
{
    call UartControl.InitUart(UART_BAUDRATE);      //初始化串口
    call UartControl.setRxInterrupt(0x01);          //使能发送中断
    call UartControl.setTxInterrupt(0x01);          //使能接收中断
    ShowMenu();                                     //显示提示菜单
}
/***************************************************
* 函数名:receivedByte(uint8_t byte)事件函数,
* 功   能:串口接收事件 receivedByte
* 参   数:uint8_t byte:接收到的数据
***************************************************/
async event void UartStream.receivedByte(uint8_t byte)  {
    m_strRecv = byte;
    post TaskLightLed();         //分发任务
}
//串口接收到数据完成事件
async event void UartStream.receiveDone (uint8_t* buf, uint16_t len, error_t error)  {}
//串口发送完毕事件
async event void UartStream.sendDone (uint8_t* buf, uint16_t len, error_t error) {}
}
```

(3) 串口通信组件测试程序的 makefile 编译文件

```
/***************************************************
* 功能描述:串口通信组件测试程序 makefile
* 日   期:2012/4/15
* 作   者:李外云 博士
***************************************************/
COMPONENT = TestSerialC
PFLAGS += -DGATEBOARD
include $(MAKERULES)C
```

连接好硬件电路,打开串口助手,选择好对应的串口号,波特率设置为 9 600。在

第7章 CC2530外设组件接口开发

NotePad++编辑器中,使测试程序处于当前打开状态。单击"运行"菜单的 make enmote install 自定义菜单或按 F5 快捷键,如图 7-6 所示。

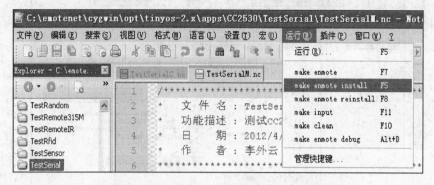

图 7-6 "运行"菜单的 make enmote install 菜单

当程序下载后,串口助手显示提示菜单,如图 7-7 所示。分别按下 PC 键盘的 1、2、3 数字键,串口助手显示该数字键所触发的 LED 灯,如图 7-8 所示。

图 7-7 串口助手显示的提示菜单

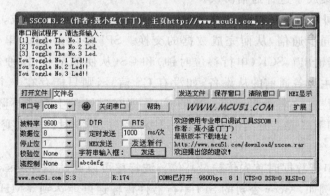

图 7-8 按键后的串口助手显示内容

利用 Eclipse 的 TinyOS 插件功能,建立 CC2530 串口通信组件测试程序的组件关联关系图,如图 7-9 所示。

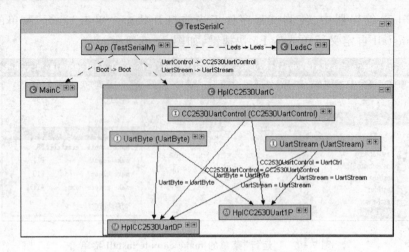

图 7-9 CC2530 串口通信组件测试程序的组件关联图

7.3 SPI 通信协议组件

7.3.1 SPI 通信接口介绍

SPI(Serial Peripheral interface)顾名思义就是串行外围设备接口,是 Motorola 首先在其 MC68HCXX 系列处理器上定义的。SPI 通信接口主要应用在 EEPROM、Flash、实时时钟、A/D 转换器以及数字信号处理器和数字信号译码器之间。SPI 通信接口是一种高速、全双工、同步通信总线,并且在芯片的引脚上只占用四根线,节约了芯片引脚,同时为线路板的布局节省空间。正是由于这种简单易用的特性,现在越来越多的芯片集成了这种通信协议。

SPI 串行同步通信协议由一个主设备和一个或多个从设备组成,主设备启动一个与从设备的同步通信,从而完成数据的交换。SPI 接口由 SDI(串行数据输入)、SDO(串行数据输出)、SCK(串行移位时钟)和 CS(从使能信号)四种信号构成。CS 决定了唯一与主设备通信的从设备,如没有 CS 信号,则只能存在一个从设备,主设备通过产生移位时钟来发起通信。通信时,数据在时钟的上升或下降沿由 SDO 输出,在紧接着的下降或上升沿由 SDI 读入,这样经过 8/16 时钟的改变,完成 8/16 位数据的传输。

SPI 传输串行数据时首先传输最高位。波特率可以高达 5 Mbps,具体速度取决于 SPI 硬件。例如,Xicor 公司的 SPI 串行器件传输速度能达到 5 MHz。

该总线通信基于主-从配置,有以下 4 个信号:

- MOSI:主出/从入;
- MISO:主入/从出;

第 7 章　CC2530 外设组件接口开发

- SCK：串行时钟；
- SS：从属选择。

芯片上"从属选择"(slave-select)的引脚数决定了可连接到总线上的器件数量。在 SPI 数据传输中，数据是同步发送和接收的。数据传输的时钟基于主处理器的时钟脉冲，Motorola 没有定义任何通用的 SPI 时钟规范。最常用的时钟设置基于时钟极性(CPOL)和时钟相位(CPHA)两个参数，CPOL 定义 SPI 串行时钟的活动状态，CPHA 定义相对于 SO-数据位的时钟相位。CPOL 和 CPHA 的设置决定了数据取样的时钟沿。

SPI 模块为了和外设进行数据交换，根据外设工作要求，其输出的串行同步时钟极性和相位可以配置。时钟极性对传输协议没有重大的影响。如果 CPOL=0，串行同步时钟的空闲状态为低电平；如果 CPOL=1，串行同步时钟的空闲状态为高电平。时钟相位能够配置用于选择两种不同的传输协议之一进行数据传输。如果 CPHA=0，数据在串行同步时钟的第一个跳变沿(上升或下降)被采样；如果 CPHA=1，数据在串行同步时钟的第二个跳变沿(上升或下降)被采样。SPI 主模块和与之通信的外设的时钟相位和极性应该一致。SPI 接口时序如图 7-10 和图 7-11 所示。

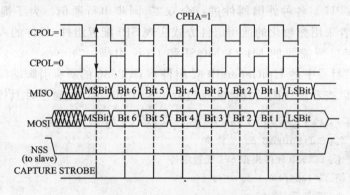

图 7-10　CPHA=1 时的 SPI 总线数据传输时序

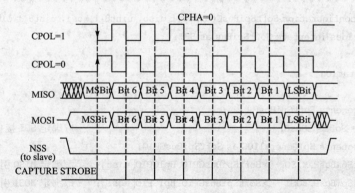

图 7-11　CPHA=0 时的 SPI 总线数据传输时序

7.3.2 SPI 总线组件的 TinyOS 底层驱动

(1) SPI 的 SoftSpiBus 接口定义

为了实现 CC2530 与具有 SPI 接口的外设进行通信，作者定义了 SPI 接口，并实现了其相关组件。根据 SPI 通信协议，作者所定义的 SPI 接口 SoftSpiBus 包括初始化命令、数据读/写命令以及时钟极性的设置。

```
interface SoftSpiBus  {
    async command void init();
    async command void setClockPolarity(uint8_t polarity);
    async command uint8_t readByte();
    async command void writeByte(uint8_t byte);
    async command uint8_t write(uint8_t byte);
}
```

(2) SPI 的配置组件 SoftSpiBusC

SPI 总线至少需要一条时钟线 SCK、一条数据输入线 MOSI 和一条数据输出线 MISO，用于 CPU 与各种外围器件进行全双工、同步串行通信。为了提高 SPI 组件的灵活性，作者采用参数化的通用组件方式实现 SPI 配置组件，组件的入口参数分别对应于 SPI 接口所需要的 MISO、MOSI 和 CLK 引脚。"tinyos - 2. x\tos\chips\CC2530\pins"目录下的 HplGeneralIOC 组件将 CC2530 的所有引脚端口进行了统一编号，读者可以查看该代码的具体实现过程。SoftSpiBusC 配置组件具体代码如下：

```
/************************************************************
 * 文 件 名：SoftSpiBusC.nc
 * 功能描述：CC2530 软件模拟 SPI 配置组件
 * 日    期：2012/4/15
 * 作    者：李外云 博士
 ************************************************************/
generic configuration SoftSpiBusC(uint8_t miso, uint8_t mosi, uint8_t clk) {
    provides interface SoftSpiBus as SPI;
}
implementation
{
    components SoftSpiBusP;
    SPI = SoftSpiBusP;                                      //绑定 SPI 接口
    components HplGeneralIOC as SoftSpiBusGPIO;
    SoftSpiBusP.MISO - >SoftSpiBusGPIO.HplGPIO[miso];       //绑定 MISO 引脚接口
    SoftSpiBusP.MOSI - >SoftSpiBusGPIO.HplGPIO[mosi];       //绑定 MOSI 引脚接口
    SoftSpiBusP.SCLK - >SoftSpiBusGPIO.HplGPIO[clk];        //绑定 SCLK 引脚接口
}
```

(3) SPI 的模块组件 SoftSpiBusP

SPI 模块组件利用软件模拟 SPI 工作时序，读者可自行分析该代码的实现过程。SoftSpiBusP 模块组件的具体代码如下：

```
/************************************************************
 * 文 件 名：SoftSpiBusP.nc
 * 功能描述：CC2530 软件模拟 SPI 模块组件
 * 日    期：2012/4/15
 * 作    者：李外云 博士
 ************************************************************/
module SoftSpiBusP {
    provides interface SoftSpiBus as Spi;
    uses interface GeneralIO as SCLK;
    uses interface GeneralIO as MISO;
    uses interface GeneralIO as MOSI;
}
Implementation {
    uint8_t bPolarity = 0;
    /************************************************************
     * 函数名：init()命令函数
     * 功  能：初始化命令,SPI 端口设置函数
     * 参  数：无
     ************************************************************/
    async command void Spi.init() {
        call SCLK.makeOutput();    //设置 SCLK 端口为输出功能
        call MOSI.makeOutput();    //设置 MOSI 端口为输出功能
        call MISO.makeInput();     //设置 MISO 端口为输入功能
        call SCLK.set();           //SCLK 端口置 1
    }

    /************************************************************
     * 函数名：setClockPolarity(uint8_t polarity)命令函数，
     * 功  能：设置时钟极性
     * 参  数：uint8_t polarity:极性选择,0 高电平;1 低电平
     ************************************************************/
    async command void Spi.setClockPolarity(uint8_t polarity) {
        bPolarity = polarity;
        if(bPolarity)
            call SCLK.set();       //SCLK 端口置 1
        else
            call SCLK.clr();       //SCLK 端口清 0
    }
```

```
/***********************************************************
* 函数名:readByte()命令函数
* 功   能:SPI 读命令,返回读出的数据字节
* 参   数:返回读取的字节数据
***********************************************************/
async command uint8_t Spi.readByte()  {
    uint8_t i;
    uint8_t data = 0xde;
    atomic  {
        //读 8 次
        for(i = 0 ; i < 8; ++i)  {
            if(bPolarity)
                call SCLK.clr();    //SCLK 端口清 0
            else
                call SCLK.set();    //SCLK 端口置 1
            data = (data << 1) | (uint8_t) call MISO.get();   //读 1 位数据
            if(bPolarity)
                call SCLK.set();    //SCLK 端口置 1
            else
                call SCLK.clr();    //SCLK 端口清 0
        }
    }
    return data;
}
/***********************************************************
* 函数名:writeByte(uint8_t byte)命令函数
* 功   能:SPI 写命令,参数 byte 为需要写入的数据
* 参   数:uint8_t byte:写入的字节数据
***********************************************************/
async command void Spi.writeByte(uint8_t byte)  {
    uint8_t   i = 8;
    atomic  {
        //写 8 次
        for (i = 0; i < 8 ; ++i)   {
            if(bPolarity)
                call SCLK.clr();    //SCLK 端口清 0
            else
                call SCLK.set();    //SCLK 端口置 1
            if (byte & 0x80)
                call MOSI.set();    //MOSI 端口置 1
            else
```

第7章 CC2530外设组件接口开发

```
            call MOSI.clr();     //MOSI端口清0
        if(bPolarity)
            call SCLK.set();     //SCLK端口置1
        else
            call SCLK.clr();     //SCLK端口清0
        byte <<= 1;
        }
    }
}
/***************************************************
* 函数名:write(uint8_t byte)命令函数
* 功  能:SPI读/写命令
* 参  数:uint8_t byte:写入的字节数据;返回读取的数据
***************************************************/
async command uint8_t Spi.write(uint8_t byte)   {
    uint8_t data = 0;
    uint8_t mask = 0x80;
    atomic do   {
        if((byte & mask) != 0)
            call MOSI.set();     //MOSI端口置1
        else
            call MOSI.clr();     //MOSI端口清0
        if(bPolarity)
            call SCLK.clr();     //SCLK端口清0
        else
            call SCLK.set();     //SCLK端口置1
        if(call MISO.get())
            data |= mask;
        if(bPolarity)
            call SCLK.set();     //SCLK端口置1
        else
            call SCLK.clr();     //SCLK端口清0
    } while((mask >>= 1) != 0);
    return data;                 //返回读取的数据
    }
}
```

7.3.3 LCD驱动接口与组件

enmote开发平台网关板上128×64的LCD模块MzLH04-12864为北京铭正同创科技有限公司开发设计的LCD显示模组,该LCD模组自带两种字号的汉字库

（包含一、二级汉字库）以及两种字号的 ASCII 码西文字库，并且自带基本绘图功能，还自带直接数字显示。模组为串行 SPI 接口，接口简单，操作方便，与各种 MCU 均可进行方便简单的接口操作。MzLH04－12864 的接口定义如图 7－12(a)所示，enmote 开发板上 LCD 的硬件接口图如图 7－12(b)所示。

MzLH04－12864 模块有一个复位引脚，对该引脚输入一个低电平的脉冲可以使模组复位。复位需要持续输入低电平至少 2 ms，在恢复高电平后需要等待 10 ms 方可对模块进行显示的控制操作（即通过串行接口输入指令和数据）。模组复位不正常将无法工作。

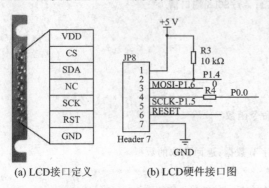

图 7－12　LCD 硬件接口

在使用 MzLH04－12864 模块时，用户只需通过 SPI 通信协议对 LCD 模组进行操作。串行指令/数据写入 MzLH04-12864 模块的串行 SPI 接口，时钟频率必须低于 2 MHz，指令以及数据的写入时序相同，如图 7－13 所示为时序图。

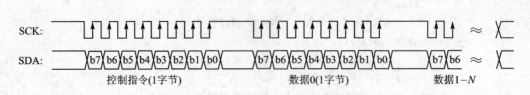

图 7－13　LCD 模块的 SPI 时序图

在通过串行 SPI 对模组进行控制时，CS 为从机选择线。CS 为低电平时，模组准备接收串行通信的控制指令或数据，模块对 SDA 的采样在每个时钟线 SCK 的上升沿进行，当 CS 变为高电平后传输是无效的。

作者为 MzLH04－12864 LCD 模块编写了底层驱动程序，保存在"tinyos-2.x\tos\platforms\enmote"目录中，其中 PlatformLcd.nc 为 LCD 模块驱动接口定义，PlatformLcdC.nc 为 LCD 模块驱动配置组件，PlatformLcdP.nc 为 LCD 模块驱动模块组件。

(1) LCD 模块驱动配置组件代码

```
/*****************************************************
 *  文件名： PlatformLcdC.c
 *  作  者： 华东师范大学 李外云 博士
 *  日  期： 2011/04/19
```

第 7 章 CC2530 外设组件接口开发

```
 * 描  述：12864 LCD 显示模块驱动组件
 **********************************************************/
configuration PlatformLcdC {
    provides interface PlatformLcd;
    provides interface Init;
}
Implementation   {
    components PlatformLcdP;
    PlatformLcd = PlatformLcdP;
    Init = PlatformLcdP;
    components new SoftSpiBusC(8+7,8+6,8+5) as LcdSpi;
// MISO->P1.7; MOSI->P1.6; SCLK->P1.5
    PlatformLcdP.Spi->LcdSpi;
    components HplCC2530GeneralIOC as GPIO;
#ifdef EMMOTE
    PlatformLcdP.SS->GPIO.P1_Port[2];          //SS 引脚
#else
    PlatformLcdP.SS->GPIO.P1_Port[4];
#endif
}
```

(2) LCD 模块驱动接口代码

```
/**********************************************************
 * 文件名：PlatformLcd.c
 * 作  者：华东师范大学  李外云  博士
 * 日  期：2011/04/19
 * 描  述：12864 LCD 显示模块驱动接口
 * 参  考：无
 * 版  本：First version
 **********************************************************/
interface PlatformLcd
{
    command void FontSet(uint8_t Font_NUM,uint8_t Color);
    command void FontSet_cn(uint8_t Font_NUM,uint8_t Color);
    command void PutChar(uint8_t x,uint8_t y,uint8_t a);
    command void PutString(uint8_t x,uint8_t y,uint8_t *p);
    command void PutChar_cn(uint8_t x,uint8_t y,uint8_t * GB);
    command void PutString_cn(uint8_t x,uint8_t y,uint8_t *p);
    command void SetPaintMode(uint8_t Mode,uint8_t Color);
    command void PutPixel(uint8_t x,uint8_t y);
    command void Line(uint8_t s_x,uint8_t s_y,uint8_t e_x,uint8_t e_y);
    command void Circle(uint8_t x,uint8_t y,uint8_t r,uint8_t mode);
```

command void Rectangle(uint8_t left,uint8_t top,uint8_t right,uint8_t bottom, uint8_t mode);
        command void ClrScreen();
        command void PutBitmap(uint8_t x,uint8_t y,uint8_t width,uint8_t high,uint8_t * p);
        command void FontMode(uint8_t Cover,uint8_t Color);
        command void ShowChar(uint8_t x,uint8_t y,uint8_t a,uint8_t type);
        command void ShowShort(uint8_t x,uint8_t y,unsigned short a,uint8_t type);
        command void SetBackLight(uint8_t Deg);
}
```

**(3) LCD 模块驱动模块组件的部分代码**

LCD 模块驱动模块组件的 init()命令完成对 SPI 通信协议硬件端口的设置。通过调用 SPI 组件的 init()命令对 SPI 硬件引脚进行配置,"call Spi.setClockPolarity(0x01);"用于对 SPI 的 SCK 时钟的极性进行选择。LCD 模块驱动的 init()命令函数代码如下：

```
/******************************************************
 * 函数名:init()命令函数
 * 功  能:初始化命令函数
 * 参  数:无
 ******************************************************/
command error_t Init.init() {
    call SS.makeOutput();                   //SS 引脚设置为输出
    call Spi.init();                        //SPI 协议初始化
    call Spi.setClockPolarity(0x01);        //设置时钟极性,上升沿写数据
    call SS.set();                          //设置 SS 引脚为高电平
    TimeDelay(50);                          //保持低电平大概 2 ms 左右
    call PlatformLcd.SetBackLight(50);      //设置 LCD 背光
}
```

LCD 驱动模块组件的 PutChar(uint8_t x,uint8_t y,uint8_t a)实现在 LCD 的 (x,y)坐标上显示一个 ASCII 字符 a(代码如下)。根据图 7-13 所示的 LCD 的 SPI 通信时序可知,先使片选引脚为低电平,然后调用 SPI 组件的 writeByte(uint8_t byte)命令函数进行数据写操作,数据写完之后再将片选信号置为高电平。

```
/******************************************************
 * 函数名:PutChar(uint8_t x,uint8_t y,uint8_t a)命令函数
 * 功  能:显示 ASCII 字符 a
 * 参  数:uint8_t x:x 坐标;uint8_t y:y 坐标;uint8_t a:数据
 ******************************************************/
command void PlatformLcd.PutChar(uint8_t x,uint8_t y,uint8_t a) {
    call SS.clr();                    //SS 置低电平
    call Spi.writeByte(7);            //传送指令 0x07
```
```

第7章 CC2530外设组件接口开发

```
        call Spi.writeByte(x);          //要显示字符的左上角的 X 轴位置
        call Spi.writeByte(y);          //要显示字符的左上角的 Y 轴位置
        call Spi.writeByte(a);          //要显示 ASCII 字符的 ASCII 码值
        call SS.set();                  //完成操作置 SS 高电平
}
```

7.3.4 SPI/LCD 组件的测试程序

"tinyos-2.x\apps\CC2530\TestLCD"目录下的 LCD 测试程序在 LCD 屏上显示一些中英文字符。enmote 平台的 LCD 底层驱动组件的数据通信采用了 SPI 组件,所以利用 LCD 组件测试程序来验证 SPI 组件的正确性。具体代码如下:

(1) 配置文件 TestLcdC.nc

```
/****************************************************
 * 文 件 名:TestLcdC.nc
 * 功能描述:测试 128×64 的 LCD 组件功能
 * 日    期:2012/4/15
 * 作    者:李外云 博士
 ****************************************************/
configuration TestLcdC {}
Implementation  {
    components TestLcdM as App;
    components MainC;
    App.Boot -> MainC.Boot;
    components PlatformLcdC;              //128×64 LCD 组件
    App.Lcd -> PlatformLcdC.PlatformLcd;
    App.LcdInit -> PlatformLcdC.Init;
}
```

(2) 模块文件 TestLcd.nc

```
/****************************************************
 * 文 件 名:TestLcdM.nc
 * 功能描述:测试开发平台的 128×64 的 LCD 屏
 * 日    期:2012/4/15
 * 作    者:李外云 博士
 ****************************************************/
module TestLcdM  {
    uses interface Boot;
    uses interface PlatformLcd as Lcd;
    uses interface Init as LcdInit;
}
Implementation  {
    /****************************************************
     * 函数名:test()任务函数
```

```
*    功    能:空任务,IAR 交叉编译 TinyOS 应用程序,至少需要一个任务函数
******************************************************/
task void Test()           {}
/*****************************************************
*  函数名:booted()事件函数,
*    功    能:系统启动完毕后由 MainC 组件自动触发
*    参    数:无
******************************************************/
event void Boot.booted()
{
    call LcdInit.init();                                  //初始化 LCD
    call Lcd.ClrScreen();                                 //LCD 清屏
    call Lcd.FontSet_cn(0,1);                             //设置显示字体
    call Lcd.PutString_cn(0,0,"上海市东川路 500 号");       //显示中文字符串
    call Lcd.PutString_cn(0,14,"华东师范大学通信系");
    call Lcd.FontSet_cn(1,1);                             //改变字体
    call Lcd.PutString_cn(0,30,"李外云  博士");
    call Lcd.PutString(0,50,"Hello world");               //显示英文字符串
}
```

(3) makefile 编译文件

```
/*****************************************************
*  功能描述:LCD 测试 makefile
*    日      期:2012/4/15
*    作      者:李外云  博士
******************************************************/
COMPONENT = TestLcdC
include $(MAKERULES)
```

连接好硬件电路,在 NotePad++编辑器中,使测试程序处于当前打开状态。单击"运行"菜单的 make enmote install 自定义菜单或按快捷键 F5,如图 7-14 所示,编译下载测试。

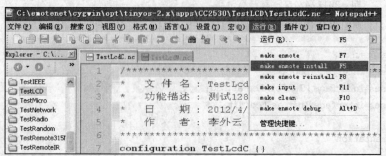

图 7-14 "运行"菜单的 make enmote install 菜单

第 7 章 CC2530 外设组件接口开发

当程序下载成功后，enmote 开发平台的 LCD 屏将会点亮，同时显示图 7-15 所示的内容。

利用 Eclipse 的 TinyOS 插件功能，建立 SPI 组件测试程序的组件关联关系图，如图 7-16 所示。

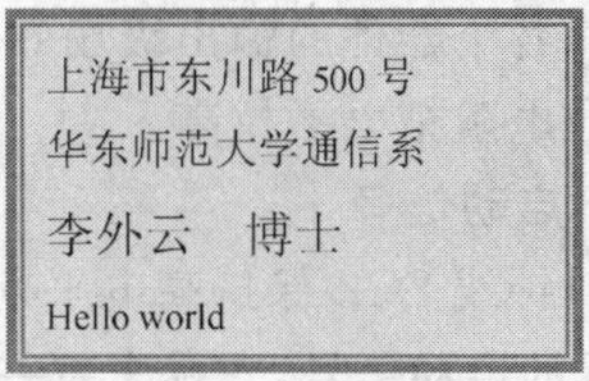

图 7-15 SPI 组件测试程序网关板 LCD 显示内容

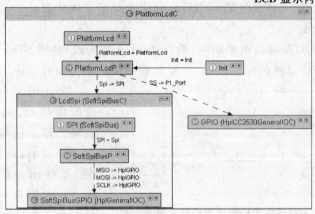

图 7-16 SPI 组件测试程序的组件关联图

7.4 I2C 通信协议组件

7.4.1 I2C 协议标准介绍

IIC(Inter-Integrated Circuit)（又称 I2C）总线是菲利浦公司推出的支持芯片间串行传输的总线，它用两根线实现全双工同步数据传送。

I2C 串行总线一般有两根信号线，一根是双向的数据线 SDA，另一根是时钟线 SCL。所有接到 I2C 总线设备上的串行数据线 SDA 都接到总线 SDA 上，各设备的时钟线 SCL 都接到总线 SCL 上。通过 I2C 可实现完善的全双工同步数据传输，能方便地构成多机系统和外围器件扩展系统。I2C 采用器件地址的硬件设置方法，通过软件进行寻址。

I2C 总线系统中，以共同挂接的 I2C 总线作为通信手段的每个器件均构成 I2C 总线的一个器件节点。I2C 的主控器用来对总线进行主动控制。在一次通信过程中，由主控器负责向总线发送启动信号、同步时钟信号、被控器件地址码、重启动信号和停止信号等。下面对 I2C 总线通信过程中出现的几种信号状态和时序进行分析。

(1) 总线空闲状态

I2C 总线的 SDA 和 SCL 两条信号线同时处于高电平时，规定为总线的空闲状态。此时各个器件的输出级场效应管均处于截止状态,即释放总线,由两条信号线各自的上拉电阻把电平拉高。

(2) 启动信号

在时钟线 SCL 保持高电平期间,数据线 SDA 的电平被拉低(即负跳变),定义为 I2C 总线的启动信号,它标志着一次数据传输的开始。

启动信号是一种电平跳变时序信号,而不是一个电平信号。启动信号是由主控器主动建立的,在建立该信号之前 I2C 总线必须处于空闲状态。

(3) 停止信号

在时钟线 SCL 保持高电平期间,数据线 SDA 被释放,使得 SDA 返回高电平(即正跳变),称为 I2C 总线的停止信号,它标志着一次数据传输的终止。

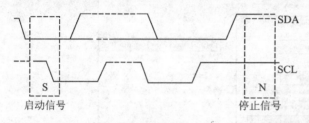

停止信号也是一种电平跳变时序信号,而不是一个电平信号。停止信号也是由主控器主动建立的,建立该信号之后,I2C 总线将返回空闲状态。如图 7-17 所示为 I2C 的启动信号和停止信号时序图。

图 7-17　I2C 总线的启动信号和停止信号

(4) 数据位传送

在 I2C 总线上传送的每一位数据都有一个时钟脉冲相对应(或同步控制),即在 SCL 串行时钟的配合下,在 SDA 上逐位地串行传送每一位数据。

进行数据传送时,在 SCL 呈现高电平期间,SDA 上的电平必须保持稳定,低电平为数据 0,高电平为数据 1。只有在 SCL 为低电平期间,才允许 SDA 上的电平改变状态。逻辑 0 的电平为低电压,而逻辑 1 的电平取决于器件本身的正电源电压 VDD(当使用独立电源时),如图 7-18 所示。

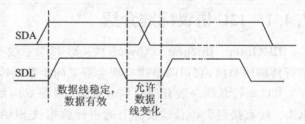

图 7-18　I2C 总线上的数据位传送

(5) 应答信号

I2C 总线上的所有数据都是以字节传送的。发送器每发送一个字节,就在时钟脉冲 9 期间释放数据线,由接收器反馈一个应答信号。

应答信号为低电平时,规定为有效应答位(ACK 简称应答位),表示接收器已经成功地接收了该字节;应答信号为高电平时,规定为非应答位(NACK),一般表示接收器接收该字节没有成功。

对于反馈有效应答位 ACK 的要求是:接收器在第 9 个时钟脉冲之前的低电平期间将 SDA 线拉低,并且确保在该时钟的高电平期间为稳定的低电平。

第7章 CC2530外设组件接口开发

如果接收器是主控器,则它在收到最后一个字节后发送一个 NACK 信号,以通知被控发送器结束数据发送,并释放 SDA 线,以便主控接收器发送一个停止信号 P,如图7-19所示。

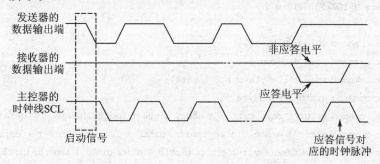

图7-19 I2C总线上的应答时序

主控器在检测到总线空闲(数据线 SDA 和时钟线 SCL 同时处于高电平状态)时,首先发送一个启动信号 S(在时钟线 SCL 保持高电平期间,数据线 SDA 的电平被拉低),标志着一次数据传输的开始。之后主控器发送一个地址字节(包括7位地址码和一个读写位)。被控器收到地址字节后反馈一个应答信号 ACK=0,主控器收到应答信号后开始传送第二个数据字节。依次循环,主控器发送完数据后,就发送一个停止信号 P(SCL 保持高电平期间,SDA 被释放,返回高电平),并释放总线,使得总线返回空闲状态。图7-20所示为 I2C 通信时序图。

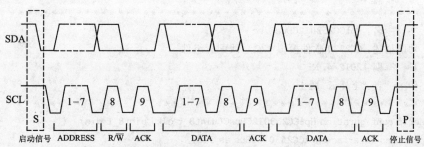

图7-20 I2C通信时序图

7.4.2 I2C总线组件的底层驱动

(1) I2C总线的 TinyOS 接口定义 HplCC2530I2CBus

为了实现 CC2530 与具有 I2C 接口的外设进行通信,作者定义了 I2C 接口,并实现了其相关组件。根据 I2C 通信协议,作者定义的 I2C 接口 HplCC2530I2CBus 包括起始位、停止位、数据读/写命令以及相应的事件函数。具体代码如下:

```
/***************************************************
*   文 件 名:HplCC2530I2CBus.nc
*   功能描述:CC2530软件模拟 I2C 总线接口
```

```
*  日    期：2012/4/15
*  作    者：李外云 博士
**********************************************/
interface HplCC2530I2CBus {

  async command void setStart();
  async command void setStop();
  async command void writeByte(uint8_t data);
  async command uint8_t readByte();
  async command error_t read(uint16_t addr, uint8_t length, uint8_t * data);
  async command error_t write(uint16_t addr, uint8_t length, uint8_t * data);
  async event void readDone(error_t error, uint16_t addr, uint8_t length, uint8_t * data);
  async event void writeDone(error_t error, uint16_t addr, uint8_t length, uint8_t * data);
}
```

(2) I2C 总线的配置组件 HplCC2530I2CBusC

I2C 总线至少需要一条时钟线 SCK 和一条数据输入线 SDA，用于 CPU 与各种 I2C 接口的外围器件进行通信。为了提高 I2C 组件的灵活性，作者采用参数化的通用组件方式实现 I2C 组件，组件的入口参数分别对应于 I2C 接口所需要的 SCK 和 SDA 引脚。I2C 总线组件的 HplCC2530I2CBusC 具体代码如下：

```
/***********************************************
*  文  件  名：HplCC2530I2CBusC.nc
*  功能描述：CC2530 软件模拟 I2C 总线配置组件
*  日    期：2012/4/15
*  作    者：李外云 博士
**********************************************/
generic configuration HplCC2530I2CBusC(uint8_t clk, uint8_t din)  {
  provides interface HplCC2530I2CBus as I2C;
}
Implementation   {
  components HplGeneralIOC as IO;
  components HplCC2530I2CBusP as Bus;
  I2C = Bus.I2C;
  Bus.I2CClk    -> IO.HplGPIO[clk];
  Bus.I2CData   -> IO.HplGPIO[din];
}
```

(3) I2C 总线的模块组件 HplCC2530I2CBusP

I2C 总线模块组件利用软件模拟 I2C 总线工作时序，读者可自行分析该代码的实现过程。SoftSpiBusP 模块组件的具体代码如下：

```
/************************************************************
 * 文 件 名:HplCC2530I2CBusP.nc
 * 功能描述:CC2530 软件模拟 I2C 总线模块组件
 * 日    期:2012/4/15
 * 作    者:李外云 博士
 ************************************************************/
module HplCC2530I2CBusP {
  provides interface HplCC2530I2CBus as I2C;
  uses interface GeneralIO as I2CClk;
  uses interface GeneralIO as I2CData;
}
implementation {
    uint8_t ack;                        //应答标志
    uint8_t * pdata;                    //数据指针
    /************************************************
     * 函数名:setStart()命令函数
     * 功    能:I2C 起始命令函数
     * 参    数:无
     ************************************************/
    async command void I2C.setStart()    {
    atomic{
            call I2CData.makeOutput();
            call I2CData.set();                    //发送起始条件数据信号
            call I2CClk.set();                     //时钟线为高
            asm("NOP");asm("NOP");asm("NOP");
            asm("NOP");asm("NOP");asm("NOP");
            call I2CData.clr();                    //发送起始信号
            asm("NOP");asm("NOP");asm("NOP");
            asm("NOP");asm("NOP");asm("NOP");
            call I2CClk.clr();                     //时钟线为低
            asm("NOP");asm("NOP");asm("NOP");
        }
    }
    /************************************************
     * 函数名:setStop()命令函数
     * 功    能:I2C 停止命令函数
     * 参    数:无
     ************************************************/
    async command void I2C.setStop()
    {
        atomic{
            call I2CData.makeOutput();             //设置 SDA 引脚为输出功能
            call I2CData.clr();                    //发送结束条件的数据信号
```

```c
            asm("NOP");
        call I2CClk.set();                          //结束条件建立时间大于4 μs
        asm("NOP");asm("NOP");asm("NOP");
        asm("NOP");asm("NOP");asm("NOP");
        call I2CData.set();                         //发送I2C总线结束命令
        asm("NOP");asm("NOP");asm("NOP");
        asm("NOP");asm("NOP");asm("NOP");
    }
}
/***********************************************************
* 函数名:writeByte(uint8_t data)命令函数
* 功   能:I2C写数据命令函数
* 参   数:uint8_t data:写的数据
***********************************************************/
async command void I2C.writeByte(uint8_t data)
{
    uint8_t BitCnt;
    uint8_t temp;
    call I2CData.makeOutput();                      //设置SDA引脚为输出功能
    for(BitCnt = 0;BitCnt < 8;BitCnt ++)            //一个字节
    {
        if((data << BitCnt)& 0x80)
            call I2CData.set();                     //输出1
        else
            call I2CData.clr();                     //输出0
        asm("NOP");
        call I2CClk.set();                          //时钟线为高,通知被控器开始接收数据
        asm("NOP");asm("NOP");asm("NOP");
        asm("NOP");asm("NOP");asm("NOP");
        call I2CClk.clr();                          //时钟线为低
    }
    asm("NOP");asm("NOP");asm("NOP");
    call I2CData.set();                             //释放数据线,准备接收应答位
    asm("NOP");asm("NOP");asm("NOP");
    call I2CClk.set();                              //时钟线为高
    asm("NOP");asm("NOP");asm("NOP");
    call I2CData.makeInput();                       //设置I/O为输入
    if((call I2CData.get()) == 1)                   //判断DATA位是否有应答
        ack = 0x00;                                 //运行至此说明无应答
    else
        ack = 0x01;                                 //判断是否收到应答信号
    call I2CClk.clr();                              //时钟线为低
    asm("NOP");asm("NOP");asm("NOP");
```

}
/***
* 函数名:readByte()命令函数
* 功　能:I2C读数据命令函数
* 参　数:返回读取的字节数据
***/
async command uint8_t I2C.readByte()
{
    uint8_t retVal;
    uint8_t BitCnt;
    retVal = 0;
    call I2CData.makeInput();   //设置I/O为输入

    for(BitCnt = 0;BitCnt<8;BitCnt ++) {
        call I2CClk.clr();   //置时钟线为低,准备接收
        asm("NOP");asm("NOP");asm("NOP");
        asm("NOP");asm("NOP");asm("NOP");
        call I2CClk.set();   //置时钟线为高,使得数据有效
        asm("NOP");asm("NOP");asm("NOP");
        asm("NOP");asm("NOP");asm("NOP");
        retVal = retVal << 1;   //左移补零
        if((call I2CData.get()) == 1)
            retVal = retVal + 1;
    }
    call I2CClk.clr();   //置时钟线为低
    asm("NOP");asm("NOP");asm("NOP");
    return(retVal);
}
/***
* 函数名:read(uint16_t addr, uint8_t length, uint8_t * data)命令函数
* 功　能:I2C读命令函数,读成功,触发读操作事件,否则返回错误标志
* 参　数:uint16_t addr:地址;uint8_t length:长度;uint8_t * data:数据指针
***/
async command uint8_t I2C.read(uint16_t addr, uint8_t length, uint8_t * data)
{
    uint8_t i;
    uint8_t RAddr = ((uint8_t)addr << 1) + 1;   //读操作,地址最低位补1
    pdata = data;
    call I2C.setStart();   //设置I2C通信协议起始位
    call I2C.writeByte(RAddr);   //设置I2C读地址,返回ACK
    for(i = 0;i<length;i ++) {
        if(ack == 1)
            *(pdata + i) = call I2C.readByte(); //读一个字节

```
            else
                return 0xfe;
        }
        if(ack == 1)
        {
            call I2C.setStop();              //设置 I2C 通信协议停止位
            signal I2C.readDone(0,RAddr,length,pdata);
        }
        return 0xfe;
}
/************************************************************
* 函数名:write(uint16_t addr, uint8_t length, uint8_t* data)命令函数
* 功　能:I2C 写命令函数,写操作成功,触发写事件,否则返回错误数
* 参　数:uint16_t addr:地址;uint8_t length:长度;uint8_t* data:数据指针
************************************************************/
async command uint8_t I2C.write(uint16_t addr, uint8_t length, uint8_t* data)
{
        uint8_t i;
        uint8_t WAddr = (uint8_t)addr << 1;          //写操作,地址最低位补 0
        pdata = data;
        call I2C.setStart();                          //设置 I2C 通信协议起始位
        call I2C.writeByte(WAddr);                    //设置 I2C 写地址,返回 ACK
        for(i = 0;i<length;i++)   {
            if(ack == 1)
                call I2C.writeByte(*(pdata + i)); //写一个字节,返回 ACK
            else
                return 0xfe;
        }
        if(ack == 1)
        {
            call I2C.setStop();                       //设置 I2C 通信协议停止位
            signal I2C.writeDone(0,WAddr,length,pdata);
        }
        return 0xfe;
    }
}
```

7.4.3　I2C 总线中间层驱动组件

TinyOS 定义了硬件无关的 I2C 总线包接口 I2CPacket.nc(tinyos-2.x\tos\interfaces),该接口定义了 I2C 总线的读操作 read、写操作 write 以及相应的事件函数 readdone 和 writedone。具体代码如下:

```
interface I2CPacket<addr_size> {
    async command error_t read(i2c_flags_t flags, uint16_t addr, uint8_t length, uint8_t * data);
    async command error_t write(i2c_flags_t flags, uint16_t addr, uint8_t length, uint8_t * data);
    async event void readDone(error_t error, uint16_t addr, uint8_t length, uint8_t * data);
    async event void writeDone(error_t error, uint16_t addr, uint8_t length, uint8_t * data);
}
```

为了实现与 TinyOS 定义的 I2C 总线接口的连接,作者利用前面所实现的 I2C 总线组件的底层驱动,结合 TinyOS 定义的 I2C 总线接口,编写了 I2C 总线驱动的配置组件和模块组件。具体代码如下:

(1) I2C 总线驱动配置组件

```
/*********************************************************
 * 文  件  名:CC2530I2CMasterC.nc
 * 功能描述:CC2530 软件模拟 I2C 总线配置组件
 * 日      期:2012/4/15
 * 作      者:李外云 博士
 *********************************************************/
#include "I2C.h"
generic configuration CC2530I2CMasterC(uint8_t clk, uint8_t din)
{
    provides interface I2CPacket<TI2CBasicAddr> as I2CPacket;
}
implementation {
    components CC2530I2CMasterP;
    components new HplCC2530I2CBusC(clk, din);
    I2CPacket    = CC2530I2CMasterP.I2CPacket;
    CC2530I2CMasterP.I2CBus -> HplCC2530I2CBusC.I2C;
}
```

(2) I2C 总线驱动模块组件

```
/*********************************************************
 * 文  件  名:CC2530I2CMasterP.nc
 * 功能描述:CC2530 软件模拟 I2C 总线模块组件
 * 日      期:2012/4/15
 * 作      者:李外云 博士
 *********************************************************/
#include "I2C.h"
module CC2530I2CMasterP {
    provides interface I2CPacket<TI2CBasicAddr> as I2CPacket;
    uses interface HplCC2530I2CBus as I2CBus;
```

```
}
implementation {
    async command error_t I2CPacket.read(i2c_flags_t flags, uint16_t addr, uint8_t length, uint8_t * data)
    {
        call I2CBus.read(addr,length,data);
    }
    async command error_t I2CPacket.write(i2c_flags_t flags, uint16_t addr, uint8_t length, uint8_t * data)
    {
        call I2CBus.write(addr,length,data);
    }
    async event void I2CBus.readDone(error_t error, uint16_t addr, uint8_t length, uint8_t * data)
    {
        signal I2CPacket.readDone(error,addr,length,data);
    }
    async event void I2CBus.writeDone(error_t error, uint16_t addr, uint8_t length, uint8_t * data)
    {
        signal I2CPacket.writeDone(error,addr,length,data);
    }
}
```

7.4.4　I2C 总线组件的测试程序

"tinyos - 2.x\apps\CC2530\TestI2C"目录下 I2C 总线组件的测试程序实现对 AT24Cxx EEPROM 的读/写,根据 AT24Cxx 的文档资料可知 AT24Cxx 的器件地址如图 7-21 所示。

enmote 开发平台的 AT24Cxx 节点的电路图如图 7-22 所示,SCK 连接到 CC2530 的 P1.5 引脚,SDA 连接到 CC2530 的 P1.6 引脚。根据图 7-21 的器件地址和图 7-22 的硬件电路图可知 AT24C02 的器件地址为 0xa0。

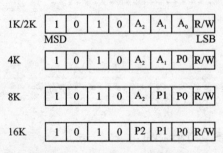

图 7-21　AT24Cxx 的器件地址

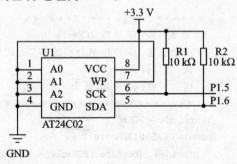

图 7-22　AT24Cxx 的硬件电路图

第7章　CC2530外设组件接口开发

具体实现过程介绍如下。

(1) 配置文件 TestI2CC.nc

```
/*****************************************************
* 文 件 名：TestI2CC.nc
* 功能描述：开发平台测试程序配置文件
* 日    期：2012/4/15
* 作    者：李外云 博士
*****************************************************/
configuration TestI2CC {  }
implementation
{
    components TestI2CM as App;
    components MainC;
    App.Boot -> MainC.Boot;
    components new CC2530I2CMasterC(13,14);    //I2C组件 P1.5->SCK,P1.6->SDA
    App.I2C->CC2530I2CMasterC.I2CPacket;
    components PlatformLcdC;                   //128×64 LCD组件
    App.Lcd->PlatformLcdC.PlatformLcd;
    App.LcdInit->PlatformLcdC.Init;
}
```

(2) 模块文件 TestI2CM.nc

```
/*****************************************************
* 文 件 名：TestI2CM.nc
* 功能描述：开发平台测试程序模块文件
* 日    期：2012/4/15
* 作    者：李外云 博士
*****************************************************/
module TestI2CM   {
    uses interface Boot;
    uses interface Leds;
    uses interface I2CPacket<TI2CBasicAddr> as I2C;
    uses interface PlatformLcd as Lcd;
    uses interface Init as LcdInit;
}
Implementation   {
    uint8_t WData[] = {0xaa, 0x55, 0x32, 0x31};        //待写入数据
    uint8_t RData[sizeof(WData)];                       //读数据缓冲
    // wrteTask 写任务
    task void wrteTask()  {
        call Lcd.PutString(10,10,"Start write AT24C02");
```

```
            call I2C.write(0,0xa0,sizeof(WData),WData);
    }
    /***********************************************
     * 函数名:booted()事件函数
     * 功  能:系统启动完毕后由 MainC 组件自动触发
     * 参  数:无
     ***********************************************/
    event void Boot.booted()    {
        call LcdInit.init();          //初始化 LCD
        call Lcd.ClrScreen();         //LCD 清屏
        call Lcd.FontSet(0,1);        //设置显示字体
        post wrteTask();
    }
    /***********************************************
     * 函数名:readDone(error_t error, uint16_t addr, uint8_t length, uint8_t* data)事件
     *        函数
     * 功  能:I2C 读完后触发 readone 事件
     * 参  数:error_t error:错误标志;uint16_t addr:地址;
     *        uint8_t length:数据长度;uint8_t* data:数据指针
     ***********************************************/
    async event void I2C.readDone(error_t error, uint16_t addr, uint8_t length, uint8_t*
data)    {
        uint8_t i;
        call Lcd.PutString(10,40,"Read Done");
        call Lcd.PutString(10,55,"RData:");
        for (i = 0;i<length;i++)
            call Lcd.ShowShort(50 + 20 * i,55,RData[i],1);
    }
    /***********************************************
     * 函数名:writeDone(error_t error, uint16_t addr, uint8_t length, uint8_t* data)
     *        事件函数
     * 功  能:I2C 写完后触发 writeDone 事件
     * 参  数:error_t error:错误标志;uint16_t addr:地址;
     *        uint8_t length:数据长度;uint8_t* data:数据指针
     ***********************************************/
    async event void I2C.writeDone(error_t error, uint16_t addr, uint8_t length, uint8_t*
data)
    {
        call Lcd.PutString(10,25,"Write Done");
        call I2C.read(0x00,0x50,sizeof(RData), WData);
    }
}
```

第7章 CC2530外设组件接口开发

(3) I2C测试程序的makefile文件

```
/*************************************************
* 功能描述:测试程序的makefile
* 日    期:2012/4/15
* 作    者:李外云 博士
**************************************************/
COMPONENT = TestI2CC
include $(MAKERULES)
```

连接好硬件电路,在NotePad++编辑器中,使测试程序处于当前打开状态。单击"运行"菜单的make enmote install自定义菜单或按快捷键F5,如图7-23所示,编译下载测试。

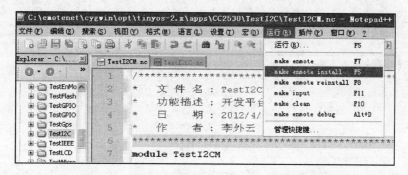

图7-23 "运行"菜单的make enmote install菜单

当程序下载成功后,enmote开发平台的LCD屏将会点亮,同时显示如图7-24所示的内容。

利用Eclipse的TinyOS插件功能,建立I2C组件测试程序的组件关联关系图,如图7-25所示。

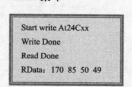

图7-24 I2C组件测试程序网关板LCD显示内容

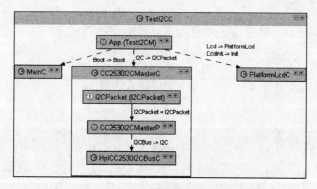

图7-25 I2C组件测试程序组件关联图

7.5 本章小结

本章首先介绍了 CC2530 的 ADC 和串口通信的硬件结构，并根据 TinyOS 所提供的 ADC 接口和串口通信接口，完成了 CC2530 的 ADC 和串口通信组件的配置和实现。同时利用 CC2530 的通用数字接口模拟了 SPI 和 I2C 通信协议，实现了基于 TinyOS 的接口定义和组件实现。对每一种外设组件给出了测试程序的全部实现过程、测试结果以及各组件的关联图，帮助读者理解和掌握 CC2530 在 TinyOS 操作系统中的编程实现方法。

第8章
CC2530 射频通信组件设计

CC2530 内部模拟无线电模块由 RF 内核（RF_core）控制，通过 RF 内核实现 8051 微处理器和无线电之间的接口操作，完成 CC2530 无线射频操作。本章从 CC2530 的射频模块着手，首先介绍 CC2530 射频模块中的帧格式、无线数据的收发过程和方法以及射频中断的控制，然后介绍 TinyOS 的主动消息组件 ActiveMessageC 方面所提供的相关接口与 CC2530 射频接口的绑定过程，最后从 CC2530 底层射频驱动控制方面介绍 CC2530 底层射频控制 CC2530RFControl 接口的命令函数的实现过程，为后续的无线射频通信奠定基础。

8.1 CC2530 射频模块

8.1.1 CC2530 射频模块介绍

CC2530 内部的模拟无线电模块由其 RF 内核（RF_core）控制，RF 内核在 CC2530 的 8051 微处理器和无线电之间提供一个接口，它可以发出命令、读取状态以及自动对无线电事件排序。

CC2530 RF 内核的有限状态机（简称 FSM）子模块控制射频收发器的状态、发送和接收 FIFO 以及大部分动态受控的模拟信号（如模拟模块的上电/掉电）。FSM 用于为事件提供正确的顺序（比如在使能接收器之前执行一个 FS 校准），同时，它为来自解调器的输入帧提供分步处理：读帧长度、计算收到的字节数、检查 FCS，最后成功接收帧后，可选择性地处理自动传输 ACK 帧等。在执行发送射频时执行类似的操作，包括在传输前执行一个可选的 CCA，并在接收一个 ACK 帧的传输结束后自动回到 RX。另外，FSM 控制调制器/解调器和 RAM 的 TXFIFO/RXFIFO 之间的数据传输。图 8-1 所示为 CC2530 的射频控制模块。

① 调制器（Modulator）把原始数据转换为 I/Q 信号发送到发送器 DAC，数据遵

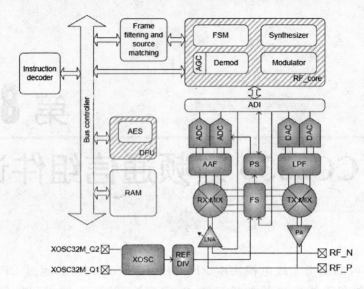

图 8-1 CC2530 射频控制模块

守 IEEE 802.15.4 标准。

② 解调器(Demod)负责从收到的信号中检索无线数据,其幅度受自动增益控制器(AGC)控制。AGC 调整模拟 LAN 的增益,使接收器的信号幅度保持恒定。

③ 帧过滤和源匹配支持 RF 内核中 FSM 的所有操作,同时实现 IEEE 802.15.4 所定义的帧过滤和源地址匹配。

④ 频率合成器(FS)为 RF 信号产生载波。

⑤ 命令选通处理器(CSP)处理 CPU 发出的所有命令。该命令选通处理器还包括一个 24 字节的程序存储器,这样选通处理器不需要微处理器干预即可自动执行 CSMA-CA 算法。

⑥ CC2530 的无线电 RAM 包括发送数据 FIFO(TXFIFO)和接收数据 FIFO(RXFIFO),每个 FIFO 都是 128 字节。另外,无线电 RAM 为帧过滤和源匹配存储参数预留了 128 字节。

⑦ CC2530 包括一个用于无线电事件定时计算的 MAC 定时器(定时器 2),以捕获输入数据包的时间戳。同时,MAC 定时器在睡眠模式下也保持计数。

8.1.2 IEEE802.15.4 帧格式

IEEE 802.15.4 的帧格式如图 8-2 所示。

1. PHY 层

(1) 同步头

同步头(SHR)包括帧引导序列和帧开始界定符(SFD),如图 8-3 所示。在 IEEE 802.15.4 规范中,帧引导序列定义为 4 字节的 0x00。SFD 是 1 字节,设置为 0xA7。

第 8 章　CC2530 射频通信组件设计

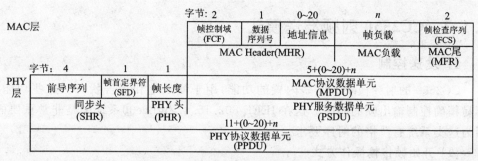

图 8-2　IEEE 802.15.4 的帧格式示意图

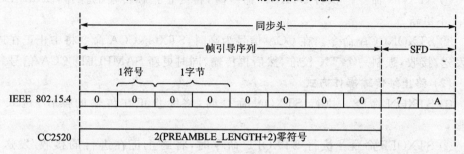

图 8-3　同步头

(2) PHY 头

PHY 头只包括帧长度域。帧长度域定义了 MAC 协议数据单元(MAC protocol data unit,简称 MPDU)中的字节数。注意长度域的值不包括长度域本身,但是它包括帧检查序列(FCS),即使这是由硬件自动插入的。帧长度域是 7 位长,最大值是 127。长度域的最高位保留,总是设置为 0。

(3) PHY 服务数据单元

PHY 服务数据单元包括 MAC 协议数据单元(MPDU)。MAC 层负责产生/解释 MPDU,CC2530 的无线电内置可以处理一些 MPDU 子域的功能。

2. MAC 层

MAC 帧格式主要是指 MAC 协议数据单元(MPDU)的格式,主要包括 MAC 帧头(MHR)、MAC 负载和 MAC 帧尾(MFR)。帧头由帧控制、帧序列码和地址域组成;MAC 负载长度可变,具体内容由帧类型决定;MAC 帧尾(帧校验)是帧头和负载数据的 16 位循环冗余校验(CRC)序列,具体如表 8-1 所列。

表 8-1　MAC 帧的通用格式

字节:2	1	0/2	1/2/8	0/2	0/2/8	可变	2
帧控制	序列号	目的 PAN 标识符	目的地址	源 PAN 标识符	源地址	净荷	帧校验
		地址域					
MAC 帧头(MHR)						MAC 帧负载	MAC 帧尾

8.1.3 CC2530 射频发送模式

1. 发送控制

CC2530 的射频模块有许多内置的功能,用于帧处理和报告状态。这些功能很容易精确控制输出帧的时序。这在 IEEE 802.15.4/ZigBee® 系统中是非常重要的,因为这类系统有严格的时序要求。

(1) 开始帧传输操作方式

① STXON 命令。执行 STXON 命令时,将终止正在传输的操作,SAMPLED_CCA 不更新。

② STXONCCA 命令。在 CCA 信号为高时,STXONCCA 命令将中止正在进行的发送/接收,强制一个 TX 校准,然后再传输,同时更新 SAMPLED_CCA 信号。

(2) 终止帧传输操作方式

① STXON 命令。执行 STXON 命令时,将终止正在传输的操作,进入 RX 调整。

② STXOFF 命令。执行 STXOFF 命令时,将终止正在进行的接收/发送,使 FSM 进入空闲状态(IDLE 状态)。

2. 发送时序

STXON 命令或 STXONCCA 命令执行 192 μs 后开始传输帧的引导序列,返回到接收模式,也需要延迟同样的时间。

当进入空闲或接收模式时,调制器将信号送到 DAC、发送 SFD 信号以及射频 FSM 转换到 IDLE 状态,都有 2 μs 的延迟。

3. 发送 FIFO 的访问方式

CC2530 芯片具有 128 字节的发送 FIFO(TXFIFO),该缓冲每次只能完整地保存一帧数据。只要缓冲的数据不产生下溢,在发送命令(STXON 或 STXONCCA)执行前或执行后都可以将数据帧缓冲到 FIFO 中。如图 8-4 所示为发送射频数据时需要写入到发送缓冲的数据。

AUTOCRC=0	LEN	LEN-2 字节	FCS(2 字节)	忽略
AUTOCRC=1	LEN	LEN-2 字节	忽略	

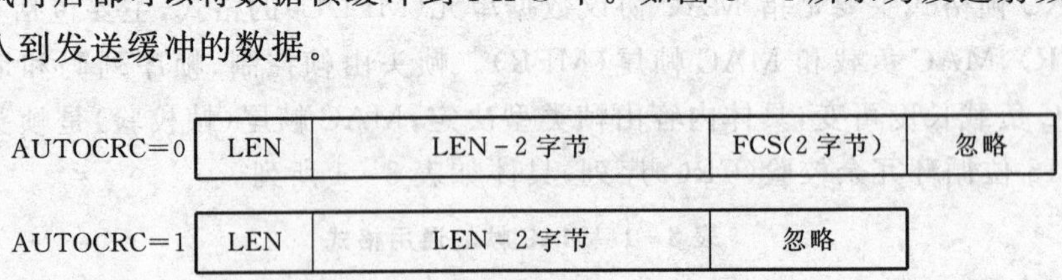

图 8-4 需要写入到发送缓冲的数据

CC2530 有两种方式将数据写入到发送 FIFO 缓冲:

① 写到 RFD 寄存器;

② 直接写 FIFO 缓冲。

第 8 章　CC2530 射频通信组件设计

发送帧缓冲(FIFO)位于存储器 0x6080～0x60FF 的 128 个存储单元。通过使能 FRMCTRL1.IGNORE_TX_UNDERF 位,可以直接写到无线电存储器的 RAM 区域。

建议使用写 RFD 寄存器将数据写到发送 FIFO 中,写到发送 FIFO 中的字节数保存在 TXFIFOCNT 寄存器中。如果 FIFO 在传输期间被清空则发生 TX 下溢错误,可以使用 SFLUSHTX 命令手动清空发送 FIFO。

4. 重传方式

为了支持简单的帧重传,CC2530 无线电数据在传输过程中不会删除发送 FIFO 的内容。成功发送一个帧后,FIFO 的内容保持不变。要重传同一个帧,只需重新执行 STXON 或 STXONCCA 命令启动重传即可。

只有数据包已经被完全发送才可以重传,即数据包不能中止后再重传。如果传输一个不同的帧,就写新的帧到发送 FIFO。发送 FIFO 在实际写发生之前自动清除。

5. 帧处理过程

CC2530 射频在发送数据帧过程中执行以下帧产生操作:

收到的帧

帧引导序列	SFD	LEN	MHR	MAC 负载	FCS
	(1)	(2)			(3)

(1) 产生并自动传输 PHY 层同步头,包括帧引导序列和 SFD;
(2) 传输帧长度域指定的字节数 LEN;
(3) 计算并自动传输 FCS(可以禁用)。

推荐写发送长度域方法:在将 MAC 头和 MAC 负载写入发送 FIFO 后,接着写发送长度域,然后让 CC2530 的射频处理其余部分。注意:即使 CC2530 射频自动处理 FCS 字节,发送长度域也必须包括这两个 FCS 字节。

当发送了 SFD 后,调制器开始从发送 FIFO 中读数据。它期望找到帧长度域,然后是 MAC 头和 MAC 负载。帧长度域用于确定要发送多少个字节。当帧的 SFD 域发送后就产生 SFD 中断。成功发送一个完整的帧后产生 TX_FRM_DONE 中断。

8.1.4　CC2530 射频接收模式

1. 接收控制

CC2530 的射频接收器分别根据 SRXON 和 SRFOFF 命令或使用 RXENABLE 寄存器进行开启和关闭。接收命令提供一个硬开启/关闭机制,而 RXENABLE 操作提供一个软开启/关闭机制。

(1) 开启接收器操作

① SRXON 命令。执行 SRXON 命令后，RXENABLE[7]置 1，终止正在进行的接收/发送操作，强制转换到接收模式。

② SRXON 命令（当 FRMCTRL1.SET_RXENMASK_ON_TX 使能时）。执行 SRXON 命令后，RXENABLE[6]置 1，发送完成之后使能接收操作。

③ 通过写 RXMASKSET 寄存器（将与 RXENABLE 进行"或"运算）使 RXENABLE!=0x00。

不终止正在进行的接收/发送操作。

(2) 关闭接收器操作

① SRXOFF 命令。清除 RXENABLE[7:0]，通过强制转换进入空闲状态（IDLE），终止正在进行的接收/发送操作。

② 通过写 RXMASKCLR 寄存器（将与 RXENABLE 进行"与"运算）使 RXENABLE=0x00。不终止正在进行的接收/发送操作，一旦接收完毕，射频返回空闲状态（IDLE）。

2. 接收时序

在使能接收 192 μs 后可进入接收操作。从接收一帧再次进入接收模式同样需要 192 μs 的延迟。

3. 接收帧处理过程

CC2530 射频集成了 IEEE 802.15.4-2003 和 IEEE 802.15.4-2006 中 RX 硬件方面要求的关键部分，降低了 CPU 干预，简化了处理帧接收的软件，且以最小的延迟给出结果。CC2530 在接收一个帧期间，执行以下帧处理步骤。

收到的帧

帧引导序列	SFD	LEN	MHR	MAC 负载	FCS
(1)			(2)	(3)	(4)

发送的确认帧

帧引导序列	SFD	LEN	MHR	FCS
(5)				

（1）检测和移除收到的 PHY 同步头（包括帧引导序列和 SFD），并接收帧长度域规定的字节数。

（2）执行帧过滤。

（3）匹配源地址和包括多达 24 个短地址的表，或 12 个扩展 IEEE 地址。源地址表存储在射频 RAM 中。

（4）自动 FCS 检查，并把该结果和其他状态值（RSSI、LQI 和源匹配结果）填入到接收的帧中。

（5）具有自动应答传输，根据基于源地址匹配和 FCS 校验的结果正确设置应答帧 FCS 位。

帧同步开始于检测一个帧开始界定符（SFD），然后是长度字节，它确定何时接收完成。SFD 信号可以在 GPIO 上输出，可以用于捕获收到帧的开始。帧引导序列和 SFD 不写到 RX FIFO 中。

第8章 CC2530射频通信组件设计

CC2530 射频使用一个相关器来检测 SFD。MDMCTRL1.CORR_THR 位用于设置 SFD 检测相关器的阈值,以确定收到的 SFD 如何匹配一个理想的 SFD。在进行阈值的调整时必须注意:

① 如果设置的太高,无线电会错过许多有效的 SFD,从而大大降低接收器的灵敏度。

② 如果设置的太低,无线电会检测到许多错误的 SFD。虽然这不会降低接收器的灵敏度,但是影响是类似的,因为错误的帧可能会重叠实际帧的 SFD,还会增加接收具有正确 FCS 的错误帧的风险。

4. 帧校验序列

在接收模式下,如果使能 FRMCTRL0.AUTOCRC 位,则 FCS 由硬件验证。用户一般只关心 FCS 的正确性,而不关心 FCS 序列本身,因此接收期间 FCS 序列本身不写入接收 FIFO。相反,当设置 FRMCTRL0.AUTOCRC 位时,两个 FCS 字节被其他更有用的值取代。取代 FCS 序列的值可以在寄存器 FRMCTRL0 中配置,如图 8-5 所示。

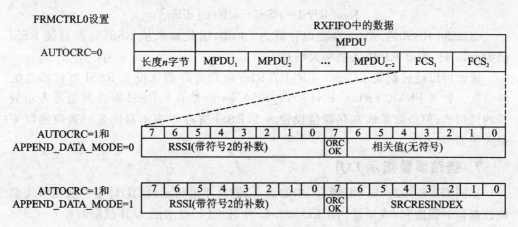

图 8-5 不同设置情况下的接收 FIFO 数据

5. 访问接收 FIFO

接收 FIFO 可以保存一个或多个收到的帧,只要总字节数是 128 或更少即可。有两种方式确定接收 FIFO 中的字节数:

① 读 RXFIFOCNT 寄存器;

② 使用 FIFOP 和 FIFO 信号,结合 FIFOPCTRL.FIFOPTHR 设置。

接收 FIFO 通过 RFD 寄存器被访问也可以通过访问射频 RAM 直接访问。FIFO 指针可以从 RXFIRST_PTR、RXLAST_PTR 和 RXP1_PTR 中读取。如果想要快速访问帧的某个字节,可使用 RAM 直接访问的方式,但当使用这一直接访问时,FIFO 指针不被更新。

ISFLUSHRX 命令将复位接收 FIFO,复位所有 FIFO 指针并清除所有计数器、状态信号和标记错误条件。

SFLUSHRX 命令复位接收 FIFO,移除所有收到的帧并清除所有计数器、状态信号和标记错误条件。

6. 接收强度指示 RSSI

CC2530 射频具有一个内置的接收信号强度指示器（Received Signal-Strength Indication,简称 RSSI）。RSSI 值是一个 8 位有符号的数,可以从寄存器读出,或自动附加到收到的帧中。RSSI 值是 CC2530 在 8 个符号周期内（128 μs）接收到信号的平均功率,与 IEEE 802.15.4 相符合。

RSSI 值是一个 2 的有符号补数,对数尺度是 1 dB 的步长。在读 RSSI 寄存器之前必须检查 RSSISTAT 状态寄存器的 RSSI_VALID 状态位,该位表示 RSSI 寄存器中的 RSSI 值是否有效。当 RSSI_VALID 位为 1 时,表示 CC2530 射频接收器已经收到至少 8 个符号周期信息。为了以合理的精确度计算实际的 RSSI 值,必须增加一个偏移量,公式如下所示：

$$Real\ RSSI = RSSI - offset\ [dBm]$$

CC2530 RSSI 的 offset 典型偏移值为 73 dB,因此如果从 RSSI 寄存器读 RSSI 值为 -10 时,表示 RF 输入功率大约是 -83 dB。

读者可以通过配置 CC2530 FRMCTRL0 射频寄存器来设置 RSSI 寄存器的更新情况。如果 FRMCTRL0. ENERGY_SCAN=0(默认),RSSI 寄存器总是表示最新的可用值；但是如果该寄存器位设置为 1,RSSI 寄存器表示自能量扫描使能以来最大的值。

7. 链路质量指示 LQI

如同 IEEE 802.15.4 标准[1]中的定义,链路质量指示(LQI)计量的就是所收到的数据包的强度和/或质量。IEEE 802.15.4 标准[1]要求的 LQI 值限制在 0~255。CC2530 射频模块不直接提供一个 LQI 值,但可以根据测量结果计算一个 LQI 值。

MAC 软件可以使用 RSSI 值来计算 LQI 值。这一方法的缺点是通道带宽内的窄带干扰会增加 RSSI 值,因此 LQI 值即真正的链路质量实际上降低了。因此,对于每个输入的帧,无线电提供了一个平均相关值,该值跟随在 SFD 后面的前 8 个符号。虽然无线电不作片码判定,但是这个无符号的 7 位数值可以看作是片码错误率的测量。

当设置 MDMCTRL0. AUTOCRC 时,前 8 个符号的平均相关值连同 RSSI 和 CRC 附加到每个收到的帧中。相关值为 110 表示最高质量帧,而相关值为 50 一般表示无线电检测到的最低质量帧。

软件必须将平均相关值转换为 0~255 的 LQI 数值,即按照下式计算：

$$LQI = (CORR - a) * b$$

第8章 CC2530射频通信组件设计

其中:当LQI限制为0~255时,式中 a 和 b 是基于包差错率(PER)测量的经验值。

8.1.5 CC2530射频中断

CC2530射频中断与CPU的RFERR中断(中断0)和RF中断(中断12)有关。CC2530射频发生错误的情况下产生RFERR相关中断,而RF中断为CC2530射频普通操作中断。

RF内核产生的两个中断是RF内核中若干中断源的组合,每个单独的中断源在RF内核中有自己的中断使能和中断标志。CC2530射频的相关中断标志由RFIRQF0、RFIRQF1和RFIERRF三个射频中断标志寄存器负责处理。中断屏蔽由RFIRQM0、RFIRQM1和RFERRM三个中断屏蔽寄存器负责处理。

屏蔽寄存器中的中断使能位可以独立屏蔽和使能两个RF中断源。屏蔽和使能任何一个中断源都不会影响中断标志寄存器中状态的更新。

由于使用RF内核所有中断可单独进行中断屏蔽和使能,而RF内核的中断屏蔽和使能使用两层屏蔽和使能操作,因此在处理这些中断时必须小心。具体要求为:要清除来自RF内核的中断必须清除两个标志,即清除设置在RF内核中的标志和清除设置在S1CON或TCON(取决于触发哪个中断)中的标志。如果RF内核中的标志被清除,还有其他未屏蔽的标志存在,仍然产生另一个中断。

表8-2~8-6介绍RF中断标志和屏蔽寄存器,有关RF错误中断标志和屏蔽寄存器的内容可参考CC2530的用户手册。

表8-2 RF中断标志寄存器 RFIRQF0(0xE9)的位描述

位	名 称	复 位	读/写	功能描述
7	RXMASKZERO	0	R/W0	RXENABLE寄存器从一个非零状态到全零状态。 0:无中断;1:有中断
6	RXPKTDONE	0	R/W0	接收到一个完整的帧。 0:无中断;1:有中断
5	FRAME_ACCEPTED	0	R/W0	帧数据通过帧过滤。 0:无中断;1:有中断
4	SRC_MATCH_FOUND	0	R/W0	发现源地址匹配。 0:无中断;1:有中断
3	SRC_MATCH_DONE	0	R/W0	源地址匹配完成。 0:无中断;1:有中断
2	FIFOP	0	R/W0	RXFIFO中的字节数超过设置的阈值,当收到一个完整的帧时会激发。 0:无中断;1:有中断

续表 8-2

位	名称	复位	读/写	功能描述
1	SFD	0	R/W0	收到或发出 SFD。 0：无中断；1：有中断
0	ACT_UNUSED	0	R/W0	保留

表 8-3　RF 中断标志寄存器 RFIRQF1(0x91)的位描述

位	名称	复位	读/写	功能描述
7:6	—	0	R0	保留
5	CSP_WAIT	0	R/W0	CSP 等待指令，等待指令周期之后继续执行。 0：无中断；1：有中断
4	CSP_STOP	0	R/W0	CSP 停止程序执行。 0：无中断；1：有中断
3	CSP_MANINT	0	R/W0	产生来自 CSP 的手动中断。 0：无中断；1：有中断
2	RFIDLE	0	R/W0	无线电状态机制进入空闲状态。 0：无中断；1：有中断
1	TXDONE	0	R/W0	收到一个完整的帧。 0：无中断；1：有中断
0	TXACKDONE	0	R/W0	完整发送了一个确认帧。 0：无中断；1：有中断

表 8-4　RF 中断屏蔽寄存器 RFIRQM0(0x61A3)的位描述

位	名称	复位	读/写	功能描述
7	RXMASKZERO	0	R/W	RXENABLE 寄存器从一个非零状态到全零状态。 0：中断禁用；1：中断使能
6	RXPKTDONE	0	R/W	接收到一个完整的帧。 0：中断禁用；1：中断使能
5	FRAME_ACCEPTED	0	R/W	帧数据通过帧过滤。 0：中断禁用；1：中断使能
4	SRC_MATCH_FOUND	0	R/W	发现源地址匹配。 0：中断禁用；1：中断使能
3	SRC_MATCH_DONE	0	R/W	源地址匹配完成。 0：中断禁用；1：中断使能

续表 8-4

位	名称	复位	读/写	功能描述
2	FIFOP	0	R/W	RXFIFO 中的字节数超过设置的阈值,当收到一个完整的帧时会激发。0:中断禁用;1:中断使能
1	SFD	0	R/W	收到或发出 SFD。0:中断禁用;1:中断使能
0	ACT_UNUSED	0	R/W	保留

表 8-5　RF 中断屏蔽寄存器 RFIRQM1(0x61A4)的位描述

位	名称	复位	读/写	功能描述
7:6	—	0	R0	保留
5	CSP_WAIT	0	R/W	CSP 等待指令,等待指令周期之后继续执行。0:中断禁用;1:中断使能
4	CSP_STOP	0	R/W	CSP 停止程序执行。0:中断禁用;1:中断使能
3	CSP_MANINT	0	R/W	产生来自 CSP 的手动中断。0:中断禁用;1:中断使能
2	RFIDLE	0	R/W	射频状态机制进入空闲状态。0:中断禁用;1:中断使能
1	TXDONE	0	R/W	收到一个完整的帧。0:中断禁用;1:中断使能
0	TXACKDONE	0	R/W	完整发送了一个确认帧。0:中断禁用;1:中断使能

表 8-6　RF 中断标志寄存器 S1CON(0x9B)的位描述

位	名称	复位	读/写	功能描述
7:2	—	0	R0	保留
1	RFIF_1	0	R/W	RF 一般中断。RF 有两个中断标志,RFIF_1 和 RFIF_0,设置其中一个标志就会请求中断服务。当无线设备请求中断时两个标志都要设置。0:无中断;1:有中断
0	RFIF_0	0	R/W	RF 一般中断。RF 有两个中断标志,RFIF_1 和 RFIF_0,设置其中一个标志就会请求中断服务。当无线设备请求中断时两个标志都要设置。0:无中断;1:有中断

8.1.6 CC2530 射频频率和通道

IEEE 802.15.4 规范的物理层定义了三个载波频段,用于收发数据:868～868.6 MHz、902～928 MHz 和 2 400～2 483.5 MHz。这三个频段在发送数据使用的速率、信号处理过程以及调制方式等方面都存在一些差异,其中 2 400 MHz 频段的数据传输速率为 250 kbps,915 MHz 和 868MHz 频段的数据传输速率分别为 40 kbps 和 20 kbps。

IEEE 802.15.4 规范定义了 27 个物理信道,信道编号为 0～26,每个具体的信道对应着一个中心频率,这 27 个物理信道覆盖了 3 个不同的频段。不同频段所对应的带宽不同,标准规定 868 MHz 频段定义了 1 个信道(0 号信道),915 MHz 频段定义了 10 个信道(1～10 号信道),2 400 MHz 频段定义了 16 个信道(11～26 号信道)。这些信道的中心频率定义如下:

$$f_c = 868.3 \text{ MHz} \qquad k = 0$$
$$f_c = 906 + 2 \times (k-11) \text{ MHz} \qquad k \in [1,10]$$
$$f_c = 2045 + 5 \times (k-11) \text{ MHz} \qquad k \in [11,26]$$

其中,k 为信道编号,f_c 为信道对应的中心频率。

CC2530 射频频率载波可以通过编程 FREQCTRL.FREQ[6:0] 位进行载波频率字设置。具体频道位于 2.4 GHz 频段之内,由 IEEE 802.15.4-2006 指定 16 个通道,步长为 5 MHz,编号为 11～26。其中通道 k 的 RF 频率由下式指定。

$$f_c = 2045 \times 5(k-11) \text{ MHz} \qquad k \in [11,26]$$

表 8-7 为控制 RF 频率寄存器 FREQCTRL(0x618F)的位描述。

表 8-7 控制 RF 频率寄存器 FREQCTRL(0x618F)的位描述

位	名称	复位	读/写	功能描述
7	—	0	R0	保留
6:0	FREQ[6:0]	0x0B (2045 MHz)	R/W	频率控制字。 FREQ[6:0]=11+5(通道号码-11)

8.1.7 CC2530 射频调制格式

CC2530 射频调制格式采用 IEEE 802.15.4 定义的 2.4 GHz 直接序列扩频频谱(DSSS)的 RF 调制格式,调制过程如图 8-6 所示。

图 8-6 2.4 GHz 物理层调制及扩频功能模块

第8章 CC2530射频通信组件设计

2.4 GHz物理层将数据(PPDU)每字节的低四位与高四位分别映射组成数据符号(symbol),每种数据符号又被映射成32位伪随机码序列,如表8-8所列。

表8-8 数据符号-数据码片映射表

数据符号 (十进制)	数据符号 (二进制)	数据码片
0	0000	11011001110000110101001000101110
1	0001	11101101100111000011010100100010
2	0010	00101110110110011100001101010010
3	0011	00100010111011011001110000110101
4	0100	01010010001011101101100111000011
5	0101	00110101001000101110110110011100
6	0110	11000011010100100010111011011001
7	0111	10011100001101010010001011101101
8	1000	10001100100101100000011101111011
9	1001	10111000110010010110000001110111
10	1010	01111011100011001001011000000111
11	1011	01110111101110001100100101100000
12	1100	00000111011110111000110010010110
13	1101	01100000011101111011100011001001
14	1110	10010110000001110111101110001100
15	1111	11001001011000000111011110111000

数据码片序列采用半正弦脉冲形的偏移四相移相键控技术(O-QPSK)调制。对偶数序列码片进行同相调制,而对奇数序列码片进行正交调制。每个芯片形成半正弦波,轮流在一个半芯片周期偏移的I和Q通道传输。图8-7所示为零符号芯片序列的传输。

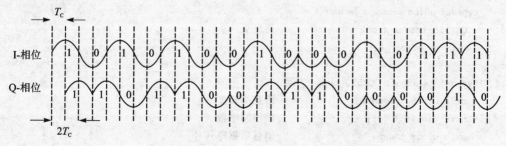

图8-7 I/Q通道传送一个0符号芯片序列时的相位($T_C=0.5\ \mu s$)

8.2 TinyOS 通信接口和组件

TinyOS 系统提供了很多与底层通信相关的接口,并提供了实现这些接口的组件。所有的接口和组件都使用 message_t 结构体消息缓存区。在 TinyOS-2.x 中,message_t 结构体是一种抽象的数据类型,它的成员必须由具体的平台去定义。

8.2.1 message_t 消息结构体

message_t 结构体的定义在"tinyos-2.x\tos\types\message.h"文件中。具体代码如下:

```
typedef nx_struct message_t {
    nx_uint8_t header[sizeof(message_header_t)];       //消息头
    nx_uint8_t data[TOSH_DATA_LENGTH];                 //消息数据(有效载荷)
    nx_uint8_t footer[sizeof(message_footer_t)];       //消息尾
    nx_uint8_t metadata[sizeof(message_metadata_t)];   //消息元
} message_t;
```

message_t 消息结构体只定义了结构体成员名称,对于结构体成员的字节长度,不同的射频芯片有不同的要求。message_t 结构体包含四个部分:header、data、footer 和 metadata。其中 header 中包含了数据包长度、FCF、DSN、源地址和目的地址等信息;metadata 包含了 RSSI 等信息,该部分不需要通过射频发送出去,只是在发送前和接收后提取或写入相应的域。

CC2530 消息体成员有关定义在平台目录"tinyos-2.x\tos\platforms\enmote\platform_message.h"中。message_t 结构体中的 header、footer 和 metedata 都是不透明的,对这些字段的访问必须通过 Packet 接口、AMPacket 接口或其他一些接口。这种访问方式允许数据保存在固定的偏移位置,避免消息经过两个链路层时出现复制行为。

(1) 消息头结构体定义

```
typedef union message_header {
    CC2530_header_t cc2530;         //消息头
} message_header_t;

typedef nx_struct CC2530_header_t {
    nxle_uint8_t length;            //消息头长度
    nxle_uint16_t fcf;              //帧控制字段
    nxle_uint8_t dsn;               //消息数据序列号
    nxle_uint16_t destpan;          //消息目的 PAN
    nxle_uint16_t dest;             //消息目的地址
```

```
  nxle_uint16_t src;              //消息源地址
  nxle_uint8_t type;              //消息类型
  nx_am_group_t group;            //消息组
} CC2530_header_t;
```

(2) 消息元结构体定义

```
typedef union message_metadata {
  CC2530_metadata_t cc2530;
} message_metadata_t;
typedef nx_struct CC2530_metadata_t {
  nx_uint8_t tx_power;            //发送功率
  nx_uint8_t rssi;                //接收信号强度指示
  nx_uint8_t lqi;                 //链路质量指示
  nx_bool crc;                    //CRC校验
  nx_bool ack;                    //应答
  nx_uint16_t time;               //时间邮戳
} CC2530_metadata_t;
```

(3) 消息尾结构体定义

```
typedef union message_footer {
  CC2530_footer_t cc2530;         //消息尾
} message_footer_t;

typedef nx_struct CC2530_footer_t {
  nxle_uint8_t  i;
} CC2530_footer_t;
```

8.2.2 基本通信接口

通信相关的接口和组件使用 message_t 作为底层的数据结构。通信接口的定义文件在"tinyos-2.x\tos\interfaces"目录中。

(1) Packet 接口

Packet 接口提供对 message_t 抽象数据类型的基本访问。

```
#include <message.h>
interface Packet {
  command void clear(message_t * msg);                            //清除消息缓存中的内容
  command uint8_t payloadLength(message_t * msg);                 //返回消息有效载荷长度
  command void setPayloadLength(message_t * msg, uint8_t len);    //设置消息有效载荷长度
  command uint8_t maxPayloadLength();                             //获取最大有效载荷
  command void * getPayload(message_t * msg, uint8_t len);        //获取消息有效载荷数据指针
}
```

(2) Send 接口

面向任意地址的消息发送接口。

```
#include <TinyError.h>
#include <message.h>
interface Send {
  command error_t send(message_t * msg, uint8_t len);       //发送消息
  command error_t cancel(message_t * msg);                  //取消消息发送
  event void sendDone(message_t * msg, error_t error);      //发送完成事件
  command uint8_t maxPayloadLength();                       //最大有效载荷长度
  command void * getPayload(message_t * msg, uint8_t len); //消息有效载荷数据指针
}
```

(3) Receive 接口

最基本的消息接收接口,提供了接收到消息时的触发事件函数。

```
#include <TinyError.h>
#include <message.h>
interface Receive {
  event message_t * receive(message_t * msg, void * payload, uint8_t len);
  //消息接收事件
}
```

8.2.3 主动消息接口

在 TinyOS 系统的一个应用程序中通常有多个服务需要使用同一个无线通信,所以 TinyOS 采用主动消息层(Active Message,简称 AM)来实现无线通信的多渠道访问机制。AM 在功能上类似于以太网的数据帧和 IP 协议的 UDP 端口,其消息包中也包含了目标地址域,把 AM 地址存储在特定节点的信息包中。

(1) AMPacket 接口

类似 Packet 接口,提供对 message_t 抽象数据类型的 AM 访问。

```
#include <message.h>
#include <AM.h>
interface AMPacket {
  command am_addr_t address();                                          //AM 节点地址
  command am_addr_t destination(message_t * amsg);                      //获取 AM 消息包目标地址
  command am_addr_t source(message_t * amsg);                           //获取 AM 消息包的源地址
  command void setDestination(message_t * amsg, am_addr_t addr); //设置 AM 消息包目标地址
  command void setSource(message_t * amsg, am_addr_t addr);      //设置 AM 消息包的源地址
  command bool isForMe(message_t * amsg);                               //判断 AM 消息包是否属于本节点
  command am_id_t type(message_t * amsg);                               //获取 AM 消息包的类型标识
  command void setType(message_t * amsg, am_id_t t);                    //设置 AM 消息包的类型标识
```

第 8 章 CC2530 射频通信组件设计

```
  command am_group_t group(message_t * amsg);            //获取 AM 消息包的组标识
  command void setGroup(message_t * amsg, am_group_t grp);//设置 AM 消息包的组标识
  command am_group_t localGroup();                       //获取 AM 消息包的本地组标识
}
```

(2) AMSend 接口

类似 Send 接口,是基本的主动消息发送接口。AMsend 接口与 Send 接口之间的关键区别在于,AMsend 接口在其发送命令中指定了 AM 目标地址。

```
#include <TinyError.h>
#include <message.h>
#include <AM.h>
interface AMSend {
  command error_t send(am_addr_t addr, message_t * msg, uint8_t len);
                                                         //发送消息,需指定目标地址
  command error_t cancel(message_t * msg);               //取消消息发送
  event void sendDone(message_t * msg, error_t error);   //发送完成事件
  command uint8_t maxPayloadLength();                    //最大有效载荷长度
  command void * getPayload(message_t * msg, uint8_t len);//消息有效载荷数据指针
}
```

8.2.4　ActiveMessageC 通信组件

TinyOS 系统支持多个不同的硬件平台,每一个平台都有无线模块的底层射频驱动。将一个平台相关的无线通信驱动的实现封装在一起的组件称为 ActiveMessageC。

ActiveMessageC 包含 CSMA-CA、链路层重发和重复包判断等机制。其中,CSMA/CA 机制使节点在发送数据之前先去侦听信道状况,只有在信道空闲的情况下才发送数据,从而避免了数据碰撞,保证了节点之间数据的稳定传输;链路层重发机制是当节点数据发送失败时链路层会重发,直到发送成功或重发次数到达设定的阈值为止,提高了数据成功到达率;重复包判断机制是节点根据发送数据包的源节点地址及数据包中的 DSN 域判断该包是不是重复包,如果是重复包,则不处理,防止节点收到同一个数据包的多个拷贝。

ActiveMessageC 组件把通信相关的接口绑定到底层的相关硬件驱动,该组件是一个平台相关的组件。而 TinyOS 系统提供的基本通信组件(如 AMReceiverC、AMSender 和 AMSnooperC 等)属于 TinyOS 组件库中自带的组件,从某种意义上来说,与具体平台硬件无关,但这些组件是对 ActiveMessageC 组件的进一步封装。ActiveMessageC 组件提供了 SplitControl、AMsend、Receive、Pacekt、AMPacket 以及 PacketAcknowledgements 等大多数通信接口。每一种平台的 ActiveMessageC 组件都定义在平台目录中,如本书使用的 enmote 平台的目录为"\tinyos-2.x\tos\

platforms\enmote"。ActiveMessageC 组件的配置文件代码如下：

```
/**************************************************************
 * 文 件 名：ActiveMessageC.nc
 * 功能描述：平台主动消息组件配置文件
 * 日    期：2012/4/15
 * 作    者：李外云 博士
 **************************************************************/
configuration ActiveMessageC {
  provides {
    interface SplitControl;
    interface AMSend[uint8_t id];
    interface Receive[uint8_t id];
    interface Receive as Snoop[uint8_t id];
    interface Packet;
    interface AMPacket;
    interface PacketAcknowledgements;
  }
}
implementation {
  components CC2530ActiveMessageC as AM;
  SplitControl             = AM;            //绑定 SplitControl 接口
  AMSend                   = AM;            //绑定 AMSend 接口
  Receive                  = AM.Receive;    //绑定 Receive 接口
  Snoop                    = AM.Snoop;      //绑定 Snoop 接口
  Packet                   = AM;            //绑定 Packet 接口
  AMPacket                 = AM;            //绑定 AMPacket 接口
  PacketAcknowledgements   = AM;            //绑定 AMSend 接口
}
```

8.3 CC2530 射频驱动控制接口和组件

ActiveMessageC 组件实现了将通信相关的接口绑定到底层的相关硬件驱动，该组件所提供的接口需要与平台相关的射频通信的底层驱动组件（如 CC2530Active-MessageC）绑定去实现。下面主要介绍作者定义和实现的基于 CC2530 射频通信底层驱动的接口和组件。

8.3.1 CC2530 Packet 接口与实现组件

TinyOS 提供的 Packet 和 AMPacket 等通信接口主要完成对数据帧相关的基本参数的处理，比如目标地址、源地址、有效载荷长度和有效载荷数据等。CC2530 芯

第8章　CC2530 射频通信组件设计

片本身可提供发送功率和接收信号强度指示等参数,为了获取每帧数据的发送功率、接收信号强度指示和链路质量指示等参数,作者对 Packet 接口进行了扩展,定义了与发送功率、接收信号强度以及链路质量指示相关的 CC2530Packet 接口和 CC2530PacketC 组件。

(1) CC2530Packet 接口

CC2530Packet 接口定义在"tinyos - 2.x\tos\chips\CC2530\radio"目录中。

```
#include "message.h"
interface CC2530Packet {
    async command uint8_t getPower(message_t * p_msg);          //获取发送功率
    async command int8_t getRssi(message_t * p_msg);            //获取接收信号强度指示
    async command void setRssi(message_t * p_msg, uint8_t rssi);
                                                                //设置接收信息强度指示(动态路由使用)
    async command uint8_t getLqi(message_t * p_msg);            //获取链路质量指示
}
```

(2) CC2530PacketC 组件

CC2530PacketC 组件提供了 TinyOS 的 PacketAcknowledgements 接口和作者定义的 CC2530Packet 接口,主要获取或设置通信帧数据中的应答、链路质量、发送功率以及接受信号强度等参数。CC2530Packet 组件定义在"tinyos - 2.x\tos\chips\CC2530\radio"目录中,文件名为 CC2530Packet.nc,代码如下:

```
/************************************************************
 * 文 件 名:CC2530PacketC.nc
 * 功能描述:CC2530 射频帧模块组件
 * 日    期:2012/4/15
 * 作    者:李外云 博士
 ************************************************************/
#include "CC2530Radio.h"
#include "IEEE802154.h"
module CC2530PacketC {
    provides interface CC2530Packet;                    //提供 CC2530Packet 接口
    provides interface PacketAcknowledgements as Acks;
}
implementation
{
    CC2530_header_t * getHeader(message_t * msg)
    {
        return (CC2530_header_t *)(msg->data - sizeof(CC2530_header_t));
    }
    CC2530_metadata_t * getMetadata(message_t * msg) {
        return (CC2530_metadata_t *)msg->metadata;
```

```
/************************************************************
 * 函数名:requestAck(message_t * msg)命令函数
 * 功   能:获取消息应答标志函数
 * 参   数:message_t * msg:消息指针
 ************************************************************/
async command error_t Acks.requestAck(message_t * msg)    {
    getHeader(msg)->fcf |= 1 << IEEE154_FCF_ACK_REQ;
    return SUCCESS;    }
/************************************************************
 * 函数名:noAck(message_t * msg)命令函数
 * 功   能:设置消息无应答标志函数
 * 参   数:message_t * msg:消息指针
 ************************************************************/
async command error_t Acks.noAck(message_t * msg)    {
    getHeader(msg)->fcf &= ~(1 << IEEE154_FCF_ACK_REQ);
    return SUCCESS;    }
/************************************************************
 * 函数名:wasAcked(message_t * msg)命令函数
 * 功   能:获取消息的应答标志函数
 * 参   数:message_t * msg:消息指针;返回应答标志情况
 ************************************************************/
async command bool Acks.wasAcked(message_t * msg)    {
    return getMetadata(msg)->ack;
}
/************************************************************
 * 函数名:getPower(message_t * msg)命令函数
 * 功   能:获取消息发送功率函数
 * 参   数:message_t * msg:消息指针;返回功率值
 ************************************************************/
async command uint8_t CC2530Packet.getPower(message_t * msg)
{
    return getMetadata(msg)->tx_power;
}
/************************************************************
 * 函数名:getPower(message_t * msg)命令函数
 * 功   能:获取消息接收信号强度指示函数
 * 参   数:message_t * msg:消息指针;返回 RSSI 值
 ************************************************************/
async command int8_t CC2530Packet.getRssi(message_t * msg)
{
    return getMetadata(msg)->rssi;
```

}
```
/************************************************************
 * 函数名:setRssi(message_t * msg, uint8_t rssi)命令函数
 * 功  能:设置接收信号强度指示函数
 * 参  数:message_t * msg:消息指针;uint8_t rssi:RSSI 值
 ************************************************************/
async command void CC2530Packet.setRssi(message_t * msg, uint8_t rssi) {//
    getMetadata(msg)->rssi = rssi;
}

/************************************************************
 * 函数名:getLqi(message_t * msg)命令函数
 * 功  能:获取消息接收信号链路质量函数
 * 参  数:message_t * msg:消息指针
 ************************************************************/
async command error_t CC2530Packet.getLqi(message_t * msg) {
    return getMetadata(msg)->lqi;
}
}
```

8.3.2 CC2530RFControl 接口与实现组件

CC2530 在射频通信过程中,需要对射频相关寄存器进行设置,同时在射频数据打包和解释过程中,还涉及到射频通信的发送功率、通信信道的选择、发送数据包源地址和目标地址等参数的设置。

在数据发送之前,需要根据 IEEE 802.15.4－2006 数据帧格式和 CC2530 芯片的射频特性对待发送的数据帧进行打包处理。CC2530 收到射频数据帧后,需要根据 IEEE 802.15.4－2006 数据帧格式对收到的数据帧进行解析,同时通知上层组件对接收到的数据帧进行相关处理。

作者根据 CC2530 射频通信的特点,定义了控制 CC2530 射频的 CC2530RFControl 接口,主要涉及到通信信道、发送功率、通信地址和发送中断等命令函数以及处理数据帧的事件函数。

1. CC2530RFControl 接口定义

```
/************************************************************
 * 文 件 名:CC2530RFControl.nc
 * 功能描述:CC2530 射频控制接口
 * 日    期:2012/4/15
 * 作    者:李外云 博士
 ************************************************************/
#include "CC2530Radio.h"
```

```
interface CC2530RFControl  {
    command error_t sendPacket(uint8_t * packet);                    //发送数据
    async event void sendPacketDone(uint8_t * packet, error_t result);
                                                                      //发送数据完成事件
    event uint8_t * receivedPacket(uint8_t * packet);   //接收数据事件,由中断触发
    command error_t setChannel(uint8_t channel);                     //设置射频通信信道
    command uint8_t getChannel();                                    //获取通信信道
    command error_t setTransmitPower(uint8_t power);                 //设置发送功率
    command uint8_t getTransmitPower();                              //获取发送功率
    command error_t setAddress(mac_addr_t * addr);                   //设置目标地址
    command const mac_addr_t * getAddress();                         //获取目标地址
    command const ieee_mac_addr_t * getExtAddress();                 //获取扩展地址
    command error_t setExtAddress(ieee_mac_addr_t * extAddress);     //设置扩展地址
    command void RxEnable();                                         //使能接收
    command void RxDisable();                                        //屏蔽接收
    command error_t setPanAddress(mac_addr_t * addr);                //设置 PAN 地址
    command const mac_addr_t * getPanAddress();                      //获取 PAN 地址
}
```

2. CC2530RadioP 模块组件

CC2530RadioP 模块组件使用了 CC2530 射频的 CC2530RFControl 接口,根据 TinyOS 组件和接口编程原则,使用接口的组件需要完成接口所定义的命令函数实现过程。所以,CC2530RadioP 模块组件必须实现 CC2530RFControl 接口所定义的命令函数。下面介绍 CC2530RFControl 接口中的命令函数在 CC2530RadioP 模块组件中的实现过程。

(1) 设置通信信道命令函数

```
/************************************************************
 * 函数名:setChannel(uint8_t channel)命令函数
 * 功    能:设置通信信道
 * 参    数:uint8_t channel:通信信道(11～26)
 ************************************************************/
command error_t CC2530RFControl.setChannel(uint8_t channel)  {
    uint8_t freq;
    if ((channel < 11) || (channel > 26))
        mChannel = CC2530_DEF_CHANNEL;                //默认信道为 11
    else
        mChannel = channel;
    freq = mChannel - 11;
    freq *= 5;
    _CC2530_FREQCTRL = 0x0B + freq;                   //更新信道寄存器 FREQCTRL
```

第 8 章 CC2530 射频通信组件设计

```
        return SUCCESS;
}
```

(2) 获取通信信道命令函数

```
/***************************************************************
 * 函数名:getChannel()命令函数
 * 功    能:获取通信信道
 * 参    数:返回通信信道
 ***************************************************************/
command uint8_t CC2530RFControl.getChannel()   {
    return mChannel;                            //返回通信信道
}
```

(3) 设置发送功率命令函数

```
/***************************************************************
 * 函数名:setTransmitPower(uint8_t power)命令函数
 * 功    能:设置发送功率命令
 * 参    数:uint8_t power:发送功能值
 ***************************************************************/
command error_t CC2530RFControl.setTransmitPower(uint8_t power)   {
    if (power > 0xF5)
        mPower = CC2530_DEF_RFPOWER;            //默认发送功率
    else
        mPower = power;
    _CC2530_TXPOWER = mPower;                   //更新功率寄存器 TXPOWER
    return SUCCESS;
}
```

(4) 获取发送功率命令函数

```
/***************************************************************
 * 函数名:getTransmitPower()命令函数
 * 功    能:获取发送功率命令
 * 参    数:返回发送功率
 ***************************************************************/
command uint8_t CC2530RFControl.getTransmitPower()   {
    return mPower;                              //返回发送功率
}
```

(5) 设置通信地址命令函数

```
/***************************************************************
 * 函数名:setAddress(mac_addr_t * addr)命令函数
 * 功    能:设置通信地址
```

```
 *  参   数:mac_addr_t * addr:地址指针
***************************************************************/
command error_t CC2530RFControl.setAddress(mac_addr_t * addr)  {
    mShortAddress = * addr;
    _CC2530_SHORTADDR = ( * addr);                      //更新短地址寄存器
    return SUCCESS;
}
```

(6) 获取通信地址命令函数

```
/***************************************************************
 *  函数名:getAddress()命令函数
 *  功   能:获取通信地址
 *  参   数:返回地址指针
***************************************************************/
command const mac_addr_t * CC2530RFControl.getAddress()  {
    return &mShortAddress;                              //返回短地址指针
}
```

(7) 设置通信 PAN 地址命令函数

```
/***************************************************************
 *  函数名:setPanAddress(mac_addr_t * addr)命令函数
 *  功   能:获取通信地址
 *  参   数:mac_addr_t * addr:PAN 地址指针
***************************************************************/
command error_t CC2530RFControl.setPanAddress(mac_addr_t * addr)  {
    mPANid = * addr;
    _CC2530_PANID = mPANid;                             //更新 PAN 寄存器
    return SUCCESS;
}
```

(8) 获取通信 PAN 地址命令函数

```
/***************************************************************
 *  函数名:getPanAddress()命令函数
 *  功   能:获取 PAN 地址
 *  参   数:返回 PAN 地址指针
***************************************************************/
command const mac_addr_t * CC2530RFControl.getPanAddress()  {
    return &mPANid;                                     //返回 PAN 地址指针
}
```

(9) 设置通信扩展地址命令函数

```
/***************************************************************
```

```
*  函数名:setExtAddress(ieee_mac_addr_t * extAddress)命令函数
*  功    能:设置通信扩展地址
*  参    数:ieee_mac_addr_t * extAddress:地址指针
*******************************************************/
command error_t CC2530RFControl.setExtAddress(ieee_mac_addr_t * extAddress) {
    _CC2530_IEEE_ADDR7 = extAddress[7];          //更新 IEEE 地址寄存器
    _CC2530_IEEE_ADDR6 = extAddress[6];
    _CC2530_IEEE_ADDR5 = extAddress[5];
    _CC2530_IEEE_ADDR4 = extAddress[4];
    _CC2530_IEEE_ADDR3 = extAddress[3];
    _CC2530_IEEE_ADDR2 = extAddress[2];
    _CC2530_IEEE_ADDR1 = extAddress[1];
    _CC2530_IEEE_ADDR0 = extAddress[0];
    return SUCCESS;
}
```

(10) 获取通信扩展地址命令函数

```
/*******************************************************
*  函数名:getExtAddress()命令函数
*  功    能:获取通信扩展地址
*  参    数:返回地址指针
*******************************************************/
command const ieee_mac_addr_t * CC2530RFControl.getExtAddress() {
    ieeeAddress[7] = _CC2530_IEEE_ADDR7;
    ieeeAddress[6] = _CC2530_IEEE_ADDR6;
    ieeeAddress[5] = _CC2530_IEEE_ADDR5;
    ieeeAddress[4] = _CC2530_IEEE_ADDR4 ;
    ieeeAddress[3] = _CC2530_IEEE_ADDR3 ;
    ieeeAddress[2] = _CC2530_IEEE_ADDR2 ;
    ieeeAddress[1] = _CC2530_IEEE_ADDR1 ;
    ieeeAddress[0] = _CC2530_IEEE_ADDR0 ;
    return (const ieee_mac_addr_t *) &ieeeAddress;    //返回 IEEE 地址指针
}
```

8.3.3 CC2530 射频中断接口和组件

CC2530 射频中断包括 RFERR 中断(中断 0)和 RF 中断(中断 12)。CC2530 射频发生错误的情况下产生 RFERR 相关中断,而 RF 中断则负责 CC2530 射频普通中断操作。

RF 内核产生的两个中断是 RF 内核中若干中断源的组合。每个 RF 中断源在 RF 内核中都有自己单独的中断寄存器,分别由 RFIRQM0、RFIRQM1 和 RFERRM

三个中断屏蔽寄存器负责处理。CC2530 射频中断接口定义 RF 中断操作函数,而射频中断组件则完成对射频中断接口的实现。

1. CC2530RFInterrupt 接口定义

作者根据 CC2530 射频中断寄存器的特点,定义了中断接口所使用的一些处理中断的命令函数和产生中断时的事件。其中接口命令负责中断的使能或屏蔽,而中断事件负责处理在中断产生时触发的事件。中断接口代码如下:

```
interface CC2530RFInterrupt {
  async command error_t enableRFIRQM0(uint8_t IntBit);    //使能 RFIRQM0 负责的中断源
  async command error_t disableRFIRQM0(uint8_t IntBit);   //屏蔽 RFIRQM0 负责的中断源
  async command error_t enableRFIRQM1(uint8_t IntBit);    //使能 RFIRQM1 负责的中断源
  async command error_t disableRFIRQM1(uint8_t IntBit);   //屏蔽 RFIRQM1 负责的中断源
  async command error_t enableInterruptRF();              //使能 RF 中断
  async command error_t disableInterruptRF();             //屏蔽 RF 中断
  async command error_t enableInterruptRFErr();           //使能 RF 错误中断
  async command error_t disableInterruptRFErr();          //屏蔽 RF 错误中断
  async event void RF_TXDONE();                           //RF 发送完成中断事件
  async event void RF_RXPKTDONE();                        //接收完一帧中断事件
```

2. CC2530RFInterruptsP 组件

CC2530RFInterruptsP 组件主要完成 CC2530RFInterrupt 接口所定义的命令函数和 CC2530 射频中断事件。

(1) FIRQM0 寄存器中断使能和屏蔽控制命令函数

```
/************************************************************
 * 函数名:enableRFIRQM0(uint8_t IntBit)命令函数
 * 功  能:使能 FIRQM0 寄存器中断位
 * 参  数:uint8_t IntBit:中断位
 ************************************************************/
async command error_t CC2530RFInterrupt.enableRFIRQM0(uint8_t IntBit)  {
    atomic  {
      _CC2530_RFIRQM0 |= BV(IntBit);           //使能中断位
      RFIRQF0 &= ~BV(IntBit);                  //清除中断标志
    }
    return SUCCESS;
}
/************************************************************
 * 函数名:disableRFIRQM0(uint8_t IntBit)命令函数
 * 功  能:屏蔽 FIRQM0 寄存器中断位
 * 参  数:uint8_t IntBit:中断位
 ************************************************************/
```

第8章 CC2530 射频通信组件设计

```
async command error_t CC2530RFInterrupt.disableRFIRQM0(uint8_t IntBit) {
    atomic {
        _CC2530_RFIRQM0 &= ~BV(IntBit);          //屏蔽中断位
        RFIRQF0 &= ~BV(IntBit);                  //清除中断标志
    }
    return SUCCESS;
}
```

(2) FIRQM1 寄存器中断使能和屏蔽控制命令函数

```
/**************************************************************
* 函数名:enableRFIRQM1(uint8_t IntBit)命令函数
* 功  能:使能 FIRQM1 寄存器中断位
* 参  数:uint8_t IntBit:中断位
***************************************************************/
async command error_t CC2530RFInterrupt.enableRFIRQM1(uint8_t IntBit) {
    atomic {
        _CC2530_RFIRQM1  |= BV(IntBit);          //使能中断位
        RFIRQF1  &= ~BV(IntBit);                 //清除中断标志
    }
    return SUCCESS;
}
/**************************************************************
* 函数名:disableRFIRQM1(uint8_t IntBit)  命令函数
* 功  能:屏蔽 FIRQM1 寄存器中断位
* 参  数:uint8_t IntBit:中断位
***************************************************************/
async command error_t CC2530RFInterrupt.disableRFIRQM1(uint8_t IntBit) {
    atomic {
        _CC2530_RFIRQM1  &= ~BV(IntBit);         //屏蔽中断位
        RFIRQF1  &= ~BV(IntBit);                 //清除中断标志
    }
    return SUCCESS;
}
```

(3) RF 中断屏蔽寄存器控制命令函数

```
/**************************************************************
* 函数名:enableInterruptRF()命令函数
* 功  能:使能 RF 中断
* 参  数:无
***************************************************************/
async command error_t CC2530RFInterrupt.enableInterruptRF() {
```

```
    atomic{
    IEN2 |= BV(CC2530_IEN2_RFIE);           //使能 RF 中断
    S1CON = 0x00;                            //清除 RF 中断标志
    }
    return SUCCESS;
}
/*************************************************************
* 函数名:disableInterruptRF()命令函数
* 功　能:屏蔽 RF 中断
* 参　数:无
*************************************************************/
async command error_t CC2530RFInterrupt.disableInterruptRF()    {
    atomic {
    IEN2& = ~BV(CC2530_IEN2_RFIE);
    S1CON = 0x00;
    }
    return SUCCESS;
}
```

(4) RF 错误中断屏蔽寄存器控制命令函数

```
/*************************************************************
* 函数名:enableInterruptRFErr()命令函数
* 功　能:使能 RFErr 中断
* 参　数:无
*************************************************************/
async command error_t CC2530RFInterrupt.enableInterruptRFErr()  {
    atomic{
    IEN0 |= BV(CC2530_IEN0_RFERRIE);
    TCON& = ~BV(1);
    }
    return SUCCESS;
}
/*************************************************************
* 函数名:disableInterruptRFErr()命令函数
* 功　能:屏蔽 RFErr 中断
* 参　数:无
*************************************************************/
async command error_t CC2530RFInterrupt.disableInterruptRFErr()
{
    atomic{
```

```
            TCON&= ~BV(1);
            IEN0&= ~BV(CC2530_IEN0_RFERRIE);
        }
        return SUCCESS;
}
```

8.4　CC2530 射频数据接收和发送

CC2530 提供了一个兼容 IEEE 802.15.4 的无线收发器,由 RF 内核控制。另外,CC2530 提供了与无线模块进行接口的 CSMA-CA 选通处理器(简称 CSP),从而可以发出命令、读取状态、自动操作和确定无线设备事件的顺序,同时 CC2530 射频模块还包括一个数据包过滤和地址识别模块。

8.4.1　CC2530 的 CSP 协处理器

CC2530 使用一系列选通命令来控制无线操作。选通命令可以看成是单字节指令,每条命令用来控制某个无线模块的功能,这些命令可以实现使能频率合成器、射频接收和发送模式以及其他功能。

CSP 通过 SFR 寄存器 RFST 以及 XREG 寄存器 CSPX、CSPY、CSPZ、CSPT、CSPSTAT、CSPCTRL 和 CSPPROG<n>(n 的范围是 0～23)与 CPU 通信。CSP 产生中断请求到 CPU。另外,CSP 通过监测 MAC 定时计数器事件和 MAC 定时计数器通信。CSP 允许 CPU 发出命令选通到无线电,从而控制无线电的操作。

CSP 有立即执行选通命令和执行程序两种操作模式。立即执行选通命令模式是指当选通指令写入到 CSP 后,立即发给无线电模块。立即执行选通命令只能用于控制 CSP,而执行程序模式意味着 CSP 从程序存储器或指令存储器执行一系列的指令,包括很短的用户定义的程序。可用的指令来自 CSP 协处理器中的 20 条指令的集合,所需的程序首先由 CPU 加载到 CSP 中,然后 CPU 指示 CSP 开始执行程序。执行程序模式以及 MAC 定时器允许 CSP 自动执行 CSMA-CA 算法,因此充当 CPU 的协处理器。

8.4.2　CC2530 的立即执行选通命令

CC2530 有 14 条立即执行选通命令,表 8-9 所列为 CSP 的 Isxxx 指令格式表。

在指令存储器填充完毕之后,当立即执行选通命令 ISSTART 写入寄存器 RFST 时,就开始运行程序。程序将一直运行到指令的最后位置,即运行到数据寄存器 CSPT 的内容为 0,或者 SSTOP 指令已经执行或者立即停止指令 ISSTOP 已经写入 RFST,或者指令 SKIP 返回到超过指令存储器的最后位置为止。CSP 运行在系统时钟频率上,为了正确的无线电操作必须设置为 32 MHz。

表 8-9 CSP 的 Isxxx 指令格式表

助记符	位							功能描述
Isxxx	1	1	1	0	S3	S2	S1	S0	当立即执行选通命令发送到 FIFO 和帧控制器（简称 FFCTRL）时，该命令绕过命令缓冲区中的指令立即执行。如果当前缓冲区指令存在一个立即执行选通命令，新输入的选通命令将被延迟

注：S3~S0 表示不同的 Isxxx 指令。

当程序即将运行时，可以将立即执行选通命令写入 RFST。在这种情况下，立即命令会绕过指令存储器里的指令执行，而指令存储器里的命令会在立即命令完成后执行，读 RFST 将返回当前指令即将执行的位置。

作者在"tinyos - 2. x\tos\chips\CC2530\inc\CC2530_CSP. h"文件中定义了 CC2530 立即执行选通命令及相关的宏定义操作。有关立即执行选通命令的使用方法可参考 CC2530 的用户手册。

```
#define CC2530_ISSTART          0xE1
#define CC2530_ISSTOP           0xE2
#define CC2530_ISRXON           0xE3
#define CC2530_ISRXBITSET       0xE4
#define CC2530_ISRXBITCLR       0xE5
#define CC2530_ISACK            0xE6
#define CC2530_ISACKPEND        0xE7
#define CC2530_ISNACK           0xE8
#define CC2530_ISTXON           0xE9
#define CC2530_ISTXONCCA        0xEA
#define CC2530_ISSAMPLECCA      0xEB
#define CC2530_ISFLUSHRX        0xED
#define CC2530_ISFLUSHTX        0xEE
#define CC2530_ISRFOFF          0xEF

#define ISRXON()        {RFST = CC2530_ISRXON;}
#define ISTXON()        {RFST = CC2530_ISTXON;}
#define ISTXONCCA()     {RFST = CC2530_ISTXONCCA;}
#define ISRFOFF()       {RFST = CC2530_ISRFOFF;}
#define ISFLUSHRX()     {RFST = CC2530_ISFLUSHRX;}
#define ISFLUSHTX()     {RFST = CC2530_ISFLUSHTX;}
```

8.4.3 CC2530 的射频数据发送操作

CC2530 支持无 CSMA-CA、非时隙 CSMA-CA 和时隙 CSMA-CA 三种传输

模式,其射频发送流程图如图8-8所示。

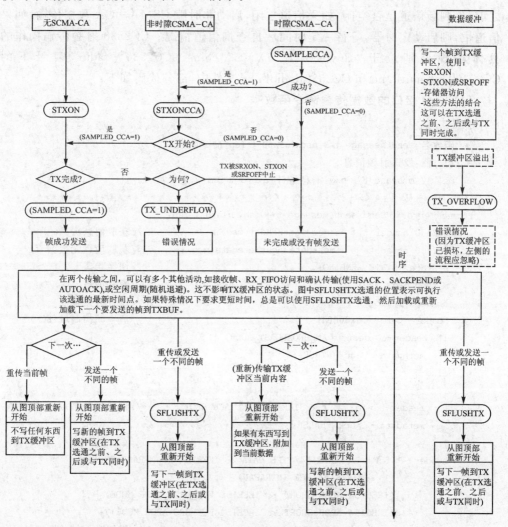

图 8-8 CC2530 射频发送流程图

在无 CSMA-CA 传输模式中,CC2530 射频发送器只负责发送数据,并不检测传输信道是否空闲,在数据帧准备好之后,只需执行 STXON 命令或 ISTXON 命令即可启动射频传输。

在非时隙 CSMA-CA 传输模式中,射频模块在传输开始时将更新 CCA 信息,读者可以通过判断 CCA 信号来判断信道是否空闲。当数据帧准备好之后,如果信道空闲,可以通过执行 STXONCCA 命令或 ISTXONCCA 命令启动射频数据传输。

在时隙 CSMA-CA 传输模式中,CPU 首先执行 SAMPLECCA 或 ISSAM-PLECCA 命令,如果采样到 CCA 信号,信道处于空闲状态,则按照非时隙 CSMA-CA 的数据传输模式进行数据传输。

在 CC2530 射频发送操作中,作者采用了非时隙 CSMA-CA 传输模式。在传输之前,先判断信道是否空闲,如果信道空闲,启动非时隙 CSMA-CA 数据传输,如果信道忙,则启动定时器,等待一定时间后再查询信道情况。CC2530 射频传输操作的具体实现分别位于"tinyos-2.x\tos\chips\CC2530\radio"目录下的 CC2530TransmitP.nc 和 CC2530RadioP.nc 文件中,部分代码如下:

(1) Send 接口的数据传输命令函数

```
/*************************************************************
 * 函数名:send(message_t * msg, uint8_t len)命令函数
 * 功  能:发送射频消息
 * 参  数:message_t * msg:消息指针;uint8_t len:消息长度
 *************************************************************/
command error_t Send.send(message_t * msg, uint8_t len)   {
    CC2530_header_t * header = getHeader(msg);              //获取消息头
    CC2530_metadata_t * metadata = getMetadata(msg);        //获取消息元数据
    m_state = STATE_SENDING;                                //切换状态
    m_send_msg = msg;                                       //暂存消息
    header->length = len;                                   //设置数据长度
    header->fcf = 0x0000;                                   //清空帧控制域(FCF)
    if (header->dest == AM_BROADCAST_ADDR)
        metadata->ack = TRUE;
    else
    {
        header->fcf |= 1 << IEEE154_FCF_ACK_REQ;            //设置帧控制域的 ACK 位
        metadata->ack = FALSE;
    }
    header->fcf |= ((IEEE154_TYPE_DATA << IEEE154_FCF_FRAME_TYPE) |
            (1 << IEEE154_FCF_INTRAPAN) |
            (IEEE154_ADDR_SHORT << IEEE154_FCF_DEST_ADDR_MODE) |
            (IEEE154_ADDR_SHORT << IEEE154_FCF_SRC_ADDR_MODE));
    header->src = TOS_IEEE_SADDR;                           //设置数据帧的源地址
    m_backoff_timer = BACKOFF_INIT;
    startBackoff();                                         //启动定时器
    return SUCCESS;
}
```

(2) 重传定时器函数

```
void startBackoff()    {
    uint16_t time = (call Random.rand16() & m_backoff_timer) + 1;
    m_state = STATE_BACKOFF;
    call BackoffTimer.startOneShot(time * CC2530_BACKOFF_PERIOD);
}
```

第8章 CC2530射频通信组件设计

(3) 数据发送函数

```
/***********************************************************
* 函数名:doSend()函数
* 功　能:发送射频数据函数
* 参　数:无
***********************************************************/
error_t doSend()  {
    CC2530_header_t * header = getHeader(m_send_msg);
    m_state = STATE_SENT;                    //状态切换
    m_send_error = call CC2530RFControl.sendPacket((uint8_t *)m_send_msg);
                                             //发送数据
    if (m_send_error ! = SUCCESS)
        return FAIL;
    else
        post sendDoneTask();                 //触发发送结束事件
}
```

(4) 定时器事件

定时器事件判断信道是否空闲来决定。

```
/***********************************************************
* 函数名:fired()事件函数
* 功　能:定时事件,当定时器设定时间一到自动触发该事件
* 参　数:无
***********************************************************/
event void BackoffTimer.fired()  {
      call BackoffTimer.stop();                       //停止定时器
    if (m_state == STATE_BACKOFF)          {
         if ((_CC2530_FSMSTAT1 & BV(CC2530_RFSTATUS_CCA)))//判断信道是否可用
             doSend();                                //如果信道空闲,启动发送
         else
         {
             m_backoff_timer = BACKOFF_RETRY;         //设置定时事件
             startBackoff();                          //设置重新发送
         }
    }
}
```

(5) 射频数据发送事件

```
/***********************************************************
* 函数名:transmitTask()事件函数
* 功　能:发送射频数据任务函数
* 参　数:无
```

```
 *********************************************/
task void transmitTask() {
    uint8_t i;
    uint8_t data_length;
    if (!rxEnabled)
        call CC2530RFControl.RxEnable();           // 开启射频发射功能
            wait(128);                              //等待约 128 μs
            MAC_RADIO_FLUSH_TX_FIFO();              //清空发送 FIFO 缓冲
        data_length = transmitPacketPtr[0] + MAC_PROTOCOL_SIZE;
        RFD = data_length;                          //将数据长度写入发送 FIFO 缓冲
        for (i = 0; i < data_length; i++)
            RFD = transmitPacketPtr[i + 1];         //将待发送数据写入发送 FIFO 缓冲
        ISTXONCCA();                                //启动非时隙 CSMA-CA 发送
}
```

8.4.4 CC2530 的射频数据接收操作

CC2530RadioC 配置组件和 CC2530RadioP 模块组件向上层提供 CC2530RFControl 接口,用于开启和关闭射频接收功能。同时 CC2530TransmitC 配置组件和 CC2530TransmitP 模块组件则提供了 Send 和 Receive 接口,用于处理数据的接收和发送。

CC2530 芯片在数据接收过程中,各寄存器及状态量的变化如图 8-9 所示。

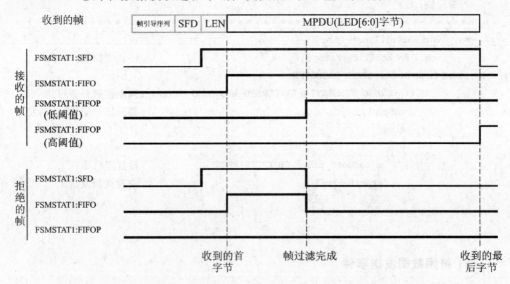

图 8-9　CC2530 芯片接收数据过程中 SFD、FIFO 和 FIFOP 的变化

从图中可以看出,CC2530 芯片在接收模式下,当接收到数据包的 SFD 后,射频产生 SFD 硬件中断,FSMSTA1 状态寄存器的 SFD 状态值变高。如果没有地址识

第 8 章 CC2530 射频通信组件设计

别或者该节点就是目的地址,则 SFD 在接收到所有的数据后又变低;如果地址识别失败(即有地址识别但是该节点不是数据包的目的地址),则 SFD 立即变低。当接收缓冲区中有数据时,FSMSTA1 状态寄存器的 FIFO 状态值立即变高,并且接收缓冲区中的第一个字节是接收数据包的长度(该长度值不包括自身所占用的 1 字节),也就是说,当接收缓冲区收到数据包的长度后,FIFO 状态值立即变高。在接收缓冲区满或者当前接收的数据包接收完时,FSMSTA1 状态寄存器的 FIFOP 状态值变高。需要注意的是,如果数据包需要识别地址,则 FIFOP 要等到地址识别完后才变高,在地址识别结束前,即使缓冲区满 FIFOP 也保持不变。

CC2530 数据包的接收流程如图 8-10 所示。当射频芯片接收到完整的一帧数据后,产生 RXPKT-DONE 硬件中断,在中断服务函数中处理接收过程。首先读出数据包的长度信息,如果数据包的长度等于回复包的长度,则该数据包是回复包,不需要上层处理,接收过程结束;如果该数据包不是应答帧并且长度有效(不超过接收缓冲区的长度),则开始读 fcf 帧控制信息,最后进行帧校验。如果帧校验正确,则该数据包有效,通过 Receive.receive 事件通知上层组件有数据包收到,否则不处理。

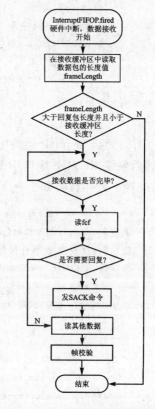

图 8-10 CC2530 数据接收流程

CC2530 的射频中断服务程序在"tinyos-2.x\tos\chips\CC2530\radio"目录下的 CC2530RFInterruptsP.nc 文件中完成,具体代码如下:

```
/***********************************************************
*   函数名:MCS51_INTERRUPT(SIG_RF)函数
*   功  能:CC2530 射频中断入口
*   参  数:无
***********************************************************/
MCS51_INTERRUPT(SIG_RF)   {
    uint8_t rfim;
    atomic   {
        S1CON = 0x00;                                        //清除中断标志
        rfim = RFIRQM1;
        if ((RFIRQF1 & BV(CC2530_RFIF_TXDONE)) & rfim)  {    //发送完毕中断
            RFIRQF1 &= ~BV(CC2530_RFIF_TXDONE);               //清除中断标志
            signal CC2530RFInterrupt.RF_TXDONE();        }   //触发发送完毕事件
```

```
            rfim = RFIRQM0;
            //接收到一帧中断
            if ((RFIRQF0 & BV(CC2530_RFIF_RXPKTDONE)) & rfim)   {
                RFIRQF0 & = ~BV(CC2530_RFIF_RXPKTDONE);         //清除中断标志
                signal CC2530RFInterrupt.RF_RXPKTDONE();  }     //触发接收事件
        }
    }
```

CC2530TransmitP 组件中的 receivedPacket 事件负责处理解析接收的射频帧数据，然后触发 Receive 接口中的 receive 事件，最后由上层组件对接收到的数据进行相关处理。具体代码如下：

```
/************************************************************
* 函数名:receivedPacket(uint8_t * packet)事件函数
* 功   能:接收射频事件函数
* 参   数:uint8_t * packet:接收数据指针
************************************************************/
event uint8_t * CC2530RFControl.receivedPacket(uint8_t * packet)  {
    uint8_t i, length;
    CC2530_header_t * header;
    CC2530_metadata_t * metadata;
    m_receive_msg = &m_receive_msg_obj;
    header = getHeader(m_receive_msg);              //消息头
    metadata = getMetadata(m_receive_msg);          //消息附加信息
    header->length = u8(packet, 0);                 //帧长度(1字节)
    length = header->length;
    header->fcf = u16(packet, 1);                   //帧控制字段(2字节)
    header->dsn = u8(packet, 3);                    //帧序列号(1字节)
    header->destpan = u16(packet, 4);               //地址信息-目的PAN(2字节)
    header->dest = u16(packet, 6);                  //地址信息-目的地址(2字节)
    header->src = u16(packet, 8);                   //地址信息-源地址(2字节)
    header->type = u8(packet, 10);                  //地址信息-帧类型(1字节)
    header->group = u8(packet, 11);                 //地址信息-帧分组类型(1字节)
    for (i = 12; i < length - 1; i++)               //数据内容-帧数据(n字节)
       u8(m_receive_msg->data, (i-12)) = u8(packet, i);
    metadata->rssi = u8(packet, length-1);          //FCS-RSSI(1字节)
    metadata->lqi = ((u8(packet, length) &0x7F) - 50) * 4;  //FCS-相关字段(1字节)
    metadata->crc = u8(packet, length) &0x80;
    if (header->length > MAC_PROTOCOL_SIZE)  {
        header->length = header->length - MAC_PROTOCOL_SIZE;
        signal Receive.receive(m_receive_msg, m_receive_msg->data, header->length);
```

第 8 章　CC2530 射频通信组件设计

```
      }
      return packet；
}
```

8.5　本章小结

　　本章首先介绍了 CC2530 射频模块中的帧格式、无线数据的收发过程和方法以及射频中断的控制，然后介绍了 TinyOS 的主动消息组件 ActiveMessageC 所提供的相关接口与 CC2530 射频接口的绑定过程，最后从 CC2530 底层射频驱动控制方面介绍了 CC2530 底层射频控制 CC2530RFControl 接口的命令函数的实现过程，为后续的无线射频通信奠定基础。

第 9 章
CC2530 射频通信组件应用

TinyOS 的主动消息组件 ActiveMessageC 包含了网络协议中路由层以下的部分。在 TinyOS 网络通信实际应用中,可以利用 TinyOS 中主动消息模型(ActiveMessage)的基本功能实现点对点无线通信(Point to Point,简称 P2P)和点对多点(Point to MultiPoint,简称 P2M)无线通信。

CC2530 底层射频驱动接口 CC2530RFControl 向上层应用程序提供了 CC2530 底层射频参数控制接口命令函数,用户可以通过这些接口命令函数在应用程序层面上对 CC2530 底层的射频参数进行控制。CC2530 的射频参数主要涉及发射功率的设置、通信信道的选择以及接受信号强度(RSSI)的获取等。

本章使用 TinyOS 的主动消息组件 ActiveMessageC 所提供的相关接口测试了 CC2530 射频 P2P 和 P2M 功能,然后根据 CC2530 底层射频驱动接口 CC2530RFControl 提供的射频控制命令函数测试了 CC2530 射频通信发射功率的设置、通信信道的选择以及接受信号强度的获取等应用方法,帮助读者理解和掌握 ActiveMessageC 接口的使用方法以及 CC2530 底层射频参数的控制过程。

9.1 点对点通信

9.1.1 主动消息组件 ActiveMessageC

ActiveMessageC 向上层提供了 AMSend、Receive、AMPacket、Packet 和 Snoop 等接口。AMSend 接口实现数据的发送,Receive 接口实现数据的接收,Snoop 接口接收发往其他节点的数据,AMPacket 接口用于设置和提取数据包的源节点地址和目的地址等信息,Packet 接口主要是得到数据包的有效数据长度(payload length)、最大数据长度和有效数据的起始地址等。AMSend、Receive 和 Snoop 都是参数化接口,参数为一个 8 位的 ID 号,类似于 TCP/IP 协议中的端口号。两个节点通信时,发

第9章 CC2530射频通信组件应用

送节点使用的 AMSend 接口的参数 ID 必须与接收节点的 Receive 接口的参数 ID 一致。

在无线通信中,一般使用 AMSend 或 Send 接口发送消息,而通过 AMPacket 和 Packet 接口来访问 message_t 类型的数据变量。AMsend 接口发送消息的命令为 "command error_t send(am_addr_t addr, message_t * msg, uint8_t len)",该接口命令在发送消息时需要指明消息发送的目标地址;而 Send 接口发送消息的命令为 "command error_t send(message_t * msg, uint8_t len)",该接口命令在发送消息时无需指明消息发送的目标地址。

接收消息使用 Receive 接口的 "event message_t * receive(message_t * msg, void * payload, uint8_t len)"接收事件,负责当节点收到消息包时将触发 receive 事件。

9.1.2 点对点通信实例

在点对点通信实例中,利用 SplitControl 接口的 start 命令函数 "call AMControl.start()"启动 CC2530 射频功能模块。start 命令启动完成后,将触发 SplitControl 接口的 startDone(error_t err)事件函数。如果射频启动成功,则设置定时器定时时间为 1 s,否则重新调用 SplitControl 接口的 start 命令函数启动 CC2530 射频功能。SplitControl 接口的 startDone 事件函数实现如下:

```
event void AMControl.startDone(error_t err)  {
    if(err == SUCCESS)
        call Timer0.startPeriodic(1000);        //定时 1 s
    else
        call AMControl.start();                 //启动射频
}
```

在定时器的 fired()事件中,首先判断消息是否发送成功。如果消息发送成功,则调用 Packet 接口 getPayload 命令函数获取消息载荷结构体,并将待发送的内容添加到该结构体中,同时调用 AMSend 接口的 send 命令函数 "call AMSend.send(destAddress, &pkt, sizeof(P2PMsg))"向指定的目标地址发送射频消息,其中 destAddress 为消息发送的目标地址。定时器的 fired()事件实现代码如下:

```
event void Timer0.fired()  {
        counter ++ ;
    if (!busy)
    {
        P2PMsg * btrpkt = (P2PMsg * )(call Packet.getPayload(&pkt, sizeof(P2PMsg)));
                                                //获取消息载荷
        btrpkt->nodeid = TOS_NODE_ID;           //消息 ID 号
        btrpkt->counter = counter;              //消息计数内容
```

```
        call AMPacket.setGroup(&pkt,TOS_IEEE_GROUP);        //设置消息组号
    //向目标地址发送消息
        if (call AMSend.send(destAddress, &pkt, sizeof(P2PMsg)) == SUCCESS)
        busy = TRUE;
    }
}
```

射频消息发送成功后，触发 AMSend 接口的"sendDone(message_t * msg, error_t erro)"事件函数，在该事件函数中清除发送忙标志。AMSend 接口的"sendDone(message_t * msg, error_t erro)"事件函数实现如下：

```
event void AMSend.sendDone(message_t * msg, error_t erro)
{
    if (&pkt == msg)
        busy = FALSE;              //清除 busy 变量
}
```

CC2530 射频模块接收到消息包后将触发 Receive 接口的"receive(message_t * msg, void * payload, uint8_t len)"事件函数。在该事件函数中，接收节点根据接收到的消息长度判断是否属于发送节点发送的消息。如果属于发送节点发送的消息，则利用串口调试输出函数 DbgOut 先将消息内容打印到串口，然后调用 Leds 接口的 set 命令函数将消息中的二进制数值的低 3 位显示在 3 个 LED 灯上。Receive 接口的 receive 事件函数实现如下：

```
event message_t * Receive.receive(message_t * msg, void * payload, uint8_t len) {
    if (len == sizeof(P2PMsg))
    {
        P2PMsg * btrpkt = (P2PMsg * )payload;              //获取射频载荷
        DbgOut(9,"Receive Id is %d,Data is %d,Length is %d\r\n",(uint16_t) btrpkt->nodeid,(uint16_ btrpkt ->counter,len);
        call Leds.set(pkt->counter);                        //设置 LED 灯
    }
    return msg;
}
```

点对点通信实例的配置组件、模块组件和编译文件代码清单如下。

(1) 配置文件 TestP2PC.nc

```
/***************************************************
* 文    件    名：TestP2PC.nc
* 功能描述：CC2530 P2P 射频发送测试
* 日        期：2012/4/15
* 作        者：李外云 博士
```

```
***********************************************/
configuration TestP2PC {}
#define     AM_DATA_TYPE  6
Implementation {
    components  TestP2PM as App;
    components MainC,LedsC;
    components ActiveMessageC as AM;              //主动消息组件
    components new TimerMilliC () as Timer0;      //定时器组件
    App.Boot  -> MainC;                           //Boot 接口绑定
    App.Leds  -> LedsC;                           //Leds 接口绑定
    App.Timer0  -> Timer0;                        //Timer 定时器接口绑定
    App.Packet  -> AM.Packet;                     //Packet 接口绑定
    App.AMPacket  -> AM.AMPacket;                 //AMPacket 接口绑定
    App.AMSend  -> AM.AMSend[AM_DATA_TYPE];       //AMSend 接口绑定
    App.Receive  -> AM.Receive[AM_DATA_TYPE];     //Receive 接口绑定
    App.AMControl  -> AM.SplitControl;            //SplitControl 接口绑定
}
```

(2) 模块文件 TestP2PM.nc

```
/***********************************************
*  文 件 名：TestP2PM.nc
*  功能描述：CC2530 P2P 射频发送测试
*  日    期：2012/4/15
*  作    者：李外云 博士
***********************************************/
module TestP2PM {
    uses interface Boot;
    uses interface Leds;                          //Led 接口
    uses interface Timer<TMilli> as Timer0;       //定时器接口
    uses interface SplitControl as AMControl;     //SplitControl 控制接口
    uses interface AMPacket;                      //AMPacket 接口
    uses interface AMSend;                        //AMSend 接口
    uses interface Receive;                       //Receive 接口
    uses interface Packet;                        //Packet 接口
}
Implementation {
    typedef nx_struct P2PMsg { nx_uint16_t nodeid; nx_uint16_t counter;}P2PMsg;
                                                  //定义消息结构体
    #define destAddress 5                         //目标消息地址
    uint16_t counter = 0;
    bool busy = FALSE;
    message_t pkt;                                //消息变量
```

```
/***********************************************************
 * 函数名:test()任务函数
 * 功    能:空任务,IAR 交叉编译 TinyOS 应用程序,至少需要一个任务函数
 ***********************************************************/
task void test()  {  }
/***********************************************************
 * 函数名:booted()事件函数
 * 功    能:Boot 接口的 boot 事件,系统启动完毕后由 MainC 组件自动触发
 * 参    数:无
 ***********************************************************/
event void Boot.booted()
{
    call AMControl.start();              //启动射频
}
/***********************************************************
 * 函数名:fired()事件函数
 * 功    能:定时事件,当定时器设定时间一到自动触发该事件
 * 参    数:无
 ***********************************************************/
event void Timer0.fired()
{
        counter ++ ;
    if (!busy)
    {
        P2PMsg *  btrpkt = ( P2PMsg * )( call Packet. getPayload (&pkt, sizeof
(P2PMsg)));                              //获取消息载荷
        btrpkt - >nodeid = TOS_NODE_ID;  //消息 ID 号
        btrpkt - >counter = counter;     //消息计数内容
    call AMPacket. setGroup(&pkt,TOS_IEEE_GROUP);    //设置消息组号
        if (call AMSend. send(destAddress, &pkt, sizeof(P2PMsg)) == SUCCESS)
                                         //向目标地址发送消息
        busy = TRUE;
    }
}
/***********************************************************
 * 函数名:startDone(error_t err)事件函数
 * 功    能:SplitControl 控制接口事件函数,启动完成后触发
 * 参    数:error_t err:事件结果
 ***********************************************************/
event void AMControl.startDone(error_t err)  {
    if(err == SUCCESS)
        call Timer0. startPeriodic(1000);            //定时 1 s
```

第9章　CC2530 射频通信组件应用

```
        else
            call AMControl.start();                    //启动射频
    }
    /************************************************************
    * 函数名:sendDone(message_t * msg,error_t erro)事件函数
    * 功    能:AMSend 接口消息发送完成事件
    * 参    数:message_t * msg:发送的消息;error_t erro:事件结果
    ************************************************************/
    event void AMSend.sendDone(message_t * msg,error_t erro)
    {
        if (&pkt == msg)
            busy = FALSE;                  //清除 busy 变量
    }
    /************************************************************
    * 函数名:receive(message_t * msg,void * payload,uint8_t len)事件函数
    * 功    能:Receive 接口接收消息事件函数,接收到消息后触发
    * 参    数:message_t * msg:消息 void * payload:载荷;uint8_t len:载荷长度
    ************************************************************/
    event message_t * Receive.receive(message_t * msg,void * payload,uint8_t len)
    {
        if (len == sizeof(P2PMsg))
        {
            P2PMsg * btrpkt = (P2PMsg * )payload;   //获取射频载荷
            DbgOut(9,"Receive Id is %d,Data is %d,Length is %d\r\n",(uint16_t)btrpkt->nodeid,(uint16_ btrpkt->counter,len);
            call Leds.set(pkt->counter);            //设置 LED 灯
        }
        return msg;
    }
    event void AMControl.stopDone(error_t err)  { }
}
```

(3) makefile 编译文件

```
/************************************************************
* 功能描述:点对点测试 makefile
* 日      期:2012/4/15
* 作      者:李外云 博士
************************************************************/
COMPONENT = TestP2PC
PFLAGS += - DUART_DEBUG
PFLAGS += - DUART_BAUDRATE = 9600
include $(MAKERULES)
```

9.1.3 点对点通信下载测试

连接好硬件电路,切换到网关节点所在的编号(编号9)。在NotePad++编辑器中,使测试程序处于当前打开状态,单击"运行"菜单的make enmote input自定义菜单或按F11快捷键,如图9-1所示。

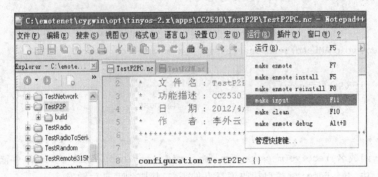

图9-1 "运行"菜单的make enmote input菜单

在弹出的cmd窗体中的"Please Input Compile Command:"提示语句中输入"make enmote install GRP=01 NID=06"编译命令,如图9-2所示。该命令不仅将编译后的代码下载到目标节点中,而且指定目标节点的序列号和通信的组号。在点对点通信过程中,相互通信之间的节点组号必须一致,而且节点号不能重复。

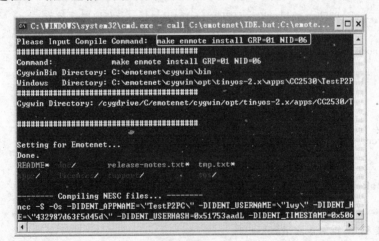

图9-2 编译命令输入窗体

将点对点通信测试的模块组件TestP2PM.nc文件的射频数据发送的目标地址改成与上述节点中不同的目标地址,如将destAddress宏定义改为6。

```
#define destAddress 6          //目标消息地址
```

保存修改后的文件,连接好硬件电路,按开发板上的"编程节点选择按钮",选择另一个节点(可以为另一个网关节点)。在 NotePad++ 编辑器中,使测试程序处于当前打开状态,单击"运行"菜单的 make enmote input 自定义菜单或按 F11 快捷键。在弹出的 cmd 窗体中的"Please Input compile Command:"提示语句中输入"make enmote install GRP=01 NID=05"编译命令,如图 9-3 所示。

图 9-3 编译命令输入窗体

将编好程序的网关节点板的 USB 串口连接到 PC 机,打开串口助手,选择好对应的串口号,波特率设置为 9 600,开启另一个节点,串口助手中将显示接收到的数据,如图 9-4 所示。同时观察收发节点板上 LED 的点亮情况。

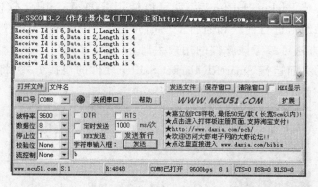

图 9-4 点对点通信网关节点接收到的消息数据

图 9-4 中的"Receive Id is 6"为接收到的消息体中的 nodeid,"Data is 1"对应消息体中的 counter,"Length is 4"为接收到的消息长度。

9.1.4 点对点消息包的捕获

读者可利用 TI 公司提供的 Packet Sniffer 软件捕获、监听和分析 CC2530 射频通信中的消息包。Packet Sniffer 软件可以捕获和监听蓝牙、Zigbee、RF4CE、SimpliciTI 等通信协议中的消息包以及 TI 公司生产的 CC25xx、CC24XX 和 CC11xx 等系列射频芯片所发射的射频消息。

在安装包的"emotenet\tools\TI tools"目录中保存有 TI 公司提供的 Packet Sniffer 软件的安装包"Setup_Packet_Sniffer_2.13.3.exe",如图 9-5 所示。当然,读者也可到 http://www.ti.com/tool/packet-sniffer 网站上下载最新的 Packet Sniffer 软件。

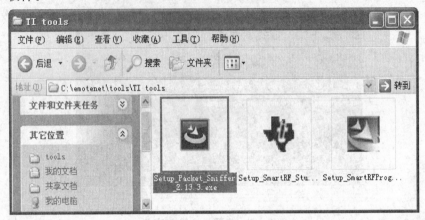

图 9-5　Packet Sniffer 软件安装包

利用装配有 CC2530 节点板和程序下载节点板(必须为 2×5 标准的 JTAG 接口)的电池节点板,结合 SmartRF04eb 或 CC Debugger 仿真器可组成 Packet Sniffer 的硬件模块。安装 Packet Sniffer 后,就可以使用 Packet Sniffer 软件对 CC2530 等无线模块的射频通信进行捕获和监听。下面介绍 Packet Sniffer 软件的简单使用方法,其详细使用方法可参考该软件的用户手册。

从计算机的桌面运行 SmartRF Packet Sniffer 软件的快捷方式,将启动如图 9-6

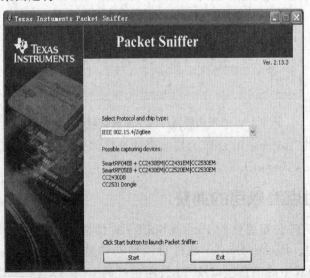

图 9-6　Packet Sniffer 软件的协议选择的启动界面

所示的运行界面,在该界面的 Select Protocol and chip type 下拉框中选中所需要的协议。没有特殊说明,本书都选择"IEEE 802.15.4/ZigBee"。然后按 Start 按钮启动 Packet Sniffer,启动后的界面如图 9-7 所示。

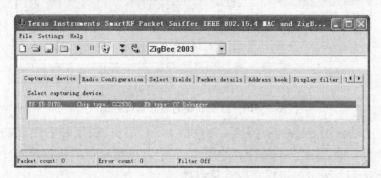

图 9-7　Packet Sniffer 的启动界面

在软件工具栏的下拉列表框中选中协议的版本以进行对 ZigBee and SimpliciTI 协议的数据帧的捕获和监听,如图 9-8 所示。

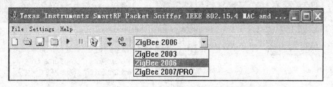

图 9-8　协议版本的选择

对不同协议(如蓝牙、Zigbee 等)的捕获需要不同的捕获设备,所有可用的捕获设备都将显示在捕获设备列表中。一旦有可支持的捕获设备接入到计算机的 USB 端口中,捕获列表将自动更新。在进行捕获之前,必须选中所使用的捕获设备,如图 9-9 所示。

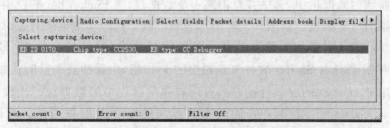

图 9-9　捕获设备列表

IEEE 802.15.4 规范在 2.4 GHz 频道范围中定义了 16 个物理信道,只有相同信道的两个射频模块才能互相通信,所以进行捕获之前需要设置捕获设备所使用的信道。如图 9-10 为捕获设备的信息选择界面。

在 IEEE 802.15.4 规定的协议中,包括 MAC 层、网络层和数据链路层等不同协

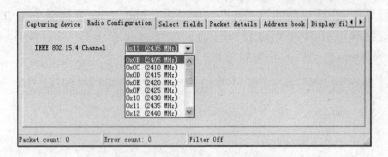

图 9-10　捕获设备的信息选择界面

议层。同一个协议层,比如 MAC 层,又包括 MAC 层头、长度和有限载荷等不同字段。为了分析方便,读者可以在 Select field 栏中选择感兴趣的协议层或字段来进行分析。如图 9-11 所示为协议字段选择界面。

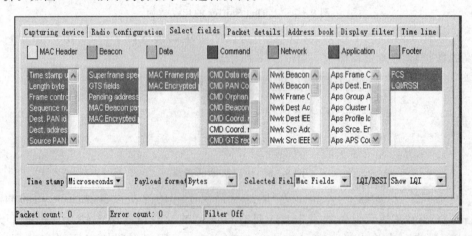

图 9-11　协议字段选择界面

在捕获到的数据包中,选中并双击某一个数据包,在 Packet detail 栏中将详细显示该数据帧的所有信息。如图 9-12 所示为一个数据帧的详细信息列表。

在选择好捕获设备和设置好捕获设备的通信信道(默认情况为 11 号信道,即 0x0B)后,单击 Packet Sniffer 软件工具栏中的 ▶ 按钮,启动捕获和监听。如图 9-13 所示为利用 Packet Sniffer 软件捕获的点对点通信过程中的数据包。该数据包中完成的是地址为 0x0005 和 0x0006 的两个节点间的点对点射频通信。消息包中的 MAC Playload 对应消息有效载荷,其中 0x7B 为消息头数据类型,在点对点通信的配置组件 TestP2PC 中的"App. AMSend—＞AM. AMSend[AM_DATA_TYPE]"代码中指定;0x01 为分组信息,由"call AMPacket. setGroup(&pkt,TOS_IEEE_GROUP)"代码进行设置;0x0005 为消息体中的 nodeid 字段,0x00013 为消息体的 counte 字段,由"btrpkt—＞nodeid＝TOS_NODE_ID"和"btrpkt—＞counter＝counter"代码进行设置。

第9章 CC2530 射频通信组件应用

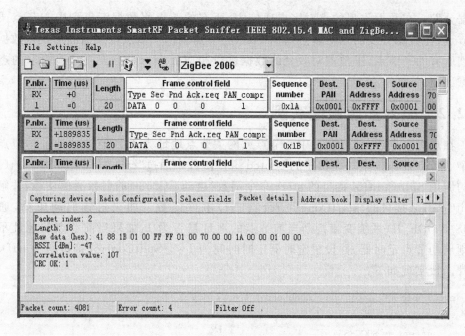

图 9-12 数据帧的详细信息列表栏

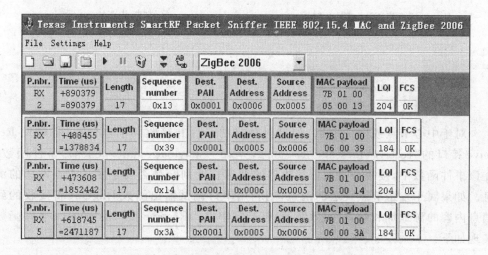

图 9-13 点对点通信过程中的数据包捕获界面

9.2 点对多点通信

9.2.1 点对多点通信概念

点对多点通信是指一种特定的一对多的连接类型的通信，通常用于数据收集或数据分发。在数据收集的点对多点通信中,所有的节点将数据汇集到中心节点或网关节点;在数据分发的点对多点通信中,中心节点或网关节点以广播的形式将数据广播到所有的子节点,子节点对收到的数据进行相应处理。星形连接是最简单的点对多点通信。

9.2.2 点对多点通信实例

在点对多点通信实例中,中心节点或网关节点地址为1,所有其他地址的节点都向中心节点发送数据。在程序的 booted 事件函数中通过"call AMControl.start();"语句调用 SplitControl 接口的 start 命令函数,启动 CC2530 的射频通信功能,并触发 SplitControl 接口的 startDone(error_t err)事件函数。如果射频启动成功,通过 TOS_NODE_ID 系统变量判断当前节点的地址是否为1,如果当前节点的地址不为1,则启动节点定时器,并设置定时器定时时间为1 s。SplitControl 接口的 startDone 事件函数实现如下:

```
event void AMControl.startDone(error_t err)
{
    if(err == SUCCESS)
    {
        if(TOS_NODE_ID! = 0x1)                    //判断节点的 ID 号
            call Timer0.startPeriodic(1000);      //启动定时器,定时时间为1 s
    }
    else
        call AMControl.start();
}
```

对于中心节点或网关节点,如果射频成功开启并接收到消息包后,将触发 Receive 接口的 "receive(message_t * msg, void * payload, uint8_t len)"事件函数。在该事件函数中,接收节点根据接收到的消息长度判断是否属于发送节点发送的消息。如果属于发送节点发送的消息,则利用串口调试输出函数 DbgOut 将接收的到消息内容的源地址和数据(有效载荷)打印到串口。Receive 接口的 receive 事件函数实现如下:

```
event message_t * Receive.receive(message_t * msg, void * payload, uint8_t len)
{
    am_addr_t saddr = call AMPacket.source(msg);              //获取消息的源地址
    DbgOut(9,"SAddr is 0x%x,Data is %d\r\n",saddr,((uint8_t * )payload)[0]);
                                                               //串口打印输出
}
```

其他地址节点在射频成功开启后,启动定时时间为1 s 的定时器。当1 s 的定时时间一到,触发定时器的 fired()事件。在该事件中,首先判断消息是否发送成功,如果消息发送成功,则调用 Packet 接口 getPayload 命令函数获取消息载荷结构体,并将待发送的内容添加到消息载荷的数据指针中,同时调用 AMSend 接口的 send 命令函数向目标地址为 1 的中心节点发送射频消息"call AMSend.send(0x01, &m_msg, 1)"。定时器的 fired()事件实现代码如下:

```
event void Timer0.fired()
{
    counter ++ ;
    if (!busy) {
        uint8_t * payload = call Packet.getPayload(&m_msg,sizeof(m_msg));
                                                   //获取消息有效载荷
        payload[0] = counter;                      //对载荷赋值
        call AMPacket.setGroup(&m_msg,TOS_IEEE_GROUP);  //设置消息组号信息
        if (call AMSend.send(0x01, &m_msg, 1) == SUCCESS)  //发送消息
            busy = TRUE;
    }
}
```

点对多点通信实例的配置组件、模块组件和编译文件代码清单如下。
(1) 配置文件 TestP2MC.nc

```
/************************************************************
* 文 件 名:TestP2MC.nc
* 功能描述:CC2530 点对多点射频通信测试
* 日    期:2012/4/15
* 作    者:李外云 博士
************************************************************/
configuration TestP2MC { }
#define AM_DATA_TYPE    123              //消息数据类型
implementation
{
    components MainC;                    //MainC 组件
    components TestP2MM as App;
    components ActiveMessageC as AM;     //消息组件
    components new TimerMilliC() as Timer0;  //定时器组件
    App.Boot -> MainC;
    App.Timer0 -> Timer0;
    App.Packet -> AM.Packet;
    App.AMPacket -> AM.AMPacket;
    App.AMSend -> AM.AMSend[AM_DATA_TYPE];
    App.Receive -> AM.Receive[AM_DATA_TYPE];
```

```
    App.AMControl -> AM.SplitControl;
}
```

(2) 模块文件 TestP2MM.nc

```
/***************************************************************
 * 文 件 名：TestP2PM.nc
 * 功能描述：CC2530 点对多点射频通信测试
 * 日    期：2012/4/15
 * 作    者：李外云 博士
 ***************************************************************/
module TestP2MM {
    uses interface Boot;
    uses interface Timer<TMilli> as Timer0;        //定时器接口
    uses interface SplitControl as AMControl;      //Split 控制接口
    uses interface AMPacket;                       //AMPacket 接口
    uses interface AMSend;
    uses interface Receive;
    uses interface Packet;
}
implementation
{
    uint8_t counter = 0;
    bool busy = FALSE;
    message_t m_msg;                               //定义消息全局变量
    /***************************************************************
     * 函数名:test()任务函数
     * 功  能:空任务,IAR交叉编译TinyOS应用程序,至少需要一个任务函数
     ***************************************************************/
    task void test()  {    }
    /***************************************************************
     * 函数名:booted()事件函数
     * 功  能:Boot 接口的 boot 事件,系统启动完毕后由 MainC 组件自动触发
     * 参  数:无
     ***************************************************************/
    event void Boot.booted ()
    {
        call AMControl.start();                    //调用 Split 控制 start 函数
    }
    /***************************************************************
     * 函数名:fired()事件函数
     * 功  能:定时事件,当定时器设定时间一到自动触发该事件
     * 参  数:无
```

```
*********************************************************/
event void Timer0.fired()
{
    counter++;
    if (!busy) {
        uint8_t * payload = call Packet.getPayload(&m_msg,sizeof(m_msg));
                                                //获取消息有效载荷
        payload[0] = counter;                   //对载荷赋值
        call AMPacket.setGroup(&m_msg,TOS_IEEE_GROUP);   //设置消息组号信息
        if (call AMSend.send(0x01, &m_msg, 1) == SUCCESS)   //发送消息
            busy = TRUE;
    }
}
/*********************************************************
* 函数名:startDone(error_t err)事件函数
* 功    能:SplitControl 控制接口事件函数,启动完成后触发
* 参    数:error_t err:事件结果
*********************************************************/
event void AMControl.startDone(error_t err)
{
    if(err == SUCCESS)
    {
        if(TOS_NODE_ID! = 0x1)                  //判断节点的 ID 号
            call Timer0.startPeriodic(1000);    //启动定时器,定时事件为 1 s
    }
    else
        call AMControl.start();
}
/*********************************************************
* 函数名:sendDone(message_t * msg, error_t erro)事件函数
* 功    能:AMSend 接口消息发送完成事件
* 参    数:message_t * msg:发送的消息;error_t erro:事件结果
*********************************************************/
event void AMSend.sendDone(message_t * msg, error_t erro)  {
if (&m_msg == msg)
        busy = FALSE;
}
/*********************************************************
* 函数名:receive(message_t * msg, void * payload, uint8_t len)事件函数
* 功    能:Receive 接口接收消息事件函数,接收到消息后触发
* 参    数:message_t * msg:消息;void * payload:载荷;uint8_t len:载荷长度
*********************************************************/
```

```
        event message_t * Receive.receive(message_t * msg, void * payload, uint8_t len) {
            am_addr_t saddr = call AMPacket.source(msg);            //获取消息的源地址
            DbgOut(9,"SAddr is 0x%x,Data is %d\r\n",saddr,((uint8_t * )payload)[0]);
                                                                    //串口打印输出
        }
        event void AMControl.stopDone(error_t err)    { }
}
```

(3) makefile 编译文件

```
/***********************************************************
 * 功能描述:点对多点测试 makefile
 * 日    期:2012/4/15
 * 作    者:李外云 博士
 ***********************************************************/
COMPONENT = TestP2MC
PFLAGS += - DUART_DEBUG
PFLAGS += - DUART_BAUDRATE = 9600
include $(MAKERULES)
```

9.2.3　点对多点通信下载测试

连接好硬件电路,将编程节点切换到网关节点(编号为 9)。在 NotePad++编辑器中,使多点通信测试程序处于当前打开状态,单击"运行"菜单的 make input 自定义菜单或按 F11 快捷键,如图 9-14 所示。

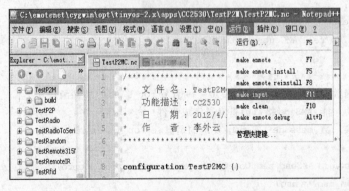

图 9-14　"运行"菜单的 make input 菜单

在弹出的 cmd 窗体中的"Please Input compile Command:"提示语句中输入"make enmote install GRP=01 NID=01"编译命令,如图 9-15 所示。

通过开发板上的"编程节点选择按钮"选择其他 2~3 个不同节点,在 NotePad++编辑器中,使测试程序处于当前打开状态,重复单击"运行"菜单的 make input 自定义菜单或按 F11 快捷键。在弹出的 cmd 窗体中的"Please Input compile Command:"提示语句中输入"make enmote install GRP＝01 NID＝xx"编译命令,其中 xx 为十六进制数(如 02、0a 等),可参考图 9－15,不同的节点所对应的节点序号不同。

图 9－15 编译命令输入窗体

将编好程序的网关节点板的 USB 串口连接到 PC 机,打开串口助手,选择好对应的串口号,波特率设置为 9 600,开启所有编程节点,串口助手中将显示接收到的数据,如图 9－16 所示。其中"SAddr is 0x2"为接收到节点地址号为 02 节点的消息,"Data is 29"为接收到的数据。图 9－16 显示由节点地址号分别为 03、06 和 02 的三个节点向中心节点发送数据。

图 9－16 点对多点通信网关节点接收到的消息数据

9.2.4 点对多点消息包的捕获

利用装配有 CC2530 节点板和程序下载节点板的电池节点板,结合 Smart-RF04eb 或 CC Debugger 仿真器组成 Packet Sniffer 工具捕获点对多点通信的数据包,如图 9－17 所示。其中地址号(Source Address)为 0x0003、0x0006 和 0x0002 的三个节点向节点地址号(Dest Address)为 0x0001 的节点发送数据。消息包中的

MAC Playload 对应消息有效载荷,其中第一个字段 0x7B 为消息头数据类型,由配置组件 TestP2MC 中的"App.AMSend -> AM.AMSend[AM_DATA_TYPE]"代码中指定;第二个字段 0x01 为分组信息,由"call AMPacket.setGroup(&pkt,TOS_IEEE_GROUP)"代码进行设置;第三个字段为消息数据,由"payload[0]=counter"代码进行设置。所有节点都向地址号为 01 的节点发送数据,具体代码为"call AMSend.send(0x01, &m_msg, 1)"。

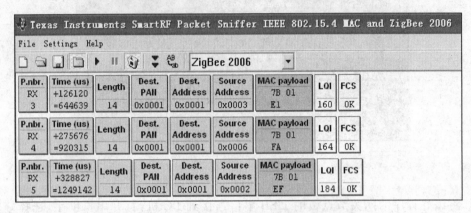

图 9-17 点对多点通信过程中的数据包捕获界面

9.3 CC2530 通信信道设置

9.3.1 CC2530 的通信信道

IEEE 802.15.4 工作在工业科学医疗(简称 ISM)频段,它定义了 2.4 GHz 频段和 868/915 MHz 频段两种物理层。这两种物理层都基于直接序列扩频(Direct Sequence Spread Spectrum,简称 DSSS),使用相同的物理层数据包格式。

IEEE 802.15.4 规范的物理层定义了三个载波频段用于收发数据:868~868.6 MHz、902~928 MHz 和 2 400~2 483.5MHz。在这三个频段上发送数据时,在使用的速率、信号处理过程以及调制方式等方面都存在一些差异,其中 2 400 MHz 频段的数据传输速率为 250 kbps,915 MHz 和 868 MHz 频段的数据传输速率分别为 40 kbps 和 20 kbps。

IEEE 802.15.4 规范定义了 27 个物理信道,信道编号从 0 到 26,每个信道对应着一个中心频率,这 27 个物理信道覆盖了 3 个不同的频段。不同频段所对应的带宽不同,标准规定 868 MHz 频段定义了 1 个信道(0 号信道),915 MHz 频段定义了 10 个信道(1~10 号信道),2 400 MHz 频段定义了 16 个信道(11~26 号信道)。这些信道的中心频率定义如下:

$$f_c = 868.3 \text{ MHz} \quad \text{(式 9-1)}$$

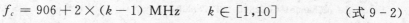
第 9 章　CC2530 射频通信组件应用

$$f_c = 906 + 2 \times (k-1) \text{ MHz} \qquad k \in [1,10] \qquad (\text{式 9-2})$$
$$f_c = 2\,045 + 5 \times (k-11) \text{ MHz} \qquad k \in [11,26] \qquad (\text{式 9-3})$$

其中，k 为信道编号，f_c 为信道对应的中心频率。

CC2530 射频频率载波可以通过编程 FREQCTRL.FREQ[6:0]位进行载波频率字设置。支持载波的频率范围为 2 394～2 507 MHz。以 MHz 为单位的操作频率 f_c 由式(9-4)决定，1 MHz 为步长，可通过编程设置。

$$f_c = 2394 + \text{FREQCTRL.FREQ}[6:0] \text{ MHz} \qquad (\text{式 9-4})$$

FREQ[6:0]中的频率字是 2 394 的一个偏移值。CC2530 支持的频率范围为 2 394～2 507 MHz，FREQ[6:0]可用的设置为 0～113，这一范围之外的设置(114～127)给出的频率是 2 507 MHz。IEEE 802.15.4-2006 指定的频率范围为 2 405～2 480 MHz，共 16 个信道，每个信道的带宽为 5 MHz。信道编号为 11～26，信道 k 的 RF 频率由式(9-5)指定。

$$f_c = 2045 + 5 \times (k-11) \text{MHz} \qquad k \in [11,26] \qquad (\text{式 9-5})$$

因此对于符合 IEEE802.15.4-2006 的系统，CC2530 通信信道的 FREQ 唯一有效设置由式(9-6)决定，其中 k 为信道号码。

$$\text{FREQ}[6:0] = 11 + 5 \times (k-11) \qquad k \in [11,26] \qquad (\text{式 9-6})$$

表 9-1 为控制 RF 频率寄存器 FREQCTRL(0x618F)的位描述。

表 9-1　控制 RF 频率寄存器 FREQCTRL(0x618F)的位描述

位	名 称	复 位	读/写	功能描述
7	—	0	R0	保留
6:0	FREQ[6:0]	0x0B(2045MHz)	R/W	频率控制字。 FREQ[6:0]=11+5(信道号码-11)

9.3.2　CC2530 的通信信道定义

CC2530 通信信道设置的最底层驱动通过 CC2530RFControl 接口的 setChannel (uint8_t channel)命令函数来完成，实际上是根据式(9-6)对 CC2530 的 FREQCTRL 寄存器的 FREQ[6:0]进行配置。具体代码如下：

```
/**************************************************
* 函数名:setChannel(uint8_t channel)命令函数
* 功　能:设置通信信道
* 参　数:uint8_t channel:通信信道(11-26)
**************************************************/
command error_t CC2530RFControl.setChannel(uint8_t channel)
{
    uint8_t freq;
    if ((channel < 11) || (channel > 26))
```

```
        mChannel = CC2530_DEF_CHANNEL;
    else
        mChannel = channel;
        freq = mChannel - 11;
        freq *= 5;
        _CC2530_FREQCTRL = 0x0B + freq;
        return SUCCESS;
}
```

在"\tinyos-2.x\tos\chips\CC2530\radio"目录下的CC2530Radio.h文件中，作者定义了CC2530默认的通信信道CC2530_DEF_CHANNEL的宏定义。

```
#ifndef CC2530_DEF_CHANNEL
    #define CC2530_DEF_CHANNEL 11
#endif
```

在"tinyos-2.x\tos\chips\CC2530\radio\"目录下的CC2530RadioP.nc模块文件中的"task void initTask()"任务中，作者采用预编译宏定义来扩展CC2530通信信道的设置方法，这样可以在编译应用程序时通过指定宏定义的值动态地设置通信信道。

```
#ifdef ANT_RADIO_CHANNEL
    mChannel = ANT_RADIO_CHANNEL;
#else
    mChannel = CC2530_DEF_CHANNEL;
#endif
    call CC2530RFControl.setChannel(mChannel);
```

9.3.3 CC2530的通信信道静态设置

默认情况下，CC2530通信信道使用11号信道（如9.1节的点对点通信程序和9.2节的点对多点通信程序），如果读者在编译时需要改变所使用的通信信道，可以利用makefile和编译命令行两种方法在编译时指定通信信道。

1. makefile编译文件中指定通信信道

读者可以根据作者的预编译宏定义在编译文件makefile中指定CC2530应用程序所使用的通信信道号。例如，在9.2节的点对多点通信程序中想使用17号信道进行通信，可在makefile编译文件中增加定义通信信道的宏定义，见下面makefile文件的黑色粗体部分。

```
COMPONENT = TestP2MC
PFLAGS += -DUART_DEBUG
PFLAGS += -DUART_BAUDRATE=9600
```

PFLAGS += -D ANT_RADIO_CHANNEL = 17
include $(MAKERULES)

编译器根据编译变量将预编译宏定义增加到编译过程中。如图9-18所示为增加了信道选择的编译过程图。

图 9-18 改变通信信道的编译过程

读者也可以通过 Packet Sniffer 软件验证通信信道是否发生改变。如图9-19所示为点对多点通信程序的通信信道改变后的抓包图。

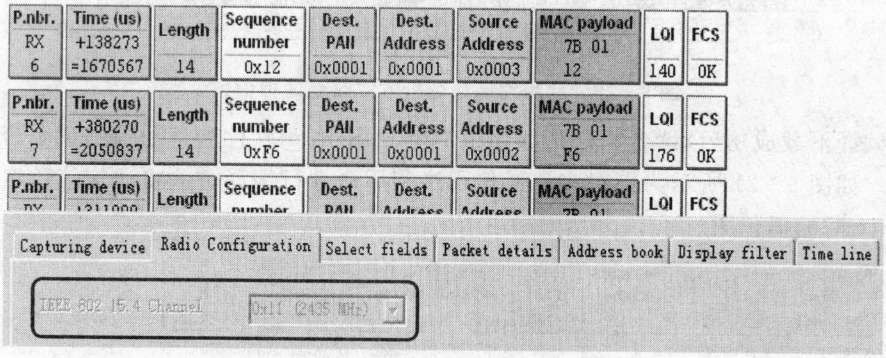

图 9-19 点对多点测试程序通信信道改变后的 Packet Sniffer 抓包图

2. 编译命令行方式指定通信信道

为了方便读者使用,作者在"tinyos - 2.x\support\make\enmote\"目录下的 enmote.rules 编译规则文件中定义了 CH 预编译选项,实现对通信信道选择的扩展。如果在 makefile 编译文件中没有指定所使用的通信信道,则可以在编译命令行中指定 CC2530 通信所使用的信道。

```
ifdef CH
    PFLAGS += - DANT_RADIO_CHANNEL = $(CH)
endif
```

例如,在点对多点通信程序中,读者想使用 16 号信道进行通信,则可以利用"make enmote install GRP=01 NID=03 CH=16"来进行命令行编译点对多点的应用程序。在 NotePad++编辑器中,使多点通信测试程序处于当前打开状态,单击"运行"菜单的 make input 自定义菜单或按 F11 快捷键,在弹出的 cmd 窗体中的"Please Input compile Command:"提示语句中输入"make enmote install GRP=01 NID=03 CH=16"编译命令,如图 9-20 所示。

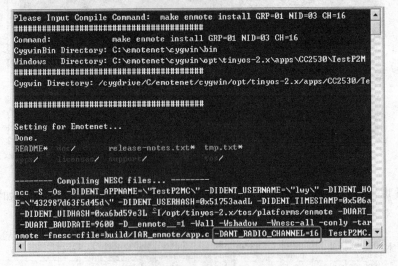

图 9-20　利用编译命令行方式改变通信信道

编译下载成功后,读者同样可以通过 Packet Sniffer 软件验证通信信道是否发生改变。如图 9-21 所示为点对多点通信程序利用命令行编译方法将通信信道编号更改为 16 时的抓包图。

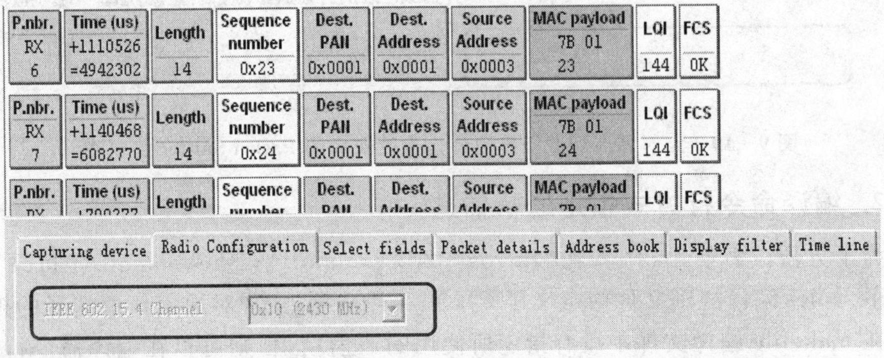

图 9-21　命令行方式改变点对多点通信信道的 Packet sniffer 抓包图

9.3.4 CC2530 的通信信道动态设置

CC2530 通信信道的静态设置只能在编译时才可以改变。而有些应用程序需要在运行过程中改变通信信道，或者根据程序的运行状态需要动态改变通信信道。

CC2530 通信信道设置的最底层驱动通过 CC2530RFControl 接口的 setChannel (uint8_t channel)命令函数完成，当前通信信道则通过 CC2530RFControl 接口的 getChannel() 命令函数获取。

"tinyos-2.x\apps\CC2530\TestSetChannel"目录下为程序运行过程中动态改变通信信道的测试程序。具体代码包括配置文件 TestSetChannelC.nc、模块文件 TestSetChannelM.nc 和编译文件 makefile。

(1) 配置文件 TestSetChannelC.nc

```
/****************************************************
 * 文 件 名：TestSetChannelC.nc
 * 功能描述：CC2530 动态通信信道测试程序
 * 日    期：2012/4/15
 * 作    者：李外云 博士
 ****************************************************/
configuration TestSetChannelC {}

implementation
{
    #define AM_DATA_TYPE 120                    //消息类型
    components TestSetChannelM as App;
    components MainC;
    App.Boot -> MainC;
    components ActiveMessageC as AM;            //主动消息组件
    App.RFControl -> AM;
    App.AMPacket -> AM;                         //AMPacket 接口
    App.Packet -> AM;
    App.AMSend -> AM.AMSend[AM_DATA_TYPE];
    App.Receive -> AM.Receive[AM_DATA_TYPE];
    components CC2530RadioC;                    // CC2530 射频组件
    App.CC2530RFControl -> CC2530RadioC;        // CC2530RFControl 接口连接
    components PlatformSerialC;                 //平台串口组件
    App.UartControl -> PlatformSerialC.CC2530UartControl[0];
                                                //绑定 UartControl 到串口 0
    App.UartStream -> PlatformSerialC.UartStream[0];
}
```

(2) 模块文件 TestSetChannelM.nc

```
/**************************************************************
* 文 件 名：TestSetChannelM.nc
* 功能描述：CC2530 动态通信信道测试程序
* 日    期：2012/4/15
* 作    者：李外云 博士
**************************************************************/
module TestSetChannelM {
    uses interface Boot;                                    //Boot 接口
    uses interface CC2530UartControl as UartControl;        //串口接口
    uses interface SplitControl as RFControl;               //Split 控制接口
    uses interface UartStream;                              //串口流数据接口
    uses interface AMSend;                                  //AMSend 接口
    uses interface Receive;
    uses interface Packet;
    uses interface AMPacket;
    uses interface CC2530RFControl;
}
Implementation {
    message_t msg;                                          //消息变量
    uint16_t count = 0;
    uint8_t chBuff[2] = {0};                                //接收缓冲
    uint8_t mChIndex = 0;
    uint8_t InputSel = 0;
    /**************************************************************
    * 函数名：SendMsg()任务函数
    * 功  能：发送射频消息
    * 参  数：无
    **************************************************************/
    task void SendMsg()
    {
        uint8_t * payload = call Packet.getPayload(&msg, sizeof(msg));
                                                            //消息有效载荷
        uint16_t address = call AMPacket.address();         //消息源地址
        uint16_t dest_address = 1;
        count ++ ;
        payload[0] = count >> 8;                            //消息载荷
        payload[1] = count;                                 //消息载荷
        DbgOut(10, "\r\n* Sending from [0x%x] to [0x%x] len=[%d]\r\n",
            DbgOut_N(address),DbgOut_N(dest_address), DbgOut_N(sizeof(count)));
        call AMSend.send(dest_address, &msg, sizeof(count)); //发送消息
    }
```

第 9 章　CC2530 射频通信组件应用

```
/************************************************************
* 函数名:showMenu()任务函数
* 功　能:显示提示菜单任务
* 参　数:无
************************************************************/
task void showMenu()
{
    if(InputSel == 1)
    {
        DbgOut(10, "\r\n * Please input new channel[11 - 26]:\r\n"); //串口输出
        mChIndex = 0;
    }
    else
    {
        DbgOut(10, "\r\n ****************************\r\n");
        DbgOut(10," * My Address = 0x%x,Current Channel = %d\r\n",
        DbgOut_N(call AMPacket.address()), DbgOut_N(call CC2530RFControl.getChannel()));
        DbgOut(10," * Set new channel ? (Y/N)\r\n");
        InputSel = 0;
    }
}
/************************************************************
* 函数名:getChNumber()函数
* 功　能:将输入的数字 ASCII 字符转换为 BCD 码格式,信道编号
* 参　数:返回信息编号(BCD 码)
************************************************************/
uint8_t getChNumber()
{
    uint16_t ch = 0;
    uint8_t i = 0;
    for(i = 0; i < 2; ++i)  {
        uint8_t tmp = chBuff[i];
        if(tmp >= '0' && tmp <= '9')
            tmp = tmp - '0';              //转换为 BCD 码
        ch = ch * 10 + tmp;
    }
    return ch;
}
/************************************************************
* 函数名:setChannelTask()任务函数
* 功　能:设置通信信道任务
* 参　数:无
```

```
*********************************************************/
task void setChannelTask()
{
    uint8_t channel;
    channel = getChNumber();                              //获取输入的通信信道
    if(channel >= 11   && channel <= 26)
    {
        call CC2530RFControl.setChannel(channel);    //改变通信信息
        if(call AMPacket.address() ! = 1)
            post SendMsg();                              //分发消息任务
        else
        {
            post showMenu();                             //分发显示菜单任务
            InputSel = 0;
        }
        DbgOut(10, "\r\n * Set Channel OK! \r\n");
    }
    else
    {
        DbgOut(10, "\r\nInvalid Channel input\r\n");
        post showMenu();                                 //分发显示菜单任务
    }
}
/***********************************************************
* 函数名:sendDone(message_t * msg, error_t erro)事件函数
* 功  能:AMSend接口消息发送完成事件
* 参  数:message_t * msg:发送的消息;error_t erro:事件结果
***********************************************************/
event void AMSend.sendDone(message_t * msg, error_t success)   {
DbgOut(10, " * Sent %s! \r\n", (success == SUCCESS) ? "OK" : "FAIL");
    InputSel = 0;
    post showMenu();
}
/***********************************************************
* 函数名:receivedByte(uint8_t c)事件函数
* 功  能:串口接收字符事件
* 参  数:uint8_t c:串口接收到的字符
***********************************************************/
async event void UartStream.receivedByte(uint8_t c)
{
    if(c ! = '\r')                                       //判断是否为回车符
    {
        if(InputSel == 0)
```

```
            {
                DbgOut(10, "%c", c);
                if(c == 'Y' || c == 'y')          //判断Y或y字符
                {
                    InputSel = 1;
                    post showMenu();              //分发显示菜单任务
                    return;
                }
                else if(c == 'N' || c == 'n')     //判断N或n字符
                {
                    post SendMsg();               //分发发送消息任务
                    return;
                }
                else
                {
                    DbgOut(10, "\r\n invalid input!! \r\n");
                    post showMenu();              //分发显示菜单任务
                    return;
                }
            }
            else
            {
                if(mChIndex < 2)
                {
                    chBuff[mChIndex++] = c;
                    DbgOut(10, "%c", c);
                    return;
                }
            }
        }
        if(InputSel == 1)
            post setChannelTask();                //分发改变信道任务
}
/************************************************************
*   函数名:booted()事件函数
*   功  能:系统启动完毕后由MainC组件自动触发
*   参  数:无
************************************************************/
event void Boot.booted()
{
    call RFControl.start();                             //开启射频
    call UartControl.InitUart(UART_BAUDRATE);           //初始化串口
    call UartControl.setRxInterrupt(0x01);              //使能发送中断
```

```
        InputSel = 0;
        post showMenu();                                    //显示提示菜单
    }
    /**************************************************************
     * 函数名:receive(message_t * msg, void * payload, uint8_t len)事件函数
     * 功   能:Receive 接口接收消息事件函数,接收到消息后触发
     * 参   数:message_t * msg:消息;void * payload:载荷;uint8_t len:载荷长度
     **************************************************************/
    event message_t * Receive.receive(message_t * msg, void * payload, uint8_t len) {
        DbgOut(10, "\r\n * Receive, len = [ %d]\r\n", DbgOut_N(len));
        InputSel = 0;
        post showMenu();
    }
    event void RFControl.startDone(error_t result)   { }
    event void RFControl.stopDone(error_t result)    { }
    async event void UartStream.sendDone(uint8_t * buf, uint16_t len, error_t error)   {}
    async event void UartStream.receiveDone(uint8_t * buf, uint16_t len, error_t error)  {}
    async event void CC2530RFControl.sendPacketDone(uint8_t * packet, error_t result) {}
    event uint8_t * CC2530RFControl.receivedPacket(uint8_t * packet)  {}
}
```

(3) makefile 编译文件

```
/**************************************************************
 * 功能描述:信道测试 makefile
 * 日    期:2012/4/15
 * 作    者:李外云 博士
 **************************************************************/
COMPONENT = TestSetChannelC
PFLAGS += - DUART_DEBUG
PFLAGS += - DUART_BAUDRATE = 9600
include $(MAKERULES)
```

9.3.5 CC2530 信道测试程序

连接好硬件电路,将编程节点切换到网关节点(编号为 9),打开串口助手,选择好对应的串口号,波特率设置为 9 600。在 NotePad++编辑器中,使多点通信测试程序处于当前打开状态,单击"运行"菜单的 make input 自定义菜单或按 F11 快捷键,如图 9-22 所示。

在弹出的 cmd 窗体中的"Please Input compile Command:"提示语句中输入"make enmote install GRP=01 NID=02"编译命令,如图 9-23 所示。

第 9 章　CC2530 射频通信组件应用

图 9-22　"运行"菜单的 make input 菜单

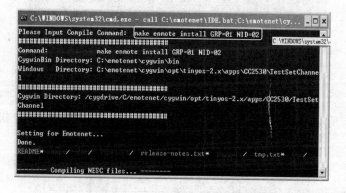

图 9-23　编译命令输入窗体

程序下载成功后，串口助手将显示提示菜单。默认情况下，CC2530 射频通信使用编号为 11 的信道，菜单提示是否设置一个新信道，当用户输入 Y 或 y 时，程序将输出 Please input a new channel [11-26] 提示，要求用户输入有效的信道编号，如输入 18，然后按回车键，如图 9-24 所示。程序将利用改变后的信道发送数据。

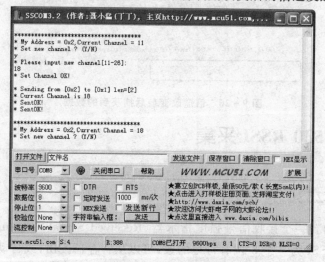

图 9-24　程序按 Y 或 y 时的串口输出提示

读者同样可以通过 Packet Sniffer 软件验证通信信道是否发生改变。程序启动后,当用户输入 N 或 n 时,程序以当前信道发送数据,如图 9-25 所示。

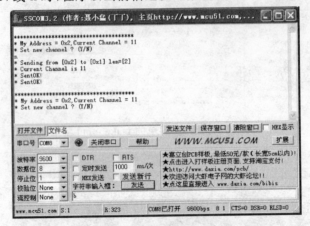

图 9-25　程序按 N 或 n 时的串口输出提示

图 9-26 所示是信道为 11 和信道为 18 时 Packet Sniffer 软件捕获的射频数据。

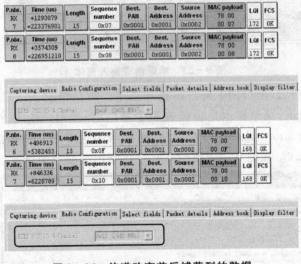

图 9-26　信道改变前后捕获到的数据

9.4　CC2530 RSSI 采集

9.4.1　CC2530 的 RSSI

CC2530 内置一个接收信号强度指示器(Received Signal-Strength Indication,简称 RSSI),RSSI 为一个 8 位有符号的数,可以从寄存器读出,或自动附加到收到的帧中。RSSI 值是 CC2530 在 8 个符号周期内(128 μs)接收到信号的平均功率,与

第 9 章　CC2530 射频通信组件应用

IEEE 802.15.4 相符合。

RSSI 值是一个二进制有符号数补码,对数尺度是 1 dB 的步长。在读 RSSI 寄存器之前必须检查 RSSISTAT 状态寄存器的 RSSI_VALID 状态位,该位表示 RSSI 寄存器中的 RSSI 值是否有效。当 RSSI_VALID 位为 1 时,表示 CC2530 射频接收器已经收到至少 8 个符号周期信息。为了以合理的精确度计算实际的 RSSI 值,必须增加一个偏移量,公式如下所示:

$$\text{Real RSSI} = \text{RSSI} - \text{offset[dBm]}$$

CC2530 典型 RSSI 偏移值(offset)为 73 dB,因此如果从 RSSI 寄存器读 RSSI 值为 -10 时,表示 RF 输入功率大约是 -83 dB。

读者可以通过配置 CC2530 FRMCTRL0 射频寄存器来设置 RSSI 寄存器的更新情况。如果 FRMCTRL0.ENERGY_SCAN=0(默认),RSSI 寄存器总是表示最新的可用值;但是如果该寄存器位设置为 1,RSSI 寄存器表示自能量扫描使能以来最大的值。

有关 RSSI 寄存器描述见表 9-2~9-3。

表 9-2　RSSI 状态寄存器 RSSI(0x6198)的位描述

位	名称	复位	读/写	功能描述
7:0	RSSI_VAL[7:0]	0x80	R	RSSI 值是 8 个符号周期的平均数

表 9-3　RSSI 有效状态寄存器 RSSISTAT(0x6199)的位描述

位	名称	复位	读/写	功能描述
7:1	—	0	R	未用
0	RSSI_VALID	0	R	RSSI 是否有效标志位

读者可以通过设置 FRMCTRL0.AUTOCRC 将 RSSI 自动附加到收到的数据帧中,如图 9-27 所示。

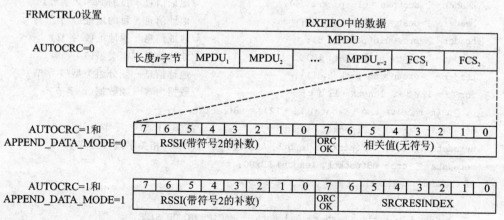

图 9-27　RSSI 自动附加到数据帧设置图

9.4.2 CC2530 的 RSSI 获取接口函数

为了方便获取 CC2530 的 RSSI 值，作者采用将 RSSI 数据自动附加到接收到的数据帧中的方法。当 FRMCTRL0 寄存器的 AUTOCRC 位为 1 时，RSSI 数据自动附加到接收的数据帧中，当接收完整的一帧数据时，只需读取帧检测序列（FCS）字段中的内容就可以获取 RSSI 的数值。

"tinyos-2.x\tos\chips\CC2530\radio"目录下的 CC2530TransmitP.nc 文件中的 receivedPacket(uint8_t * packet)事件函数负责处理接收到的数据帧，其中"metadata->rssi=u8(packet, length-1)"将接收到的 RSSI 值保存到 CC2530 的消息元信息的结构体中。具体代码如下：

```
/*****************************************************
 * 函数名:receivedPacket(uint8_t * packet)事件函数
 * 功   能:接收射频事件函数
 * 参   数:uint8_t * packet:接收数据指针
 *****************************************************/
event uint8_t * CC2530RFControl.receivedPacket(uint8_t * packet)  {
uint8_t i, length;
CC2530_header_t * header;                       //消息头变量
CC2530_metadata_t * metadata;
m_receive_msg = &m_receive_msg_obj;
header = getHeader(m_receive_msg);              //消息头
metadata = getMetadata(m_receive_msg);          //消息附加信息
header->length = u8(packet, 0);                 //帧长度(1 字节)
length = header->length;
header->fcf = u16(packet, 1);                   //帧控制字段(2 字节)
header->dsn = u8(packet, 3);                    //帧序列号(1 字节)
header->destpan = u16(packet, 4);               //地址信息-目的 PAN(2 字节)
header->dest = u16(packet, 6);                  //地址信息-目的地址(2 字节)
header->src = u16(packet, 8);                   //地址信息-源地址(2 字节)
header->type = u8(packet, 10);                  //地址信息-帧类型(1 字节)
header->group = u8(packet, 11);                 //地址信息-帧分组类型(1 字节)
for(i = 12; i < length-1; i++)                  //数据内容-帧数据(n 字节)
    u8(m_receive_msg->data, (i-12)) = u8(packet, i);
metadata->rssi = u8(packet, length-1);          //FCS-RSSI(1 字节)
metadata->lqi = (u8(packet, length) &0x7F);     //FCS-相关字段(1 字节)
metadata->crc = u8(packet, length) &0x80;
if(header->length > MAC_PROTOCOL_SIZE)
{
    header->length = header->length - MAC_PROTOCOL_SIZE;
    signal Receive.receive(m_receive_msg, m_receive_msg->data, header->length);
```

第9章 CC2530 射频通信组件应用

```
                                    //触发接收事件
    }
    return packet;                   //返回消息包
}
```

由于 message_t 结构体中的 header、footer 和 metedata 都是不透明的,对这些字段的访问必须通过 Packet、AMPacket 或其他一些接口进行,这种访问方式允许数据保存在固定的偏移位置,避免消息经过两个链路层时出现复制行为。所以作者在 CC2530Packet 接口中定义了获取和设置 RSSI 接口函数。

当然,对于 CC2530 而言,接收信息的 RSSI 为只读字段。但在有些应用中,比如多跳路由协议,设置多跳路由的初始边界条件时需要假设链路的 RSSI 为一个指定的参数,这样可以快捷地建立多跳路由链路。所以作者在 CC2530Packet 接口中扩展了设置 RSSI 字段数值的接口函数,具体代码如下:

```
/************************************************************
 * 函数名:getRssi(message_t * msg)命令函数
 * 功   能:获取消息中的 RSSI
 * 参   数:message_t * msg:消息指针;返回 RSSI 值
 ************************************************************/
async command int8_t CC2530Packet.getRssi(message_t * msg)
{
    return getMetadata(msg)->rssi;
}
/************************************************************
 * 函数名:setRssi(message_t * msg, uint8_t rssi)命令函数
 * 功   能:设置消息中 RSSI 数值
 * 参   数:message_t * msg:消息指针;uint8_t rssi:设置的 RSSI 值
 ************************************************************/
async command void CC2530Packet.setRssi(message_t * msg, uint8_t rssi)
{
    getMetadata(msg)->rssi = rssi;
}
```

9.4.3 CC2530 的 RSSI 采集程序

"tinyos-2.x\apps\CC2530\TestRSSISample\"目录下的 TestRSSISample 为获取接收消息 RSSI 的示例程序。其中节点 1 为接收节点,其他节点为发送节点。节点启动后,开启射频,射频开启完毕后,其他发送节点启动定时器,每 2 s 向节点 1 发送一次数据,节点 1 接收到数据后,通过串口打印显示接收信号的 RSSI 值。具体代码如下:

(1) 配置文件 TestRSSISampleC.nc

```
/*************************************************************
 * 文 件 名：TestRSSISampleC.nc
 * 功能描述：CC2530 RSSI 采集配置组件
 * 日     期：2012/4/15
 * 作     者：李外云 博士
 *************************************************************/
configuration TestRSSISampleC { }
implementation
{
    #define AM_DATA_TYPE    78
    components TestRSSISampleM as APP;
    components MainC;                       //Main 组件
    APP.Boot -> MainC;
    components ActiveMessageC as AM;        //主动消息组件
    APP.Packet -> AM;
    APP.AMPacket -> AM;
    APP.RFControl -> AM;
    APP.AMSend -> AM.AMSend[AM_DATA_TYPE];
    APP.Receive -> AM.Receive[AM_DATA_TYPE];
    components CC2530PacketC;               //CC2530 信息包组件
    APP.CC2530Packet -> CC2530PacketC;
    components new TimerMilliC();           //定时器组件
    APP.Timer -> TimerMilliC;
}
```

(2) 模块文件 TestRSSISampleM.nc

```
/*************************************************************
 * 文 件 名：TestRSSISampleM.nc
 * 功能描述：CC2530 RSSI 采集模块组件
 * 日     期：2012/4/15
 * 作     者：李外云 博士
 *************************************************************/
module TestRSSISampleM
{
    uses    interface Boot;
    uses    interface Timer<TMilli>;
    uses    interface AMSend;
    uses    interface Receive;
    uses    interface Packet;
    uses    interface AMPacket;
```

第9章　CC2530 射频通信组件应用

```
    uses      interface CC2530Packet;
    uses      interface SplitControl as RFControl;
}
implementation
{
    message_t msg_t;                    //自定义消息变量
    uint8_t count = 0;
/******************************************************
*   函数名:sendMsgTask()事件函数
*   功   能:发送消息任务函数
*   参   数:无
******************************************************/
task void sendMsgTask()
{
    uint8_t * payload = (uint8_t *)call Packet.getPayload(&msg_t, sizeof(msg_t));
                                        //消息载荷
    payload[0] = count++;
    call AMSend.send(1, &msg_t, sizeof(uint8_t));   //向地址1发送消息
}
/******************************************************
*   函数名:booted()事件函数
*   功   能:系统启动完毕后由 MainC 组件自动触发
*   参   数:无
******************************************************/
event void Boot.booted()
{
    call RFControl.start();             //启动射频
}
/******************************************************
*   函数名:startDone(error_t result)事件函数
*   功   能:SplitControl 的启动完成时触发该事件
*   参   数:error_t result:事件结果
******************************************************/
event void RFControl.startDone(error_t result)
{
        if(call AMPacket.address() != 1)        //判断地址编号是否为1
            call Timer.startPeriodic(2000);     //定时时间为2s
}
/******************************************************
*   函数名:fired()事件函数
*   功   能:定时事件,当定时器设定时间一到自动触发该事件
*   参   数:无
```

```
/******************************************************/
event void Timer.fired()
{
    post sendMsgTask();                    //启动发送消息任务
}
/*******************************************************
 * 函数名:receive(message_t * msg,void * payload,uint8_t len)事件函数
 * 功  能:Receive 接口接收消息事件函数,接收到消息后触发
 * 参  数:message_t * msg:消息;void * payload:载荷;uint8_t len:载荷长度
 *******************************************************/
event message_t * Receive.receive(message_t * msg, void * payload, uint8_t len)
{
    int8_t rssi = call CC2530Packet.getRssi(msg);          //获取消息 RSSI
    am_addr_t saddr = call AMPacket.source(msg);           //获取消息源地址
    DbgOut(10, "\r\n * RecData = [ % d ], SrcAddr = [ % d ], RSSI = [ % d ]",((uint8_t
    * )payload)[0],saddr,rssi);
}
event void AMSend.sendDone(message_t * msg, error_t success)  { }
event void RFControl.stopDone(error_t result)  { }
}
```

(3) makefile 编译文件

```
COMPONENT = TestRSSISampleC
PFLAGS += - DUART_DEBUG
PFLAGS += - DUART_BAUDRATE = 9600
PFLAGS += - DANT_RADIO_LED
include $(MAKERULES)
```

连接好硬件电路,将编程节点切换到网关节点(编号为9),打开串口助手,选择好对应的串口号,波特率设置为 9 600。在 NotePad＋＋编辑器中,使多点通信测试程序处于当前打开状态,单击"运行"菜单的 make input 自定义菜单或按 F11 快捷键,如图 9－28 所示。

图 9－28 "运行"菜单的 make input 菜单

在弹出的 cmd 窗体中的"Please Input compile Command:"提示语句中输入"make enmote install GRP=01 NID=01"编译命令,如图 9-29 所示。

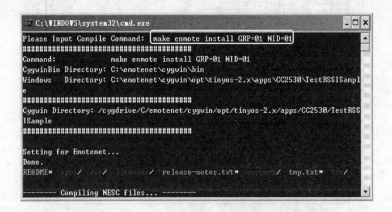

图 9-29 make enmote install 编译命令输入窗体

将编程节点切换到其他节点,在 NotePad++编辑器中,使多点通信测试程序处于当前打开状态,单击"运行"菜单的 make input 自定义菜单或按 F11 快捷键,在弹出的 cmd 窗体中的"Please Input compile Command:"提示语句中输入"make enmote reinstall GRP=01 NID=xx"编译命令(xx 为非 01 之外的其他十六进制数,如 02、0a 等)。如图 9-30 所示为节点地址为 06 时的编译命令,因为节点 1 中 RSSI 程序已经编译,所以可利用 make enmote reinstall 命令来下载烧录应用程序,可节省编译时间。

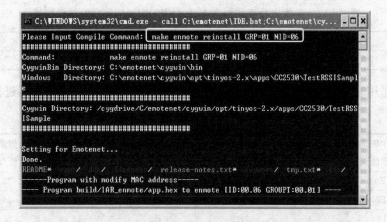

图 9-30 make enmote reinstall 编译命令输入窗体

当程序下载成功后,连接和拆除收发节点上的天线,观察串口助手输出的 RSSI 信息的变化情况。图 9-31 中 RSSI 为正值时为接上天线的情况,RSSI 为负值时为拆除连接天线的情况。

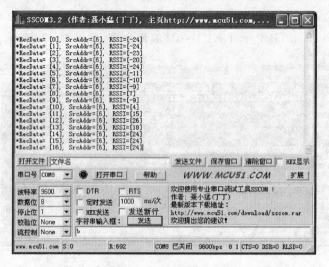

图 9-31 拆除和连接天线时接收到的 RSSI 情况

9.5 CC2530 发送功率的设置

9.5.1 CC2530 的发送功率

CC2530 的射频输出功率由 TXPOWER 寄存器控制,如果需要改变射频的发送功率,必须在射频发送之前更新该寄存器值,其位描述见表 9-4。

表 9-4 RF 输出功率控制寄存器 TXPOWER(0x6190)的位描述

位	名 称	复 位	读/写	功能描述
7:0	PA_POWER[7:0]	0xF5	R/W	射频发送功率控制

建议采用表 9-5 推荐设置值对 CC2530 的射频功率 TXPOWER 寄存器进行设置。

表 9-5 TXPOWER 寄存器的推荐设置值

TXPOWER 推荐值	典型输出 功率/dBm	典型消耗 电流/mA	TXPOWER 推荐值	典型输出 功率/dBm	典型消耗 电流/mA
0xF5	4.5	34	0x75	−8	25
0xE5	2.5	31	0x65	−10	25
0xD5	1	29	0x55	−12	25
0xC5	−0.5	28	0x45	−14	25
0xB5	−1.5	27	0x35	−16	52
0xA5	−3	27	0x25	−18	24
0x95	−4	26	0x15	−20	24
0x85	−6	26	0x05	−22	23

9.5.2 CC2530 发送功率的设置方法

CC2530 射频发送功率设置的最底层驱动通过 CC2530RFControl 接口的 setTransmitPower(uint8_t power)命令函数来完成，具体代码如下：

```
/**************************************************************
 * 函数名：setTransmitPower(uint8_t power)命令函数
 * 功  能：设置发送功率命令
 * 参  数：uint8_t power：发射功能值
 **************************************************************/
command error_t CC2530RFControl.setTransmitPower(uint8_t power)
    {
        if (power > 0xF5)
            mPower = CC2530_DEF_RFPOWER;      //默认发送功率
        else
            mPower = power;
        _CC2530_TXPOWER = mPower;             //更新功率寄存器 TXPOWER
        return SUCCESS;
    }
```

在"\tinyos-2.x\tos\chips\CC2530\radio"目录下的 CC2530Radio.h 文件中，定义了 CC2530 默认的射频发送功率 CC2530_DEF_RFPOWER 的宏定义。

```
#ifndef CC2530_DEF_RFPOWER
    #define CC2530_DEF_RFPOWER 0xF5
#endif
```

在"tinyos-2.x\tos\chips\CC2530\radio\"目录下的 CC2530RadioP.nc 模块文件的 task void initTask()任务中，作者采用预编译宏定义来扩展 CC2530 发送功能的设置方法。

```
#ifdef ANT_RADIO_POWER
    mPower = ANT_RADIO_POWER;
#else
    mPower = CC2530_DEF_RFPOWER;
#endif
    call CC2530RFControl.setTransmitPower(mPower);   //设置发送功率
```

9.5.3 CC2530 发送功率的静态设置

默认情况下，CC2530 采用最大默认发送功率，即 TXPOWER 寄存器采用最大的默认值 0xF5。如果读者在编译时需要改变 CC2530 的发送功率，可以利用 makefile 和编译命令行两种方法在编译时指定通信信道。

1. makefile 编译文件中指定发送功率

读者可以根据作者的预编译宏定义在编译文件 makefile 中指定 CC2530 射频发送功率。例如,在 9.4 节的 RSSI 采集程序中想使用其他发送功率进行数据发送,可在 makefile 编译文件中增加定义发送功率的宏定义,见下面 makefile 文件的黑色粗体部分。

```
COMPONENT = TestRSSISampleC
PFLAGS += - DUART_DEBUG
PFLAGS += - DUART_BAUDRATE = 9600
PFLAGS += - DANT_RADIO_POWER = 0xB5
include $ (MAKERULES)
```

编译器将预编译宏定义增加到编译过程中。如图 9-32 所示为修改了发送功率的的编译过程图。

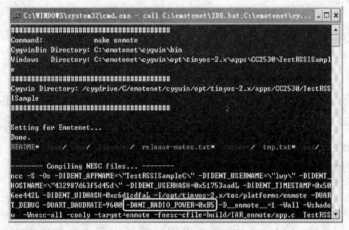

图 9-32 增加发送功率宏定义的编译过程

2. 编译命令行方式指定通信信道

为了方便读者使用,作者在"tinyos - 2.x\support\make\enmote\"目录下的 enmote.rules 编译规则文件中定义了 PW 预编译选项,实现对发送功率设置的扩展。如果在 makefile 编译文件中没有指定发送功率的设置,则可以在编译命令行中指定发送功率。

```
ifdef PW
    PFLAGS += - DANT_RADIO_POWER = $ (PW)
endif
```

例如,在 RSSI 采集的程序中,读者想改变发送功率,则可以利用"make enmote install GRP=01 NID=03 PW=0xB5"来进行命令行编译 RSSI 采集程序。在 Note-

Pad++编辑器中,使 RSSI 采集程序处于当前打开状态,单击"运行"菜单的 make input 自定义菜单或按 F11 快捷键,在弹出的 cmd 窗体中的"Please Input compile Command:"提示语句中输入"make enmote install GRP=01 NID=03 PW=0xB5"编译命令,如图 9-33 所示。

图 9-33 利用编译命令行方式改变发送功率

9.5.4 CC2530 发送功率的动态设置

CC2530 发送功率的静态设置只能在编译时才可以改变。而有些应用程序需要在程序运行过程中改变发送功率,或者根据程序的运行状态动态改变发送功率。

CC2530 发送功率设置的最底层驱动通过 CC2530RFControl 接口的 setTransmitPower(uint8_t power) 命令函数实现,获取当前发送功率则可以通过 CC2530RFControl 接口的 getTransmitPower() 命令函数获取。

"tinyos-2.x\apps\CC2530\TestTransmitPower"目录下为程序运行过程中动态改变发送功率的测试程序。节点地址为 1 的节点(网关节点)为接收节点,其他节点为发送节点,所有节点启动后,开启射频通信。射频开启完毕后,发送节点启动定时器,定时时间为 1 s,当定时器时间一到,便发送消息任务 sendMsg。在发送消息任务中,循环改变发送消息所使用的发送功率,并将当前节点发送消息时的发送功率作为消息的有效载荷。网关节点(节点 1)将接收到的消息有效载荷(发送节点的发射功率值)、消息源地址以及 RSSI 通过串口打印出来。

具体代码包括配置文件 TestTransmitPowerC.nc、模块文件 TestTransmitPowerM.nc 和编译文件 makefile。

(1) 配置文件 TestTransmitPowerC.nc

/***
* 文 件 名:TestTransmitPowerC.nc

```
 *  功能描述：CC2530 发送功率设置测试程序
 *  日     期：2012/4/15
 *  作     者：李外云 博士
 ****************************************************/
configuration TestTransmitPowerC { }
Implementation   {
    #define AM_DATA_TYPE 124
    components TestTransmitPowerM as App;
    components MainC;
    App.Boot -> MainC;
    components ActiveMessageC as AM;
    App.RFControl -> AM;
    App.AMPacket -> AM;
    App.Packet -> AM;
    App.AMSend -> AM.AMSend[AM_DATA_TYPE];
    App.Receive -> AM.Receive[AM_DATA_TYPE];
    components CC2530RadioC;
    App.CC2530RFControl -> CC2530RadioC;
    components CC2530PacketC;
    App.CC2530Packet -> CC2530PacketC;
    components new TimerMilliC();
    App.Timer -> TimerMilliC;
}
```

(2) 模块文件 TestTransmitPowerM.nc

```
/***************************************************
 *  文 件 名：TestTransmitPowerM.nc
 *  功能描述：CC2530 发送功率设置测试程序
 *  日     期：2012/4/15
 *  作     者：李外云 博士
 ****************************************************/
module TestTransmitPowerM   {
    uses interface Boot;
    uses interface SplitControl as RFControl;
    uses interface AMSend;
    uses interface Receive;
    uses interface Packet;
    uses interface AMPacket;
    uses interface CC2530RFControl;
    uses interface CC2530Packet;
    uses interface Timer<TMilli>;
}
```

第9章 CC2530射频通信组件应用

```
Implementation {
    uint8_t PowerArray[15] = {0x05,0x15,0x25,0x35,0x45,0x55,0x65,0x75,
                     0x85,0x95,0xA5,0xB5,0xC5,0xE5,0xF5};   //推荐的发送功率表
    message_t msg;                //消息变量
    uint8_t mPwrIndex = 0;        //功率列表序号
    /************************************************************
    * 函数名:sendMsg()命令函数
    * 功   能:发送消息任务
    * 参   数:无
    ************************************************************/
    task void sendMsg()
    {
        uint8_t * payload = call Packet.getPayload(&msg, sizeof(msg));
                                                //消息有效载荷
        uint16_t dest_address = 1;
        mPwrIndex ++;                           //发生功率表序号
        if(mPwrIndex>14)
            mPwrIndex = 0;
        call CC2530RFControl.setTransmitPower(PowerArray[mPwrIndex]);
                                                //设置发送功率
        payload[0] = PowerArray[mPwrIndex];     //消息内容为当前发送功率值
        call AMSend.send(dest_address, &msg, sizeof(mPwrIndex));   //发送消息
    }
    /************************************************************
    * 函数名:booted()事件函数
    * 功   能:系统启动完毕后由MainC组件自动触发
    * 参   数:无
    ************************************************************/
    event void Boot.booted()
    {
        call RFControl.start();                 //开启射频
    }
    /************************************************************
    * 函数名:receive(message_t * msg,void * payload,uint8_t len)事件函数
    * 功   能:Receive接口接收消息事件函数,接收到消息后触发
    * 参   数:message_t * msg:消息 void * payload:载荷;uint8_t len:载荷长度
    ************************************************************/
    event message_t * Receive.receive(message_t * msg, void * payload, uint8_t len)
    {
        int8_t rssi = call CC2530Packet.getRssi(msg);          //获取 RSSI
        am_addr_t saddr = call AMPacket.source(msg);           //获取消息源地址
        DbgOut(10, "\r\n * Power = [0x%x], SrcAddr = [%d], RSSI = [%d]",((uint8_t
```

*)payload)[0],saddr,rssi);
     }
/**
 * 函数名:fired()事件函数
 * 功　能:定时事件,当定时器设定时间一到自动触发该事件
 * 参　数:无
 **/
     event void Timer.fired()
     {
          post sendMsg();   //发布消息任务
     }
/**
 * 函数名:startDone(error_t result)事件函数
 * 功　能:SplitControl 的启动完成时触发该事件
 * 参　数:error_t result:事件结果
 **/
     event void RFControl.startDone(error_t result)
     {
          if(call AMPacket.address() != 1)
               call Timer.startPeriodic(1000);   //定时时间 1 s
     }
     event void RFControl.stopDone(error_t result) { }
     async event void CC2530RFControl.sendPacketDone(uint8_t * packet, error_t result) {}
     event uint8_t * CC2530RFControl.receivedPacket(uint8_t * packet){}
     event void AMSend.sendDone(message_t * msg, error_t success) { }
}

(3) makefile 编译文件

```
/**************************************************
 *  功能描述:发送功率测试 makefile
 *  日　　期:2012/4/15
 *  作　　者:李外云 博士
 **************************************************/
COMPONENT = TestTransmitPowerC
PFLAGS += -DUART_DEBUG
PFLAGS += -DUART_BAUDRATE = 9600
include $(MAKERULES)
```

9.5.5　CC2530 发送功率测试程序

连接好硬件电路,将编程节点切换到网关节点(编号为 9),打开串口助手,选择

好对应的串口号,波特率设置为9 600。在NotePad++编辑器中,使发送功率程序处于当前打开状态,单击"运行"菜单的make input自定义菜单或按F11快捷键,如图9-34所示。

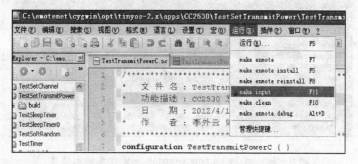

图9-34 "运行"菜单的make input菜单

在弹出的cmd窗体中的"Please Input compile Command:"提示语句中输入"make enmote install GRP=01 NID=01"编译命令,如图9-35所示。

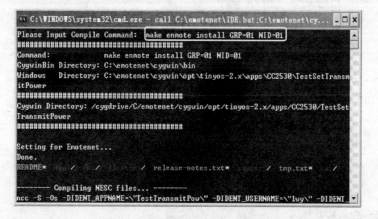

图9-35 编译命令输入窗体

将编程节点切换到其他节点,在NotePad++编辑器中,使发送功率测试程序处于当前打开状态,单击"运行"菜单的make input自定义菜单或按F11快捷键,在弹出的cmd窗体中的"Please Input compile Command:"提示语句中输入"make enmote reinstall GRP=01 NID=xx"编译命令(xx为非01之外的其他十六进制数,如02、0a等)。如图9-36所示为节点地址为06时的编译命令,因为节点1中发送功率测试程序已经编译,所以可利用make enmote reinstall命令来下载烧录应用程序,可节省编译时间。

当程序下载成功后,串口助手输出发送节点在不同发送功率下网关节点收到消息时的RSSI的变化情况(注:网关节点和发送节点都接上天线)。从图9-37可知,发送节点的发送功率越大,网关节点收到消息的RSSI值越大,表示接收效果越好(或者发送效果越好)。

CC2530 与无线传感器网络操作系统 TinyOS 应用实践

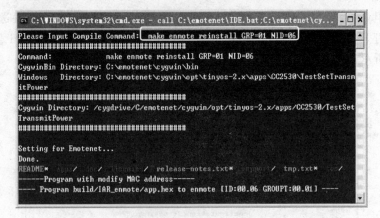

图 9-36 make enmote reinstall 编译命令输入窗体

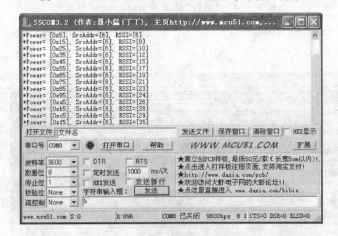

图 9-37 不同发送功率下网关节点收到 RSSI 的情况

9.6 本章小结

TinyOS 的 ActiveMessageC 组件是实现无线通信的最关键的组件之一，在 P2P 和 P2M 以及后续多跳路由的无线通信应用中，都涉及 ActiveMessageC 组件所提供的接口应用。而 CC2530 底层射频参数的动态控制也是应用中必不可少的，主要涉及发送功率的设置、通信信道的选择以及接受信号强度（RSSI）的获取等。

本章使用 TinyOS 的主动消息组件 ActiveMessageC 所提供的相关接口测试了 CC2530 射频 P2P 和 P2M 功能，然后根据 CC2530 底层射频驱动接口 CC2530RFControl 提供的射频控制命令函数，测试了 CC2530 射频通信发送功率的设置、通信信道的选择以及接受信号强度的获取等应用方法，帮助读者理解和掌握 TinyOS 的主动消息组件 ActiveMessageC 接口的使用方法以及 CC2530 底层射频参数的控制过程。

第10章
TinyOS 传感器节点驱动与应用

传感器是利用一定的物性(物理、化学、生物)法则、定理、定律和效应等进行能量与信息转换,并且输出与输入严格一一对应的器件和装置。传感器的种类繁多、原理各异,检测对象几乎涉及各种参数,通常一种传感器可以检测多种参数,一种参数又可以用多种传感器测量。输出模拟信号量的传感器(如光敏传感器、声音传感器等),其输出数据可以转换为模拟电压的形式,然后通过 A/D 变换采集到微处理器进行处理,这类传感器称为 AD 型传感器;而输出高低逻辑电平的传感器或传感器模块称为非 AD 型传感器,这类传感器的输出数据可以根据传感器定义的输出协议(如温湿度传感器 SHTxx)或者逻辑电平的变化情况(如超声波传感器模块)进行数据采集。

AD 型传感器可以使用微处理器的 A/D 通道设计统一的采集接口,非 AD 型传感器需要根据具体传感器设计采集接口。

本章分别以协议型的 SHTxx 系列的温湿度传感器、DS18B20 温度传感器、AD 型的光敏传感器和逻辑电平型的超声波传感器模块为例,详细介绍单个传感器节点数据采集驱动程序的设计方法和过程,以帮助读者了解和掌握基于 TinyOS 的传感器底层驱动程序的设计方法。

10.1 SHTxx 温湿度传感器

10.1.1 SHTxx 介绍

SHTxx 系列单芯片传感器是一款含有已校准数字信号输出的温湿度复合传感器。它应用专业的工业 COMS 微加工技术,确保产品具有极高的可靠性与卓越的长期稳定性。STHxx 传感器包括一个电容式聚合体测湿元件和一个能隙式测温元件,并与一个 14 位的 A/D 转换器以及串行接口电路在同一芯片上实现无缝连接。因此,该产品具有品质卓越、响应超快、抗干扰能力强以及性价比极高等优点。

每个 SHTxx 传感器都在极为精确的湿度校验室中进行校准。校准系数以程序的形式储存在 OTP 内存中,传感器内部在检测信号的处理过程中要调用这些校准系数。两线制串行接口和内部基准电压使系统集成变得简易快捷,超小的体积和极低的功耗使其成为各类应用甚至最为苛刻的应用场合的最佳选择。

10.1.2 SHTxx 接口说明

1. SHTxx 通信接口

SHTxx 采用两线双向串行接口方式与微处理器进行接口通信,在传感器信号的读取及电源功耗方面都做了优化处理,其串行接口与 I2C 相似,但与 I2C 接口并不兼容。SHTxx 接口图如图 10-1 所示。

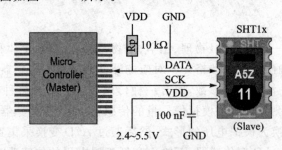

图 10-1 SHTxx 接口图

SCK 用于微处理器与 SHTxx 之间的时钟同步通信。由于 SHTxx 内部接口包含了完全静态逻辑,因此不存在最小 SCK 频率。

DATA 为三态逻辑门,主要用于数据的读取。DATA 在 SCK 时钟下降沿之后改变状态,并仅在 SCK 时钟上升沿有效。数据传输期间,在 SCK 时钟高电平时,DATA 必须保持稳定。为避免信号冲突,微处理器应驱动 DATA 在低电平,需要一个外部的上拉电阻(例如 10 kΩ 电阻)将信号提拉至高电平,图 10-1 所示。

2. 通信接口命令

SHTxx 用一组"启动传输"时序来表示数据传输的初始化,如图 10-2 所示。当 SCK 时钟高电平时 DATA 翻转为低电平,紧接着 SCK 变为低电平,随后是在 SCK 时钟高电平时 DATA 翻转为高电平。

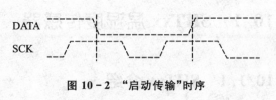

图 10-2 "启动传输"时序

SHTxx 通信命令中高 3 位表示地址位(目前只支持"000"),低 5 位表示命令位,如表 10-1 所列。SHTxx 在第 8 个 SCK 时钟的下降沿之后将 DATA 下拉为低电平(ACK 位),在第 9 个 SCK 时钟的下降沿之后释放 DATA(恢复高电平),表示已正确地接收到指令。

第 10 章　TinyOS 传感器节点驱动与应用

表 10-1　SHTxx 的低 5 位通信命令

命　令	命令代码	命　令	命令代码
预留	000-0000x	写状态寄存器	000-00110(0x06)
温度测量	000-00011(0x03)	预留	000-0101x～000-1110x
湿度测量	000-00101(0x05)	软复位:复位接口,清空寄存器	000-11110(0x1e)
读状态寄存器	000-00111(0x07)		

3. 数据测量时序

SHTxx 传感器在发出测量命令("00000101"表示相对湿度 RH,"00000011"表示温度 T)后,控制器要等待测量结束。这个过程需要大约 20/80/320 ms,分别对应 8/12/14 位测量。

如图 10-3 所示为湿度测量时序图。测量时序中包括启动传输、发送命令、2 字节数据传输以及 CRC 校验传输等时序,其中 DATA 线的粗体部分由 SHTxx 传感器控制(数据输出),而普通线部分为微处理器控制的数据线(输入)。

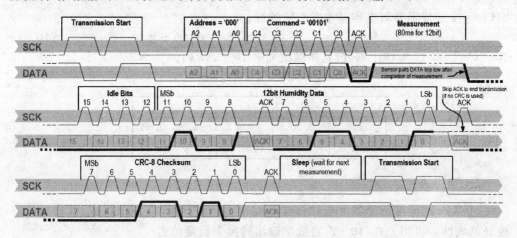

图 10-3　SHTxx 测量时序图

SHTxx 通过下拉 DATA 至低电平并进入空闲模式,表示测量结束。控制器在再次触发 SCK 时钟前,必须等待"数据准备完毕"信号来读出数据。接着传输 2 字节的测量数据和 1 字节的 CRC 奇偶校验。SHTxx 的检测数据可以存储到 SHTxx 内部存储器中,这样控制器在需要时可以读出数据,微处理器需要将 DATA 下拉为低电平作为应答信号以确认每个字节。所有的数据从 MSB 开始,不同数据位数中,低位数据为有效数据(例如:对于 12 位数据,从第 5 个 SCK 时钟起算作 MSB;而对于 8 位数据,首字节则无意义)。用 CRC 数据的确认位表明通信结束。如果不使用 CRC-8 校验,控制器可以在测量值 LSB 后,通过保持确认位 ACK 为高电平来中止通信。在测量和通信结束后,SHTxx 自动转入休眠模式。

4. 通信复位时序

如果微处理器与 SHTxx 通信中断，可通过通信复位时序对 SHTxx 进行复位，如图 10-4 所示。当 DATA 保持高电平时，触发 SCK 时钟 9 次或更多，在下一次指令前发送一个"启动传输"时序，这些时序只复位 SHTxx 通信接口部分，SHTxx 内部状态寄存器的内容仍然保持不变。

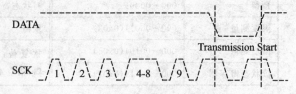

图 10-4 通信复位时序

10.1.3 测量值的转换

1. 相对湿度

为了补偿湿度传感器的非线性以获取准确数据，使用公式 (10-1) 修正输出数值。高于 99% RH 的湿度测量值表示空气已经完全饱和，必须处理为 100% RH。SHTxx 湿度传感器对电压基本没有依赖性。

$$RH_{linear} = C_1 + C_2 \times SO_{RH} + C_3 \times SO_{RH}^2 \quad (10-1)$$

其中 C_1、C_2 和 C_3 为修正系数，具体取值如表 10-2 所列。

表 10-2 湿度转换系数

RH_{linear}	C_1	C_2	C_3
12 位	−2.046 8	0.036 7	−1.595 5E−6
8 位	−2.046 8	0.587 2	−4.084 5E−6

2. 温 度

SHTxx 的温度传感器由能隙材料 PTAT（正比于绝对温度）组成，该材料具有极好的线性。可用公式 (10-2) 将数字输出转换为温度值：

$$T = d_1 + d_2 \times SO_T \quad (10-2)$$

其中 d_1、d_2 为温度转换系数。具体取值可参考表 10-3。

表 10-3 温度转换系数

VDD	d_1/℃	d_1/℉	SO_T	d_2/℃	d_2/℉
5 V	−40.1	−40.2	14 位	0.01	0.018
4 V	−39.8	−39.6	12 位	0.04	0.072
3.5 V	−39.7	−39.5			
3 V	−39.60	−39.3			
2.5 V	−39.4	−38.9			

10.1.4 温湿度传感器节点

如图 10-5 所示为温湿度传感器节点的电路图,其中 SHTxx 的 DATA 和 SCK 引脚分别与 CC2530 的 P0.1 和 P1.7 引脚相连,供电电压为 3.3 V。

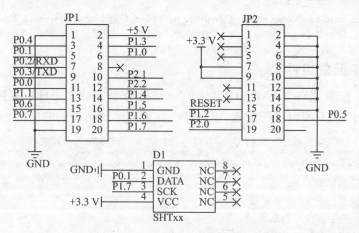

图 10-5 温湿度传感器节点电路图

10.1.5 SHTxx 传感器的 TinyOS 驱动

由图 10-3 可知,SHTxx 测量时序包括启动传输、发送命令、2 字节数据传输以及 CRC 校验传输等时序部分。如果微处理器与 SHTxx 通信中断,可通过图 10-4 的通信复位时序来对 SHTxx 进行复位。因此,SHTxx 的驱动主要包括数据收发(发送命令、数据传递以及 CRC 校验)、启动和复位等部分。

SHTxx 的 TinyOS 驱动代码包括 SHT 接口的定义 SHT.nc、SHT 配置组件 SHTC.nc 和模块组件 SHTP.nc 三部分,驱动代码保存在"tinyos-2.x\tos\chips\CC2530\SensorDataCollect\sensors\ShtData\SHTxx"目录中。

1. SHT 接口定义

在 SHT 接口中,定义了 read 命令函数和 readDone 事件函数。其中 read 命令主要负责初始化和启动 SHTxx 的测量过程;readDone(error_t result, uint16_t temperature, uint16_t humidity)事件函数在 SHTxx 测量完成后,通过事件的触发将数据传递到上层的应用程序,该事件函数中的 temperature 和 humidity 参数分别传递 SHTxx 器件的温度和湿度参数。SHT 接口的具体代码如下:

```
/****************************************************
* 文 件 名:SHT.nc
* 功能描述:SHTxx 传感器接口
* 日    期:2012/4/15
```

```
*  作    者：李外云 博士
*********************************************************/
interface SHT
{
    command error_t read();
    event void readDone(error_t result, uint16_t temperature, uint16_t humidity);
}
```

2. SHT 配置组件

在 SHT 配置组件中，MainC 组件的初始化命令完成对 SHT 的初始化操作，GPIO 组件对 SHT 端口进行配置，定时器组件定义两次测量的时间间隔。具体代码如下：

```
/*********************************************************
*  文 件 名：SHTC.nc
*  功能描述：SHTxx 传感器配置组件
*  日    期：2012/4/15
*  作    者：李外云 博士
*********************************************************/
configuration SHTC
{
    provides interface SHT;
}
implementation  {
    components SHTP;
    SHT = SHTP;
    components MainC;
    MainC.SoftwareInit -> SHTP;                //MainC 组件的初始化函数
    components new TimerMilliC() as WaitTimer; //定时器
    SHTP.WaitTimer -> WaitTimer;
    components HplCC2530GeneralIOC as GPIO;    //GPIO 口 DATA 对应 P0_1,SCK 对应 P1_7
    SHTP.DATA -> GPIO.P0_Port[1];
    SHTP.SCK -> GPIO.P1_Port[7];
}
```

3. SHT 模块组件

SHT 模块组件完成 SHT 传感器数据读取的底层驱动、对 SHT 的时序模拟以及实现 SHT 接口函数，在数据读取完成后，触发 ReadDone 事件函数。下面主要介绍 SHT 模块中的关键代码。

(1) "启动传输"时序模拟函数

start()函数模拟图 10-2 的"启动传输"时序。

```
/*********************************************
* 函数名:start()函数
* 功  能:SHTxx 的启动操作时序
* 参  数:无
*********************************************/
uint8_t start()  {
    call DATA.makeOutput();        //设置 DATA 为输出
    call DATA.set();               //DATA 置 1
    call SCK.clr();                //SCK 清 0
    DELAY(1);                      //延时
    call SCK.set();
    DELAY(1);
    call DATA.clr();
    DELAY(1);
    call SCK.clr();
    DELAY(3);
    call SCK.set();
    DELAY(1);
    call DATA.set();
    DELAY(1);
    call SCK.clr();
}
```

(2) 通信复位时序模拟函数

reset()函数模拟图 10-4 的通信复位时序。

```
/*********************************************
* 函数名:reset()函数
* 功  能:SHTxx 的复位操作
* 参  数:无
*********************************************/
void reset()
{
    uint8_t i;
    call DATA.makeOutput();
    call DATA.set();
    call SCK.clr();                //初始状态
    for (i = 0; i<9; i++)   {      //9 SCK 循环
        call SCK.set();
        DELAY(1);
        call SCK.clr();
        DELAY(1);
    }
}
```

(3) 数据读取时序模拟函数

recvByte(uint8_t ack)函数模拟图 10-3 中读取数据时的时序。从图 10-3 可知,微处理器在读取 SHTxx 传感器的数据时,有两种不同的应答信号:在读取转换数据时,由微处理器将 DATA 线拉为低电平作为应答信号;而在读取 CRC 数据时,需要将 DATA 线拉为高电平作为应答信号。所以在 recvByte(uint8_t ack)函数中,ack 作为两种应答信息参数进行传递,该函数返回读取的数据。

```
/***********************************************
* 函数名:recvByte(uint8_t ack)函数
* 功  能:接收一个字节
* 参  数:uint8_t ack:应答标识;返回测量内容(字节)
***********************************************/
uint8_t recvByte(uint8_t ack)  {
    uint8_t i,val = 0;
    call DATA.makeOutput();
    call DATA.set();
    call DATA.makeInput();
    for (i = 0x80; i>0; i/ = 2) {
        call SCK.set();
        DELAY(1);
        if ( call DATA.get() == 1)
            val = (val | i);
        call SCK.clr();
    }
    call DATA.makeOutput();      //控制 data 线输出
    if(ack)
        call DATA.clr();
    else
        call DATA.set();
    call SCK.set();              //clk #9 for ack
    DELAY(10);
    call SCK.clr();
    call DATA.set();             //释放数据线
    return val;
}
```

(4) 写数据时序模拟函数

sendByte(uint8_t value)函数模拟图 10-3 中写数据时的时序。从图 10-3 可知,SHTxx 写数据主要为写命令字和 SHTxx 的状态寄存器。在写命令字完成后,SHTxx 将控制 DATA 数据线,并将数据线拉为低电平作为应答信号。

第10章 TinyOS 传感器节点驱动与应用

```
/************************************************************
 * 函数名:sendByte(uint8_t value)函数
 * 功    能:SHTxx 发送一个字节函数
 * 参    数:uint8_t value:发送的字节内容
 ************************************************************/
uint8_t sendByte(uint8_t value)   {
    uint8_t i, error;
    call DATA.makeOutput();          //DATA 端口设置为输出
    for (i = 0x80; i>0; i/= 2)   {
        if (i & value)
            call DATA.set();         //DATA 口置 1
        else
            call DATA.clr();         //DATA 口清 0
        call SCK.set();              //SCK 口置 1
        DELAY(3);
        call SCK.clr();              //SCK 口清 0
    }
    call DATA.set();
    call SCK.set();
    call DATA.makeInput();
    error = call DATA.get();         //读取应答信号
    call SCK.clr();
    return error;
}
```

(5) SHT 接口的 read 命令函数实现和 readDone 事件分发

SHT 接口的 read 命令函数通过调用 cmdMeasure()读取 SHTxx 传感器数据。在数据读取完成后,由 readDoneTask 任务函数触发 SHT 接口的 readDone 事件,同时将读取的数据作为 readDone 事件的参数传递给上层应用程序。

```
/************************************************************
 * 函数名:read()命令函数
 * 功    能:SHT 接口的 read 命令函数,启动 SHT 测量
 * 参    数:无
 ************************************************************/
command error_t SHT.read()   {
    m_state = SHT_STATE_TEMP;
    m_error = 0;
    cmdMeasure();
    return SUCCESS;
}
```

```
task void readDoneTask()  {
    error_t result = (m_error > 0) ? FAIL : SUCCESS;
    atomic m_state = SHT_STATE_NONE;
    signal SHT.readDone(result, m_temperature, m_humidity);
}
```

10.1.6 SHTxx 传感器驱动测试

SHTxx 驱动测试程序通过 SHTxx 底层驱动采集 SHTxx 的温湿度值,然后在 LCD 屏显示。测试程序包括模块文件 TestSHTM.nc、配置文件 TestSHTC.nc 以及编译文件 makefile。测试代码文件保存在"\tinyos-2.x\apps\CC2530\TestSensor\TestSHTxx\"目录中。

(1) 配置文件 TestSHTC.nc

```
/**********************************************************
* 文 件 名：TestSHTC.nc
* 功能描述：SHTxx 传感器节点驱动测试
* 日    期：2012/4/15
* 作    者：李外云 博士
**********************************************************/
configuration TestSHTC {  }
implementation    {
    components TestSHTM as App;
    components MainC;
    App.Boot -> MainC;
    components new TimerMilliC() as SensorTimerC;    //定时器组件
    App.SensorTimer ->SensorTimerC;
    components SHTC;                                  //SHTxx 组件
    App.SHT -> SHTC;
    components PlatformLcdC;                          //128×64 LCD 组件
    App.Lcd->PlatformLcdC.PlatformLcd;
    App.LcdInit->PlatformLcdC.Init;
}
```

(2) 模块文件 TestSHTM.nc

```
/**********************************************************
* 文 件 名：TestSHTM.nc
* 功能描述：温湿度传感器 SHTxx 测试
* 日    期：2012/4/15
* 作    者：李外云 博士
**********************************************************/
module TestSHTM    {
```

第 10 章 TinyOS 传感器节点驱动与应用

```
    uses interface Boot;
    uses interface Timer<TMilli> as SensorTimer;
    uses interface SHT;
    uses interface PlatformLcd as Lcd;
    uses interface Init as LcdInit;
}
implementation {
    #define D1   -39.6              //D1、D2 为温度转换系数
    #define D2   0.01
    #define C1   -2.0468            //C1、C2 和 C3 为湿度转换系数
    #define C2   0.0367
    #define C3   -1.5955E-6
    uint16_t m_temperature;         //温度变量
    uint16_t m_humidity;            //湿度变量
/***********************************************************
 * 函数名:booted()事件函数
 * 功  能:Boot 接口的 boot 事件,系统启动完毕后由 MainC 组件自动触发
 * 参  数:无
***********************************************************/
event void Boot.booted()
{
    call LcdInit.init();                    //初始化 LCD
    call Lcd.ClrScreen();                   //LCD 清屏
    call Lcd.FontSet_cn(1,1);               //设置显示字体
    call Lcd.PutString_cn(0,10,"温度");
    call Lcd.PutString_cn(0,30,"湿度");
    call Lcd.FontSet(1,1);
    call SensorTimer.startPeriodic(1000);   //定时 1 s
}
/***********************************************************
 * 函数名:CalcTempAndHumi()任务函数
 * 功  能:温湿度转换计算任务函数
 * 参  数:无
***********************************************************/
task void CalcTempAndHumi() {
    uint16_t tmp;
    unsigned char s[16];
    float T;                                //真实的温度值
    float RH1;                              //相对湿度值
    T = D1 + D2 * m_temperature;            //温度计算,参考 SHTxx 文档
    RH1 = C3 * m_humidity * m_humidity + C2 * m_humidity + C1;
                                            //湿度计算,参考 SHTxx 文档
```

```c
        T = T * 100;
        RH1 = RH1 * 100;
        tmp = (uint16_t)T;
        sprintf(s, (char *)": % d. % d C",  ((uint16_t)(tmp / 100)),((uint16_t)(tmp
% 100)));
        call Lcd.PutString(35,10,s);           //在 LCD 屏上显示温度值
        tmp = (uint16_t)RH1;
        sprintf(s, (char *)": % d. % d RH",  ((uint16_t)(tmp /100)),((uint16_t)
(tmp % 100)));
        call Lcd.PutString(35,30,s);           //在 LCD 屏上显示湿度值
    }
    /***********************************************************
     * 函数名:fired()事件函数
     * 功   能:定时事件,当定时器设定时间一到自动触发该事件
     * 参   数:无
     ***********************************************************/
    event void SensorTimer.fired()
    {
        call SHT.read();
    }
    /***********************************************************
     * 函数名:readDone(error_t result,uint16_t temperature,uint16_t humidity)事件函数
     * 功   能:SHT 采样完成接口事件
     * 参   数:error_t result:转换状态;uint16_t temperature:温度;uint16_t humidity:湿度
     ***********************************************************/
    event void SHT.readDone(error_t result,uint16_t temperature,uint16_t humidity)
    {
        su16(&m_temperature, 0, temperature);    //温度大端数据转换
        su16(&m_humidity, 0, humidity);          //湿度大端数据转换
        post CalcTempAndHumi();                  //分发计算温湿度任务
    }
}
```

(3) makefile 编译文件

```
/***********************************************************
 * 功能描述:TestSHTC 程序的 makefile
 * 日    期:2012/4/15
 * 作    者:李外云 博士
 ***********************************************************/
COMPONENT = TestSHTC
include $ (MAKERULES)
```

第10章 TinyOS 传感器节点驱动与应用

将 SHTxx 温湿度传感器节点接插到网关板上，连接好硬件电路。在 NotePad++ 编辑器中，使测试程序处于当前打开状态，单击"运行"菜单的 make enmote install 自定义菜单或按 F5 快捷键，如图 10-6 所示，编译下载测试。

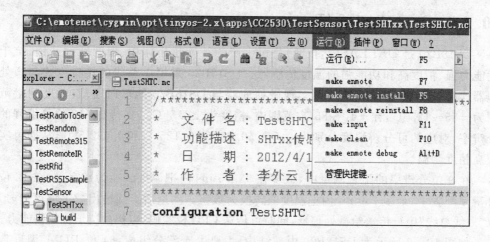

图 10-6 "运行"菜单的 make enmote install 菜单

当程序下载成功后，LCD 屏上将分别显示 SHTxx 传感器上的温度和湿度值，如图 10-7 所示。

利用 Eclipse 的 TinyOS 插件功能，建立 SHTxx 温湿度传感器驱动测试程序的组件关联关系图，如图 10-8 所示。

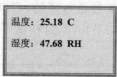

图 10-7 温湿度传感器测试程序网关板 LCD 显示内容样例

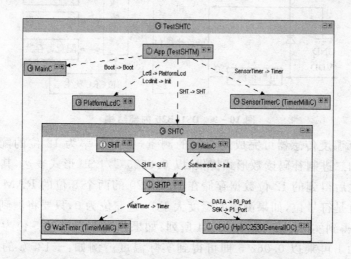

图 10-8 温湿度传感器测试程序的组件关联图

10.2 DS18B20 温度传感器

10.2.1 DS18B20 介绍

DS18B20 是 DALLAS(达拉斯)公司生产的一款超小体积、超低硬件开销、抗干扰能力强、精度高和功能强的温度传感器。DS18B20 采用单总线的接口方式与微处理器连接,仅需一条接口线即可实现微处理器与 DS18B20 的双向通信;温度测量范围为 $-55 \sim 125$ ℃,在 $-10 \sim 85$ ℃ 范围内,精度为 ± 0.5 ℃。支持 $9 \sim 12$ 位可编程的分辨率,对应的可分辨温度分别为 0.5 ℃、0.25 ℃、0.125 ℃ 和 0.062 5 ℃,从而可实现高精度测温。

在 9 位分辨率的配置测量中,最多在 93.75 ms 内把温度转换为数字量,在 12 位分辨率配置中,最多 750 ms 内把温度值转换为数字。测量后直接输出数字温度信号,以"一线总线"串行传送给微处理器,同时可传送 CRC 校验码,以提高抗干扰纠错能力。

如图 10-9 所示为 DS18B20 内部结构,主要由 4 部分组成:64 位 ROM、温度传感器、非挥发的温度报警除法器 TH 和 TL 以及配置寄存器。ROM 中的 64 位序列号是出厂前被光刻好的,可以看作是 DS18B20 的地址序列码,每个 DS18B20 的 64 位序列号均不相同,这样就可以实现一根总线上挂接多个 DS18B20 的目的。

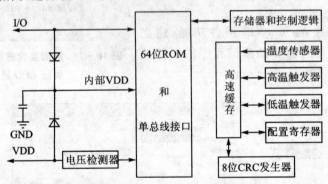

图 10-9 DS18B20 内部结构

DS18B20 温度传感器可完成对温度的测量,在分辨率为 12 位的配置中,用 16 位符号扩展的二进制补码读数形式提供,以 0.0625℃/LSB 形式表达,其中 S 为符号位。测量转化后得到的 12 位数据存储在 DS18B20 的两个 8 位的 RAM 中。二进制中的前面 5 位是符号位,如果测得的温度大于 0,这 5 位为 0,只要将测到的数值乘以 0.062 5 即可得到实际温度,如表 10-4 所列;如果温度小于 0,这 5 位为 1,测到的数值需要取反加 1 再乘以 0.062 5 即可得到实际温度。例如:$+125$℃ 的数字输出为 07D0H,$+25.062\ 5$ ℃ 的数字输出为 0191H,$-25.062\ 5$ ℃ 的数字输出为 FF6FH,-55 ℃ 的数字输出为 FC90H。

第 10 章　TinyOS 传感器节点驱动与应用

表 10-4　DS18B20 温度值格式表

	bit 7	bit 6	bit 5	bit 4	bit 3	bit 2	bit 1	bit 0
LS Byte	2^3	2^2	2^1	2^0	2^{-1}	2^{-2}	2^{-3}	2^{-4}
	bit 15	bit 14	bit 13	bit 12	bit 11	bit 10	bit 9	bit 8
MS Byte	S	S	S	S	S	2^6	2^5	2^4

10.2.2　DS18B20 操作命令

根据 DS18B20 的通信协议，主机（单片机）控制 DS18B20 完成温度转换必须经过三个步骤：每一次读/写之前对 DS18B20 进行复位操作；复位成功后发送一条 ROM 指令，如表 10-5 所列；最后发送 RAM 指令，如表 10-6 所列。只有这样才能对 DS18B20 进行预定的操作。复位要求主 CPU 将数据线下拉 500 μs，然后释放，当 DS18B20 收到信号后等待 16～60 μs，后发出 60～240 μs 的低脉冲，主 CPU 收到此信号表示复位成功。

表 10-5　ROM 操作命令

指令名称	代码	功能描述
读 ROM	33H	读 DS18B20 温度传感器 ROM 中的编码（即 64 位地址）
匹配 ROM	55H	发出此命令之后，接着发出 64 位 ROM 编码，访问单总线上与该编码相对应的 DS18B20，为下一步匹配 DS18B20 的读/写作准备
搜索 ROM	0F0H	用于确定挂接在同一总线上 DS18B20 的个数和识别 64 位 ROM 地址，为操作各器件作好准备
跳过 ROM	0CCH	忽略 64 位 ROM 地址，直接向 DS18B20 发送温度变换命令。适用于单片工作
警报搜索命令	0ECH	执行后只有温度超过设定值上限或下限的片子才有响应

表 10-6　RAM 操作命令

指令名称	代码	功能描述
温度变换	44H	启动 DS18B20 温度转换。12 位转换时最长为 750 ms（9 位为 93.75 ms），结果存入内部第 9 字节 RAM 中
读暂存器	0BEH	读内部 RAM 中第 9 字节的内容
写暂存器	4EH	发出向内部 RAM 的第 3、4 字节写上、下限温度数据命令，该命令之后传送两字节的数据
复制暂存器	48H	将 RAM 中第 3、4 字节的内容复制到 EEPROM 中
重设 EEPROM	0B8H	将 EEPROM 中内容恢复到 RAM 中的第 3、4 字节
读供电方式	0B4H	读 DS18B20 的供电模式。外接电源供电 DS18B20 发送 1，否则发送 0

10.2.3 DS18B20 应用电路

DS18B20 测温系统具有系统简单、测温精度高、连接方便以及占用口线少等优点。下面介绍 DS18B20 几个不同应用方式下的测温电路图。

如图 10-10 所示为寄生电源供电方式电路图。在寄生电源供电方式下，DS18B20 从单线信号线上汲取能量。在信号线 DQ 处于高电平期间把能量储存在内部电容里，在信号线处于低电平期间消耗电容上的电能，直到高电平到来再给寄生电源(电容)充电。

寄生供电方式的缺点：要想使 DS18B20 进行精确的温度转换，I/O 线必须保证在温度转换期间提供足够的能量。由于每个 DS18B20 在温度转换期间工作电流达到 1 mA，所以当几个温度传感器同时挂在同一根 I/O 线上进行多点测温时，只靠 4.7 kΩ 上拉电阻就无法提供足够的能量，会导致无法转换温度或温度误差极大。

因此，图 10-10 所示的寄生电源供电方式只适应于单一温度传感器测温情况下使用，不适宜采用电池供电的系统。因为该方式中工作电源 VCC 必须保证为 5 V，当电源电压下降时，寄生电源能够汲取的能量也降低，会使温度误差变大。

为了使 DS18B20 在动态转换周期中获得足够的电流供应，当进行温度转换或拷贝到 EEPROM 存储器时，采用如图 10-11 所示的改进寄生电源供电方式。用 MOSFET 把 I/O 线直接拉到 VCC 就可提供足够的电流，在发出任何涉及拷贝到 EEPROM 存储器或启动温度转换的指令后，必须在 10 μs 内把 I/O 线转换到强上拉状态。强上拉方式可以解决电流供应不足的问题，因此适合于多点测温应用，缺点是要多占用一根 I/O 口线进行强上拉切换。

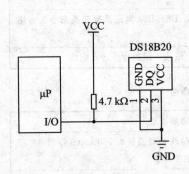

图 10-10 DS18B20 寄生电源供电方式电路图

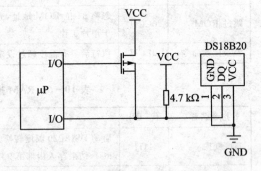

图 10-11 DS18B20 寄生电源强上拉供电方式电路图

如图 10-12 所示为外部电源供电方式电路图。外部电源供电方式下，DS18B20 工作电源由 VCC 引脚接入，此时 I/O 线不需要强上拉，不存在电源电流不足的问题，可以保证转换精度，同时在理论上总线可以挂接任意多个 DS18B20 传感器，组成多点测温系统。**注意**：在外部供电的方式下，DS18B20 的 GND 引脚不能悬空，否则

第 10 章　TinyOS 传感器节点驱动与应用

不能转换温度,读取的温度总是 85 ℃。

外部电源供电方式是 DS18B20 的最佳工作方式,工作稳定可靠,抗干扰能力强,而且电路也比较简单,可以开发出稳定可靠的多点温度监控系统。在实际应用开发中一般使用外部电源供电方式。在外接电源方式下,可以充分发挥 DS18B20 宽电源电压范围的优点,即使电源电压 VCC 降到 3 V 时,依然能够保证温度测量精度。

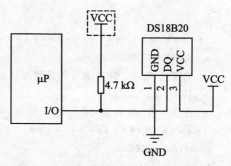

图 10-12　外部供电方式单点测温电路

10.2.4　DS18B20 传感器节点电路

如图 10-13 所示为设计的 DS18B20 温度传感器节点板,DS18B20 的 DQ 引脚经 4.7 kΩ 的电阻 R1 上拉后连接到 CC2530 的 P1.7 上,由于采用外部电源供电方式,在 3.3 V 外接电源的情况下也能保证测量精度。

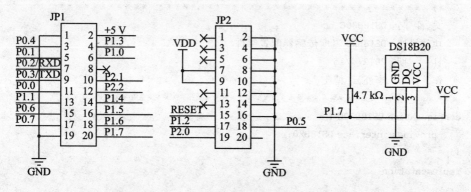

图 10-13　DS18B20 温度传感器节点电路图

10.2.5　DS18B20 的 TinyOS 驱动程序

DS18B20 的 TinyOS 驱动程序完成 DS18B20 的复位以及 ROM 和 RAM 操作。由于 DS18B20 使用单总线的工作方式,而 CC2530 的 GPIO 需要根据 DS18B20 时序的要求切换输入和输出特性,因此在 DS18B20 驱动程序中采用直接操作 GPIO 的方法,这样可以保证时序的准确性。

DS18B20 的 TinyOS 驱动代码包括 DS18B20 接口的定义 DS18B20.nc、DS18B20 配置组件 DS18B20C.nc 和模块组件 DS18B20P.nc 三部分,驱动代码保存在"tinyos-2.x\tos\chips\CC2530\SensorDataCollect\sensors\DS18B20Data\DS18B20"目录中。

(1) DS18B20 接口定义

在 DS18B20 接口中,定义了 read 命令函数和 ReadDone 事件函数,具体代码如下：

```
/************************************************************
 * 文 件 名：DS18B20.nc
 * 功能描述：DS18B20 温度传感器接口
 * 日    期：2012/4/15
 * 作    者：李外云 博士
 ************************************************************/
interface DS18B20
{
    command error_t read();
    event void readDone(error_t result, uint16_t temperature);
}
```

(2) DS18B20 配置组件

在 DS18B20 配置组件中，完成提供或使用接口的绑定操作，具体代码如下：

```
/************************************************************
 * 文 件 名：DS18B20C.nc
 * 功能描述：DS18B20 温度传感器配置组件
 * 日    期：2012/4/15
 * 作    者：李外云 博士
 ************************************************************/
configuration DS18B20C {
    provides interface DS18B20;
}
implementation
{
    components DS18B20P;               //DS18B20 模块组件
    DS18B20 = DS18B20P;
    components MainC;
    MainC.SoftwareInit -> DS18B20P;
}
```

(3) DS18B20 模块组件

DS18B20 模块组件完成 DS18B20 传感器的复位以及 ROM 和 RAM 等操作，同时实现 DS18B20 的 Read 接口，并触发转换完成事件，将转换后的温度值传给上层应用程序。DS18B20 模块中的关键代码如下：

```
/************************************************************
 * 文 件 名：DS18B20P.nc
 * 功能描述：DS18B20 温度传感器模块组件
 * 日    期：2012/4/15
```

第 10 章 TinyOS 传感器节点驱动与应用

```
*   作    者:李外云 博士
**********************************************************/
#include "DS18B20.h"
module DS18B20P
{
  provides interface Init;
  provides interface DS18B20;
}
implementation {
    #define PORT_DQ          P1_7                    //端口定义
    #define MAKE_DQ_OUTPUT   MAKE_IO_PIN_OUTPUT(P1DIR, 7)   //GPIO 输出功能设置
    #define MAKE_DQ_INPUT    MAKE_IO_PIN_INPUT(P1DIR, 7)    //GPIO 输入功能设置
    void delay(uint16_t n)              //延时函数
    {
        while (n--)
            asm("NOP");
    }
/**********************************************************
*  函数名:resetDS18B20()函数
*  功   能:DS18B20 复位操作函数
*  参   数:无
**********************************************************/
void resetDS18B20()
{
    atomic {MAKE_DQ_OUTPUT;}      //DQ 引脚设置为输出
    PORT_DQ = 1;                  //端口置 1
    delay(1);                     //延时
    PORT_DQ = 0;                  //端口置 0
    delay(1000);                  //延时大于 500 μs
    PORT_DQ = 1;                  //端口置 1
}
/**********************************************************
*  函数名:Init 接口的 init()命令函数
*  功   能:初始化命令函数
*  参   数:无
**********************************************************/
command error_t Init.init()
{
```

```
        resetDS18B20();              //调用复位函数,复位 DS18B20
        return SUCCESS;
}
/************************************************************
 * 函数名:sendByte(uint8_t data)函数
 * 功  能:发送字节数据函数
 * 参  数:uint8_t data:发送的字节内容
 ************************************************************/
void sendByte(uint8_t data)
{
    uint8_t i;
    atomic {MAKE_DQ_OUTPUT;  }        //DQ 引脚设置为输出
    for (i = 8; i > 0; i--)
    {
        PORT_DQ = 0;                  //DQ 引脚置 0
        delay(1);
        PORT_DQ = data & 0x01;        //输出数据
        delay(120);                   //延时大于 60 μs
        PORT_DQ = 1;                  //DQ 引脚置 1
        data >>= 1;
        PORT_DQ = 1;
    }
}

/************************************************************
 * 函数名:recvByte()函数
 * 功  能:接收字节数据函数
 * 参  数:返回接收到的字节内容
 ************************************************************/
uint8_t recvByte()
{
    uint8_t i, data = 0;
    for (i = 8; i>0; i--)
    {
        data >>= 1;
        atomic {MAKE_DQ_OUTPUT;}      //DQ 引脚设置为输出
        PORT_DQ = 0;                  //DQ 引脚置 0,启动接收脉冲信号
        delay(1);
        PORT_DQ = 1;                  //DQ 引脚置 1,启动接收脉冲信号
```

第10章 TinyOS 传感器节点驱动与应用

```
            delay(10);
            atomic {MAKE_DQ_INPUT ;}    //DQ 引脚设置为输入
            if (PORT_DQ)                //读 DQ 引脚值
                data |= 0x80;
            delay(130);                 //延时大于 60 μs
        }
    return data;                        //返回接收到的数据
}
/*************************************************
* 函数名：read()命令函数
* 功  能：DS18B20 接口的 read 命令函数,启动 DS18B20
* 参  数：无
*************************************************/
command error_t DS18B20.read()
{
    uint16_t m_value;
    resetDS18B20();                     //复位 DS18B20
    delay(250);                         //延时
    sendByte(SKIP_ROM_CMD);             //发送跳过 ROM 命令
    sendByte(CONVERT_TEMP_CMD);         //发送温度转换命令

    resetDS18B20();                     //复位 DS18B20
    delay(250);                         //延时
    sendByte(SKIP_ROM_CMD);             //发送跳过 ROM 命令
    sendByte(READ_SCRATCHPAD_CMD);      //发送读暂存器命令

    u8((&(m_value)), 1) = recvByte();   //读高位
    u8((&(m_value)), 0) = recvByte();   //读低位
    signal DS18B20.readDone( SUCCESS, m_value);   //触发接收完成事件 readDone
    return SUCCESS;
}
/*************************************************
* 函数名：readDone(error_t result, uint16_t temperature)事件函数
* 功  能：DS18B20 接口的 readDone 事件函数
* 参  数：error_t result:结果状态;uint16_t temperature:测试的温度
*************************************************/
default event void DS18B20.readDone(error_t result, uint16_t temperature)
{}
}
```

10.2.6 DS18B20 传感器驱动测试

DS18B20 温度传感器驱动测试程序通过 DS18B20 的底层驱动采集温度值,然后在 LCD 屏显示。测试程序包括模块文件 TestDS18B20M.nc、配置文件 TestDS18B20C.nc 以及编译文件 makefile。测试代码文件保存在"\tinyos - 2.x\apps\CC2530\TestSensor\TestDS18B20\"目录中。

(1) 配置文件 TestDS18B20C.nc

```
/************************************************************
 * 文 件 名：TestDS18B20C.nc
 * 功能描述：DS18B20 温度传感器节点驱动测试
 * 日    期：2012/4/15
 * 作    者：李外云 博士
 ************************************************************/
configuration TestDS18B20C{ }
implementation  {
    components TestDS18B20Mas App;
    components MainC;
    App.Boot -> MainC;
    components new TimerMilliC() as SensorTimerC;   //定时器组件
    App.SensorTimer -> SensorTimerC;
    components DS18B20C;                             //DS18B20 组件
    App.DS18B20 -> DS18B20C;;
    components PlatformLcdC;                         //128×64 LCD 组件
    App.Lcd -> PlatformLcdC.PlatformLcd;
    App.LcdInit -> PlatformLcdC.Init;
}
```

(2) 模块文件 TestDS18B20M.nc

```
/************************************************************
 * 文 件 名：TestDS18B20M.nc
 * 功能描述：DS18B20 温度传感器测试
 * 日    期：2012/4/15
 * 作    者：李外云 博士
 ************************************************************/
module TestDS18B20M {
    uses interface Boot;
    uses interface Timer<TMilli> as SensorTimer;
    uses interface DS18B20;                          //DS18B20 接口
    uses interface PlatformLcd as Lcd;
    uses interface Init as LcdInit;
```

第10章 TinyOS 传感器节点驱动与应用

```
}
implementation
{
    uint16_t m_temperature;    //测量的温度变量
    /***********************************************
    * 函数名:booted()事件函数
    * 功    能:Boot 接口的 boot 事件,系统启动完毕后由 MainC 组件自动触发
    * 参    数:无
    ***********************************************/
    event void Boot.booted()
    {
        call LcdInit.init();                    //初始化 LCD
        call Lcd.ClrScreen();                   //LCD 清屏
        call Lcd.FontSet_cn(1,1);               //设置显示字体
        call Lcd.PutString_cn(0,20,"温度");
        call Lcd.FontSet(1,1);
        call SensorTimer.startPeriodic(1000);   //定时时间 1 s
    }
    /***********************************************
    * 函数名:CalcTempture()函数
    * 功    能:DS18B20 测试温度转换函数
    * 参    数:无
    ***********************************************/
    task void CalcTempture()
    {
        uint16_t tmp;
        float temp;
        unsigned char s[16];
        temp = ((float)m_temperature) * 0.625;    //默认为 12 位分辨率,放大 10 倍
        tmp = (uint16_t)temp;
        sprintf(s,(char *)": % d. % d C",((uint16_t)(tmp/10)),((uint16_t)(tmp % 10)));
        call Lcd.PutString(35,20,s);              //在 LCD 屏上显示湿度值
    }
    /***********************************************
    * 函数名:fired()事件函数
    * 功    能:定时事件,当定时器设定时间一到自动触发该事件
    * 参    数:无
    ***********************************************/
```

```
event void SensorTimer.fired()
{
    call DS18B20.read();
}
/***********************************************************
 * 函数名:readDone(error_t result, uint16_t temperature)事件函数
 * 功  能:DS18B20 的 readDone 事件函数
 * 参  数:error_t result:转换结果状态,,uint16_t temperature:温度值
 ***********************************************************/
event void DS18B20.readDone(error_t result, uint16_t temperature)
{
    su16(&m_temperature, 0, temperature);   //温度大端数据转换
    post CalcTempture();                    //分发计算任务
}
```

(3) makefile 编译文件

```
/***********************************************************
 * 功能描述:TestDS18B20C 程序的 Makefile
 * 日    期:2012/4/15
 * 作    者:李外云 博士
 ***********************************************************/
COMPONENT = TestDS18B20C
include $(MAKERULES)
```

将 DS18B20 温度传感器节点接插到网关板上,连接好硬件电路。在 NotePad++ 编辑器中,使测试程序处于当前打开状态,单击"运行"菜单的 make enmote install 自定义菜单或按 F5 快捷键,如图 10-14 所示,编译下载测试。

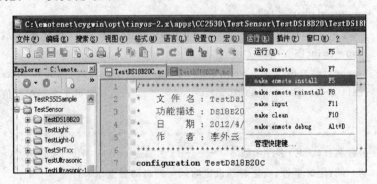

图 10-14 "运行"菜单的 make enmote install 菜单

第 10 章　TinyOS 传感器节点驱动与应用

当程序下载成功后，LCD 屏上将显示 DS18B20 传感器上的温度值，如图 10-15 所示。

利用 Eclipse 的 TinyOS 插件功能，建立 DS18B20 温度传感器驱动测试程序的组件关联关系图，如图 10-16 所示。

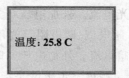

图 10-15　温度传感器测试程序网关板 LCD 显示内容样例

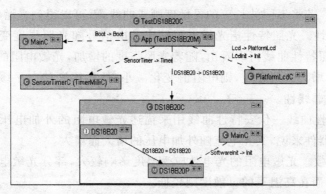

图 10-16　DS18B20 温度传感器测试程序的组件关联图

10.3　光敏传感器

10.3.1　光敏电阻介绍

光敏电阻又称光导管，常用的制作材料为硫化镉、硒、硫化铝、硫化铅和硫化铋等。这些制作材料具有在特定波长的光照射下阻值迅速减小的特性。这是由于光照产生的载流子都参与导电，在外加电场的作用下作漂移运动，电子奔向电源的正极，空穴奔向电源的负极，从而使光敏电阻器的阻值迅速下降。

光敏电阻器是利用半导体的光电效应制成的一种电阻值随入射光的强弱而改变的电阻器：入射光强，电阻减小；入射光弱，电阻增大。光敏电阻器一般用于光的测量、光的控制和光电转换（将光的变化转换为电的变化）。常用的光敏电阻器为硫化镉光敏电阻器，它是由半导体材料制成的。光敏电阻器的阻值随入射光线（可见光）的强弱变化而变化；在黑暗条件下，其阻值（暗阻）可达 1～10 MΩ；在强光条件（100LX）下，其阻值（亮阻）仅有几百至数千欧姆。光敏电阻器对光的敏感性（即光谱特性）与人眼对可见光 0.4～0.76 μm 的响应很接近，只要人眼可感受的光都会引起它的阻值变化。

光敏电阻的主要参数介绍如下：
① 光电流、亮电阻。光敏电阻器在一定的外加电压下，当有光照射时，流过的电

流称为光电流。外加电压与光电流之比称为亮电阻,常用"100LX"表示。

② 暗电流、暗电阻。光敏电阻在一定的外加电压下,当没有光照射时,流过的电流称为暗电流。外加电压与暗电流之比称为暗电阻,常用"0LX"表示。

③ 灵敏度。灵敏度是指光敏电阻不受光照射时的电阻值(暗电阻)与受光照射时的电阻值(亮电阻)的相对变化值。

④ 光谱响应。光谱响应又称光谱灵敏度,是指光敏电阻在不同波长的单色光照射下的灵敏度。若将不同波长下的灵敏度画成曲线,就可以得到光谱响应的曲线。

⑤ 光照特性。光照特性指光敏电阻输出的电信号随光照强度变化的特性。从光敏电阻的光照特性曲线可以看出,随着光照强度的增加,光敏电阻的阻值开始迅速下降,若进一步增大光照强度,则电阻值变化减小,然后逐渐趋向平缓。在大多数情况下,该特性为非线性。

⑥ 伏安特性曲线。伏安特性曲线用来描述光敏电阻的外加电压与光电流的关系。对于光敏器件来说,其光电流随外加电压的增大而增大。

⑦ 温度系数。光敏电阻的光电效应受温度影响较大,部分光敏电阻在低温下的光电灵敏较高,而在高温下的灵敏度则较低。

⑧ 额定功率。额定功率是指光敏电阻用于某种线路中所允许消耗的功率。当温度升高时,其消耗的功率就降低。

10.3.2 光敏传感器节点

如图 10-17 所示为光敏传感器节点电路图,其中 D1 为直插式光敏电阻 GL4548,光敏电阻与电阻 R1 串联分压后连接到 CC2530 的 P0.4 引脚,供电电压为 3.3 V。

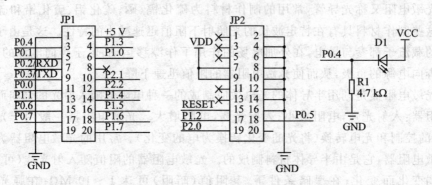

图 10-17 光敏传感器节点电路图

由图 10-17 可知,测试输出电压可用式(10-3)表示,其中 R_D 为光敏电阻的等效电阻。根据 GL4548 特性,当光照强度比较大时,光敏电阻的等效电阻值变小,从而输出电压变大,而光照强度比较弱时,光敏电阻的等效电阻值变大,输出电压变小,所以根据输出电压可以判断光照强度的强弱。

$$V_{\text{out}} = \frac{R_1}{R_1 + R_D} \text{VDD} \tag{10-3}$$

10.3.3 光敏传感器驱动程序

光敏电阻是一个典型的模拟输出量传感器,因此可以采用 CC2530 的 ADC 功能对输出电压进行采样。CC2530 的 ADC 支持 14 位模拟数字转换,转换后的有效位数高达 12 位。CC2530 的 ADC 驱动程序可参考第 7 章的内容。

光敏传感器的 TinyOS 驱动代码包括光敏传感器的接口定义 Light.nc、光敏驱动程序配置文件 LightC.nc 和模块文件 LightP.nc 三部分,驱动代码保存在"tinyos-2.x\tos\chips\CC2530\SensorDataCollect\sensors\LightData\Light"目录中。

(1) 光敏传感器接口定义

在光敏传感器接口中,定义了 read 命令函数和 ReadDone 事件函数,具体代码如下:

```
/******************************************************
* 文 件 名:Light.nc
* 功能描述:光敏传感器接口
* 日    期:2012/4/15
* 作    者:李外云 博士
******************************************************/
interface Light
{
    command error_t read();
    event void readDone(error_t result, uint16_t value);
}
```

(2) 光敏传感器配置组件

光敏传感器驱动配置组件实现 ADC 接口、Light 接口的绑定连接,具体代码如下:

```
/******************************************************
* 文 件 名:LightC.nc
* 功能描述:光敏传感器配置组件
* 日    期:2012/4/15
* 作    者:李外云 博士
******************************************************/
configuration LightC
{
    provides interface Light;
}
Implementation
```

```
{
    components LightP;
    components new AdcC() as LightAdc;
    Light = LightP;
    LightP.LightControl -> LightAdc;
    LightP.LightRead -> LightAdc;
}
}
```

(3) 光敏传感器模块组件

```
/************************************************************
 * 文 件 名：LightP.nc
 * 功能描述：光敏传感器模块组件
 * 日    期：2012/4/15
 * 作    者：李外云 博士
 ************************************************************/
#include "Sensor.h"
module LightP
{
    provides interface Light;
    uses interface AdcControl as LightControl;
    uses interface Read<int16_t> as LightRead;
}
implementation
{
    /************************************************************
     * 函数名：read()命令函数
     * 功  能：Light 接口的 read 命令函数,启动测试
     * 参  数：无
     ************************************************************/
    command error_t Light.read()
    {
        call LightControl.enable(ADC_REF_AVDD, ADC_12_BIT, ADC_CHANNEL_LIGHT);
                                    //启动 A/D 转换
        return call LightRead.read();    //读 A/D 转换数据
    }
    /************************************************************
     * 函数名：readDone(error_t result, int16_t val)事件函数
     * 功  能：Light 接口的 readDone 事件函数
     * 参  数：无
     ************************************************************/
    event void LightRead.readDone(error_t result, int16_t val)
```

```
        {
            signal Light.readDone(SUCCESS,val);        //触发转换完成事件
        }
        default event void Light.readDone(error_t result, uint16_t value) {}
}
```

10.3.4 光敏传感器驱动测试

光敏传感器测试程序通过 CC2530 的光敏传感器底层驱动对图 10-17 的输出电压进行 A/D 转换,然后在 LCD 屏显示转换后的结果,同时将结果转换为电压形式。测试程序包括模块组件 TestLightM.nc、配置组件 TestLightC.nc 以及编译文件 makefile。测试代码文件保存在"\tinyos-2.x\apps\CC2530\TestSensor\TestLight"目录中。

(1) TestLightC.nc 配置文件

```
/************************************************************
 * 文 件 名:TestLightC.nc
 * 功能描述:光敏传感器测试组件
 * 日    期:2012/4/15
 * 作    者:李外云 博士
 ************************************************************/
configuration TestLightC { }
implementation    {
    components TestLightM as App;
    components MainC;
    components new TimerMilliC() as SensorTimerC;
    App.Boot -> MainC;
    App.SensorTimer -> SensorTimerC;
    components LightC;                    //光敏传感器驱动组件
    App.Light -> LightC;
    components PlatformLcdC;              //128×64 LCD 组件
    App.Lcd->PlatformLcdC.PlatformLcd;
    App.LcdInit->PlatformLcdC.Init;
}
```

(2) TestLightM.nc 模块文件

```
/************************************************************
 * 文 件 名:TestLightM.nc
 * 功能描述:光敏传感器测试组件
 * 日    期:2012/4/15
 * 作    者:李外云 博士
 ************************************************************/
```

```
#include "ADC.H"
module TestLightM
{
    uses interface Boot;
    uses interface Timer<TMilli> as SensorTimer;
    uses interface Light;                        //光敏传感器接口
    uses interface PlatformLcd as Lcd;
    uses interface Init as LcdInit;
}
implementation
{
    #define VDD 330
    uint16_t m_val;
    /***********************************************************
    * 函数名:CalcLightValue()任务函数
    * 功    能:计算转换光敏传感器测试结果任务函数
    * 参    数:无
    ***********************************************************/
    task void CalcLightValue()
    {
        unsigned char s[16];
        sprintf(s,(char*)"%d",  m_val);
        call Lcd.PutString(60,10,s);
        m_val=((float)m_val)/((float)0x1FFF)*VDD;
        sprintf(s,(char*)"%d.%d%d V",m_val/100,(m_val%100)/10,(m_val%100)%10);
        call Lcd.PutString(60,30,s);
    }
    /***********************************************************
    * 函数名:booted()事件函数
    * 功    能:Boot接口的boot事件,系统启动完毕后由MainC组件自动触发
    * 参    数:无
    ***********************************************************/
    event void Boot.booted()
    {
        call LcdInit.init();                     //初始化LCD
        call Lcd.ClrScreen();                    //LCD清屏
         call Lcd.FontSet_cn(1,1);               //设置中文字体
         call Lcd.PutString_cn(0,10,"测量值 ");
        call Lcd.PutString_cn(0,30,"电压值 ");
        call SensorTimer.startPeriodic(2000);    //测试时间间隔
        call Lcd.FontSet(1,1);                   //设置英文字体
    }
    /***********************************************************
```

第 10 章 TinyOS 传感器节点驱动与应用

```
*  函数名:fired()事件函数
*  功   能:定时事件,当定时器设定时间一到自动触发该事件
*  参   数:无
***********************************************************/
event void SensorTimer.fired()
{
    call Light.read();                          //调用 Light 接口的读命令
}
/***********************************************************
*  函数名:readDone(error_t result, uint16_t val)事件函数
*  功   能:Light 接口的 readDone 事件,采样完毕后自动触发
*  参   数:error_t result:测试状态; uint16_t val:测试结果
***********************************************************/
event void Light.readDone(error_t result, uint16_t val)
{
    m_val = val;
    post CalcLightValue();                      //分发计算任务
}
```

(3) makefile 编译文件

```
/***********************************************************
*  功能描述:TestSHTC 程序的 makefile
*  日    期:2012/4/15
*  作    者:李外云 博士
***********************************************************/
COMPONENT = TestSHTC
include $(MAKERULES)
```

将光敏传感器节点接插到网关板上,连接好硬件电路。在 NotePad＋＋编辑器中,使测试程序处于当前打开状态,单击"运行"菜单的 make enmote install 自定义菜单或按 F5 快捷键,如图 10-18 所示,编译下载测试。

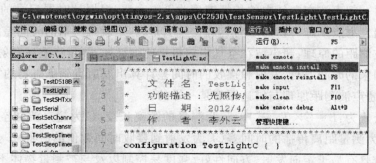

图 10-18 "运行"菜单的 make enmote install 菜单

当程序下载成功后，LCD 屏上将分别显示光敏传感器节点的测量值和转换为电压后的电压值，如图 10-19 所示。

利用 Eclipse 的 TinyOS 插件功能，建立光敏传感器测试程序的组件关联关系图，如图 10-20 所示。

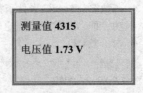

图 10-19　光敏传感器测试程序网关板 LCD 显示内容样例

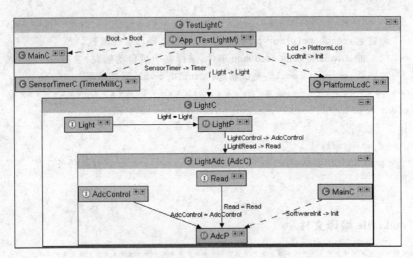

图 10-20　光敏传感器测试程序的组件关联图

10.4　超声波测距传感器

10.4.1　超声波测距原理

超声波测距利用超声波发射器向某一方向发射超声波，在发射的同时开始计时，超声波在空气中传播，途中碰到障碍物就立即返回来，超声波接收器收到反射波就立即停止计时。超声波在空气中的传播速度为 340 m/s，根据计时器记录的时间 t，就可以计算出发射点距障碍物的距离 s，即 $s=340t/2$。这就是所谓的时间差测距法。

超声波测距的原理：超声波在空气中的传播速度已知，测量声波在发射后遇到障碍物反射回来的时间，根据发射和接收的时间差计算出发射点到障碍物的实际距离。由此可见，超声波测距原理与雷达原理是一样的。

测距公式为：$L=C\times T$。式中，L 为测量的距离长度，C 为超声波在空气中的传播速度，T 为测量距离传播的时间差（T 为发射到接收时间数值的一半）。

超声波具有易于定向发射、方向性好、强度易控制以及与被测量物体不需要直接接触的优点。超声波测距主要应用于倒车提醒、建筑工地和工业现场等的距离测量。

10.4.2　HC-SR04 超声波测距模块

HC-SR04 超声波测距模块是一个超声波收发一体的专用模块,其基本工作原理如下:

① 在 TRIG 控制端发出超过 10 μs 的高电平信号作为触发模块测距起始信号。

② 模块自动发送 8 个 40 kHz 的方波,自动检测是否有信号返回。

③ 信号返回,通过 I/O 口 ECHO 输出一个高电平,高电平持续的时间就是超声波从发射到返回的时间。

④ 测试距离:测试距离=(高电平时间×声速)/2。

在 HS-SR04 模块的 TRIG 控制口发一个 10 μs 以上的高电平,就可以在输出回响信号接收口等待高电平输出。一旦有输出就可以开定时器计时,当输出口回响信号变为低电平时就可以读定时器的值。根据测距的时间和超声波测距公式可算出距离。如图 10-21 所示为 HC-SR04 模块的工作时序图。

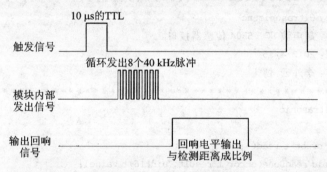

图 10-21　HC-SR04 模块的工作时序图

10.4.3　超声波传感器节点

如图 10-22 所示为超声波传感器节点电路图,其中 P1 为 HC-SR04 模块的直插式器件,P0.3 与模块的回响输出口相连,P0.4 与模块的 TRIG 控制口相连。

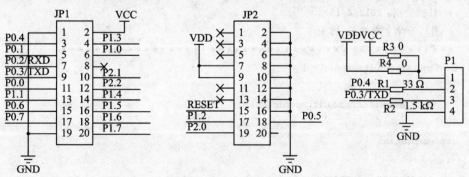

图 10-22　超声波节点 HC-SR04 模块转接电路图

10.4.4 超声波传感器的 TinyOS 驱动

由图 10-21 HC-SR04 超声波的工作时序图可知,在进行测距之前,先将 TRIG 控制端口置为高电平,然后延时一定时间再将 TRIG 控制端口置为低电平,触发测距操作,然后利用 CC2530 通用 I/O 口的中断功能检测 ECHO 回响信号。初始时,将 CC2530 与 ECHO 相连的 I/O 中断设置为上升沿中断,当产生上升沿中断时,启动定时器,开始定时计数,同时将 I/O 中断设置为下降沿中断,在产生下降沿中断时,读取定时器计数值,然后将定时器计数值通过接口事件传递到上层应用程序。具体驱动代码介绍如下。

(1) 超声波传感器接口定义

在超声波传感器接口中,定义了 read 命令函数和 ReadDone 事件函数,具体代码如下:

```
/***********************************************************
 * 文 件 名：Ultrasonic.nc
 * 功能描述：超声波 HC-SR04 传感器接口
 * 日    期：2012/4/15
 * 作    者：李外云 博士
 ***********************************************************/
interface Ultrasonic
{
    command error_t read();
    event void readDone(error_t result, uint16_t value);
}
```

(2) 超声波传感器配置组件

```
/***********************************************************
 * 文 件 名：UltrasonicC.nc
 * 功能描述：超声波 HC-SR04 传感器配置组件
 * 日    期：2012/4/15
 * 作    者：李外云 博士
 ***********************************************************/
configuration UltrasonicC
{
    provides interface Ultrasonic;
}
implementation
{
    components UltrasonicP;
    Ultrasonic = UltrasonicP;
```

```
    components MainC;
    MainC.SoftwareInit -> UltrasonicP;
    components HplCC2530GeneralIOC as IO;    //CC2530 通用组件
    UltrasonicP.Echo -> IO.P0_Port[3];       //ECHO 与 P0.3 相连
    UltrasonicP.Trig -> IO.P0_Port[4];       //TRIG 与 P0.4 相连
    components HplCC2530InterruptC;          //CC2530 端口中断组件
    UltrasonicP.EchoInterrupt -> HplCC2530InterruptC.P0_INT[3];
}
```

(3) 超声波传感器模块组件

```
/**********************************************************
 * 文 件 名:UltrasonicP.nc
 * 功能描述:超声波 HC-SR04 传感器模块组件
 * 日    期:2012/4/15
 * 作    者:李外云 博士
 **********************************************************/
module UltrasonicP
{
    provides interface Ultrasonic;
    provides interface Init;
    uses interface GeneralIO as Echo;
    uses interface GeneralIO as Trig;
    uses interface GpioInterrupt as EchoInterrupt;
}
implementation
{
    uint8_t m_len, TimerL, TimerH;
    void delay( uint8_t j)
    {
        uint8_t i;
        for(i = 0;i<j;i++)
        {
            asm("NOP");
            asm("NOP");
        }
    }
    /**********************************************************
     * 函数名:init()命令函数
     * 功  能:Init 接口的 init()命令函数,实现接口初始化
     * 参  数:无
     **********************************************************/
    command error_t Init.init()
    {
```

```
        call Echo.makeInput();                    //设置 ECIIO 端口为输入口
        call Trig.makeOutput();                   //设置 TRIG 端口为输出口
        call EchoInterrupt.enableRisingEdge();    //初始时为上升沿触发
        T1CTL = 0x08;                             //定时器 1 控制寄存器 32 分频
}
/************************************************************
 * 函数名:read(uint8_t* p_value)命令函数
 * 功    能:Ultrasonic 接口的 read 命令函数,启动测量操作
 * 参    数:uint8_t* p_value:测量数据指针
 ************************************************************/
command error_t Ultrasonic.read(uint8_t* p_value) {
    call Trig.set();                              //置 TRIG 端口为高电平
    delay(200);                                   //大于 10 μs 的延时
    call Trig.clr();                              //置 TRIG 端口为低电平
}
/************************************************************
 * 函数名:fired()事件命令函数
 * 功    能:端口中断事件,由中断触发
 * 参    数:无
 ************************************************************/
async event void EchoInterrupt.fired()
{
    uint16_t time;
    if((PICTL & 0x01) == 1)                       //下降沿,读数据
    {
        T1CTL &= 0xFC;                            //关闭定时器
        TimerL = T1CNTL;                          //读取定时寄存器数据
        TimerH = T1CNTH;
        time = TimerH * 256 + TimerL;
        call EchoInterrupt.enableRisingEdge();    //使能上升沿中断
        signal Ultrasonic.readDone( SUCCESS, time);  //触发读完事件
    }
    else                                          //上升沿启动定时器
    {
        T1CNTL = 0x00;                            //定时器 1 计数器清零
        T1CNTH = 0x00;
        T1CTL |= 0x01;                            //启动定时器 1 计数
        call EchoInterrupt.enableFallingEdge();   //使能下降沿中断
    }
}
default event void Ultrasonic.readDone(error_t result, uint16_t value) {}
}
```

第10章 TinyOS 传感器节点驱动与应用

10.4.5 超声波传感器驱动测试

超声波传感器驱动测试程序通过测出超声波返回的时间,在 LCD 屏显示测试到的距离。测试程序包括模块文件 TestUltrasonicP.nc、配置文件 TestUltrasonicC.nc 以及编译文件 makefile。测试代码文件保存在"\tinyos - 2.x\apps\CC2530\Test-Sensor\TestUltrasonic\"目录中。

(1) 配置文件 TestUltrasonicC.nc

```
/************************************************************
 * 文 件 名:TestUltrasonicC.nc
 * 功能描述:超声波传感器测试配置组件
 * 日    期:2012/4/15
 * 作    者:李外云 博士
 ************************************************************/
configuration TestUltrasonicC    {}
implementation
{
    components MainC;
    components TestUltrasonicM as App;
    App.Boot - >MainC.Boot;
    components new TimerMilliC () as Timer0;
    App.Timer0 - >Timer0;
    components UltrasonicC;              //超声波组件
    App.Ultrasonic - >UltrasonicC;
    components PlatformLcdC;             //128×64 LCD 组件
    App.Lcd - >PlatformLcdC.PlatformLcd;
    App.LcdInit - >PlatformLcdC.Init;
}
```

(2) 模块文件 TestUltrasonicP.nc

```
/************************************************************
 * 文 件 名:TestUltrasonicP.nc
 * 功能描述:超声波传感器测试模块组件
 * 日    期:2012/4/15
 * 作    者:李外云 博士
 ************************************************************/
module TestUltrasonicM
{
    uses interface Boot;
    uses interface Ultrasonic;
    uses interface Timer<TMilli> as Timer0;
```

```
    uses interface PlatformLcd as Lcd;
    uses interface Init as LcdInit;
}
implementation
{
    uint8_t * ptime;
    uint16_t time;
    /************************************************************
     * 函数名:CallDistance()函数
     * 功   能:超声波测量距离转换函数
     * 参   数:无
     ***********************************************************/
    task void CallDistance()
    {
        unsigned char s[16];
        uint16_t tmp;
        float distance;
        distance = (time * 1.7)/10;            //距离转换
        tmp = (uint16_t)distance;
        if(tmp>400)
            tmp = 0;
        sprintf(s, (char *)": %d. %d CM", (tmp/10), (tmp%10));
        call Lcd.PutString(35,20,s);           //在LCD屏上测量距离
    }
    /************************************************************
     * 函数名:booted()事件函数
     * 功   能:Boot 接口的 boot 事件,系统启动完毕后由 MainC 组件自动触发
     * 参   数:无
     ***********************************************************/
    event void Boot.booted()
    {
        call LcdInit.init();                   //初始化LCD
        call Lcd.ClrScreen();                  //LCD清屏
        call Lcd.FontSet_cn(1,1);              //设置显示中文字体
        call Lcd.PutString_cn(0,20,"距离");
        call Lcd.FontSet(1,1);                 //设置显示英文字体
        call Timer0.startPeriodic(1000);       //1 s 定时器
    }
    /************************************************************
     * 函数名:readDone(error_t result, uint16_t value)事件函数
     * 功   能:Ultrasonic 接口的 readDone 事件,测试完成后触发
```

```
 * 参    数:error_t result:转换状态;uint16_t value:测试结果
 ******************************************************/
event void Ultrasonic.readDone(error_t result, uint16_t value)
{
    time = value;                        //读取时间数据
    post CallDistance();                 //分发计算事件
}
/******************************************************
 * 函数名:fired()事件函数
 * 功    能:定时接口 fired 事件,当定时器设定时间一到自动触发该事件
 * 参    数:无
 ******************************************************/
event void Timer0.fired()
{
    call Ultrasonic.read();              //调用读传感器命令
}
```

(3) makfile 编译文件

```
/******************************************************
 * 功能描述:超声波测试程序的 Makefile
 * 日    期:2012/4/15
 * 作    者:李外云 博士
 ******************************************************/
COMPONENT = TestUltrasonicC
include $(MAKERULES)
```

将装有 HC-SR04 的传感器节点接插到网关板上,连接好硬件电路。在 NotePad++编辑器中,使测试程序处于当前打开状态,单击"运行"菜单的 make enmote install 自定义菜单或按 F5 快捷键,如图 10-23 所示,编译下载测试。

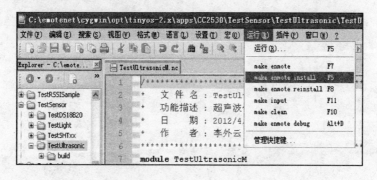

图 10-23 "运行"菜单的 make enmote install 菜单

当程序下载成功后，LCD 屏上将显示测试的距离，如图 10-24 所示。

利用 Eclipse 的 TinyOS 插件功能，建立超声波传感器测试程序的组件关联关系图，如图 10-25 所示。

图 10-24　超声波传感器测试程序在网关板 LCD 显示内容样例

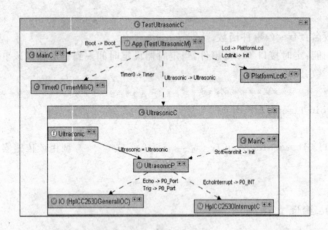

图 10-25　超声波传感器测试程序的组件关联图

10.5　本章小结

传感器属于物联网的神经末梢，成为人类全面感知自然的最核心元件，各类传感器的大规模部署和应用是构成物联网不可或缺的基本条件。

本章重点介绍了 SHTxx 系列的温湿度传感器、DS18B20 温度传感器、AD 型的光敏传感器和逻辑电平型的超声波传感器的数据采集驱动程序的设计方法和过程，以帮助读者了解和掌握基于 TinyOS 的传感器底层驱动程序的设计方法。

第 11 章
TinyOS-2.x 网络协议与应用

　　TinyOS-2.x 的多跳路由协议主要包括分发（Dissemination）协议和汇聚（Collection）协议两种。分发协议能够可靠地传送小数据项到网络中的每一个节点，而汇聚协议则可以将网络中的每一个节点的小数据项传递到根节点。

　　本章分别介绍 TinyOS-2.x 的分发协议、汇聚协议以及多跳路由协议的基本原理、相关接口和组件的实现过程以及在实际项目的应用，其中大部分内容来自 TinyOS 官方中文技术文档 http://tinyosstudy.info/index.php 中的"TEP118 小数据分发"和"TEP119 Collection 汇聚协议"。

11.1 分发协议

11.1.1 分发协议介绍

　　分发协议中的小数据分发是 TinyOS 操作系统提供的一种服务，主要用于实现基于共享变量的网络一致性。网络中的每个节点都拥有共享变量的一个备份（copy），分发服务通知各个节点共享变量值更改的时间，同时交换数据包以达到整个网络的一致性。在任意给定时刻，可能会存在两个不同节点因为数据时间的不一致性而不同意交换数据包，但是随着时间的流逝，不同意交换数据包的节点数会越来越少，以至于最终整个网络完全依赖于一个共享变量值。网络的高度一致性能有效避免临时性的链接失效以及高丢包率等网络传输问题。

　　TinyOS 的分发协议与泛洪（Flooding）协议不同：泛洪协议主要针对离散性网络传输，节点与节点之间不受某一变量值约束，它能够终止并且不再达成网络的一致性；而小数据分发协议确保网络内部在有可靠连接的情况下能够达到基于单个变量值的一致性。

　　传输不同的数据量，分发协议的设计会有很大的区别。TinyOS 的分发协议只支持几个字节的小数据量分发到网络中,如果需要有效的分发几十KB的二进制数据流到网络中,就需要有其他大数据量分发协议的支持。

小数据分发协议可分成控制流(control traffic)和数据流(data traffic)两个部分。其中,数据流协议完全依赖于数据项的大小,而控制流协议大致相同。例如,Deluge协议是一种重编程服务,它以二进制形式分发元数据(metadata),当网络中的节点收到的数据元与节点自身的数据元不同时,该节点就会意识到自身原来的二进制信息已经失效,需要更新二进制信息;而Noverlty协议在小数据分发一致性模型方面考虑得比较周到,该协议致力于让网络中的每一个节点都接纳分发到网络中的共享变量的最新版本,按照这种方式,节点通过告诉网络节点哪个网络共享变量最新来促进网络达成一致,如果有好几个节点决定更新最新的共享变量值,小数据分发协议就可以确保网络只需要一次更新便可以达成一致。

网络的这种一致性并不意味着每一个节点都能够接收到最新变量值,它仅仅表示网络最终会在哪个变量值最新这个问题上达成一致。如果有一个节点从网络中断开并且此后网络经过多次更新才得到共享变量,则当该节点重新加入网络后,它所接收到的变量值只会是最后一次更新所得到的变量值。

将小数据分发到整个网络中是传感器网络应用的重要组成部分,它允许管理员向网络中插入小段程序、命令以及配置字。比如,安装一小段程序到整个网络中就相当于建立网络一致性的问题,该一致性通过包含这段小程序的一个变量来建立!

11.1.2 分发协议接口与组件

1. 分发服务接口

小数据分发协议提供了两个接口:DisseminationValue 接口和 Dissemination-Update 接口。前者适用于分发数据的消费者(从网络中接收分发过来的数据),后者适用于分发数据的生产者(产生需要分享的数据)。两个接口分别对应"tinyos-2.x\tos\lib\net"目录下的 DisseminationValue.nc 和 DisseminationUpdate.nc 文件,具体语法规范定义如下:

```
interface DisseminationValue<t>
{
    command const t * get();
    command void set(const t * );
    event void changed();
}
interface DisseminationUpdate<t>
{
    command void change(t * newVal);
}
```

第 11 章 TinyOS-2.x 网络协议与应用

小数据分发协议的两个接口假定分发服务分配空间来储存变量值,由于网络一致性的建立基于相同的变量,所以多个组件都可以访问该变量并且还能共享分发服务。消费者能够通过"DisseminationValue.get()"命令函数获取 CONST 类型的指针来指向数据区域,但并不保存这个指针,这是因为:网络更新过程中可能会导致指针值的改变;该指针很容易就被获取,保存指针反而会浪费 RAM 存储空间。当分发的变量值发生改变时,就会触发 DisseminationValue 接口的 changed()事件,消费者在收到该事件后,需要执行一些运算或者采取相应的举措。

DisseminationValue 接口的 set()命令允许节点改变其当前的变量值,也可以为节点的变量分配一个初始值。但是需要注意的是,节点绝不能在处理了 changed()事件之后再调用 set()函数,否则整个网络就可能会出现变量不一致的现象,从而破坏网络的一致性。

DisseminationUpdate 有一个 change()命令函数,该命令函数有一个指针类型的参数,该指针同样不被保存,提供 DisseminationUpdate 接口的组件必须将接收到的信息复制到自己分配的内存里。DisseminationValue 接口必须触发 changed()事件以通知接口的使用者对 changed()事件进行响应与处理。

小数据分发协议必须在整个网络中以最新的变量值为桥梁来达成网络的一致性。间接调用 change()函数使得被传输的数据项得以更新,并将其分发给网络中的每一个节点。但是,调用 change()函数改变变量值是局部行为,因此一个过时的节点调用 change()函数时,新的变量值也许不会被分发,因为其他节点或许都有了一个更新的变量值。如果两个节点同时调用了 change()函数但是却在分发不同的变量值,在网络中节点变量值仍旧不同的情况下,整个网络也许可能会达成一致,但是小数据分发协议必须能有一种可以打破僵局的机制,以使每个节点最终都能有相同的变量值。

2. 分发服务组件

小数据分发服务必须提供 DisseminatorC 组件,该组件提供了 DisseminationValue 和 Dissemination Update 接口,其组件规范定义如下:

```
generic configuration DisseminatorC(typedef t, uint16_t key)
{
    provides interface DisseminationValue <t>;
    provides interface DisseminationUpdate <t>;
}
```

小数据分发协议主要应用于网络传输的一致性方面,因此其分发服务组件的参数 t 必须能够适用于单个 message_t 格式。如果使用了一个大容量的类型,则在实现小数据分发过程中就会出现编译器错误。

由于每一个 DisseminatorC 的实例都可能分配存储空间或者产生代码,所以当

多个组件希望共享一个分发变量值时,应当将他们封装在一个不通用但又能共享的组件中。代码示例如下:

```
configuration DisseminateTxPowerC
{
    provides interface DisseminationValue<uint8_t>;
}
implementation
{
    components new DisseminatorC(uint8_t, DIS_TX_POWER);
    DisseminationValue = DisseminatorC;
}
```

3. 分发服务键值

在实际应用中,两个 DisseminiatorC 的不同实例必须使用不同的变量值参数。选择变量 key 的值的方法如下:一种是采用 unique()函数来获取键值,这是一种最简单的方法,但是这意味着同一个程序在两次编译过程中参数 key 所占用的空间可能有所不同;另一种是组件在其内部声明自己的参数 key,但这可能碰到无法解决的参数 key 冲突问题(因为不同组件有可能声明了相同的键值);折中的方法就是在应用程序中声明选择其他组件的参数 key。

一般而言,小数据分发的变量参数 key 可以通过 unique()函数来获取或手动产生。然而,这些定义好的参数 key 可能被应用程序特定的头文件所覆盖。例如:

```
#include <disseminate_keys.h>
configuration SomeComponentC
{
    ...
}
implementation
{
#ifndef DIS_SOME_COMPONENT_KEY
    enum {
        DIS_SOME_COMPONENT_KEY = unique(DISSEMINATE_KEY) + 1 << 15;
    };
#endif
    components SomeComponentP;
    components new DisseminatorC(uint8_t, DIS_SOME_COMPONENT_KEY);
    SomeComponentP.ConfigVal -> DisseminatorC;
}
```

为了覆盖参数 key,用户可以在应用程序目录下的重定义 disseminate_keys.h

头文件中对参数 key 重新定义,例如:

♯define DIS_SOME_COMPONENT_KEY 32

11.1.3 分发协议实例测试

应用程序中的分发服务主要涉及到分发协议的 DisseminationValue 和 DisseminationUpdate 接口。DisseminationUpdate 接口提供给生产者(即网络中产生消息包的源节点)使用,生产者节点每次分发一个新数据时调用"DisseminationUpdate.change()"命令,并且把这个新数据作为该命令的参数。DisseminationValue 接口则提供给消费者(即网络中接收消息包的节点)使用,消费者节点每接收到一个新的分发数据,"DisseminationValue.change()"事件就会被触发,而"DisseminationValue.get()"命令则可以获取新的数值。

TinyOS-2.x 的分发协议测试程序用节点地址为 1 的节点作为生产者节点,每隔 1 s 分发一次新的数据;而网络中的所有节点作为消费者调用"DisseminationValue.get()"命令获取新的数据,并将获得的新数据输出到串口(如果节点具有串口输出功能),同时将新的数据值的三位分别显示到每个节点的 D1～D3 三个 LED 灯上。测试程序包括模块文件 TestDisseminationM.nc、配置文件 TestDisseminationC.nc 以及编译文件 makefile。测试代码文件保存在"\tinyos-2.x\apps\CC2530\TestDissemination\"目录中。

(1) 配置文件 TestDisseminationC.nc

```
/**********************************************
 * 文 件 名:TestDisseminationC.nc
 * 功能描述:TinyOS 小数据分发协议测试配置组件
 * 日    期:2012/4/15
 * 作    者:李外云 博士
 **********************************************/
configuration TestDisseminationC {}
implementation
{
  components TestDisseminationM as APP;
  components MainC;
  APP.Boot -> MainC;
  components ActiveMessageC;              //主动消息组件
  APP.RadioControl -> ActiveMessageC;
  components DisseminationC;              //分发组件
  APP.DisseminationControl -> DisseminationC;
  components new DisseminatorC(uint16_t, 0x2345) as Object16C;
  APP.Value16 -> Object16C;
  APP.Update16 -> Object16C;
  components LedsC;                        //LED 灯组件
```

```
    APP.Leds  -> LedsC;
    components new TimerMilliC();            //定时器组件
    APP.Timer  -> TimerMilliC;
}
```

(2) 模块文件 TestDisseminationCM.nc

```
/************************************************************
 * 文 件 名：TestDisseminationM.nc
 * 功能描述：TinyOS 小数据分发协议测试模块组件
 * 日    期：2012/4/15
 * 作    者：李外云 博士
 ************************************************************/
module TestDisseminationM
{
  uses interface Boot;
  uses interface SplitControl as RadioControl;
  uses interface StdControl as DisseminationControl;
  uses interface DisseminationValue<uint16_t> as Value16;
  uses interface DisseminationUpdate<uint16_t> as Update16;
  uses interface Leds;
  uses interface Timer<TMilli>;
}
implementation
{
    uint16_t count = 0;
    /************************************************************
     * 函数名：booted()事件函数，
     * 功    能：Boot 接口的 boot 事件，系统启动完毕后由 MainC 组件自动触发
     * 参    数：无
     ************************************************************/
    event void Boot.booted()
    {
        call RadioControl.start();          //开启射频
    }
    /************************************************************
     * 函数名：startDone(error_t result)事件函数
     * 功    能：SplitControl 接口的 startDone 事件，启动完成时触发该事件
     * 参    数：error_t result：事件结果
     ************************************************************/
    event void RadioControl.startDone( error_t result )
    {
        if ( result != SUCCESS )
            call RadioControl.start();      //开启射频
        else    {
```

第 11 章 TinyOS-2.x 网络协议与应用

```
        call DisseminationControl.start();    //开启分发控制
        if( TOS_NODE_ID == 1 )
            call Timer.startPeriodic( 1000 );    //定时 1 s
    }
/***********************************************************
* 函数名:fired()事件函数
* 功　能:定时事件,当定时器设定时间一到自动触发该事件
* 参　数:无
***********************************************************/
event void Timer.fired()
{
    count ++ ;
    call Update16.change( &count );                    //分发更新数据
}
/***********************************************************
* 函数名:changed()事件函数
* 功　能:DisseminationValue 事件 changed 事件,更新完成后触发
* 参　数:无
***********************************************************/
event void Value16.changed()
{
    const uint16_t * newVal = call Value16.get();    //获取更新数据
    call Leds.set( * newVal);                         //设置 LED 灯
    DbgOut(80, "Received new correct 16 - bit value 0x%x\r\n", * newVal);
}
    event void RadioControl.stopDone( error_t result ) { }
}
```

在 TinyOS-2.x 中,小数据分发协议具有 Drip 库、DIP 库和 Dhv 库,三个分发库的实现代码位于"\tinyos-2.x\tos\lib\net\drip"、"\tinyos-2.x\tos\lib\net\dip"和"\tinyos-2.x\tos\lib\net\dhv"目录中。为了验证各个分发协议,在编译文件中利用"-I"指定所使用的分发协议库所在的路径。

(3) makefile 编译文件

```
/***********************************************************
* 功能描述:TestDisseminationC 程序的 makefile
* 日　　期:2012/4/15
* 作　　者:李外云 博士
***********************************************************/
COMPONENT = TestDisseminationC
PFLAGS += - DUART_DEBUG
PFLAGS += - DUART_BAUDRATE = 9600
```

```
### For Drip:
CFLAGS += -I%T/lib/net -I%T/lib/net/drip
### For DIP:
#CFLAGS += -I%T/lib/net -I%T/lib/net/dip    -I%T/lib/net/dip/interfaces
### For Dhv
#CFLAGS += -I%T/lib/net -I%T/lib/net/dhv    -I%T/lib/net/dhv/interfaces
include $(MAKERULES)
```

连接好硬件电路。在 NotePad++ 编辑器中,使分发测试程序处于当前打开状态,单击"运行"菜单的 make input 自定义菜单或按 F11 快捷键,如图 11-1 所示。

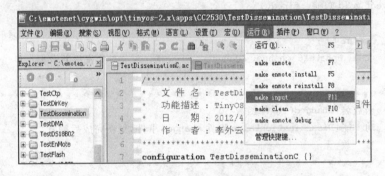

图 11-1 "运行"菜单的 make input 菜单

在弹出的 cmd 窗体中的"Please Input compile Command:"提示语句中输入"make enmote install GRP=01 NID=xx"编译命令(xx 分别为 01、02 或 03 等不同节点编号),如图 11-2 所示为节点地址为 01 时的编译命令。按照同样的方法对其他节点进行编程,当程序下载成功后,观察所有节点三个 LED 灯的变化情况。

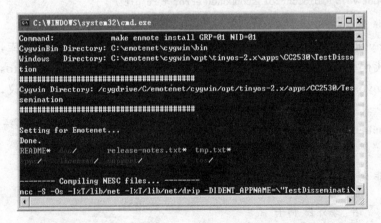

图 11-2 make enmote install 编译命令输入窗体

将仿真器接插到网关板的仿真头上,启动 Sniffer 抓包程序(默认信道为 11),可以获取分发测试程序中的网络通信数据包。从获取的通信数据包中可知,分发协议

第 11 章 TinyOS-2.x 网络协议与应用

本质上为一种特殊的广播通信机制,如图 11-3 数据包所示,源地址 0x001 为更新数据分发节点的地址,目标地址为 0xFFFF,MAC 有效载荷(MAC playload)中的 2345 为分发协议的键值(key)。

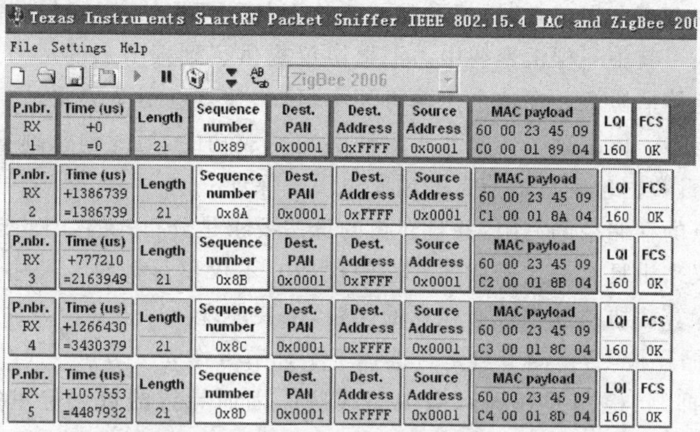

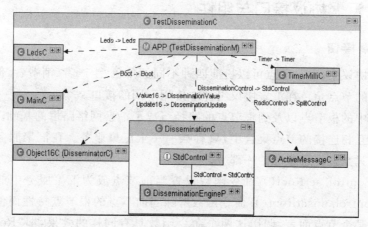

图 11-3 分发协议的通信数据包

利用 Eclipse 的 TinyOS 插件功能,建立分发协议测试程序的组件关联关系图,如图 11-4 所示。

图 11-4 分发协议的组件关联图

11.2 汇聚协议

11.2.1 汇聚协议介绍

在无线传感器网络应用中,经常需要将终端节点所采集的信息汇聚到基站进行处理。常用的方法是建立一棵或多棵汇聚树,树根节点作为基站。当某个节点采集到的数据需要汇聚到根节点时,它沿着汇聚树往上发,当某个节点收到来自其他节点传来的数据时,则将数据进行转发。有时汇聚协议需要根据汇聚数据的形式检查过往的数据包,以便获取统计信息,计算聚合度并抑制重复的传输。

当网络中有多个根节点时,就形成了一片森林。汇聚协议通过选择父节点隐式地使节点加入了其中一棵汇聚树中。汇聚协议提供了到根节点的尽力地多跳传输,这是一个任意传播协议。在这个传输协议中,传输节点会尽全力将消息传递到网络的一个根节点中。但是这个传输并不保证必定是成功的,另外消息副本会传递到多个根节点,而且数据包到达根节点的顺序也没有保证。

由于节点的存储空间有限,并且建树的算法要求是分布式的,因此这对于简单的网络传输协议来讲具有一定挑战性。这些挑战并不仅仅是针对汇聚协议的,实际上这是网络边缘算法协议簇中普通存在的问题,主要体现在以下几个方面:

- 路由循环检测:检测节点是否选择了子孙节点作为父节点。
- 重复抑制:检测并处理网络中因某些原因而导致的数据包重复,避免浪费带宽。
- 链路估计:估计单跳的链路质量。
- 自干扰:防止转发的包干扰自己产生的包的发送。

11.2.2 汇聚协议接口与组件

1. 汇聚接口

在汇聚协议中,一个节点可以扮演四种不同的角色:生产者、消费者、侦听者和转发者。不同的节点角色在汇聚协议组件中使用不同的接口。

汇聚树中的根节点以及到根节点的路径组成了汇聚网络路由的基础。在实现了汇聚协议并互相连接的节点集合中,只有唯一一个汇聚服务。在汇聚服务中同时激活的根节点只是该汇聚服务的一部分。

"RootControl.setRoot()"命令函数设置当前节点成为汇聚服务中的一个根节点,"RootControl.unsetRoot()"命令函数解除当前节点的根节点特性而使其成为普通节点。对某个节点而言,调用这两个命令函数具有同样的效果,即"RootControl.setRoot()"可以在当前节点已经是根节点时调用,同样"RootControl.unsetRoot()"也可以在当前节点不是根节点时调用。RootControl接口的定义如下:

```
interface RootControl
{
    command error_t setRoot();
    command error_t unsetRoot();
    command bool isRoot();
}
```

第11章 TinyOS-2.x 网络协议与应用

如果某个节点所产生的数据需要发送到根节点,则该节点为生产者。生产者节点使用 Send 接口将数据发送到汇聚树的根节点上。在实例化 Send 接口时,必须使用汇聚标识作为 Send 实例化时所指定的参数,通过汇聚标识可以实现汇聚服务的多元化,也就是说汇聚服务可以在独立的程序间复用。需要注意的是,数据流是可以复用的,控制流不能复用。

从网络中接收数据的根节点是消费者。消费者节点通过 Receive 接口接收汇聚上来的信息。同样需要使用汇聚标识作为 Receive 实例化时的参数。

无意中接收到消息的节点称为侦听者。侦听者节点使用 Receive 接口接收侦听到的消息,组件中通常将侦听者使用的 Receive 接口利用 as 关键字重名为 Snoop 接口。同消费者节点一样,在实例化 Receive 接口时使用汇聚标识作为指定的参数。

能处理和转发正在传输中的包的节点称为网络处理者。网络处理者节点使用 Intercept 接口接收并更新数据包。其汇聚标识是实例化 Intercept 时指定的参数。Intercept 接口的定义如下:

```
interface Intercept {
    event bool forward(message_t * msg, void * payload, uint8_t len);
}
```

Intercept 接口只有一个 forward 事件函数,当节点接收到一个需要转发的消息包时,汇聚服务应当触发这个事件。如果该事件返回 FALSE,那么汇聚服务层不能转发这个消息包。使用 Intercept 接口允许更高层组件检查消息包的内容,如果这个消息包为冗余包或者可以聚合到已有消息包内,则可以通过该接口事件对消息进行相应地处理。

2. CollectionC 组件

汇聚服务必须提供 CollectionC 组件,该组件提供和使用的接口如下:

```
configuration CollectionC
{
 provides {
  interface StdControl;
  interface Send[uint8_t client];
  interface Receive[collection_id_t id];
  interface Receive as Snoop[collection_id_t];
  interface Intercept[collection_id_t id];
  interface RootControl;
  interface Packet;
  interface CollectionPacket;
 }
 uses {
  interface CollectionId[uint8_t client];
 }
}
```

当然,CollectionC 组件还可以提供或使用其他的接口,但这些接口必须实现外部调用(命令,事件)的默认函数,以保证接口在没有被连接的情况下也能正常工作。不可以绑定其他组件到 CollectionC.Send。

CollectionC 组件的 Receive、Snoop 和 Intercept 接口使用"collection_id_t"作为参数,即汇聚标识号。这与无线通信中主动信息 AMSenderC 组件中所使用的"am_id_t"机制类似。具有相同"collection_id_t"汇聚标识的节点所发送的包有相同的帧格式,从而使汇聚服务中的侦听者、处理者和接收者都可以正确地接收和解释消息包。

汇聚服务中的非根节点不能触发 Receive.receive 事件,CollectionC 组件只在根节点成功地收到包时才触发 Receive.receive 事件。如果根节点调用 Send 接口,则必须把它作为一个已接收到的包来处理。如果 CollectionC 接收到一份需要转发的包并且当前节点并不是根节点,则触发 Intercept.forward 事件,如果 CollectionC 接收到的数据包应当是由其他节点转发的,则将触发 Snoop.receive 事件。

RootControl 接口可以使节点成为汇聚树的根节点,但 CollectionC 组件无法将一个节点默认配置为根节点,这需要上层应用程序通过 RootControl 接口的 setRoot()命令来配置根节点。

CollectionC 组件中提供的 Packet 和 CollectionPacket 接口允许组件访问汇聚数据包的各个字段。

3. CollectionSenderC 组件

汇聚服务中有一个虚拟化的抽象通用组件 CollectionSenderC,它提供了一种虚拟化的发送接口。该组件的定义如下:

```
generic configuration CollectionSenderC(collection_id_t collectid)
{
    provides {
        interface Send;
        interface Packet;
    }
}
```

这种抽象类似于 AMSenderC 的虚拟化方法,只不过用"collection_id_t"代替了"am_id_t"。

11.2.3 CTP 协议

汇聚树协议(Collection Tree Protocol,CTP)是基于树的一种汇聚协议。网络中的一些节点将自己设为根节点,节点之间形成到根节点的树的集合。CTP 协议没有地址限制,节点并不是向固定的根节点发送数据包,而是通过选择下一跳隐式地选择根节点。节点根据路由梯度形成到根的路由。

第 11 章 TinyOS-2.x 网络协议与应用

CTP 协议假设链路层提供了以下功能：
① 提供有效的本地广播地址；
② 为单播包提供同步的确认信息；
③ 提供协议分派字段以支持多种高层协议；
④ 具有单跳的源和目的地址字段。

CTP 协议假设有一部分附近邻居节点的链路质量估计信息，该信息提供了本节点与某一邻居节点之间的通信过程中成功传输单播包的次数。

CTP 协议有一些提高传输可靠性的机制，但并不保证 100% 可靠。它是尽力的，但有时即使尽力了也未必能办到。

CTP 协议是为通信量相对较低的网络设计的。带宽有限的系统可能使用别的协议更合适，比如能将多个小的帧组装成单个数据链路层包的协议。

1. CTP 协议算法

CTP 协议使用期望传输值（Expected Transmissions, ETX）作为路由梯度。根节点的 ETX 为 0，其他节点的 ETX 为其父节点的 ETX 值加上到父节点链路的 ETX 值，这种相加的方法需要假设节点使用链路层重传。如果要对一种有效的路由进行选择，CTP 协议将选择 ETX 值最小的一种。ETX 值用精度为 0.01 的 16 位定点实数表示，若 ETX 值为 451，则表示 ETX 为 4.51；同样 ETX 值为 109，则表示 ETX 为 1.09。

路由循环是 CTP 协议中可能出现的问题之一。路由循环通常发生在节点选择了一条 ETX 值比原路由大很多的路由的情况下，这可能是由于与候选节点链路连接丢失，路由中选择了该节点的子节点，从而产生了路由循环。

CTP 协议通过两种方法处理路由循环。第一种方法是每个 CTP 数据帧中包含有当前节点的 ETX 值。如果某个节点接收到比自己的 ETX 值小的数据帧，则表明汇聚树存在有不一致现象，CTP 协议便通过广播一个信息帧来解决这种不一致性，希望发送这个数据帧的节点收到广播帧后相应地调整其路由。另一种方法是 CTP 协议不考虑 ETX 值大于一个固定常量的路由，这个常量值由网络传输中的具体情况来决定。

包重复是 CTP 协议中可能发生的另外一个问题。节点成功接收到一个数据包并回复一个应答帧（ACK），如果由于某种原因应答帧中途丢失，这时发送者将重传这个包，而接收者将再次接收到同一个数据包。包重复现象在多跳路由网络中是灾难性的，因为重复发包以指数级递增。例如，每跳产生一个重复，则第一跳有两个包，第二跳四个，第三跳八个，依次类推。

路由循环还会使包重复抑制变得更复杂，因为路由循环可能使节点合法地多次收到同一个包。如果仅仅根据源地址和顺序号，则路由循环中的包可能被丢弃。因此，CTP 数据帧具有一个已存活时间字段（Time Has Lived, THL），每过一跳都对该字段加1。链路层重传具有相同的 THL 值,但路由循环中包的 THL 值就不会相同。

2. CTP 协议数据帧

CTP 协议的数据帧格式如图 11-5 所示。

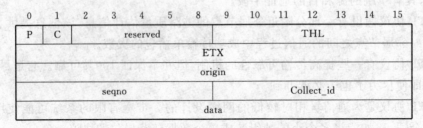

图 11-5 CTP 协议的数据帧格式

CTP 协议数据帧中各字段定义如下:
- P:拉路由位。P 位允许节点从其他节点请求路由信息。如果有效路由节点收到一个 P 位置位的包,则它应当传输一个路由帧。
- C:拥塞标志位。如果节点丢弃了一个 CTP 数据帧,则必须在下一个传输的数据帧中置 C 位。
- THL:已存活时间。当节点产生一个 CTP 数据帧时,必须设 THL 为 0。当节点接收到一个 CTP 数据帧时,必须增加 THL 值。如果节点接收到的数据包 THL 为 255,则将它回绕为 0。
- ETX:单跳发送者的 ETX 值。当节点发送一个 CTP 数据帧时,必须将单跳目的地的路由 ETX 值填入 ETX 字段。如果节点接收到的路由梯度比自己的小,则必须准备发送一个路由帧。
- origin:包的源地址。转发节点不可修改这个字段。
- seqno:源顺序号。源节点设置了这个字段,转发节点不可对其进行修改。
- collect id:高层协议标识。源节点设置了这个字段,转发节点不可对其进行修改。
- data:数据负载。0 个或多个字节,转发节点不可修改这个字段。

其中 origin、seqno 和 collect id 合在一起可以标识一个唯一的源数据包,而 origin、seqno、collect id 和 THL 合起来标识了网络中唯一一个数据包实例。两者的区别在于路由循环中的重复抑制:如果节点抑制源数据包,则它可能丢弃路由循环中的包;如果节点抑制包实例,则它允许转发处于短暂的路由循环中的包,除非 THL 凑巧回绕到与上次转发时相同的状况。

3. CTP 路由帧

CTP 路由帧格式如图 11-6 所示。

第 11 章 TinyOS - 2.x 网络协议与应用

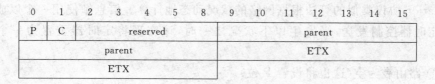

图 11 - 6 CTP 路由帧格式

CTP 协议各字段定义如下:
- P:与数据帧相同。
- C:拥塞标识。如果节点丢弃了一个 CTP 数据帧,则必须将下一个传输路由帧的 C 位置位。
- parent:节点的当前父节点。
- metric(ETX):节点的当前 ETX 值。

当节点接收到一个路由帧时,必须更新路由表相应地址的 ETX 值。如果节点的 ETX 值变动很大,那么 CTP 必须传输一个广播帧以通知其他节点更新它们的路由。与数据帧相比,路由帧用父节点地址代替了源节点地址,父节点可以发现子节点的 ETX 值远低于自己的 ETX 值的情况,并准备传输一个路由帧。

11.2.4 CTP 实现

CTP 协议只是汇聚协议的一种实现方式,但并不是唯一方式。Multihoplqi 协议 (tos/lib/net/lqi) 是汇聚协议的另外一种实现方式,其软件架构与 CTP 协议十分相似。该协议没有独立的链路估计器,由于该协议要求使用无线模块提供物理层数据,所以只能在类似 CC2420 射频芯片的平台上工作(包括 CC2430 和 CC2530 等芯片)。本书的程序是在 CC2530 芯片上的编程实现,但由于交叉编译工具的原因,需要修改 CTP 协议中的部分代码,所以本书分别将 CTP 协议和 Multihoplqi 协议复制到"tinyos - 2.x\tos\chips\ CC2530\ctp\ 和 tinyos - 2.x\tos\chips\CC2530\router" 目录中。下面主要介绍 CTP 协议的实现过程。

CTP 协议框架主要包括三个子组件:
① 链路质量估计器:负责估计单跳的 ETX 值。
② 路由引擎:根据链路估计和网络层的信息(如拥塞情况)来决定哪个邻居节点作为路由的下一跳。
③ 转发引擎:维护发送包队列,决定是否发送和发送的时机。转发引擎不仅要转发从其他节点过来的数据包,同时也要发送自己产生的数据包。

1. 链路质量估计器

该实现使用两种机制来估计链路质量:周期性的 LEEP 协议包(Link Estimation Exchange Protocol,链路估计交换协议)和数据包。其中 LEEP 包作为信息帧,这些包中填入邻居节点地址和相应的 ETX 值。信息帧的发送速率由一种与 trikle dissemination 协议类似的算法根据网络的状况动态地计算。信息帧使用一个以成倍递增的定时器控制发送,当发生以下状况之一时,该实现将定时器重置为一个较小的值。

① 路由表为空(这也将设置 P 位)。
② 在≥1 次传输后 ETX 值增大。
③ 节点收到一个 P 位置位的包。

该实现通过数据传输改变对 LEEP 的链路估计,这是计算 ETX 最直接的方法。当数据通路传输一个数据包时,它告知链路估计器传输的目的地和传输成功与否。估计器对每 5 次传输产生一个 ETX 估计值,ETX 为 6 表示一次也没传成。

链路质量估计器是将基于 LEEP 信标的估值和基于数据包的估值合并在一起,形成指数权重的可变的方法产生 ETX 值。基于信息帧的估计会更新到邻居表。在稳定的网络中,较低的信息帧速率意味着对选定的路由来说,数据包估计值占的比重比信息帧估计要大。此外,CTP 协议基于数据估值的速率与传输速率是成比例的,所以它可以快速地检测到失效的链路连接,并切换到新的候选邻居节点。

链路质量估计器具有两种实现代码,即标准的 LE 实现(tos/lib/net/le)和更为精确的 4BITLE 实现(tos/lib/net/4bitle)。4BITLE 估计器和标准的 LE 估计器在实现结构上大体相同,在提取物理层、链路层以及网络层的反馈信息用于提高链路估计的精确度方面有所不同。具体的实现读者可以参考这两个目录下的组件。

2. 路由引擎

路由引擎由"tos/lib/net/ctp/CtpRoutingEngineP"组件实现,该组件负责计算到汇聚树根节点的路由,即选择数据传输的下一跳,它记录了链路估计表中所维护的一组节点的路径 ETX 值。最小代价路由为路径 ETX 值和连接 ETX 值之和最小的路由。

CtpRoutingEngineP 组件负责计算到根节点的路由。在传统的网络中,路由选择属于网络控制层面的部分,CtpRoutingEngineP 组件并不直接转发数据包,这是 CtpForwardingEngineP 组件的职责。两者间的联系通过 UnicastNameFreeRouting 接口实现。

CtpRoutingEngineP 组件通过使用 LinkEstimator 接口获取由 LinkEstimatorP 组件维护的邻居节点表信息和与邻居节点的双向链路质量。实现汇聚的路由协议中必须至少有一个树根的树型路由协议,CtpRoutingEngineP 组件允许节点动态地配置根节点或非根节点,并维护下一跳的多个候选节点。

3. 转发引擎

转发引擎由"tos/lib/net/ctp/CtpForwardingEngineP"的组件实现。它具有以下 5 种职责:

① 传递消息包到下一跳,在必要时重传以及向链路估计器传递应答信息

(ACK)。

② 决定何时向下一跳传输。

③ 检测路由中的不一致性,并通知路由引擎。

④ 维护需要传输的消息包队列,该队列中混合了本地产生的消息包和需要转发的消息包。

⑤ 检测由于 ACK 信号丢失引起的单跳重复传输。

转发引擎的四个关键函数为消息包接收函数(SubReceive.receive()),消息转发函数(forward()),消息传输函数(SendTask())以及传输完毕后的处理函数(SubSend.sendDone())。

Receive 函数决定节点是否转发当前接收到的消息包。它有一个缓冲区保存最近接收到的消息包,通过检查这个缓冲区可以确定是否为重复的包,如果这个消息包没有重复,则调用 forward()转发函数。

forward()函数会对需要转发的消息包进行格式化处理,即重新组织消息包的内部结构。通过检查接收到的消息包判断传输过程中是否存在路由循环,并检查传输队列中是否有足够的空间。如果没有,则丢弃该消息包并置位 C;如果传输队列为空,则提交发送任务直接发送出去,无需排队。

Send 任务检查位于传输队列头部的消息包,为下一跳的传输作好准备(请求路由层的路由信息),然后将消息包提交到主动消息层。

当发送结束时,sendDone 函数检查发送的结果。如果消息包发出后收到应答信号,则从传输队列中移除该消息包;如果消息包是本地节点产生,则将 sendDone 信号传递到上层组件;如果转发消息包,就把消息包扔回转发消息的缓冲池;如果传输队列中还有剩余的包(如已发送的消息包但没有得到应答),就启动一个随机定时器以重新提交发送任务。定时器实质上用于限制 CTP 协议的传输速率,使其不能迅速地传输消息包,从而防止路由在通道上自我冲突。

11.2.5 CTP 协议实例测试

使用 CTP 协议应用程序时,建立一棵或多棵以基站作为根节点的汇聚树。当一个节点有数据需要发送到基站节点时,就会沿着汇聚树将数据发送给它的父节点,再逐步向上传送,直到基站节点。

CTP 协议实例在启动射频后,触发 ActiveMessageC 组件所提供的 SplitControl(重命名为 RadioControl)中的 startDone(error_t err)事件,然后由 CollectionC 组件提供的 RoutingControl 接口开启 CTP 协议,并根据节点的地址判断。如果节点的地址为1,则利用 RootControl 接口的 setRoot()命令函数将该节点设置为根节点;否则,启动定时器,定时时间为1 s,也就是说,非根节点每隔1 s 将消息内容沿着汇聚树传输到根节点。根节点将收到的消息内容和消息源地址输出到串口。CTP 协议测试程序包括模块文件 TestCollectionM.nc、配置文件 TestCollectionC.nc 以及编译文件 makefile。CTP 协议测试代码文件保存在"\tinyos-2.x\apps\CC2530\TestCollection\"目录中。

(1) 配置文件 TestCollectionC.nc

```
/********************************************************
 * 文 件 名：TestCollectionC.nc
 * 功能描述：CTP 协议测试程序的配置组件
 * 日    期：2012/4/15
 * 作    者：李外云 博士
 ********************************************************/
configuration TestCollectionC {  }
implementation
{
    components MainC;
    components TestCollectionM as App;
    components ActiveMessageC;              //主动消息组件
    App.Boot -> MainC;
    App.RadioControl -> ActiveMessageC;
    components new TimerMilliC();           //定时器组件
    App.Timer0 -> TimerMilliC;

    components new CollectionSenderC(0xee); //CollectionSenderC 组件
    App.Send -> CollectionSenderC;

    components CollectionC as Collector;    //CollectionC 组件
    App.RootControl -> Collector;
    App.RoutingControl -> Collector;
    App.Receive -> Collector.Receive[0xee];
    App.AMPacket -> ActiveMessageC.AMPacket;
}
```

(2) 模块文件 TestCollectionM.nc

```
/********************************************************
 * 文 件 名：TestCollectionM.nc
 * 功能描述：CTP 协议测试程序的模块组件
 * 日    期：2012/4/15
 * 作    者：李外云 博士
 ********************************************************/
module TestCollectionM
{
    uses interface Boot;
    uses interface SplitControl as RadioControl;
    uses interface StdControl as RoutingControl;
```

```
    uses interface Send;
    uses interface Timer<TMilli> as Timer;
    uses interface RootControl;
    uses interface Receive;
    uses interface AMPacket;
}
Implementation
{
    message_t mst_t;                              //消息包变量
    bool sendBusy = FALSE;
    typedef nx_struct CtpMsg {nx_uint16_t data;} CtpMsg;   //自定义消息结构体
    /******************************************************
    * 函数名:booted()事件函数
    * 功  能:Boot 接口的 boot 事件,系统启动完毕后由 MainC 组件自动触发
    * 参  数:无
    ******************************************************/
    event void Boot.booted()
    {
        call RadioControl.start();              //开启 CC2530 射频
    }
    /******************************************************
    * 函数名:startDone(error_t result)事件函数
    * 功  能:SplitControl 的启动完成时触发该事件
    * 参  数:error_t result:事件结果
    ******************************************************/
    event void RadioControl.startDone(error_t err)
    {
        if (err != SUCCESS)
            call RadioControl.start();          //开启 CC2530 射频
        else
        {
            call RoutingControl.start();        //开启 CTP 协议
            if (TOS_NODE_ID == 1)
                call RootControl.setRoot();     //设置根节点
            else
                call Timer.startPeriodic(1000); //定时 1 s
        }
    }
    /******************************************************
    * 函数名:sendMessage()函数
    * 功  能:发送消息任务函数
    * 参  数:无
    ******************************************************/
    task void sendMessage()
```

```
        {
            CtpMsg * msg = (CtpMsg * )call Send.getPayload(&mst_t, sizeof(CtpMsg));
            msg->data = 0xaabb;                //消息内容
            if (call Send.send(&mst_t, sizeof(CtpMsg)) == SUCCESS)
                sendBusy = TRUE;
        }
    /********************************************************
    * 函数名:fired()事件函数
    * 功    能:定时事件,当定时器设定时间一到自动触发该事件
    * 参    数:无
    ********************************************************/
    event void Timer.fired()
    {
        if (!sendBusy)
            post sendMessage();      //分发发送消息任务
    }
    /********************************************************
    * 函数名:sendDone(message_t * m, error_t err)事件函数
    * 功    能:Send接口消息发送完成事件函数,消息发送完成后触发
    * 参    数:message_t * m:发送的消息指针;error_t err:结果标志
    ********************************************************/
    event void Send.sendDone(message_t * m, error_t err)
    {
        if (err != SUCCESS)
            sendBusy = FALSE;
    }
    /********************************************************
    * 函数名:receive(message_t * msg, void * payload, uint8_t len)事件函数
    * 功    能:Receive接口接收消息事件函数,接收到消息后触发
    * 参    数:message_t * msg:消息;void * payload:载荷;uint8_t len:载荷长度
    ********************************************************/
    event message_t * Receive.receive(message_t * msg, void * payload, uint8_t len)
    {
        am_addr_t saddr = call AMPacket.source(msg);       //获取消息源地址
        if (len == sizeof(CtpMsg))
        {
            CtpMsg * cmsg = (CtpMsg * )payload;            //获取消息载荷
            DbgOut(100,"Collect data is 0x%x, Src Addr is 0x%x\r\n",cmsg->data, saddr);
        }
        return msg;          //返回消息
    }
    event void RadioControl.stopDone(error_t err) {}
}
```

第11章 TinyOS-2.x 网络协议与应用

(3) makefile 编译文件

```
/***************************************************
* 功能描述:TestCollectionC 程序的 makefile
* 日    期:2012/4/15
* 作    者:李外云 博士
***************************************************/
COMPONENT = TestCollectionC
****************************************************
PFLAGS += - DCC2530_HW_ACK                //启动硬件应答
PFLAGS += - DUART_DEBUG                   //开启调试串口输出
PFLAGS += - DUART_BAUDRATE = 9600         //波特率
PFLAGS += - DANT_RADIO_CHANNEL = 17       //设置通信信道
PFLAGS += - DANT_RADIO_LED                //启动射频指示 LED 灯
CFLAGS += - I $ (TOSDIR)/lib/net/4bitle   //包括搜索路径
# CFLAGS += - I $ (TOSDIR)/lib/net/le
CFLAGS += - I $ (TOSDIR)/chips/CC2530/ctp
include $ (MAKERULES)
```

连接好硬件电路,将编程节点切换到网关节点(编号为 9)。在 NotePad++ 编辑器中,使 CTP 协议测试程序中的文件处于当前打开状态,单击"运行"菜单的 make input 自定义菜单或按 F11 快捷键,如图 11-7 所示。

图 11-7 "运行"菜单的 make input 菜单

在弹出的 cmd 窗体中的"Please Input compile Command:"提示语句中输入"make enmote install GRP=01 NID=01"编译命令,如图 11-8 所示。

将编程节点切换到其他节点。在 NotePad++ 编辑器中,使 CTP 协议测试程序中的文件处于当前打开状态,单击"运行"菜单的 make input 自定义菜单或按 F11 快捷键,在弹出的 cmd 窗体中的"Please Input compile Command:"提示语句中输入"make enmote reinstall GRP=01 NID=xx"编译命令(xx 为非 01 之外的其他十六进制数,如 02、03 等)。如图 11-9 所示为节点地址为 02 时的编译命令,因为在节点 1 中 CTP 协议测试程序已经编译,所以可利用 make enmote reinstall 命令直接下载烧录应用程序,可节省编译时间。

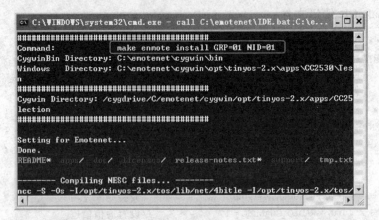

图 11-8 节点地址为 01 时的 make enmote install 编译命令输入窗体

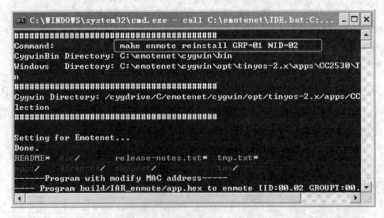

图 11-9 节点地址为 02 时的 make enmote reinstall 编译命令输入窗体

CTP 协议测试程序下载成功后,将网关节点(根节点)的串口连接到 PC 端,启动串口助手,选择正确的串口号和波特率(9 600)。串口助手显示根节点根据 CTP 协议接收到的其他节点发送过来的数据,所有非根节点发送的数据为 0xaabb,如图 11-10 所示。

图 11-10 CTP 测试程序根节点接收的数据

将扩展仿真器接头节点接入电池节点板,将仿真器的 2×5 仿真头接入仿真器插件中,启动 Sniffer 抓包程序,根据 makefile 编译文件通信信道定义"PFLAGS+=-DANT_RADIO_CHANNEL=17"选择通信信道,启动 Sniffer 的捕获功能,可以获取 CTP 协议测试程序的各节点的网络通信数据包。

① 开启根节点的电源(节点地址为 0x0001),在没有其他节点的情况下,根节点一直在广播路由信息,如图 11-11 所示。MAC 载荷的"70 00 00 19 00 00 01 00 00"中的"70"为广播路由的标识字段,"00 01"为根节点的地址。

图 11-11 根节点开启时的广播消息包

② 开启其他非根节点的电源,如图 11-12 表示开启节点地址为 0x0002 的节点(简称节点 2)时的通信数据包截图。节点 2 在刚开启时,首先发出广播路由信息"70 00 01 80 FF FF 00 00",其中"80"表示 CTP 路由协议的 P 标识,然后根节点也发送路由广播信息,当两个节点建立了路由时,节点 2 的广播信息包为"70 00 01 02 00 00 01 00 0A 00 01 19",广播信息包中的最后 3 字节"00 01 19"表示当前路由中父节点的地址(0x0001)以及最大期望值(EXT)。

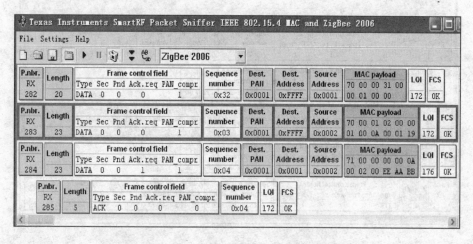

图 11-12 通信路由的建立和数据帧的发送

③ 一旦建立了通信路由,节点 2 便向根节点发送数据帧"70 00 00 00 00 0A 00 02 00 EE AA BB",其中"70"为数据帧的标识字段,"00 02"表示节点 2 的地址,EE 表示 CTP 协议中的协议标识(Collect_ID),AA BB 为发送的数据。由于数据帧的帧控

制字段 FCF 中的 Ack.req 位为 1,而在 makefile 编译文件中又开启了 CC2530 硬件应答条件"PFLAGS+=-DCC2530_HW_ACK",所以,当节点接收到数据后,将由 CC2530 硬件发送一帧应答帧。图 11-13 所示为开启多个节点时的通信数据包捕获图,读者可以自行分析路由包和数据帧等格式。

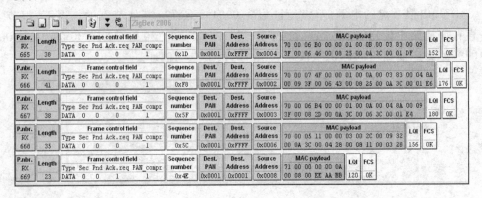

图 11-13　多节点开启时的路由广播包和数据包

④ 如果某个节点自身无法将数据直接传送到根节点,则它将利用 CTP 协议的多跳路由功能将其他节点作为多跳中继节点,先将数据传递到中继节点,再由中继节点将数据传递到根节点。如图 11-14 所示,节点 10(地址为 0x000A)先将数据传递到节点 3(地址为 0x0003),再由节点 3 将数据传递到根节点。

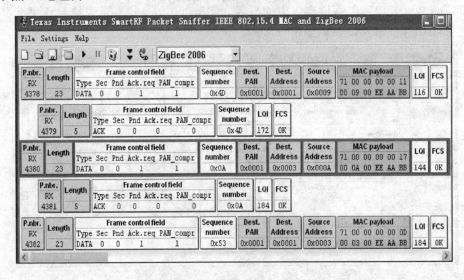

图 11-14　多跳路由数据包发送图

利用 Eclipse 的 TinyOS 插件功能,建立 CTP 协议测试程序的组件关联关系图,如图 11-15 所示。

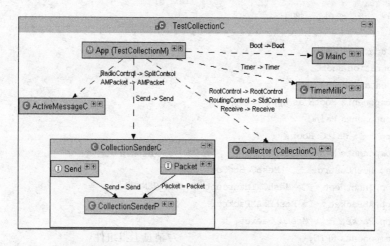

图 11-15 CTP 协议测试程序的组件关联图

11.3 多跳路由协议应用

在物联网应用系统中,传感器节点需要将采集到的传感器数据上传到后台服务器进行运算和处理。第 10 章介绍了温度、光照、温湿度和超声波等传感器的数据采集原理和基于 TinyOS 的底层驱动,下面以温度、光照、温湿度三种传感器作为数据采集节点为例,介绍多跳路由协议在传感器节点的数据汇聚的应用开发,该应用中的多跳路由协议在 TinyOS 的多跳路由协议基础上(tos/lib/net/lqi)进行了相应地修改,具体实现代码读者可参考"tinyos-2.x\tos\chips\CC2530\router"目录中的相关内容。

11.3.1 多跳路由的根节点程序

多跳路由的根节点程序利用 RPTC 组件提供的 reportPacket 接口将传感器节点上传来的数据打包上传到 PC。如果传感器节点没有上传数据或者无法选择路由信息,则根节点发送路由广播信息,再根据其他节点广播过来的路由信息选择新的路由通路,直到传感器节点将数据上传到根节点。

多跳路由的数据采集根节点程序包括模块文件 RootM.nc、配置文件 RootC.nc 以及编译文件 makefile。测试程序代码文件保存在"\tinyos-2.x\apps\CC2530\TestMultiHop\RootNode\"目录中。

(1) 配置文件 RootC.nc

```
/***************************************************
 * 文 件 名:RootC.nc
 * 功能描述:多跳路由数据采集的根节点配置组件功能
 * 日    期:2012/4/15
```

```
* 作    者：李外云 博士
***********************************************/
#include "Mesh.h"
configuration RootC {}
implementation {
    components RootM as App;
    components MainC;
    App -> MainC.Boot;
    components MeshC;                        //多跳路由组件
    App.MeshControl -> MeshC.StdControl;
    App.Intercept -> MeshC.Intercept[EM_MSG_SENSOR];
    App.AMPacket -> MeshC.AMPacket;
    App.Packet -> MeshC.Packet;
    components RPTC;                         //消息上报组件
    App.RPT -> RPTC;
}
```

(2) 模块文件 RootM.nc

```
/***********************************************
* 文 件 名：RootM.nc
* 功能描述：多跳路由数据采集的根节点模块组件功能
* 日    期：2012/4/15
* 作    者：李外云 博士
***********************************************/
module RootM {
    uses interface Boot;
    uses interface StdControl as MeshControl;
    uses interface Intercept;         //路由转发接口
    uses interface RPT;               //数据上报接口(串口)
    uses interface AMPacket;          //AM包接口
    uses interface Packet;            //消息包接口
}
implementation
{
    /***********************************************
    * 函数名：test()任务函数
    * 功    能：空任务，IAR交叉编译TinyOS应用程序，至少需要一个任务函数
    ***********************************************/
    task void temp() { }
    /***********************************************
    * 函数名：booted()事件函数，
    * 功    能：Boot接口的boot事件，系统启动完毕后由MainC组件自动触发
    * 参    数：无
    ***********************************************/
```

```
event void Boot.booted()
{
    call MeshControl.start();        //启动无线射频和路由
}
/***********************************************************
* 函数名:forward(message_t * msg, void * payload, uint8_t len)事件函数
* 功  能:Intercept 接口的 forward 事件,实现消息转发
* 参  数:message_t * msg,:消息;void * payload:载荷;uint8_t len:长度
***********************************************************/
event bool Intercept.forward(message_t * msg, void * payload, uint8_t len)
{
    uint8_t len0,i;
    payload = call Packet.getPayload(msg, len);              //获取消息有效载荷
    len0 = call Packet.payloadLength(msg);                   //获取消息长度
    call RPT.reportPacket(call AMPacket.group(msg), payload, len0);  //上报消息
    return FALSE;
}
event void RPT.reportPacketDone(uint8_t * src, uint16_t len, error_t result) { }
}
```

(3) makefie 编译文件

```
/***********************************************************
# 功能描述:多跳路由测试程序的 Makefile
# 日    期:2012/4/15
# 作    者:李外云 博士
***********************************************************/
OMPONENT = RootC

PFLAGS += = -DANT_RADIO_LED                    //射频 LED 测试灯
PFLAGS += = -DANT_RADIO_CHANNEL = 17           //通信信道定义
PFLAGS += = -DCC2530_HW_ACK                    //CC2530 硬件应答
PFLAGS += = -DUART_BAUDRATE = 9600             //串口波特率设置
PFLAGS += = -DEN_ZIGBEE                        //路由预编译宏定义
CFLAGS += = -I $(TOSDIR)/chips/CC2530/router   //路由路径
include $(MAKERULES)
```

连接好硬件电路,将编程节点切换到网关节点(编号为 9)。在 NotePad++ 编辑器中,使多跳路由的根节点测试程序中的文件处于当前打开状态,单击"运行"菜单的 make input 自定义菜单或按 F11 快捷键,如图 11-16 所示。

在弹出的 cmd 窗体中的"Please Input compile Command:"提示语句中输入"make enmote install GRP=01 NID=01"编译命令,如图 11-17 所示。

将扩展仿真器接头节点接入电池节点板,将仿真器的 2×5 仿真头接入仿真器插件中,启动 Sniffer 抓包程序,根据 makefile 编译文件通信信道定义"PFLAGS+=-

CC2530 与无线传感器网络操作系统 TinyOS 应用实践

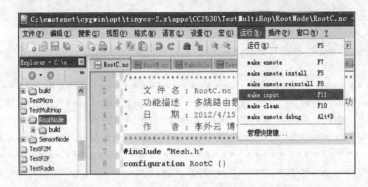

图 11-16 "运行"菜单的 make input 菜单

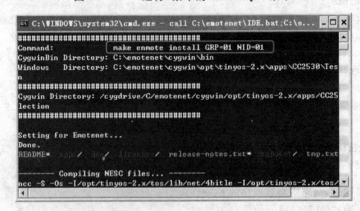

图 11-17 make enmote install 编译命令输入窗体

DANT_RADIO_CHANNEL=17"选择通信信道,启动 Sniffer 的捕获功能,从捕获到的射频数据包可以知,如果传感器节点没有将数据汇聚根节点,根节点会重复广播路由消息包,如图 11-18 所示。

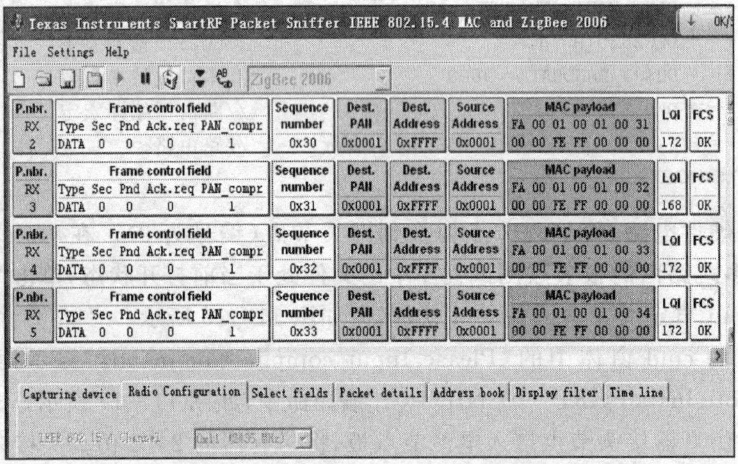

图 11-18 根节点广播路由消息包

11.3.2 多跳路由的传感器节点程序

传感器节点负责将采集到的数据上传到根节点。传感器种类繁多,检测对象几乎涉及各种参数,通常一种传感器可以检测多种参数,一种参数又可以用多种传感器测量。因为TinyOS上层应用程序无需知道传感器底层驱动机制,所以作者对传感器上层应用程序进行了重新封装,读者只需在编译时指定所使用的传感器和传感器的数据类型即可,当然读者也可以根据传感器驱动的规范增加其他传感器。

作者编写的所有传感器的底层驱动程序存放在"tinyos-2.x\tos\chips\CC2530\SensorDataCollect\Sensors"相应的子目录中,例如,DS18B02温度传感器的底层驱动存放在"tinyos-2.x\tos\chips\CC2530\SensorDataCollect\sensors\DS18B20Data\"目录中。每一种传感器驱动程序都包括底层驱动和中间层,并且向上层应用程序提供通用的传感器数据接口SensorData。具体接口定义如下:

```
/********************************************************
 * 文  件  名: SensorData.nc
 * 功能描述: 通用型传感器接口
 * 日      期: 2012/4/15
 * 作      者: 李外云 博士
 ********************************************************/
interface SensorData
{
    command error_t read(uint8_t * p_value);
    event void readDone(uint8_t * p_value, uint8_t length, error_t result);
}
```

不同的传感器向上层传递不同的数据和数据长度,为了规范和统一不同传感器的传输过程,作者编写了一个通用的传感器采集的配置组件SensorCollectionC.nc和模块组件SensorCollectionP.nc。具体实现代码保存在"\tinyos-2.x\tos\chips\CC2530\SensorDataCollect"目录中。在配置组件SensorCollectionC.nc中,根据编译时所传递的NST_XX宏定义选择不同的传感器组件,其中XX表示不同传感器,例如DS18B02温度传感器的宏定义为NST_TEMP,代码如下所示:

```
#if defined(NST_TEMP)
    components DS18B20DataC;              //温度传感器组件
    SensorCollectionP.SensorData[SENSOR_ID_TEMP] -> DS18B20DataC;
#endif
```

上层应用程序为了区分所收集到的数据到底来自何种传感器,利用SensorCollection接口的startSensor(uint8_t * data, sensor_id_t sensor)命令函数将"sensor_id_t sensor"参数作为传感器类型传递到AM消息中作为消息载荷的一个字段。SensorCollection接口的定义如下:

```
interface SensorCollection
{
    command error_t startSensor(uint8_t * data, sensor_id_t sensor);
    event void sensorDone(uint8_t * data, uint8_t len, error_t result);
}
```

多跳路由的通用传感器节点程序包括模块组件 TestSensorM.nc、配置组件 TestSensorC.nc 以及编译文件 makefile。测试程序在"\tinyos-2.x\apps\CC2530\TestMultiHop\SensorNode\"目录中。

(1) 配置文件 TestSensorC.nc

```
/***********************************************
 * 文 件 名: TestSensorC.nc
 * 功能描述: 传感器节点配置组件功能
 * 日    期: 2012/4/15
 * 作    者: 李外云 博士
 ***********************************************/
#include "Mesh.h"
configuration TestSensorC    { }
implementation    {
    components TestSensorM as App;
    components MainC;                           //MainC 组件
    App.Boot -> MainC;

    components new TimerMilliC() as SensorTimerC;    //定时器组件
    App.SensorTimer -> SensorTimerC;

    components SensorCollectionC;               //传感器数据采集组件
    App.SensorCollection -> SensorCollectionC;

    components MeshC;                           //多跳路由组件
    App.MeshControl -> MeshC.StdControl;
    App.Send -> MeshC.Send[EM_MSG_SENSOR];
    App.AMPacket -> MeshC.AMPacket;
}
```

(2) 模块文件 TestSensorM.nc

```
/***********************************************
 * 文 件 名: TestSensorM.nc
 * 功能描述: 传感器节点模块组件功能
 * 日    期: 2012/4/15
 * 作    者: 李外云 博士
 ***********************************************/
#include "Sensor.h"
```

第11章 TinyOS-2.x 网络协议与应用

```
module TestSensorM {
    uses    interface Boot;
    uses    interface Timer<TMilli> as SensorTimer;
    uses    interface SensorCollection;              //传感器数据采集接口
    uses    interface StdControl as MeshControl;
    uses    interface Send;
    uses    interface AMPacket;
}
implementation  {
    message_t m_sensor_msg;              //传感器消息变量
    uint8_t m_sensor_offset = 0;
    uint8_t * p_sensor_payload;          //消息载荷指针
    /************************************************************
     * 函数名:sensorDataTask()任务函数
     * 功  能:读传感器数据任务
     * 参  数:无
     ************************************************************/
    task void sensorDataTask()  {
        error_t result;
        result = call SensorCollection.startSensor(p_sensor_payload,SENSOR_TYPE);
        if(result != SUCCESS)   {
            post sensorDataTask();
        }
    }
    /************************************************************
     * 函数名:booted()事件函数
     * 功  能:Boot 接口的 boot 事件,系统启动完毕后由 MainC 组件自动触发
     * 参  数:无
     ************************************************************/
    event void Boot.booted()
    {
        p_sensor_payload = call Send.getPayload(&m_sensor_msg, sizeof(m_sensor_msg));
        call MeshControl.start();        //启动消息命令函数
        call SensorTimer.startPeriodic(SENSOR_SAMPLE_TIME); //传感器数据采集定时器
    }
    /************************************************************
     * 函数名:fired()事件函数
     * 功  能:定时事件,当定时器设定时间一到自动触发该事件
     * 参  数:无
     ************************************************************/
    event void SensorTimer.fired()
    {
        post sensorDataTask();           //分发
    }
    /************************************************************
```

```
/*
 * 函数名:sendMsgTask()任务函数
 * 功    能:发送消息任务
 * 参    数:无
 ***********************************************************/
task void sendMsgTask()
{
    if (m_sensor_offset > 0)
        m_sensor_offset += 1;
    call AMPacket.setGroup(&m_sensor_msg, SENSOR_TYPE);  //设置传感器类型
    call Send.send( &m_sensor_msg, m_sensor_offset);     //发送消息
}
/************************************************************
 * 函数名:sensorDone(uint8_t* data, uint8_t length, error_t result)事件函数
 * 功    能:SensorCollection 接口的 sensorDone 事件,数据采集完后触发
 * 参    数:uint8_t* data:采集的数据;uint8_t length:长度;
 *          error_t result:结果标识
 ***********************************************************/
event void SensorCollection.sensorDone(uint8_t* data, uint8_t length, error_t result)
{
    if(result == SUCCESS)   {
        m_sensor_offset = length;
        post sendMsgTask();        //分发发送消息任务
    }
}
event void Send.sendDone(message_t *msg, error_t result)   { }
```

(3) makefile 编译文件

```
/************************************************************
 * 功能描述:多跳路由传感器程序的 makefile
 * 日    期:2012/4/15
 * 作    者:李外云 博士
 ***********************************************************/

COMPONENT = TestSensorC
PFLAGS += -DANT_RADIO_LED                          //射频 LED 测试灯
PFLAGS += -DANT_RADIO_CHANNEL = 17                 //通信信道定义
PFLAGS += -DEN_ZIGBEE                              //路由预编译宏定义
CFLAGS += -I$(TOSDIR)/chips/CC2530/router          //路由路径

include $(MAKERULES)
```

将编程节点切换到接插有 DS18B02 温度传感器的电池节点,例如编号为 1 的电池节点,将节点地址设置为 0x0002。在 NotePad++编辑器中,使多跳路由传感器

第 11 章　TinyOS-2.x 网络协议与应用

节点的测试程序中的文件处于当前打开状态,单击"运行"菜单的 make input 自定义菜单或按 F11 快捷键,如图 11-19 所示。

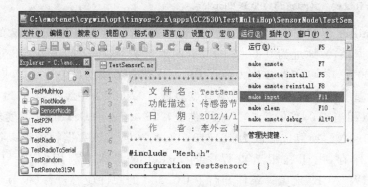

图 11-19　"运行"菜单的 make input 菜单

在弹出的 cmd 窗体中的"Please Input compile Command:"提示语句中输入"make enmote install GRP=01 NID=02 NST=TEMP TYPE=2"编译命令,如图 11-20 所示。

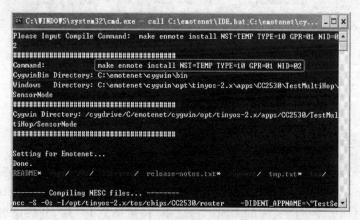

图 11-20　温度传感器编译命令输入窗体

按照同样的方法,将光照传感器和温湿度传感器 SHTxx 分别编译烧录到其他电池节点。其中,光照传感器节点的编译命令为"make enmote install GRP=01 NID=03 NST=LIGHT TYPE=1",温湿度传感器的编译命令为"make enmote install GRP=01 NID=04 NST=SHT TYPE=2"。

"\tinyos-2.x\tos\chips\CC2530\router\"目录下的 MultiHop.h 文件中定义了多跳路由的消息包结构体 MultihopMsg,具体内容如下:

```
typedef struct MultihopMsg {
    uint16_t sourceaddr;
    uint16_t originaddr;
    int16_t seqno;
```

```
    uint8_t hopcount;
    uint8_t data[(TOSH_DATA_LENGTH - 7)];
} __attribute__ ((packed)) TOS_MHopMsg;
```

利用 Sniffer 程序捕获射频包。如图 11-21 所示为地址为 0x0002 的传感器节点传递的数据帧,源地址为 0x0002 的节点向地址为 0x0001 的根节点传递的载荷为"28 0A 02 00 02 00 C6 17 01 05 01 00",其中"28"表示该消息包为数据帧,"0A"表示该传感器为温度传感器,"02 00"为源节点地址,"02 00"为中继节点,"C6 17"表示数据包的序号(相当于 0x17C6),"01"表示跳数,"05 01"表示 DS18B20 温度传感器的数据(相当于 0x0105,换算成温度为 16.312 5 ℃),"00"为该数据帧的结束符。数据采用大端格式保存,由于在根节点程序的 makefile 文件中利用"PFLAGS += -DCC2530_HW_ACK"宏编译条件开启了 CC2530 的硬件应答,所以根节点在接收到一帧数据后将通过硬件应答机制回复一帧应答帧。

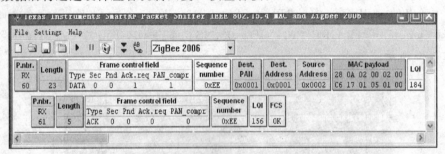

图 11-21 传感器节点向根节点传递的数据包

11.3.3 多跳路由的数据采集程序

在资料光盘的 monitor 目录中有多跳路由数据采集监控程序的安装包文件 WSNMonitor.msi,该安装包安装完成后,在桌面上将生成一个 WSNMonitor.exe 快捷方式。利用 USB 线将网关板的 USB 节点(串口)接插到 PC 端,开启电源,单击 WSNMonitor.exe 快捷方式,启动数据采集程序。如图 11-22 所示,选择正确的串口号,单击"连接"菜单或启动按钮,开启数据采集监控功能。

传感器监控程序分为"即时监控"、"数据分析"和"网络结构"三部分。单击"即时监控"选项条,展开"查看节点"后单击"所有节点",节点图标窗体中将显示所有活动和非活动节点图标,数据列表框中的即时数据显示了当前接收到的活动节点的数据。"数据分析"中的数据列表显示选择左边某个节点时的数据,而"数据图表"显示当前节点在某个时间段的数据曲线,如图 11-23 所示。"网络结构"实时显示网络拓扑结构,如图 11-24 所示。从图可以看出,节点 10 直接将数据汇聚到根节点,而节点 9 和节点 3 的数据则通过节点 2 进行数据转发,然后汇聚到根节点。

监控程序在运行过程中,可以通过单击"断开"菜单断开串口通信,终止数据监控过程,也可以通过单击"退出"菜单退出应用程序。

第11章 TinyOS-2.x 网络协议与应用

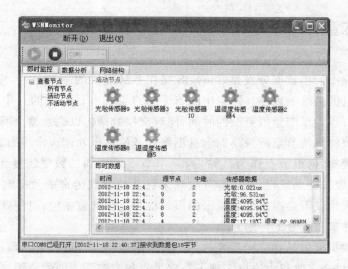

图 11-22 监控程序的"即时监控"数据显示

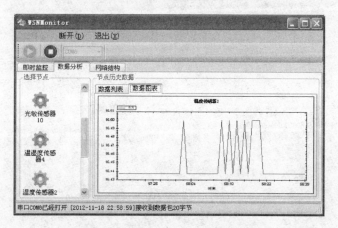

图 11-23 "数据分析"的数据曲线图

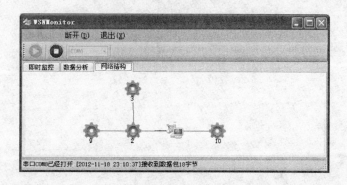

图 11-24 数据传输的网络拓扑图

11.4 本章小结

分发协议中的小数据分发是 TinyOS 操作系统提供的一种服务，主要用于实现基于共享变量的网络一致性。网络中的每个节点都拥有该变量的一个备份，分发服务通知各个节点共享变量值更改的时间，同时交换数据包以达到整个网络的一致性。

汇聚协议将终端节点所采集的信息汇聚到基站进行处理。常用的方法是建立一棵或多棵汇聚树，树根节点作为基站，当某个节点采集到的数据需要汇聚到根节点时，它沿着汇聚树往上发，当某个节点收到来自其他节点传来的数据时，则将数据进行转发。汇聚协议需要根据汇聚数据的形式检查过往的数据包，以便获取统计信息，计算聚合度并抑制重复的传输。

传感器数据采集是物联网系统的一个重要的应用，本章在第 10 章传感器数据采集的基础上，结合多跳路由协议实现了数据采集和监控等方面的应用。

参考文献

[1] 潘浩,等. 无线传感器网络操作系统 TinyOS[M]. 北京:清华大学出版社,2011.
[2] 赵国安. 物联网/传感网实验教程[M]. 北京:科学出版社,2011.
[3] 孙利民,等. 无线传感器网络[M]. 北京:清华大学出版社,2005.
[4] 李善仓,张克旺. 无线传感网原理与应用[M]. 北京:机械工业出版社,2008.
[5] Philip Levis, David Gay. TinyOS Programming[M]. England:Cambridge University Press, 2009.
[6] http://www.tinyos.net/tinyos-2.1.0/doc/html/tep101.html
[7] http://www.tinyos.net/tinyos-2.1.0/doc/html/tep123.html
[8] http://www.tinyos.net/tinyos-2.1.0/doc/html/tep119.html
[9] http://www.tinyos.net/tinyos-2.1.0/doc/html/tep131.html
[10] http://www.tinyos.net/tinyos-2.1.0/doc/html/tep121.html
[11] CC2530 datasheet. CC253x System-on-Chip Solution for 2.4 GHz. 2009.